饲用微生态制剂及生物活性饲料研究

◎ 来航线 薛泉宏 著

中国农业科学技术出版社

图书在版编目（CIP）数据

饲用微生态制剂及生物活性饲料研究 / 来航线，薛泉宏著 . —北京：
中国农业科学技术出版社，2017.12
ISBN 978-7-5116-3257-9

Ⅰ.①饲… Ⅱ.①来…②薛… Ⅲ.①微生物—饲料—研究
②生物活性—饲料—研究 Ⅳ.①S816

中国版本图书馆 CIP 数据核字（2017）第 228410 号

项 目 支 撑

1. 国家"十二五"科技支撑计划：黄土高原农果牧复合循环技术集成与示范（2012BAD14B11）
2. 国家"十一五"科技支撑计划：农田循环高效生产模式关键技术研究与集成示范（2007BAD89B16）
3. 国家"十五"科技攻关计划奶业重大专项：西北农区（陕西）奶业现代化生产技术集成与产业化示范
（2002BA518A17）

责任编辑　李冠桥
责任校对　贾海霞

出 版 者　中国农业科学技术出版社
　　　　　北京市中关村南大街 12 号　邮编：100081
电　　话　（010）82109705（编辑室）（010）82109702（发行部）
　　　　　（010）82109709（读者服务部）
传　　真　（010）82106625
网　　址　http：//www.castp.cn
经 销 者　各地新华书店
印 刷 者　北京建宏印刷有限公司
开　　本　880mm×1 230mm　1 /16
印　　张　24
字　　数　647 千字
版　　次　2017 年 12 月第 1 版　2017 年 12 月第 1 次印刷
定　　价　90.00 元

《饲用微生态制剂及生物活性饲料研究》
著 者 名 单

主　　著　来航线　薛泉宏

参著人员　（以姓氏笔画为序）

王国军　韦小敏　司美茹　刘壮壮　刘林丽　任雅萍

李巨秀　张文磊　李　肖　陈姣姣　李素俭　李海洋

汤　莉　肖　健　张高波　张艳群　来航线　辛健康

岳田利　杨保伟　杨雨鑫　贺克勇　封　晔　侯霞霞

高　印　郭志英　郭　俏　涂　璇　程　方　薛泉宏

前　言

　　近年来，畜牧业生产面临许多重大问题，其中，饲料资源短缺已逐渐成为制约我国饲料行业及畜牧生产发展的瓶颈；饲料利用率低、饲用抗生素滥用、畜禽粪便不合理排放，以及畜禽养殖场集团化与集约化，导致畜禽养殖成本上升，疾病防控风险增加，环境污染加剧，食品安全压力增大。这些问题的出现使得安全、环保、高效的养殖理念逐步成为共识。而微生物发酵技术及其发酵产品，包括微生态制剂、酶制剂、活性物质添加剂以及微生物发酵饲料在维护畜禽肠道健康、改善畜舍环境、缓解不良应激、改善畜产品品质、提高饲料利用率、替代抗生素方面的优势，已在饲料生产及健康养殖上逐渐显现。因此，系统研究并在畜牧业生产中推广应用微生物发酵技术及其产品，对解决目前畜牧业生产中面临的诸多重大难题具有重要意义。

　　《饲用微生态制剂及生物活性饲料研究》约60万字，收录了51篇研究论文，较为系统的展示了西北农林科技大学资源环境学院微生物资源利用团队二十多年来在饲用微生态制剂、固态有机物微生物资源化及饲料化方面的研究成果。该文集的出版对这些成果在养殖业上的应用及深入研究具有重要的参考价值。

　　本文集按研究内容分为五部分：1. 饲用微生物筛选与鉴定。从好氧发酵剂、青贮厌氧发酵剂、微生态制剂和酶制剂生产用菌等方面对分离自不同生境的大量霉菌、酵母菌、乳酸菌和芽孢菌进行筛选，获得了一批具有良好饲用生产性能的菌株。如黑曲霉、烟曲霉、戊糖片球菌、植物乳杆菌、粪肠球菌、蜡样芽孢杆菌和枯草芽孢杆菌，丰富了饲用微生物资源，该研究可为饲用微生态制剂和生物发酵饲料生产提供优良的菌株。2. 优良菌株的发酵特性。从水解酶活性、产酸能力、产氨基酸和提高饲料蛋白能力等方面对优良菌株的好氧发酵和青贮厌氧发酵效果进行了较为系统的研究，获得了多株具有重要应用价值和市场潜力的饲用真菌及细菌。3. 非粮饲料原料的微生物饲料化技术。探讨了以苹果渣、马铃薯渣及菌糠等非粮原料生产生物活性饲料时麸皮、玉米浆、油渣、尿素和硝酸铵等不同种类碳氮源对非粮原料生物发酵饲料中益生菌、水解酶、氨基酸、多肽、中性洗涤纤维和蛋白质等营养品质的影响，并研究了不同菌株协同发酵的效果，确立了以苹果渣、马铃薯渣及菌糠等非粮原料生产生物活性饲料的发酵配方。4. 微生态制剂及生物活性饲料发酵工艺研究。从微生态制剂制备、果渣青贮及生物活性饲料生产三个方面进行了 pH、温度、时间和含水量等工艺参数优化，并建立了好氧＋厌氧"两步发酵工艺"，为微生物发酵技术在饲料行业的应用提供了优化工艺。5. 发酵饲料营养价值及生物学效价评定。从动物生长和生产性能、肠道菌群、血液生理生化指标及疾病预防与治疗等方面，对生物活性蛋白饲料、微生态制剂进行了系统的营养效果和生防效果评价，所得结果可为微生物发酵产物在畜牧业中应用提供科学依据和指导。

　　本文集在编辑出版过程中，得到中国农业科学技术出版社的支持和帮助，同时资环学院李海洋博士在文集材料组织和修改中做了大量的工作；在相关研究中，先后得到了西北农林科技大学动物科技学院姚军虎、昝林森、曹斌云教授和动物医学学院王晶钰、王高学教授的悉心指导，并得到陕西博秦生物科技有限公司杨博总经理的大力支持，在此一并表示感谢。

西北地区作为我国重要的苹果和马铃薯主产区，每年因深加工而产生100多万吨的苹果渣和200万吨的马铃薯渣，作为重要的非粮饲料资源并没有得到有效地利用，而且造成了严重的环境污染。同时西北地区养殖量大，特别是山羊、牛和骆驼等养殖特色突出，因此开发非粮饲料资源、提升饲料品质对西北地区养殖业快速发展具有重要的作用。课题组立足于西北地区独特的种植结构和养殖特色，多年来致力于生物活性饲料和微生态制剂研究，在菌种选育、非粮饲料开发、发酵工艺优化、发酵产品评价等方面做了系统的研究工作。作者希望通过本文集出版对已有工作进行总结，同时为相关专业的读者了解微生物发酵技术在养殖业中的应用提供我们课题组的研究成果和一家之言，为微生物发酵技术及产品在养殖业中的推广应用提供新思路及技术方案。

由于作者水平和经验有限，加之时间仓促，不足之处在所难免，恳请同行专家、学者和广大读者提出宝贵的意见。

著 者

2017 年 12 月

目　录

一、饲用微生物的筛选与鉴定

9 株芽孢杆菌的初步分离鉴定与拮抗性试验 ……………………………………… 2

两株蜡样芽孢杆菌的鉴定及液体培养基筛选 ……………………………………… 7

两株芽孢杆菌的鉴定 …………………………………………………………………… 12

饲用芽孢杆菌的筛选鉴定及固态发酵培养基的优化 …………………………… 18

青贮用乳酸菌的筛选及其生物学特性研究 ……………………………………… 27

紫外线与亚硝酸诱变处理对青霉、烟曲霉纤维素酶活性的影响 …………… 38

高产纤维素酶菌株的筛选及诱变育种 …………………………………………… 46

青贮用乳酸菌的分离、筛选及鉴定 ……………………………………………… 57

饲用优良乳酸菌鉴定及生物学特性研究 ………………………………………… 65

产复合酶优良菌株筛选及苹果渣固态发酵效果研究 …………………………… 75

二、优良菌株的发酵特性

3 株蜡样芽孢杆菌生理特性及 SOD 发酵条件的研究 …………………………… 86

一株野生酵母的 SOD 酶酶学特性的鉴定 ……………………………………… 90

不同菌株对苹果渣青贮饲料发酵效果的影响 …………………………………… 94

2 种真菌纤维素酶系组分活性研究初报 ………………………………………… 101

多元混菌发酵对纤维素酶活性的影响 …………………………………………… 105

混合发酵对纤维素酶和淀粉酶活性的影响 ……………………………………… 112

菌种对苹果渣发酵饲料中蛋白酶活、纤维素酶活及总酚含量的影响 ……… 118

多菌种混合发酵马铃薯渣产蛋白饲料的研究 …………………………………… 125

固态复合发酵剂用于苹果渣蛋白饲料发酵效果研究 …………………………… 134

混菌固态发酵对苹果渣不同氮素组分的影响 …………………………………… 140

添加复合发酵剂对奶牛饲料纯蛋白质含量的影响 ……………………………… 147

苹果渣青贮复合微生物添加剂配伍效果试验 …………………………………… 152

苹果渣青贮最优乳酸菌菌株配伍筛选 …………………………………………… 158

微生物添加剂对苹果渣青贮效果的影响 ………………………………………… 168

三、非粮饲料原料的微生物饲料化技术

添加苹果渣对纤维素酶活性及蛋白质含量的影响 ……………………………………… 178

发酵剂及玉米浆对苹果渣发酵饲料氨基酸含量及种类的影响 …………………………… 183

氮素及原料配比对苹果渣发酵饲料纯蛋白质含量和氨基酸组成的影响 ……………… 191

氮素及混菌发酵对苹果渣发酵饲料纯蛋白含量和氨基酸组成的影响 ………………… 197

苹果渣发酵饲料活性物质含量及影响因素研究 ………………………………………… 202

马铃薯渣单细胞蛋白发酵饲料活性物质含量及影响因素研究 ………………………… 209

苹果渣发酵饲料中性洗涤纤维含量及影响因素研究 …………………………………… 217

原料及发酵剂对苹果渣发酵饲料酵母菌活菌数及纯蛋白质含量的影响 ……………… 224

发酵条件对苹果渣发酵饲料中 4 种水解酶活性的影响 ………………………………… 230

马铃薯渣发酵饲料 4 种水解酶活性研究 ………………………………………………… 240

高产纤维素酶菌株固态发酵产酶条件优化 ……………………………………………… 249

四、微生态制剂及生物活性饲料发酵工艺研究

高产纤维素酶菌株的筛选及其产酶条件研究 …………………………………………… 257

不同预处理对苹果渣还原糖含量的影响 ………………………………………………… 266

苹果渣生产菌体蛋白饲料发酵条件的研究 ……………………………………………… 272

苹果渣生物活性饲料两步固态发酵工艺研究 …………………………………………… 276

鲜苹果渣蛋白饲料发酵工艺研究 ………………………………………………………… 282

蜡样芽孢杆菌的固态发酵工艺 …………………………………………………………… 288

蜡样芽孢杆菌的液体发酵工艺 …………………………………………………………… 295

优良芽孢杆菌的液态发酵 ………………………………………………………………… 306

五、发酵饲料营养价值及生物学效价评定

复合微生态制剂对断奶仔猪和雏鸡喂养效果的研究 …………………………………… 320

奶山羊饲喂苹果渣青贮饲料效果的研究 ………………………………………………… 327

纤维素酶酶解麦草条件试验 ……………………………………………………………… 331

苹果渣饲料的营养价值与加工利用 ……………………………………………………… 335

益生菌发酵苹果渣对仔猪表观消化率、血清免疫指标、肠道菌群与形态的影响 …… 339

益生菌发酵苹果渣对断奶仔猪生长性能、血清生化指标和粪便微生物菌群的影响 … 349

动物饲喂苹果渣饲料试验 ………………………………………………………………… 359

芽孢杆菌安全性试验及动物喂养试验 …………………………………………………… 370

一

饲用微生物的筛选与鉴定

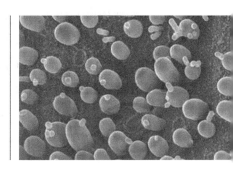

9株芽孢杆菌的初步分离鉴定与拮抗性试验

来航线，杨保伟，邱学礼，薛泉宏

（西北农林科技大学资源环境学院，陕西杨凌 712100）

摘要： 通过对采集样品中细菌的分离与纯化，获得9株芽孢杆菌，经纯化培养后观察其个体和群体形态特征，并进行了12项生理生化特征鉴定。结果表明，B10为地衣芽孢杆菌，B13为巨大芽孢杆菌，B12、B14为短小芽孢杆菌，B15为苏芸金芽孢杆菌，B16为蕈状芽孢杆菌，B11、B17、B18为蜡样芽孢杆菌。通过对8株植物病原菌和3株动物病原菌的拮抗试验，初步确定B13、B16、B17、B18的抗菌谱较广，其中B10、B15对棉花枯萎菌，B13、B17对辣椒疫霉菌，B11对西瓜枯萎菌，B10、B17、B18对3株动物病原菌有较好的拮抗能力。

关键词： 芽孢杆菌（*Bacillus*）；分离鉴定；拮抗试验

Isolation Indentification and Antibiotic Experiment of Nine Strains of *Bacillus cereus*. B. C

LAI Hang-xian, YANY Bao-wei, QIU Xue-li, XUE Quan-hong

(College of Natural Resources and Environment , Northwest Sci - Tech University of Agriculture and Foresty , Yangling , Shaanxi 712100, China)

Abstract: Nine strains of *Bacillus cereus*. B. C were isolated from several samples and identification of the nine strains' characters of individual and integral morphology was made, and the identification is physiology and biochemistry experiments with *Bacillus cereus*. B. C classification standards. The results show: B10 was *Bac. licheniformis*, B13 was *Bacillus megaterium*, B12 and B14 were *Brevibacilli breris*. B. r. B15 was *Bacillus thuringiensis*, B. t, B 16 was B. mycoides Flugge, B11, B17 and B18 were Bacilli cereus. B. The results of antibiotic experiments indicated nine strains of *Bacillus cereus*. B. C had antibiolosis to three strain animal pathogens and eight strain plant pathogens.

Key words: *Bacillus*; isolation and identification; antibiolotic experiment

芽孢杆菌（*Bacillus*）是一类重要的微生物资源，其富含蛋白酶、淀粉酶、脂酶等酶类以及其他

基金项目：企业协作"新型生物饲料添加剂研制"项目。

通信作者：来航线（1964—），男，陕西礼泉人，副教授，在读博士，主要从事农业微生物及微生物发酵等方面的教学和科研工作。

丰富的代谢产物，部分菌还可以分解土壤中的不溶性磷酸盐，与其他微生物一起在土壤中起着重要作用（林毅，1998）。在动物生产方面，蜡样芽孢杆菌（*Bacillus cereus*，B.C）微生态制剂已在养殖业上得到应用，芽孢杆菌可抑制肠道内有害菌的生长，减少宿主染病的机会，保证宿主的健康。另外，这种菌在生长过程中，还会产生一系列有益的代谢产物，可以刺激和促进宿主的生长。在植物生产方面，一些芽孢杆菌不仅有防病作用，而且有增产作用，可以改善植物根际环境，刺激和调控作物生长，抑制作物病害的发生。李建文（1999）研究发现，部分芽孢杆菌产生的代谢物对植物病原菌有抑制作用，如对棉花枯萎病、辣椒疫霉等孢子萌发以及动物病原菌白痢有强烈的抑制作用。根据这一发现，使得微生态制剂成为替代农药、抗生素等的有效途径之一。人类可以通过对微生态环境的调控来抑制有害微生物（病原菌），促进有益微生物作用，从而达到使宿主强壮的目的，并调控微生态环境的生态平衡朝着有利于宿主的方向发展（李建文，1999；刘建国，1999），同时，还可克服农药及抗生素的过多使用，减少环境污染。本试验对分离获得的9株芽孢杆菌进行了形态及生理生化特征分析，并进行了初步鉴定，同时对8株植物病原菌和3株动物病原菌进行了拮抗试验，初步确定了9株芽孢杆菌的抗病能力，以期为其进一步研究和应用提供理论依据。

1 材料与方法

1.1 供试材料

芽孢杆菌分离（*Bacillus sp.*）芽孢杆菌B10、B11、B12、B13和B14分离于饲料添加剂材料；B15分离于西北农林科技大学农作一站土壤；B16分离于西北农林科技大学养殖场粪肥中；B17、B18由本实验室保藏。病原菌（Pathogens）西瓜枯萎菌、黄瓜枯萎菌、辣椒疫霉和棉花枯萎菌由微生物组薛泉宏教授提供；啤酒酵母、米曲霉、葡萄球菌、大肠杆菌由西北农林科技大学资源环境学院菌种室提供；白痢1、白痢2及伤寒病菌由西北农林科技大学动物科技学院卫检实验室提供。

1.2 方法

1.2.1 细菌的分离纯化及培养特征（程丽娟，2000） 将分离的B10、B11、B12、B13、B14、B15、B16、B17和B18共9株菌，采用稀释平板法及划线法进行纯化，于28℃培养2d，于24h和48h分别进行革兰氏染色，并观察菌体形态及菌落特征。

1.2.2 生长条件试验（张纪忠，1998；陈天寿，1995） 耐盐性试验（NaCl的质量浓度分别为20g/L、30g/L、40g/L、50g/L、57g/L、70g/L、80g/L）、耐酸碱试验（pH分别为4，5，5.7，8，9，10）和温度梯度试验（温度分别为40℃、45℃、50℃、55℃和60℃），分别参照文献（程丽娟，2000；张纪忠，1998）方法进行。

1.2.3 生理生化试验 M.R试验、V.P试验、淀粉水解试验、明胶水解试验、吲哚试验、H_2S试验、硝酸还原试验、卵磷脂水解试验、碳源利用试验和氮源利用试验，分别参照文献（程丽娟，2000；张纪忠，1998；陈天寿，1995）方法进行。

1.2.4 拮抗试验 参照文献（程丽娟，2000），采用琼脂块法将9株待试菌接种于涂好病原菌的平板上，正放12h后再倒置培养2~3d，观察琼脂块周围病原菌的生长情况，并记录抑菌圈大小。

2　结果与分析

2.1　菌落及形态特征

9 株参试菌的菌落及形态特征见表 1。

表 1　9 株参试菌的菌落及形态特征

菌株	长（μm）Length	宽（μm）Width	G⁺/G⁻	形状 Shape	表面光滑度 Surface	边缘形状 Edge	颜色 Color	透明度 Transparency
B10	2.0~5.0	1.0~1.5	+	圆形	光滑	整齐	乳白	不透明
B11	2.0~5.0	1.0~1.2	+	圆形	光滑	整齐	乳白	不透明
B12	2.5~5.0	1.0~1.4	+	不规则	粗糙	不整齐	乳白	不透明
B13	2.0~4.5	1.0~1.2	+	圆形	光滑	整齐	乳白	不透明
B14	2.0~4.5	1.0~1.2	+	圆形	粗糙	不整齐	无色	不透明
B15	2.0~5.0	1.0~1.2	+	圆形	粗糙	不整齐	乳白	不透明
B16	2.0~5.0	1.0~1.5	+	圆形	光滑	整齐	乳白	不透明
B17	2.5~4.0	1.0~1.4	+	圆形	光滑	整齐	乳白	不透明
B18	2.0~4.0	1.0~1.5	+	规则	光滑	整齐	无色	不透明

注："+"表示革兰氏阳性

2.2　生长条件试验

采用细菌培养基，测定 9 株参试菌在不同 NaCl 浓度、不同温度、不同 pH 条件下的生长情况，结果见表 2。

表 2　9 株参试菌的生长条件试验

菌株	NaCl（g/L）							T（℃）					pH					
	20	30	40	50	57	70	80	40	45	50	55	60	4	5	5.7	8	9	10
B10	+	+	++	++	+++	++	+	++	++	+	+	–		++	++	++	+	–
B11	+	+	+	+	++	+	+	++	++	+	–	–		++	++	+	+	–
B12	++	++	+	+	+	+	–	+	+	+	–	–		++	++	+	+	+
B13	+++	+	+	+	+	–	–	++	+	–	–	+		++	++	+	+	+
B14	+++							+	++	+	+					+	+	+
B15	–	–	–	++	+	+	+	++	+	+	+			++	++	++	+	
B16	+++	++	++	+		+	+							+	++	+	–	
B17	++	++	+	+	+	+	+							++	++	+		
B18	++	++	++	+	+	+								++	++	++	+	–

注：表中"–"表示不生长；"+"表示生长；"++"表示生长较好；"+++"表示生长好

由表 2 可以看出，9 株参试菌 28℃培养 2~3d 后，其生长情况表现为：B10 和 B11 的生长与盐浓度大小关系不明显；B12、B14、B16、B17 和 B18 是中强度耐盐菌株；B13 是弱性耐盐菌株；B10、B11、B16、B17 和 B18 均是不耐酸碱的菌株；B12、B13 和 B14 是耐碱性菌株；9 株参试菌均能在 40℃~45℃下良好生长，其中 B10、B11、B12 和 B15 菌株可耐温至 50℃。

2.3 生理生化特征

参照文献（陈天寿，1995）芽孢杆菌鉴定表中规定的相关测定项目，对参试的 9 株芽孢杆菌进行了 12 项生理生化特征鉴定，结果见表 3。

表3　9株参试菌的生理生化特征

特征 Character	B10	B11	B12	B13	B14	B15	B16	B17	B18
明胶水解 Gelatinhydrolysis	+	+	+	−	+	+	+	+	−
吲哚 Indole	+	+	−	+	−	−	+	+	+
H₂S	+	+	+	+	+	+	+	+	+
硝酸还原 Nitricacidreduction	+	+	+	+	−	+	+	+	+
卵磷脂水 Lecithinhydrolysis	−	+	−	+		+	+	+	+
M.R试验 M.Rexperiment	+	+	+					+	
V.P试验 V.Pexperiment	+	+	+		+	+		−	+
V.P中pH pHinV.P	6.0~6.8	5.4~5.8	5.0~5.8	6.2~6.4	6.2~6.4	6.7	5.4~5.8	7	6.7~6.8
淀粉水解 Starch hydrolysate	+	+	−	+	−	+	+	+	+
水解圈（mm）Diameter of drolyzation circle	15	25		30	12	28	33	37	40
菌落（mm）Colony	8	15		16	5	18	14	14	22
阿拉伯糖 Arabinose	+	−	+	−	−	−	−	−	−
木糖 Xylose	+	−							
葡萄糖 Glucose	+	+	+	+	−	+	+	+	+
果糖 Fructose	+							+	+
蔗糖 Sucrose	+	−	+	−	+				
甘露醇 D-Mannose	+	−	+	+			+		
酪氨酸 Tyrosine	−	−	−	−	−	−	−	−	−
酪素 Casein	+	+	+	+	+	+	+	+	+
马尿酸盐 Hippurate	+	+	−	−	−	+	−	+	

注：表中"+"表示阳性或能够利用；"−"表示阴性或不能利用

分析表 1、表 3 试验结果，并参考文献（陈天寿，1995）芽孢杆菌鉴定表，可初步确定 B10 为地衣芽孢杆菌，其吻合率达 65%；B13 为巨大芽孢杆菌，吻合率达 70%；B12 和 B14 为短小芽孢杆菌，吻合率均达 65%；B15 为苏芸金芽孢杆菌，吻合率达 65%；B16 为蕈状芽孢杆菌，吻合率达 70%；B11、B17 和 B18 为蜡样芽孢杆菌，吻合率分别达 70%、80% 和 85%。

2.4 拮抗试验

利用微生态环境的调控来抑制有害微生物（病原菌），促进有益微生物生长，从而达到宿主健壮的目的，使调控微生态环境的生态平衡朝着有利于宿主的方向发展，是当今研究的重要方向。有研究发现，部分芽孢杆菌产生的代谢物对植物病原菌，如棉花枯萎病、辣椒疫霉等孢子萌发以及动物病原菌白痢有强烈的抑制作用。用9株参试菌对8株植物病原菌和3株动物肠道病原菌进行了皿内拮抗试验，其结果见表4。

表4　9株参试菌的拮抗试验结果

病原菌 Pathogens	B10	B11	B12	B13	B14	B15	B16	B17	B18
棉花枯萎病 Fusariun oxysporum	++	–	+	+	–	++	–	+	+
辣椒疫霉 P.capsicil	+	–	+	++	–	+	+	++	+
西瓜枯萎 Fusariun oxysporum	+	++			+		+		–
黄瓜枯萎 Fusariun oxysporum	–	–	–	+	–		+	–	+
啤酒酵母 S.carlsbergencis				+	+		+	+	
米曲霉 Aspergillus oryzae	–	–	+	+	+		+	+	+
葡萄球菌 Staphylococcus aures	++	+	–	+	–		+	–	
大肠杆菌 E.coli	+	+		+	++	+	+	++	++
白痢1 Salmonella pullorum 1	+	+	+	+	+	+	–	+	++
白痢2 Salmonella pullorum 2	+			+	+	+	++	+	++
伤寒 S.gallinarum	–	+	+	+	–		+	–	+

注：表中"–"表示无拮抗；"+"表示拮抗圈半径0~5cm；"++"表示拮抗圈半径 >5cm

表4结果表明，B13、B16、B17和B18的抗菌谱较广，其中B10和B15对棉花枯萎菌，B13和B17对辣椒疫霉菌，B11对西瓜枯萎菌，B10、B17和B18对白痢1、白痢2及伤寒病菌等肠道病原菌有较好的拮抗能力，皿内拮抗圈半径均大于5cm。

3　结　论

（1）通过对几个采集样品中细菌的分离与纯化，获得了9株芽孢杆菌。对9株芽孢杆菌进行的个体和群体形态特征观察及生理生化特征测定表明，B10为地衣芽孢杆菌；B13为巨大芽孢杆菌；B12、B14为短小芽孢杆菌；B15为苏芸金芽孢杆菌；B16为蕈状芽孢杆菌；B11、B17和B18为蜡样芽孢杆菌。

（2）9株芽孢杆菌中，B12、B14、B16、B17和B18是中强度耐盐菌株，B13是弱耐盐菌株；B12、B13和B14是耐碱性菌株，可在pH=10的条件下生长；9株参试菌均能在40~45℃下良好生长，其中B10、B11、B12和B15可耐温至50℃。

（3）通过9株芽孢杆菌对8株植物病原菌和3株动物病原菌的拮抗试验，初步确定了9株芽孢杆菌的抗病能力。结果表明，B13、B16、B17和B18的抗菌谱较广，其中B10、B15对棉花枯萎菌，B13和B17对辣椒疫霉菌，B11对西瓜枯萎菌，B10、B17和B18对白痢1、白痢2及伤寒病菌等肠道病原菌有较好的拮抗能力。

参考文献共6篇（略）

原文发表于《西北农林科技大学学报（自然科学版）》，2004，32（7）：93-96.

两株蜡样芽孢杆菌的鉴定及液体培养基筛选

来航线，盛敏，刘强

（西北农林科技大学资环学院，陕西杨陵 712100）

摘要： 通过对两株待试芽孢杆菌的卵磷脂酶等 13 个生理生化特征，4 种氮源，12 种碳源利用及动物毒理试验（小白鼠），鉴定出两株待试芽孢杆菌为蜡样芽孢杆菌（*Bacillus cereus*，B.C）。通过 pH 梯度，温度梯度，NaCl 浓度梯度等试验，初步断定此三株菌最适生长条件为 pH 为 7~8，温度 37℃，NaCl 10g/L；通过对 I，II，III，IV，V 5 种培养基的液体培养筛选和验证实验，初步断定培养基 III 在保证菌数的前提下，最为廉价，芽孢率也最高，为最适生产用液体发酵培养基；通过动物毒性实验，02 号、03 号与 09 号菌株作为添加剂或药剂（菌数 $\leqslant 10^9$/g）均安全无毒。

关键词： 蜡样芽孢杆菌；鉴定；液体培养基

Identification of Two Strains of *Bacillus Cereus*. B. C and Selection of their Liquid Culture Medium

LAI Hang-xian, SHENG Min, LIU Qiang

(College of Natural Resources and Environment,Northwest Sci-Tech University of Agriculture and Foresty, Yangling, Shaanxi 712100, China)

Abstract: By some indexes, including physiological and biochemical characters, such as lecithinase, useness of 4 kinds of nitrogenous nutrition and 12 kinds of carbon nutrition and little white rat toxicology text, identify that two strains of tested *Bacillus* are *Bacillus cereus*; By the test of pH, T and NaCl concentration gradient, preliminarily concluded that pH 7~8, temprature 37℃ and NaCl 10 g/L are the best growth conditions of these three strains .By liquid growth screening of five kinds of culture medium （I，II，III，IV，V）and identified test, preliminarily draw a conclusion that the culture medium is the cheapest with the most spore rate and the best liquid fermentation culture medium in production; little

基金项目：企业协作"新型生物饲料添加剂研制"项目。

通信作者：来航线（1964—），男，陕西礼泉人，副教授，在读博士，主要从事农业微生物及微生物发酵等方面的教学和科研工作。

white rat toxicology text identified that three strains of *Bacillus cereus*. B. C are safe for producting medicament or submedicament when the number of *Bacillus cereus*. B.C don't exteed 10^9 per gram.

Key words: *Bacillus ceneus*; identification; liquid culture medium

蜡样芽孢杆菌（*Bacillus cereus*，B.C）为 G+ 需氧型大杆菌，广泛存在于土壤等环境中。部分菌株具有致病性，被人误食后易导致呕吐和腹泻（蔡妙英，1985），无毒的 B.C 菌却具有很广泛的应用。抗生素作为药品和饲料添加剂已使用多年，但由于长期、大量的使用，导致人和畜禽肠道微生态系统失调，并产生抗药性和免疫力下降，以及畜产品药物残留等副作用。用蜡样芽孢杆菌为代表的细菌生产的微生态制剂（Microbial ecological agent，MEA）可以代替抗生素减少这些副作用。B.C 菌制剂多为非消化性食品添加剂或药剂，能选择性促进一种或几种定植于肠道内细菌的活性，抑制肠道内有害菌的生长，减少宿主染病的机会，保证了宿主的健康。另外，B.C 菌在生长过程中，还会产生一系列有益的代谢产物，刺激和促进宿主的生长（梁明振，2003；冯亚强，1995；周和平，1999）。

本试验通过对两株待试芽孢杆菌进行形态及生理生化特征的分析，并进行初步鉴定，同时采用液体发酵的方式探索其最佳生产培养基，为工业化生产提供理论依据。

1 材料与方法

1.1 材料

菌种：02 号菌株从西农农一站土壤中分离纯化得到；03 号菌株为本组菌种室保存；参比蜡样芽孢杆菌 –09 号菌株购自陕西省微生物研究所。

实验动物：一级小白鼠（18~22g），购自第四军医大学。

1.2 方法

培养特征（程丽娟，2000） 将 02、03 和 09 三株菌分别接种于培养基Ⅰ的平板和液体培养基（150mL 三角瓶装培养液 20mL）中，37℃培养 3d，每 12h 取培养物进行革兰氏染色，并观察菌体特征，菌落特征及其液体培养特征。

碳源、氮源试验（程丽娟，2000；张纪忠，1998） 在无碳、无氮的基础培养基中分别加入各待测碳源（20g/L），各待测 N 源（5g/L），观察并记录 02、03 和 09 三株菌在基础培养基上（CK）与各碳、氮源培养基上的长势，长势好于 CK 为利用"+"，否则为不利用"–"。

其他生理生化试验（张纪忠，1998；蔡妙英，1998） 溶血酶，卵磷脂酶，淀粉水解酶，棕檬酸盐利用，酪蛋白酶，石蕊牛奶，明胶水解试验，VP，MR，吲哚，H_2S 试验和硝酸盐还原试验均参照文献（张纪忠，1998）方法进行，耐盐试验（NaCl 质量分数为 10g/L、30g/L、50g/L 和 90g/L），耐酸碱试验（pH 为 3、4、5、8 和 9），生长温度试验（37℃、40℃、45℃和 50℃），采用液体培养，每 24h 用血球计数板计数一次，选出最适条件，参照文献（蔡妙英等，1988）方法进行。

毒性试验（蔡妙英，1985；甘肃农大，1994） 以腹腔注射、灌胃等方法分别注入 37℃培养 72h 的液体培养物、无菌培养液和菌粉，同时做纯淀粉组（CK），不注射也不灌胃组对照（CK）。

生产用液体培养基筛选（甘肃农大，1994；陈天寿，1995） 采用Ⅰ、Ⅱ、Ⅲ、Ⅳ、Ⅴ五种培养基，37℃培养（150mL 三角瓶装培养液 20mL），重复 5 次，同一接种量，每 12h 摇 1 次，每次约

5min，每 24h 取样记录菌数及芽孢数。

2 结果与分析

2.1 培养特征

2.1.1 群体培养特征 在肉汤培养基中生长混浊并产生菌膜；在营养琼脂上 37℃培养 48h，其菌落特征见表 1。

表 1 02、03 和 09 号菌株的固体培养特征

菌号	形状	边缘	表面	隆起度	颜色	质地
02	圆形	整齐	毛玻璃状	中心不突起	乳白色	均匀
03	不规则	不整齐	毛玻璃状	中心不突起	乳白色	均匀
09	圆形	整齐	毛玻璃状	中心不突起	乳白色	均匀

2.1.2 菌体及芽孢形态特征 在固体平板培养下，每 12h 作 1 次革兰氏染色，发现在 24h 时形成未脱落的芽孢，到 48h 芽孢已大部分脱落。菌体及芽孢形态见表 2。

表 2 02、03 和 09 号菌株的菌体及芽孢形态

菌号	菌体形态	菌体大小（μm）	芽孢大小（μm）	芽孢形状	芽孢位置
02	链状杆菌	1.0×3.0	1.0×1.8	椭圆形	中心或稍偏一端
03	链状杆菌	1.0×3.0	1.0×1.6	椭圆形	中心或稍偏一端
09	链状杆菌	1.0×3.0	1.6×1.6	椭圆形	中心或稍偏一端

2.2 各温度下生长情况

采用浅层液体发酵（150mL 三角瓶装培养基 20mL），于 37℃、40℃、45℃和 50℃下培养，每 24h 用血球计数板计数一次，其结果见表 3。

表 3 02、03 和 09 号菌株在各温度下的生长量 （个 /mL）

菌号 Strain	时间 Time（h）	T（℃）			
		37	40	45	50
02	24	2.8×10^8	2.9×10^7	1.4×10^7	1.1×10^7
	48	9.6×10^8	1.1×10^9	2.7×10^7	6×10^7
	72	3.1×10^{13}	1.6×10^9	6.4×10^7	6.2×10^7
03	24	1.6×10^8	4.2×10^7	2.9×10^7	1.8×10^7
	48	1.8×10^{10}	1.2×10^9	7.2×10^7	1.9×10^7
	72	6.4×10^{13}	1.4×10^9	9.1×10^7	2.3×10^7
09	24	4.0×10^8	5.4×10^7	1.4×10^7	3.0×10^7
	48	1.0×10^9	2.1×10^8	3.6×10^7	1.2×10^8
	72	7.8×10^{11}	8.6×10^9	5.1×10^7	2.3×10^8

由表 3 可以看出，37℃培养 02、03 和 09 号菌株的生长速度大于其他各温度，另外，37℃也恰好为人和动物体温，此温度生长也利于 B.C 菌在人或动物肠道增殖。

2.3 生理生化特征

采用细菌培养基，测定两株参试菌在不同 NaCl 浓度，不同 pH 条件下的生长情况，结果表明，02 号、03 号和 09 号菌株在 NaCl 质量分数为 5~30g/L 均可生长，但当 NaCl 质量分数为 10g/L 时生长最好。02、03 和 09 号菌株在 pH 为 5~9 均可生长，但其生长最适 pH 为 7~8。

参照文献（蔡妙英，1988）芽孢杆菌鉴定表中规定的相关测定项目，对参试的两株芽孢杆菌进行 13 项生理生化特征鉴定，结果见表 4。

表 4　02 号、03 号和 09 号菌株的生理生化特征

指标	菌号 02	菌号 03	菌号 09	指标	菌号 02	菌号 03	菌号 09
硝酸钾（KNO_3）	+	+	+	硝酸盐还原（NO_3^-）	+	+	+
蛋白胨	+	+	+	VP试验	+	+	+
硫酸铵（NH_4NO_3）	+	+	+	MR试验	+	+	+
尿	−	−	−	酪蛋白酶	+	+	+
甘露醇	−	−	−	吲哚试验	+	+	+
蔗糖	+	+	+				
葡萄糖	+	+	+				
Vp–pH	5.4	5.5	5.5				
淀粉酶	−	−	−				

结合表 1~ 表 4 试验结果，参照文献（蔡妙英，1988）芽孢杆菌鉴定表相关内容可初步鉴定 02 和 03 号菌株与 09 号菌株相同，均为蜡样芽孢杆菌（*Bacillus cereus*，B.C）。

2.4 动物毒性试验

动物毒性试验结果表明，02 号和 03 号菌株为弱毒，在菌数 >10^{13} 个 /g 时致死小白鼠，≤10^9 个 /g 时，无毒，09 号菌为无毒菌株。所以，02 号、03 号和 09 号菌株在添加量≤ 10^9 个 /g 时，均为安全无毒菌。

2.5 生产用培养基筛选

均采用 150mL 三角瓶中加培养液 20mL，37℃培养，每 12h 摇瓶 5min，且每 24h 做一次革兰氏染色，记录芽孢数（因为菌数经验证，已达 10^9 个 /mL 以上，达到生产要求），结果见表 5。

表 5　参试菌在不同培养基上的芽孢形成率

菌号 Strain	时间（h）Time	培养基 Culture medium I	II	III	IV	V
02	24h	0	0	80	60	90
	48h	<10	0	90	80	100
	72h	<20	<20	100	100	
03	24h	0	0	90	70	80
	48h	<10	0	100	90	90
	72h	<20	<20		100	100
09	24h	0	0	80	70	90
	48h	<10	0	100	100	100
	72h	<20	<20			

　　由表 5 可以看出，培养基Ⅲ、Ⅳ、Ⅴ的芽孢率都很高，达到了生产要求。但通过对比发现Ⅲ的成本为五种培养基中最低的（Ⅲ为贫瘠培养基），并且，由于Ⅳ、Ⅴ中含有土壤浸取液，在工业生产上不利操作，所以，Ⅲ为最佳生产培养基，其培养时间为 48~60h。

3　结　论

　　抗生素由于广谱抗菌等特点，作为药品和饲料添加剂已使用多年。但抗生素长期、大量的使用，导致人和畜禽肠道微生态系统失调，并产生抗药性和免疫力下降，以及畜产品药物残留等副作用。用蜡样芽孢杆菌为代表的细菌生产的微生态制剂可以代替抗生素减少这些副作用。1982 年，第一种 B.C 菌制剂"促菌生"问世，自此各种 B.C 菌制剂 MEA 如雨后春笋般出现。B.C 菌在肠道内增殖过程中，由于其有生物夺氧、优势种群和生物拮抗等作用，故抑制肠道内有害菌的生长，减少宿主染病的机会，保证了宿主的健康。另外，B.C 菌在生长过程中，还会产生一系列有益的代谢产物，可以刺激和促进宿主的生长。

　　本研究通过对两株待试芽孢杆菌的形态、培养特征、卵磷脂酶等 13 个生理生化特征，4 种氮源，12 种碳源利用试验，鉴定出 02 号和 03 号菌株与 09 号菌株一样均为蜡样芽孢杆菌（*Bacillus cereus*，B.C）。通过 pH 梯度、温度梯度、NaCl 浓度梯度等生长条件试验，初步断定此 3 株蜡样芽孢杆菌最适生长条件为 pH 为 7~8，温度 37℃，NaCl 10g/L；通过对Ⅰ，Ⅱ，Ⅲ，Ⅳ，Ⅴ 5 种培养基的液体培养筛选和验证试验，初步断定培养基Ⅲ在保证菌数的前提下，最为廉价，芽孢率也最高，为最适生产用液体发酵培养基，其培养时间为 48~60h；通过动物毒性实验（小白鼠喂养试验），02 号、03 号与 09 号菌株作为添加剂或药剂（菌数 ≤ 10^9 个 /g）均安全无毒。

参考文献共 9 篇（略）

原文发表于《西北农业学报》，2004，13（1）：33–36.

两株芽孢杆菌的鉴定

封晔，来航线，薛泉宏

（西北农林科技大学资源环境学院，陕西杨凌 712100）

摘要：通过对 2 株芽孢杆菌的形态学、生理生化试验及 16S rDNA 序列同源性分析，发现 B02 号菌株与 *Bacillus cereus* 的同源性为 100%，系统发育树分析与 *Bacillus cereus* 遗传关系最近，确定该菌株为 *Bacillus cereus*。而 B03 号菌株与 *Bacillus cereus* 的同源性为 98%，要确定其种还需进一步 DNA 杂交；该 2 株芽孢杆菌的芽孢数在 1.0×10^{12} 个 /kg 体重以下安全无毒。2 株芽孢杆菌的药敏性试验和拮抗性试验结果表明，参试菌对 5 类抗菌药物大多数都很敏感；对 4 种动物肠道病原菌无明显拮抗作用。通过酶系测定，参试菌都具有一定 SOD 酶活性。喂养实验结果表明，2 株菌对雏鸡具有一定的防病治病效果。以上结论初步证明该菌株的抑病促生机理主要是生物夺氧和有益代谢产物的作用，而非优势种群、生物拮抗作用。

关键词：芽孢杆菌；鉴定；毒理试验；药敏试验

The Separation and Identification of Two Bacillus Strains

FENG Ye, LAI Hang-xian, XUE Quan-hong

(College of Natural Resources and Environment, Northwest A&F University, Yangling, Shaanxi 712100, China)

Abstract: The B02 strain was identified as *Bacillus cereus*, based on the results of morphological, physiological characteristics and the homological analysis of 16S rDNA sequence.The phylogenetic tree built on the 16S rDNA sequence indicated B02 strain was the nearest to one of *Bacillus cereus*.The B03 strain needs more tests of DNA hybridization to ascertain its genus. The animal toxicity text identified that two strains of Bacillus are safe for producing medicament or submedicament when level of addition don't exteed 10^9 per gram. The results of antibiotic susceptibility test and antagonistic assay show two bacillus are sensitive to mass of antibacterial and without apparent antagonistc effect.By mensurating the enzymic activity, we can conclude that two bacillus have some superoxide dismutase and hydrolase activities. The

基金项目：国家“十一五”科技攻关奶业重大专项（2002BA518A17）；陕西省科技攻关项目（2003K01-G7）。

第一作者：封晔（1981—），女，甘肃兰州人，在读硕士，主要从事微生物资源与利用研究。

通信作者：来航线（1964—），男，陕西礼泉人，副教授，硕士生导师，主要从事微生物学资源利用和微生物生态研究。

feeding test identified that two strains have some effect on disease resistance and cure.All conclusion preliminarily proved that the disease resistance and growth stimulation mechanism of these strains mostly is the effect of biology scrambling oxygen and available metabo-lites, rather than the effect of dominant species and biological antagonism.

Key words: *Bacillus*; identification; toxicity text; susceptibility test

近年来，药物饲料添加剂的广泛应用，尤其是抗生素饲料添加剂的使用，在防治动物疾病方面发挥重要作用的同时，也给畜牧生产和人类带来一定的副作用。抗生素在抑制致病菌的同时，也抑制了对动物机体有益的生理性细菌，破坏肠道微生物的微生态平衡，导致动物，特别是幼畜禽对病原微生物的易感性；同时，长期饲喂抗生素使动物机体内产生具有抗药性的细菌，这些细菌对人畜均有害（梁明振，2003）。以芽孢杆菌为代表的细菌类微生物制剂可以代替抗生素减少这些副作用（李桂杰，2000；黄丽彬，2001）。

试验对从土壤中分离的 2 株芽孢杆菌进行了形态、生理生化及分子生物学的研究和鉴定，同时就其对病原菌的拮抗、常见药物的敏感性、动物毒性、喂养实验及 SOD 酶进行了初步研究，旨在为微生态制剂的工业化生产提供理论依据。

1 材料与方法

1.1 供试材料

芽孢杆菌 B02 与 B03 号菌株为本课题组分离自杨凌农田土壤。靶标菌：金黄色葡萄球菌（*Staphylococcus aureus*）、大肠杆菌（*Escherichia coli*）、鼠伤寒沙门氏菌（*Salmonella typhimurium*）和肠型点状气单胞菌（*Aeromonas hydrophila*）均为典型动物肠道病原菌，由西北农林科技大学动物科技学院卫检实验室提供。试验动物：一级小白鼠（18~22g）购自第四军医大学；雏鸡由西北农林科技大学动物科技学院提供。

1.2 方法

1.2.1 芽孢杆菌形态和培养特征观察 采用芽孢细菌培养基，将 B02 与 B03 号菌株通过稀释平板法及划线法进行纯化，于 35℃下培养 18~24h，并进行革兰氏染色及菌体形态和菌落特征的观察。

1.2.2 生长条件试验 耐盐性试验（NaCl 浓度：0.85mol/L、1.20mol/L 和 1.71mol/L）；耐酸碱试验（pH：4.3、5.5、6.6、8.4、8.6 和 8.7）；温度梯度试验（温度：35℃、40℃、45℃、50℃、55℃和60℃）。分别将参试菌接种于以上处理的液体培养基中培养 48h，记录生长状况。

1.2.3 生理生化试验 MR 试验、VP 试验、硝酸盐试验、吲哚试验、硫化氢试验、石蕊牛奶试验、苯丙氨酸试验、柠檬酸盐试验、淀粉水解试验、酪素水解试验、酪氨酸水解试验、卵磷脂酶试验、明胶水解试验、马尿酸盐试验、需氧性试验、溶血性试验、动力学试验及碳、氮源利用试验分别参照文献（张纪忠，1990）方法进行。

1.2.4 16S rDNA 序列分析 采用微波炉法提取 DNA（Sambrook J，1989）并用 0.8%（w/v）的琼脂糖凝胶电泳。然后采用细菌通用引物：正向引物 Primer A（对应于 E.coli 的 16S rDNA5'端 8-27f 位置）：5'-AGAGTTTGATCCTGGCTCAG-3'；反向引物 Primer B（对应于 *E. coli* 的 16S rDNA5'

端 1523-1504r 位置）：5'-AAGGAGGTGATCCAGCCGCA-3'进行 PCR 扩增。PCR 产物纯化与序列测定在上海生工生物工程公司进行。经过体外扩增的 16S rRNA 基因扩增产物直接测序后，利用 Blast 方式，将所测的 16S rDNA 序列与 GenBank 数据库中所有已测定的原核生物 16S rDNA 序列进行比较，初步得出供试菌株的系统发育地位。

1.2.5　拮抗试验　将 2 株参试菌采用点接法和平板打孔法接于涂好病原菌的平板上，35℃倒置培养 24h，观察并记录抑菌圈大小。

1.2.6　动物毒性试验（杨履渭，1992）　选用一级小白鼠（18~22g）作为试验动物，以腹腔注射、灌胃等方法分别注入发酵液（有效芽孢数含量 ≥ 10^9 个 /mL）和菌粉（有效芽孢数含量 ≥ 10^9 个 /g），同时设无菌培养物对照组和自然对照组。

1.2.7　药敏性试验（刘萍，2005）　将 5 大类共 16 种药敏片置已涂布芽孢杆菌的平板上，35℃培养 24h，观察并记录抑菌圈大小。

1.2.8　SOD 酶活测定　将 2 株参试菌分别接入细菌液体培养基中（500mL 三角瓶装培养液 100mL），在 35℃下培养，从培养 12h 开始，每 8h 取样 1 次，菌悬液在低温冷冻离心机中 14 000r/min 离心 15min，取上清液，然后使用氮蓝四唑法（NBT）（李合生，2000）测定超氧化物歧化酶（SOD）活性。

1.2.9　喂养试验　将雏鸡随机分成 4 组，每组 50 只，第 1 组为参试菌剂预防，第 2 组为参试菌剂治疗，第 3 组为环丙沙星治疗，第 4 组为鸡白痢沙门氏杆菌攻毒对照（不饲喂活菌制剂）。从 1 日龄开始，预防组（1 组）每日饮用活菌制剂 5mL（活菌制剂有效菌数为 1×10^9 个 /mL）；3 日龄，给所有的雏鸡滴喂鸡沙门氏杆菌。每日观察鸡仔健康状况，记录发病和死亡情况，30 日龄时，逐个称重，计算死亡率、存活率及增重率（所有雏鸡均采用网上笼养，任其自由采食和饮水）。

2　结果与分析

2.1　菌落及形态特征

通过平板和镜检观察，2 株参试菌的菌落及形态特征见表 1。

2.2　生长条件试验

采用芽孢细菌液体培养基，测定 2 株参试菌在不同温度、不同 NaCl 浓度、不同 pH 条件下的生长情况，结果见表 2。

表 1　2 株参试菌的菌落及形态特征

菌株 Strains	形态特征 Charaters of shape					菌落特征 Character of colony
	菌体形态 Bacteria shape	菌体大小/μm Size	芽孢形状 Sporeshape	芽孢位置 Sporeplace	G^+/G^-	
B02	链状杆菌 Chainbiciltus	1.0×3.0	椭圆形 Elliptic	中心或稍偏一端 Centreorbeside	G^+	圆形、光滑、整齐、白色、不透明 Circular, Smooth, Rerular, White, Non-transparent
B02	链状杆菌 Chainbiciltus	1.0×3.0	椭圆形 Elliptic	中心或稍偏一端 Centreorbeside	G^+	圆形、光滑、锯齿状、白色、不透明 Circular, Smooth, Seriation, White, Non-transparent

表2　2株菌的生长条件试验

菌株 Strains	T（℃）						NaCl（mol/L）				pH				
	35	40	45	50	55	60	0.85	1.20	1.71	4.3	5.5	6.6	8.4	8.6	8.7
B02	+++	+++	+	+	−	−	++	+	−	−	++	+++	+++	+++	++
B03	+++	+++	++	+	−	−	++	+	−	−	++	+++	+++	+++	++

注：表中"−"表示不生长；"+"表示生长；"++"表示生长较好；"+++"表示生长很好。

从表2可以看出，2株菌均能在50℃、7%盐浓度下生长，并且在微碱性环境中生长较微酸性环境中好。

2.3　生理生化试验

参照文献芽孢杆菌鉴定表（张纪忠，1990）中规定的相关测定项目，对参试的2株芽孢杆菌进行了24项生理生化特征鉴定，结果见表3。

2.4　16S rDNA 序列分析

16S rDNA 序列系统发育分析结果最后确定了各菌株的归属。通过将测得的 16S rDNA 序列与 GenBank 中的序列比较，确定 B02 号菌株与 *Bacillus cereus* 的同源性为100%，系统发育树分析确定该菌株为 *Bacillus cereus*；而 B03 号菌株与 *Bacillus cereus* 的同源性为98%，要确定其种还需进一步 DNA 杂交。

2.5　拮抗试验

大量研究表明（潘康成，1997），微生物制剂的作用机理之一就是有益菌产生抗生素类物质拮抗动物病原菌，用2株菌对4种动物肠道病原菌进行了皿内拮抗试验，结果表明参试菌对靶标菌均无拮抗作用，说明此菌株不是通过产生抗生素类物质起作用的，其具体作用机理还需进一步探讨。

表3　2株菌的生理生化试验结果

指标 Index	B02	B03	指标 Index	B02	B03
木糖 Xylose	−	−	石蕊牛奶 Litmu screamery	陈化	陈化
果糖 Fructose	+	+	M.R.	+	+
蔗糖 Sucros	−	+	V.P.	+	+
葡萄糖 Glucose	+	+	V.P. −pH	5.8	5.9
甘露醇 D–Vmannose	−	−	酪素水解 Casein hdrolysis	+	+
阿拉伯糖 Arabinose	−	−	酪氨酸水解 Tyrosine hydrolysis	−	−
苯丙氨酸 Phenylalanine	−	−	卵磷脂水解 Lecithin hydrolysis	+	+
马尿酸盐 Benzoylgcline	−	−	硝酸盐还原 Nitricacid reduction	+	+
柠檬酸盐 Citrate	−	−	淀粉水解 Starch hydrolysis	+	+
明胶水解 Gelat in hydrolysis	+	+	需氧性 O_2	+	+
吲哚 Indole	+	+	溶血性 Helomysis	++	+
硫化氢 H_2S	−	−	运动性 Motility	绒毛状	丝状

注：表中"+"表示阳性或能够利用；"−"表示阴性或不能利用

2.6 动物毒性试验

动物毒性试验结果表明，2 株菌均为弱毒，在芽孢数 ≥ 1.0×10^{16} 个 /kg 体重时可致死小白鼠，≤ 1.0×10^{12} 个 /kg 体重时无毒，所以在微生态制剂治病防病中，该 2 株菌在正常用量时是安全的。

2.7 药敏性试验

采用纸片扩散法进行试验，结果以美国 NC-CLS 文件为判断标准报告，结果见表 4。

表 4　药敏性试验结果

抗菌药物 Antibacterial	药片含药量 Dose of troche （μg/ 片）	判定标准 Standard of eriterion ［抑菌圈直径（mm） antibiolotic circle diameter］			直径 Diameter （mm） B02	直径 Diameter （mm） B02	参试菌对抗菌药物的敏感性 Susceptibility	
		耐药 resistance	中敏 Low suscepti-biliyies	高敏 Higher suscepti-biliyies			B02	B03
四环素 Tetracycline	30	<14	15~18	>19	19*	22	高敏	高敏
氯霉素 Chloramphenicol	30	<12	13~17	>18	27	34*	高敏	高敏
红霉素 Erythromycin	15	<13	14~22	>23	26	42*	高敏	高敏
复方新诺明 Trimetho-prim and sulphame-thox-azole	23.75/1.25	<10	11~15	>16	0	0	耐药	耐药
先锋噻肟 Cefotaxime	30	<14	15~22	>23	8.5*	17	耐药	中敏
氟哌酸 Fluperacid	10	<12	13~16	>17	25	27*	高敏	高敏
氟嗪酸 Ofloxacin	5	<12	13~15	>16	29	30*	高敏	高敏
痢特 Furazolidone	300			15	24	26		
链霉 Streptomycin	10	<11	12~14	>15	31	15/36*	高敏	高敏
卡那霉素 Kanamycin	30	<13	14~17	>18	28	28	高敏	高敏
庆大霉素 Gentamycin	10	<12	13~14	>15	31	12/32*	高敏	耐药
万古霉素 Vancomycin	30				19	23*		
氨苄青 Ampicillin	10	<11	12~14	>15	0	22*	耐药	高敏
青霉素 G penicillin G	10	<		>	0	22*	耐药	
先锋 V Cefazolin V	30	<		>	14	19		
利福平 Rifampicin	5	<16	17~19	>20	23	23*	高敏	高敏

"*"表示抑菌圈不明显或不彻底

从表 4 可以看出，在对抗生素类、氟喹诺酮类、磺胺类、呋喃类、喹恶啉类等 5 类抗菌药物的药敏性试验中，2 株参试菌对大多数药物都很敏感，其中 B03 号菌株仅对复方新诺明和庆大霉素耐药性强，而 B02 号菌株则对复方新诺明、先锋噻肟、氨苄青霉素和青霉素 G 有较强耐药性。

2.8 SOD 酶活性测定

对 2 株参试菌进行液体发酵，定期取样后，SOD 活性的测定结果见表 5。

表 5　SOD 酶活性大小

SOD 酶 Superoxide dismutase activity	时间（h）Time				
	12	20	28	36	44
B02	170	425	710	1 150	765
B03	188	470	605	996	820

从表 5 可以看出，在 28~36h 内，2 株菌可迅速达到最高酶活（苏宁，1999；杨保伟，2004）。相对来说，B02 号菌株的最高酶活值比较稳定，且在相同条件下达到最高酶活值的时间比较短，为工业生产的理想菌种。

2.9 喂养试验

喂养试验结果表明，第 1 组、第 2 组的成活率、死亡率与第 3 组均比较接近。由此可以说明，给雏鸡饲喂此 2 株菌的菌剂能减少雏鸡死亡，提高其成活率，即 2 株菌对雏鸡来说具有一定的防病治病效果。雏鸡增重试验结果表明，饲喂组均比对照组体重明显增加，其中预防组的增重效果最为显著。

3　结论与讨论

（1）通过对 2 株芽孢杆菌的形态学、生理生化试验及 16S rDNA 序列同源性分析，发现 B02 号菌株与 *Bacillus cereus* 的同源性为 100%，系统发育树分析与 *Bacillus cereus* 遗传关系最近，确定该菌株为 *Bacillus cereus*。而 B03 号菌株与 *Bacillus cereus* 的同源性为 98%，要确定其种还需进一步 DNA 杂交。

（2）在对 5 类抗菌药物的药敏性试验中，2 株参试菌对大多数药物都很敏感，所以在应用中应尽量避免与抗菌药物同时使用。

（3）动物毒性试验结果表明，该 2 株芽孢杆菌的添加量应控制在 1.0×10^{12} 个 /kg 体重以下。

（4）2 株菌对 4 种动物肠道病原菌的皿内拮抗试验表明，参试菌对靶标菌无拮抗作用；通过测定，2 株参试菌都具有较高 SOD 酶活性。

（5）喂养试验结果表明，2 株菌对雏鸡具有一定的防病治病效果。

（6）2 株菌对靶标菌无拮抗作用并具有较高的 SOD 酶，可以初步推断此 2 菌株不是通过产生抗生素类物质起作用的，其作用方式可能是通过生物夺氧，使其失调的菌群平衡调整恢复到正常状态或增强机体的免疫功能，提高机体的抗病能力。

而 SOD 酶可降解饲料中的某些抗营养因子，促进消化吸收，提高饲料的转化率，并能产生各种营养物质，如维生素、氨基酸及未知促进生长因子等，参与机体的新陈代谢，促进动物生长。

参考文献共 20 篇〔略〕

原文发表于《西北农业学报》，2007，16（3）：227–231.

饲用芽孢杆菌的筛选鉴定及固态发酵培养基的优化

张文磊，来航线，张艳群，马玥

（西北农林科技大学资源环境学院，陕西杨凌 712100）

摘要：为了筛选鉴定供试菌株，对其固态发酵培养基组分进行优化。从 8 株供试菌株中筛选出两株优良菌株 B02 和 B06，采用形态特征和生理生化鉴定方法、16S rDNA 序列测定和系统发育分析对 B02 和 B06 进行鉴定；以活菌含量为指标，通过 $L_9(3^4)$ 正交试验，对固态发酵培养基组分的不同配比进行优化。结果表明，B02 为蜡样芽孢杆菌（*Bacillus cereus*），B06 为枯草芽孢杆菌（*Bacillus subtilis*）。B02 和 B06 最佳培养基配比分别为麦麸 695.6 g/kg、豆粕 87.0 g/kg、玉米粉 87.0 g/kg、米糠 130.4 g/kg 和麦麸 761.9 g/kg、豆粕 95.2 g/kg、玉米粉 95.2 g/kg、米糠 47.7 g/kg。B02 和 B06 在麦麸、豆粕等发酵物料中生长良好，在优化后的培养基中培养最高活菌含量分别可以达到 10^{13} CFU/g 和 10^{10} CFU/g 以上，具有很大的开发利用潜力。

关键词：芽孢杆菌；鉴定；固态发酵；培养基优化

Screening and Identification of Forage *Bacillus* and Optimization of Its Solid-state Fermentation Medium

ZHANG Wen-lei, LAI Hang-xian, ZHANG Yan-qun, MA Yue

(College of Natural Resources and Environment, Northwest A&F University, Yangling, Shaanxi 712100, China)

Abstract: This research screened and identified the *Bacillus* keeping in the laboratory, also optimized its culture medium of solid-state fermentation. B02 and B06 strains were screened from eight tested bacilli by the physiology and homological analysis of 16S rDNA sequence and optimized the ratios of different components in the culture medium of solid fermentation through $L_9(3^4)$ orthogonal test, taking the quantities of *Bacillus* as an index. The results showed that B02 was identified as *B. cereus* strain, B06 as *B. subtilis* strain. The best components ratio for fermentation was: wheat bran 695.6 g/kg, soybean meal 87.0 g/kg, corn flour 87.0 g/kg, and rice bran 130.4 g/kg for B02 and wheat bran 761.9 g/kg, soybean meal

基金项目："十二五"国家科技支撑计划项目（2012BAD14B11）。

第一作者：张文磊，男，硕士，从事微生物资源与利用研究。E-mail: zhangwenlei1003@163.com。

通信作者：来航线，男，副教授，主要从事微生物生态、微生物资源与利用研究。E-mail: laihangxian@163.com。

95.2 g/kg, corn flour 95.2 g/kg, and rice bran 47.7 g/kg for B06. B02 and B06 grew well in fermented medium including wheat bran and soybean meal. The optimized culture medium of solid-state fermentation had a high development potential, since the quantities of bacillus could reach up to 10^{13} CFU/g and 10^{10} CFU/g, respectively.

Key words: *Bacillus*; identification; solid-state fermentation; optimization of medium components

芽孢杆菌（*Bacillus*）是一类重要的微生物资源，它们对外界有害因子抵抗力强，广泛存在于土壤、水等环境中以及动物肠道等处，是目前用于畜牧业生产中微生态制剂生产菌种的重要益生菌之一。大多数芽孢杆菌为革兰氏染色阳性、好氧或兼性厌氧细菌，其代谢产物中富含丰富的淀粉酶、蛋白酶、酯酶、SOD 酶（苏宁，1999）等酶类以及其他丰富的营养物质，且能在肠道内产生多种消化酶，为动物机体提供多种维生素等营养物质。它添加于动物饲料中，可以调节动物机体微生态平衡，从而达到促进动物生长、提高饲料利用率、改善畜产品品质的目的（Salminen，1999；许振英，1994），是制备微生态制剂的理想菌株。在抗生素污染问题越来越严重的今天，饲用芽孢杆菌的研究应用有着极为重要的意义。此外，在植物生产中，一些芽孢杆菌不仅有防病作用，而且有增产功效，可以改善植物根际环境，刺激和调控作物生长，抑制作物病害的发生（李文建，1999）。

饲用芽孢杆菌类微生态制剂现已广泛应用于养殖业，随着经济和技术的发展，饲料添加剂产品正向高效、无公害的方向发展，要实现畜产品的绿色化，其前提条件就是要在饲料添加剂产品的开发上进行技术创新。与液态发酵相比，固态发酵作为芽孢杆菌工业发酵的一种新方法，在生产中逐渐体现出它的优越性：培养基含水量少，环境污染少，容易处理；能源消耗量低，工艺设备和技术较简单，投资低；目标产物可达到较高浓度，后处理方便等（方萍，2002）。芽孢杆菌的发酵工艺由液体发酵转为固体发酵，效价得到明显提高，且利用一些生产成本低廉的农副产品作为发酵培养基的主要碳氮源，有利于实现工业化大规模发酵生产（丁学知，2003）。本研究对 8 株供试芽孢杆菌进行形态特征、生长特性以及生理生化试验，并结合现代分子生物学技术对筛选出的两株芽孢杆菌进行鉴定；通过正交试验对两株菌的固态发酵培养基组分进行优化，确定各组分的最佳配比，以期为这两株芽孢杆菌作为饲用微生态制剂的开发和应用提供理论依据。

1 材料与方法

1.1 试验材料

1.1.1 供试菌株　B04、B07 是由中国工业微生物菌种保藏管理中心（CICC）提供的可作为饲用微生态制剂开发的功能菌株，分别为枯草芽孢杆菌（*Bacillus subtilis*，CICC 编号：20037）和地衣芽孢杆菌（*Bacillus licheniformis*，CICC 编号：23584）；B05 分离自山东宝来利来生物工程股份有限公司的饲料添加剂产品，为地衣芽孢杆菌；其余菌株为西北农林科技大学资源环境学院微生物生态研究室筛选保藏的可作为饲用微生态制剂开发应用的芽孢杆菌。

1.1.2 培养基　牛肉膏蛋白胨琼脂培养基（程丽娟，2000）、种子液培养基和基础发酵培养基（胡爽，2009）；固体发酵培养基（胡爽，2009）所用麦麸、豆粕、玉米粉和米糠等材料均购于市场。

1.2 试验方法

1.2.1 菌株形态特征观察 从35℃培养18~24h的平板上挑取单菌落接种于牛肉膏蛋白胨琼脂培养基上，用划线法纯化菌株，并进行革兰氏染色及菌体形态和菌落特征观察。

1.2.2 生长条件试验 耐盐性试验（NaCl浓度：0.85mol/L、1.20mol/L和1.71mol/L）；耐酸碱试验（pH为4.3、5.5、6.6、8.4、8.6和8.7）；温度梯度试验（35℃、40℃、45℃、50℃、55℃和60℃）。分别将供试菌接种于以上处理的芽孢杆菌液体培养基中，根据试管内液体培养基是否变混浊、表面是否有菌膜或试管底部是否有沉淀等现象来判断供试菌的生长状况，记录观察结果（程丽娟，2000；张纪忠，1998）。

1.2.3 生长曲线测定 将斜面保存的8株供试菌，各取一环接种到装有50mL种子液培养基的250mL三角瓶中，35℃、180r/min培养18h。用血球计数板统计菌数，然后按10^5个/mL的接种量接种到装有50mL基础发酵培养基的250mL三角瓶中，35℃、200r/min的条件下培养。分别于0h、12h、18h、24h、36h、48h时取样计数，采用稀释平板法和血球计数板两种方法（程丽娟，2000）测定活菌数；然后将所取样品在80℃水浴加热20min，用稀释平板法测定芽孢数。

1.2.4 生理生化试验糖或醇发酵试验 （葡萄糖、果糖、木糖、蔗糖、甘露醇、阿拉伯糖）、接触酶试验、M-R试验、V-P试验、苯丙氨酸试验、淀粉水解试验、酪素水解试验、硝酸盐还原试验、柠檬酸盐试验、明胶水解试验、吲哚试验、需氧型试验、产硫化氢试验、石蕊牛奶试验、马尿酸盐试验、酪氨酸水解试验、卵磷脂水解试验、运动性试验、溶血性试验参照文献（张纪忠，1998）和（蔡妙英，1983）的方法进行。

1.2.5 16S rDNA基因序列分析 采用LiWJ等（LiWJ，2007）的方法提取DNA，并用8g/L的琼脂糖凝胶电泳检测。然后采用细菌通用引物进行PCR扩增。PCR产物纯化与基因序列分析委托上海生工生物工程技术服务有限公司进行。经过体外扩增的16S rRNA基因扩增产物直接测序后，将获得的16S rDNA序列与Ez Taxon server 2.1数据库中所有已测定的原核生物16S rDNA序列进行比较，并构建系统发育树，确定供试菌株的分类地位。

1.2.6 固态发酵培养基优化 以目标产物中的活菌含量为依据，选择麦麸、豆粕、玉米粉和米糠4个因素的合适水平进行$L_9(3^4)$正交试验（孙翠霞，2006）（表1）。正交试验结果由DPS 6.55统计软件分析。通过极差和方差分析，得出两株芽孢杆菌进行固态发酵的优化培养基。

表1 正交试验因素水平 （g）

水平	麦麸（A）	豆粕（B）	玉米粉（C）	米糠（D）
1	35	5	2.5	2.5
2	40	10	5	5
3	45	15	7.5	7.5

2 结果与分析

2.1 菌落及形态特征

通过平板培养和镜检观察，8株参试菌的菌落和菌体形态特征见表2。

表2　8株参试菌的菌落和形态特征

菌株	形态特征					菌落特征
	菌体形态	菌体大小/μm	芽孢形状	芽孢着生位置	G⁺/G⁻	
B02	链状杆菌	1.0×3.0	椭圆形	中心或稍偏一端	G^+	圆形、光滑、整齐、乳白色、不透明
B03	链状杆菌	1.0×4.0	椭圆形	中心或稍偏一端	G^+	圆形、光滑、整齐、乳白色、不透明、菌落较大
B04	杆菌	0.7×2.5	椭圆形	中心或稍偏一端	G^+	圆形、粗糙、不整齐、乳白色、不透明
B05	杆菌	0.6×2.5	椭圆形	中心或稍偏一端	G^+	圆形、光滑、整齐、红黄色、不透明
B06	杆菌	0.8×2.6	椭圆形	中心或稍偏一端	G^+	圆形、粗糙、不整齐、白色、不透明
B07	杆菌	0.6×1.6	椭圆形	中心或稍偏一端	G^+	圆形、粗糙、不整齐、白色、不透明、菌落较大
B08	杆菌	0.6×1.5	椭圆形	中心或稍偏一端	G^+	圆形、粗糙、不整齐、乳白色、不透明
B09	链状杆菌	1.0×3.0	椭圆形	中心或稍偏一端	G^+	圆形、光滑、整齐、乳白色、不透明

2.2　生长条件试验

采用细菌液体培养基，测定8株参试菌在不同NaCl浓度、不同温度、不同pH条件下的生长情况，结果见表3。

从表3中可以看出，8株供试菌均能在50℃、1.20mol/L盐浓度条件下生长，仅B05和B08可以在55℃生长；8株菌均能在弱酸和弱碱环境中生长，且在弱碱环境中长势优于弱酸环境，B04、B05、B06和B08能在pH为4.3的条件下生长，对酸碱环境的适应能力更强。

表3　8株参试菌的生长条件

菌株	t（℃）						c（NaCl）/（mol/L）				pH				
	35	40	45	50	55	60	0.85	1.20	1.71	4.3	5.5	6.6	8.4	8.6	8.7
B02	+++	+++	+	+	−	−	++	+	−		++	+++	+++	+++	++
B03	+++	+++	+	+	−	−	++	+	−	−	++	+++	+++	+++	++
B04	+++	+++	+	+	−	−	++	+	−	+	++	+++	+++	++	++
B05	+++	+++	+	+	+	−	++	+	−	+	++	+++	+++	+++	++
B06	+++	+++	+	+	−	−	++	+	−	+	++	+++	+++	++	++
B07	+++	+++	+	+	−	−	++	+	−		++	+++	+++	+++	++
B08	+++	+++	+	+	+	−	++	+	−	+	++	+++	+++	+++	++
B09	+++	+++	++	+	−	−	++	+	−	−	++	+++	+++	+++	++

注：−为不生长；+为生长；++为生长较好；+++为生长很好

2.3　生长曲线的测定

根据试验结果所测定的8株芽孢杆菌的生长曲线见图1。由图1可以看出，B02和B09生长状况最好，在 30h 左右其活菌数量能达到 10^{14} CFU/mL 以上；其次是 B06 和 B07，活菌数量最高时能达到 10^{13} CFU/mL 以上，其余菌株长势相对较弱。B02、B06 和 B09 与 3 株对照菌 B04、B05、B07 相比有明显优势，且由表 3 可知，3 株菌对酸碱等不良环境均有一定的适应能力，可作为优良菌株进行后续研究。

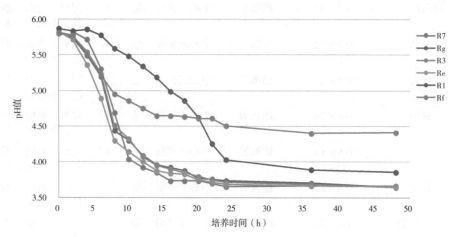

N 为芽孢杆菌的活菌数量（ N 的单位为 CFU/mL ）N meanvia blecount of Bacillus （ CFU/mL ）

图1 8株芽孢杆菌的生长曲线

2.4 生理生化试验

参照文献（张纪忠，1998；蔡妙英，1983）芽孢杆菌鉴定表中规定的相关测定项目，对筛选出的两株菌进行生理生化特征试验，结果见表4。分析表2~4试验结果，并参照文献（蔡妙英，1983；东秀珠，2001；布坎南，1984）芽孢杆菌鉴定表相关内容，可初步确定 B02 和 B09 为蜡样芽孢杆菌（ *Bacillus cereus* ）；B06 为枯草芽孢杆菌（ *Bacullus subtilis* ）。

表4 3株参试菌的生理生化特征

指标Index	B02	B06	B09	指标Index	B02	B06	B09
葡萄糖Glucose	+	+	+	马尿酸盐Benzoylgcline	−	−	−
果糖Fructose	+	+	+	柠檬酸盐Citrate	+	+	+
木糖Xylose	−	+	−	明胶水解Gelatin hydrolysis	+	+	+
蔗糖Sucros	+	+	+	吲哚Indole	+	−	+
甘露醇D–Vmannose	−	+	−	硫化氢H₂S			
阿拉伯糖Arabinose	−	+	−	酪氨酸水解Tyrosine hydrolysis	−	−	−
接触酶Catalase	+	+	+	卵磷脂水解Lecithin hydrolysis	+	−	+
M–R	−	−	−	硝酸盐还原Nitricaci dreduction	+	+	+
V–P	−	+	−	需氧性O₂	+	+	+
V–P–pH	5.8	5.4	5.8	溶血性Helomysis	+	+	+
淀粉水解Starch hydroly	+	+	+	运动性Motility	+	+	+
酪素水解Casein hydrolysis	+	+	+	石蕊牛奶Litmus creamery	陈化	产酸	陈化
苯丙氨酸Phenylalanine	−	−	−				

注：＋为阳性或能够利用；—为阴性或不能利用

2.5　16S rDNA 基因序列分析

　　B02、B09 和 B06 序列长度均约 1.4bp，且通过比对发现 B02 和 B09 碱基序列相同，同源性达 100%，另外根据其形态特征观察和生理生化试验等试验结果，可以确定 B02 和 B09 为同一菌株。

　　将其提交到 Ez Taxonserver 2.1 核酸数据库中进行在线分析，B02 与数据库中 *Bacillus cereus* ATCC14579（T）AE016879 最相近，相似度达 99.859%。利用 ClustalX 软件和 MEGA 4.1 软件对菌株的测序结果进行系统发育分析，结果如图 2 所示。B02 与 *Bacillus cereus* ATCC 14579（T）AE016879 在系统发育树的同一分支上，其亲缘关系最近。因此，结合菌株菌落形态特征、生理生化特征、同源性和系统发育分析，B02 被鉴定为蜡样芽孢杆菌（*B. cereus*）B06 与数据库中 *Bacillus subtilis subsp.* subtilis NCIB3610（T）ABQL01000001 最相近，相似度达 99.785%。利用 ClustalX 软件和 MEGA 4.1 软件对菌株的测序结果进行系统发育分析，结果如图 3 所示。

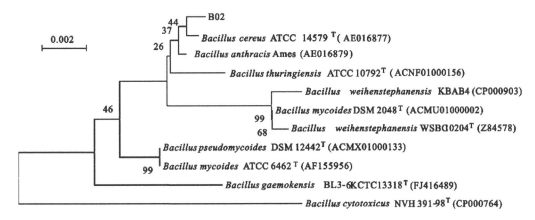

菌种名后为登录号 Accession numbers followed the name of bacteria

图 2　B02 的 16S rDNA 系统发育树

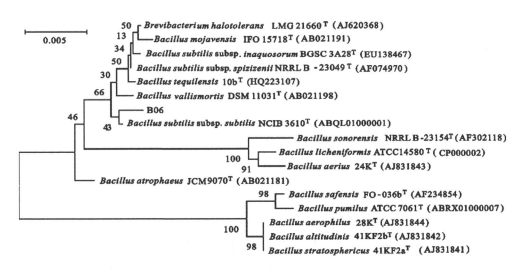

菌种名后为登录号 Accession numbers followed the name of bacteria

图 3　B06 的 16S rDNA 系统发育树

　　B06 与 *Bacillus subtilis subsp.* subtilis NCIB 3610（T）ABQL01000001 在系统发育树的同一分支

上，亲缘关系最近。因此，结合菌株菌落形态特征、生理生化特征、同源性和系统发育分析，B06被鉴定为枯草芽孢杆菌（*B. subtilis*）。

2.6 固态发酵培养基优化试验

2.6.1 B02 B02菌株 L_9（3^4）正交试验设计、测定结果和方差分析，分别见表5、表6。

表5 B02 L_9（3^4）正交试验设计和测定结果（$\bar{x} \pm s$）

序号 Number	试验因素 Factors				活菌数（$\times 10^{12}$）/（CFU/g）The quantities of living bacillus
	A	B	C	D	
1	35	5	2.5	2.5	7.14 ± 0.34
2	35	10	5.0	5.0	10.74 ± 1.02
3	35	15	7.5	7.5	5.40 ± 1.08
4	40	5	5.0	7.5	15.12 ± 0.72
5	40	10	7.5	2.5	8.72 ± 0.64
6	40	15	2.5	5.0	4.56 ± 0.08
7	45	5	7.5	5.0	7.00 ± 0.92
8	45	10	2.5	7.5	5.72 ± 0.92
9	45	15	5.0	2.5	7.60 ± 0.56
k_1	7.760 0	9.753 3	5.806 7	7.820 0	
k_2	9.466 7	8.393 3	11.153 3	7.433 3	
k_3	6.773 3	5.853 3	7.040 0	8.746 7	
R	2.693 3	3.900 0	5.346 7	1.313 3	

表6 B02正交试验结果方差分析

变异来源	平方和	自由度	均方	F 值	Fa
麦麸（A）	22.280 5	2	11.140 3	9.524 9	$F_{0.05 (2, 9)} = 4.26$
豆粕（B）	47.022 4	2	23.511 2	20.101 9	$F_{0.01 (2, 9)} = 8.02$
玉米粉（C）	34.054 9	2	47.027 5	40.208 2	
米糠（D）	5.466 1	2	2.733 1	2.336 8	
误差	10.526 4	9	1.169 6		
总和	179.350 3	17			

通过表5、表6可知，影响B02固态发酵活菌含量的4个因素的主次顺序依次为C>B>A>D，即玉米粉、豆粕、麦麸、米糠；各因素的最佳水平为 $A_2B_1C_2D_3$，即培养基中应含麦麸40g、豆粕5g、玉米粉5g、米糠7.5g。从表6方差分析结果可知，玉米粉、豆粕、麦麸对B02菌株发酵后的菌数都有极显著的影响，而米糠对其影响不显著。因最优展望组合 $A_2B_1C_2D_3$ 未在正交表中，所以对此展望组合进行验证试验。将B02在其优化后的培养基上进行固态发酵培养，菌数最高可达

2.52×10^{13}CFU/g，高于正交试验中的各个处理。因此确定最优培养基组分为$A_2B_1C_2D_3$，即含麦麸695.6g/kg、豆粕87.0g/kg、玉米粉87.0g/kg、米糠130.4g/kg。麦麸既为菌体生长提供碳源，又是菌体生长的载体，在培养基中能起到填充作用，增加麦麸的比例会增加培养基的透气性，因此其所占比重较大。豆粕是蛋白质含量丰富的有机氮源，为菌体生长代谢产物的合成提供必要的氨基酸，但其黏度比较大，为防止影响透气性，应适量加入（孙翠霞，2006）。

2.6.2　B06　B06菌株$L_9（3^4）$正交试验设计、测定结果和方差分析，分别见表7、表8。通过表7、表8可知，影响B06固态发酵活菌含量的4个因素的主次顺序依次为B>A>C>D，即豆粕、麦麸、玉米粉、米糠；各因素水平的最佳组合为$A_2B_1C_2D_1$，即培养基中应含麦麸40g、豆粕粉5g、玉米粉5g、米糠2.5g。从表8方差分析结果可知，豆粕和麦麸对B02发酵后的菌数都有极显著的影响，而玉米粉和米糠对其没有显著影响。

将B06在其优化后的培养基上进行固态发酵培养，菌数最高可达5.36×10^{10}CFU/g，高于正交试验中的各个处理。因此确定最优培养基组分为$A_2B_1C_2D_1$，即含麦麸761.9g/kg、豆粕95.2g/kg、玉米粉95.2g/kg、米糠47.7g/kg。

表7　B06$L_9（3^4）$正交试验设计和测定结果（$\bar{x} \pm s$）

序号 Number	试验因素Factors				活菌数（$\times 10^{12}$）/（CFU/g）The quantities of living bacillus
	A	B	C	D	
1	35	5	2.5	2.5	3.01 ± 0.41
2	35	10	5.0	5.0	1.05 ± 0.16
3	35	15	7.5	7.5	0.40 ± 0.60
4	40	5	5.0	7.5	4.20 ± 0.60
5	40	10	7.5	2.5	2.34 ± 0.38
6	40	15	2.5	5.0	1.80 ± 0.52
7	45	5	7.5	5.0	1.85 ± 0.59
8	45	10	2.5	7.5	0.88 ± 0.08
9	45	15	5.0	2.5	1.47 ± 0.39
k_1	1.490 0	3.020 0	1.896 7	2.273 3	
k_2	2.780 0	1.426 7	2.243 3	1.570 0	
k_3	1.400 0	1.223 3	1.530 0	1.826 7	
R	1.380 0	1.796 7	0.713 3	0.703 3	

表8　B06正交试验结果方差分析

变异来源	平方和	自由度	均方	F值	Fa
麦麸（A）	7.153 2	2	3.576 6	12.392 9	$F_{0.05 (2, 9)} = 4.26$
豆粕（B）	11.616 1	2	5.808 1	20.125 0	$F_{0.01 (2, 9)} = 8.02$
玉米粉（C）	1.526 9	2	0.763 5	2.645 4	
米糠（D）	1.520 1	2	0.760 1	2.633 6	
误差	2.597 4	9	0.288 6		
总和	24.413 7	17			

3 结论与讨论

（1）活菌数和芽孢率是评价饲用微生态制剂性能的重要指标。有较高的活菌数才能保证芽孢杆菌代谢产物中各种酶类的量足够多，才能有效地起到抗病促生的作用。本研究通过测定供试菌株的生长曲线和进行供试菌株的生长条件试验，筛选出两株优良菌株——B02 和 B06，其在液体摇瓶培养过程中最高菌数可分别达到 10^{14}CFU/mL 和 10^{13}CFU/mL，与 CICC 提供的模式 B04、B07 和已经用于工业生产的 B05 相比具有明显优势，且抗逆性较强，是进行工业生产的非常理想的菌株。

（2）菌种鉴定是益生菌研究和生产中的最重要环节之一。综合 16S rDNA 基因序列分析及其相应的形态特征和生理生化特征来鉴定微生物是一种非常科学的方法（MasukiT，2004）本试验通过研究传统的细菌形态特征和生理生化反应特征，可以初步判断 B02 为蜡样芽孢杆菌，B06 为枯草芽孢杆菌，在此基础上进行的 16S rDNA 基因序列分析表明，B02 与参考菌株 *Bacillus cereus* ATCC14579（T）AE016879 亲缘关系最近，相似度达 99.859%，且在系统发育树的同一分支上；B06 与参考菌株 *Bacillus subtilis subsp.* subtilis NCIB3610（T）ABQL01000001 亲缘关系最相近，相似度达 99.785%，在系统发育树的同一分支上 B02 最终确定为蜡样芽孢杆菌（*B.cereus*），B06 确定为枯草芽孢杆菌（*B. subtilis*）。大量研究表明，枯草芽孢杆菌和蜡样芽孢杆菌添加于饲料中具有产生营养物质、调节酶活性、提高饲料转化率、抗病促生、提高机体免疫力、改善畜禽产品质量等功能，在饲用微生态制剂开发应用中占有非常重要的地位（王世荣，2005；潘康成，2009；Vaseeharan B，2003；牟洪生，2010）。

（3）通过 $L_9(3_4)$ 正交试验得出 B02 和 B06 进行固态发酵的最优培养基组分分别为：麦麸 695.6g/kg、豆粕 87.0g/kg、玉米粉 87.0g/kg、米糠 130.4g/kg 和麦麸 761.9g/kg、豆粕 95.2g/kg、玉米粉 95.2g/kg、米糠 47.7g/kg。本研究结果显示，B02 和 B06 在麦麸、豆粕等发酵物料中生长良好，最高活菌含量可分别达 10^{13}CFU/g 和 10^{10}CFU/g 以上。而且麦麸、豆粕等都是廉价的农副产品，配料简单，采用的设备也较液体发酵简易，生产成本大大低于液体发酵。此外，固态发酵还具有产酶量高、环境污染小等优点（魏铁麟，1997），适宜于菌株的工业化生产。此优化方法简单易行，可广泛应用于各种易检测菌的培养基筛选，对微生物发酵特别是芽孢杆菌固态发酵具有普遍的理论意义和实践应用价值。

参考文献共 20 篇（略）

原文发表于《西北农业学报》，2012，21（8）：45–52.

青贮用乳酸菌的筛选及其生物学特性研究

侯霞霞[1]，来航线[2]，韦小敏[2]

（1. 西北农林科技大学生命科学学院，陕西杨凌 712100；2. 西北农林科技大学资源环境学院，陕西杨凌 712100）

摘要：【目的】筛选生长繁殖快、产酸能力强且耐酸的乳酸菌，以获得制备果渣青贮发酵剂的优良菌株。【方法】通过葡萄糖发酵产酸产气特征、产酸速率和生长曲线进行供试乳酸菌的筛选，对筛选出的优良菌株进行形态学、生理生化和分子生物学鉴定，并进一步研究其生长温度范围、酸碱耐受性、耐盐性，最后对菌株发酵液进行酸度滴定和有机酸组分分析。【结果】经筛选共获得 R7、R3、Rg 和 Re 4 株优良乳酸菌。经形态学、生理生化和 16S rDNA 序列分析，确定 R7 为植物乳杆菌（*Lactobacillus plantarum*），R3 为戊糖乳杆菌（*Lactobacillus pentosus*），Rg 为发酵乳杆菌（*Lactobacillus fermentum*），Re 为鼠李糖乳杆菌（*Lactobacillus rhamnosus*）。4 株菌均可在 15~50℃生长。菌株 R7 生长最快，降酸能力最强，发酵液乳酸含量最高，占总酸含量的 95.40%，在 pH 为 3.0 条件下可以旺盛繁殖，同时可耐受质量浓度 0.08g/mL NaCl。Re、R3 生长及产酸仅次于 R7，酸碱耐受性较强。Rg 在 50℃生长良好，可耐受高温。【结论】菌株 R7、Re、R3、Rg 具有生长快、产酸能力强、耐酸、产乳酸含量高等优良生物学特性，可应用于果渣青贮饲料添加剂的制备。

关键词：青贮发酵剂；乳酸菌；产酸能力

Screening of Lactic acid Bacteria Strains and Their Biological Characteristics

HOU Xia-xia[1], LAI Hang-xian[2], WEI Xiao-min[2]

(1.College of Life Sciences, Northwest A&F University, Yangling, Shaanxi 712100, China; 2. College of Natural Resources and Environment, Northwest A&F University, Yangling, Shaanxi 712100, China)

Abstract:【Objective】This study aimed to screen acid bacteria strains for pomace silage additive

基金项目：国家科技支撑计划项目（2012BAD14B11）；国家"十二五"科技支撑计划项目"果渣饲料化生产技术集成及产业化"（K303021204）。

第一作者：侯霞霞（1989— ），女，内蒙古呼和浩特人，在读硕士，主要从事微生物资源与利用研究。E-mail: houxia1989@126.com。

通信作者：来航线（1964— ），男，陕西礼泉人，副教授，博士，主要从事微生物生态和微生物资源与利用研究。E-mail: laihangxian@163.com。

usage which grow fast and have strong acid production capacity and acid tolerance.【Method】The tested strains were screened hased on acid and gas production characteristics, acid production rate, and growth curve in glucose fermentation. The selected strains were identified through morphological observation, physiological and biochemical tests, and 16S rDNA sequence analysis, We further studied the growth temperature range, acid and alkali resistance, salt resistance, acidity, and organic acids components of selected strains.【Result】Four lactic acid bacteria strains, R7, R3, Rg and Re. were screened. Through morphological observation, physiological and biochemical tests and 16S rDNA sequence analysis, R7 was *Lactobacillus plantarum*, R3 was *Lactobacillus pentosus*, Rg was *Lactobacillus fermentum*, and Re was *Lactobacillus rhamnosus*, All the strains can grow at temperatures between 15 to 50 ℃. Strain R7 grew fastest and had the strongest acid produce capacity. Its lactic acid content was also the highest, accounting for 95.40% of the total acid content. It grew well with pH of 3.0 and can tolerate NaCl with mass concentration of 0.08 g/mL. The growth and acid productions of Re and R3 were less than that, of R7, and they also had strong acid and alkali resistance. Rg grew well at temperature of 50℃. showing strong high temperature tolerance.【Conclusion】Strains R7. Re. R3 and Rg showed good biological characteristics including fast growth. strong acid production capacity and acid tolerance, and high lactic acid content, and they can be applied to the preparation of pomace silage additives.

Key words: silage fermentation agent; lactic acid bacteria; acid-production performance

青贮饲料是反刍动物重要的粗饲料来源，发展畜牧业的主要支撑。青贮饲料是在厌氧条件下利用乳酸菌发酵产生乳酸，使青贮料pH迅速下降，抑制其他耗氧微生物对青绿饲料营养成分的分解作用，从而使青绿饲料得以保存（Mcdonald P, 1991）。许多研究表明，添加乳酸菌可降低青贮饲料pH和氨态氮含量，提高乳酸含量和饲料营养价值（陶莲，2009；李静，2008；申成利，2012；张新平，2007；兴丽，2004）。由于青贮原料表面乳酸菌的数量有限，同时又混有其他微生物，要使乳酸菌尽快繁殖，原料必须有超过 10^5 CFU/g 的乳酸菌（蔡义民，1995）。青贮过程中乳酸菌必须具备活力强且达到一定数量，才能更好地发挥其生物功效。因此，筛选出生长繁殖快、产酸能力强的优良乳酸菌菌株，是制备优良青贮添加剂的核心，也是青贮成功的关键。青贮饲料中含有丰富的乳酸菌，其中包括肠球菌、乳酸乳球菌、明串珠菌、链球菌和乳杆菌等，它们在青贮饲料发酵中起重要作用。目前用于青贮的发酵菌主要有同型发酵乳酸菌，如植物乳杆菌（*Lacto-bacillus plantarum*）、粪链球菌（*Enterococcus faecium*）、片球菌（*Pediococcus spp*）等，以及异型发酵乳酸菌，如布氏乳杆菌（*Lactobacillus buchneri*）、发酵乳杆菌（*Lactobacillus fermentum*）等。何轶群等（何轶群，2013）从玉米秸秆青贮饲料中筛选到6株产酸性和抑菌性较好的优良乳酸菌，其中产酸能力最强的是植物乳杆菌。段宇珩等（段宇珩，2008）试验表明，青贮饲料中的大多数乳酸菌为乳杆菌属（*Lactobacillus*），占总数的79%以上。刘飞等（刘飞，2007）从青贮饲料中筛选出了产酸性能较好的2株乳球菌和2株乳杆菌。张慧杰等（张慧杰，2011）研究表明，在适温条件下乳酸杆菌的活力及生长速度均优于乳酸球菌，且筛选到1株产酸能力较强的植物乳杆菌。果类加工业产生的大量果渣废弃物极易腐败，造成严重环境污染，但果渣中含有丰富的养分，可供乳酸菌生长利用，可作为优良的青贮原料。因此，果渣青贮在变废为宝的同时实现了废渣的零排放，具有重要的实际意义及应用前景。然而目前，可以用作果渣青贮发酵剂的菌株研究很少，自然的青贮又不能保证青贮的品质。因此，筛选可应用于果渣青贮的优良乳酸菌非常关键。本试验通过对供试乳酸菌生长与产酸性能以及耐酸性指标的测定，筛选适用于果渣青贮的优良菌株，并结合传统鉴定方法与现代分子生物学手段将筛选出的乳酸菌鉴定到种，旨在获得生物学特性优良的乳酸菌，以期为果渣青贮饲料乳酸菌添加剂的研究和开发利用提供参考。

1 材料与方法

1.1 试验材料

1.1.1 供试菌株 供试乳酸菌共有9株，其中4株为西北农林科技大学资源环境学院微生物生态研究室筛选保藏，编号分别为R1、R7、R3、Rf，可作为饲用乳酸菌制剂开发应用；5株为分离自青贮饲料的菌株，编号分别为Re、Rg、Rn、Rb、Rd。

1.1.2 培养基 MRS培养基（凌代文，1999），MRS琼脂斜面培养基。

1.1.3 仪器设备 恒温培养箱、超净工作台、光学显微镜（Motic）、立式压力蒸汽灭菌锅、PCR仪、Haier冰箱、凝胶成像仪、电泳仪、紫外分光光度计、高效液相色谱仪（Waters 2695）。

1.2 试验方法

1.2.1 乳酸菌的筛选 利用MRS液体培养基对9株供试菌株进行活化，再进行平板涂布，通过观察菌落形态特征以及革兰氏染色后镜检结果判断菌株是否为纯培养，同时对革兰氏阳性的杆状或球状菌株进行接触酶试验。葡萄糖发酵产酸产气（凌代文，1999）：对供试菌株进行产酸产气试验，当培养基中指示剂变黄表示产酸，由颜色深浅初步判断菌株的产酸强弱。软琼脂柱内产生气泡或出现2%琼脂层向上顶的现象表示产气。产酸速率：按1.0×10^7CFU/mL的接种量将供试乳酸菌接入MRS液体培养基中，37℃、120r/min振荡培养。每隔2h采用DELTA-320pH计测定各菌株发酵液的pH，绘制各发酵时间段所对应的发酵液pH的变化曲线，即为产酸速率曲线。生长曲线：按1.0×10^7CFU/mL的接种量将供试乳酸菌接入MRS液体培养基中，37℃、120r/min振荡培养。每隔2h取1次液体发酵液样品，保存于4℃冰箱中，最后以MRS培养基为空白，在620nm下测定样品的吸光值，以培养时间为横坐标，相对应的吸光值为纵坐标，绘制乳酸菌生长曲线。

1.2.2 乳酸菌的鉴定 形态学鉴定（程丽娟，2000）：将筛选获得的菌株分别涂布到MRS固体培养基，37℃培养1~2d，观察菌落特征，取典型菌落涂片，进行革兰氏染色，油镜下观察菌体形态，拍照。生理生化鉴定（程丽娟，2000）：包括石蕊牛奶、淀粉水解、精氨酸水解、精氨酸产氨、明胶液化、产H_2S、马尿酸钠水解、葡聚糖产生、硝酸盐还原、V-P试验、M-R试验、运动性、pH为6.5、pH为4.5，以及菌株对阿拉伯糖、纤维二糖、卫矛醇、果糖、半乳糖、葡萄糖、甘油、肌醇、麦芽糖、甘露糖、甘露醇、棉籽糖、鼠李糖、核糖、水杨苷、山梨醇、山梨糖、乳糖、蔗糖、海藻糖、木糖、可溶性淀粉等22种碳水化合物发酵产酸试验。

16S rDNA序列分析（李丽，2006）：提取供试乳酸菌的DNA，利用细菌通用引物进行PCR扩增与序列测定，将测得的16S rDNA序列结果按要求输入GenBank中进行序列检索比对，获得与已知序列微生物的相似性，从而确定供试乳酸菌的属种信息。

1.2.3 乳酸菌生物学特性测定 温度耐受性试验：将活化的乳酸菌按体积分数6%接种量接入

MRS 液体培养基，分别置于 10℃、15℃、18℃、37℃、45℃、50℃、60℃温箱，每组设 3 个重复，恒温培养 24h，取样测定各组菌液的 OD_{620nm} 值。

耐酸碱试验：用无菌 HCl 和 NaOH 调 MRS 液体培养基 pH 至 3.0、4.0、4.5、6.5、8.0、9.0、9.5，将活化的乳酸菌按体积分数 6% 接种量接入不同 pH 的 MRS 液体培养基中，37℃恒温培养 24h，取样测定各组菌液 OD_{620nm} 值。耐盐性试验：将活化的乳酸菌按 6% 接种量接入含有质量浓度为 0g/mL、0.03g/mL、0.04g/mL、0.065g/mL、0.08g/mL、0.12g/mL、0.15g/mL NaCl 的 MRS 液体培养基，37℃恒温培养 24h，取样测定各组菌液 OD_{620nm} 值。产酸量测定：采用酸碱滴定法（史媛英，1999），每隔 2h 取乳酸菌的培养液，用 0.1mol/L NaOH 溶液滴定，推测产酸量。产酸量以吉尔涅尔度（°T）表示，即每 100mL 培养液消耗 1mL 0.1mol/L NaOH 溶液记为 1°T。指示剂为质量浓度 10g/L 酚酞。有机酸测定（许庆方，2007）：通过高效液相色谱法进行乳酸菌发酵液产酸组分分析，筛选出组分单一，乳酸含量高的菌。将乳酸菌发酵液在 3 000r/min 离心 20min，将上清液经 0.45μm 的微孔滤膜过滤后备用。利用 Waters 的 HPLC2695 测定乳酸、乙酸、丙酸和丁酸含量。流动相为 0.5%(NH_4)$_2$HPO$_4$（用磷酸调 pH 为 2.55），流速 2mL/min；色谱柱 C18，柱温 70℃；检测波长 UV214nm。

2 结果与分析

2.1 供试菌株的特性

通过平板培养和镜检观察，9 株供试菌菌落皆为白色，圆形，菌体呈杆状或球状。革兰氏染色呈阳性，接触酶试验呈阴性，供试菌株特性详见表1。

表 1 供试乳酸菌的特性

菌株编号	菌体形态	菌落特征	革兰氏染色	接触酶试验
R1	杆状单个或成对	圆形、白色、不透明、黏稠、有褶皱、无光泽、不整齐	G⁺	阴性
R7	杆状 成对或链状	圆形、白色、不透明、黏稠、不易挑取、光滑，奶油状、隆起、整齐	G⁺	阴性
R3	杆状 单个或成对	圆形、白色、不透明、黏稠、菌落较大、光滑、奶油状、隆起、整齐	G⁺	阴性
Rf	椭圆状单个	圆形、白色、不透明、黏稠、光滑、隆起、整齐	G⁺	阴性
Re	杆状单个或成对	圆形、白色、不透明、黏稠、光滑、奶油状、隆起、整齐	G⁺	阴性
Rg	杆状单个或链状	圆形、乳白色、边缘透明、黏稠、光滑、有光泽、稍隆起、整齐	G⁺	阴性
Rn	球状单个	圆形、灰白色、不透明、黏稠、扁平、无光泽、整齐	G⁺	阴性
Rb	球状单个或链状	圆形、白色、不透明、黏稠、光滑、有光泽、隆起、整齐	G⁺	阴性
Rd	杆状单个	圆形、白色、不透明、黏稠、光滑、隆起、整齐	G⁺	阴性

注："G⁺"表示革兰氏染色呈阳性

2.2 优良乳酸菌筛选结果

2.2.1 葡萄糖发酵产酸产气试验 以 R1、R7、R3、Rf、Re、Rg、Rn、Rb、Rd 作为供试菌株，进行葡萄糖发酵产酸产气试验，结果见表 2。由表 2 可以看出，菌株 R7、R3、Re、Rg 产酸能力较强，R1、Rf 产酸能力次之；菌株 R1、Rg 产气。因此，R7、R3、Re、Rf 为同型发酵乳酸菌，R1、Rg 为异性发酵乳酸菌。故筛选出 6 株产酸相对较强的乳酸菌（R7、R3、Re、Rg、R1、Rf）用于后续试验。

表 2　供试菌株葡萄糖发酵产酸产气试验结果

菌株编号	产酸	产气	菌株编号	产酸	产气
R1	++	+	Rg	+++	+
R7	+++	–	Rn	+	–
R3	+++	–	Rb	+	–
Rf	++	–	Rd	+	–
Re	+++	–			

注："–"表示不能够产酸或产气；"+"、"++"、"+++"表示产酸或产气能力依次增强

2.2.2　产酸速率及生长曲线　将葡萄糖产酸产气试验中获得的 6 株乳酸菌进一步进行生长和产酸情况研究，其产酸速率和生长曲线见图 1 和图 2。

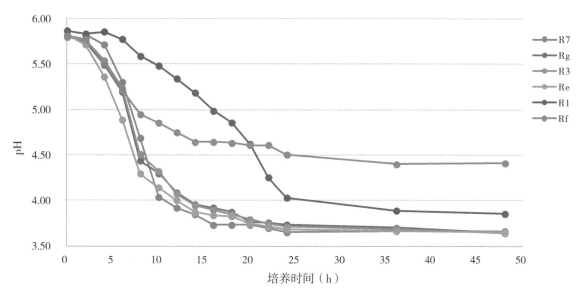

图 1　供试乳酸菌产酸速率曲线

产酸速率是筛选优良乳酸菌的重要指标，不同菌株之间差异较大。由图 1 可以看出，6 株菌的 pH 变化趋势一致，随着培养时间延长，pH 逐渐下降。pH 在 0~2h 变化不明显，菌株处于适应期，2h 以后 pH 下降较快，说明乳酸菌进入对数生长期，菌体生长代谢速度加快，20~36h 变化趋于平缓，表明菌株进入稳定期，代谢减慢。方差分析结果表明，不同乳酸菌菌株的 pH 变化差异极显著（$F=17.42>F_{0.01}=3.31$）；不同培养时间 pH 变化差异也极显著（$F=48.42>F_{0.01}=2.42$）。根据方差分析的结果对不同菌株、不同时间的 pH 进行多重比较，结果表明 R7、Rg、R3、Re 这 4 株乳酸菌 pH 下降较快，且这 4 株菌间差异不显著。

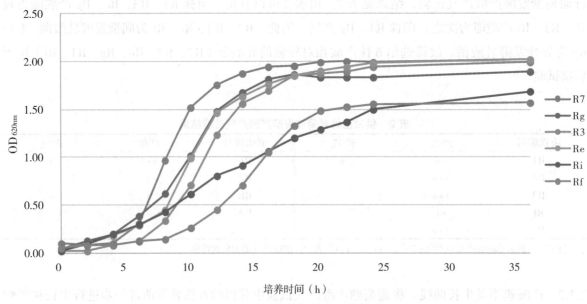

图 2　供试乳酸菌的生长曲线

由图 2 可以看出，菌体在 6~18h 生长最快，与图 1 中 pH 迅速下降的时间段相对应，且对数生长期较长，可使菌株在较长时间保持较高的活力，说明菌株具有较强的繁殖力，在这个时期产酸量也最高。方差分析结果表明，不同乳酸菌菌株的 OD 值差异极显著（$F=18.20>F_{0.01}=3.31$），不同培养时间 OD 值差异也极显著（$F=80.50>F_{0.01}=2.42$）。根据方差分析的结果对不同菌株、不同培养时间的生长状况进行多重比较，结果表明，R7、Rg、R3、Re 这 4 株乳酸菌生长性能较好，对数生长期长，且菌株间差异不显著。

综合供试乳酸菌的产酸速率和生长曲线结果可以看出，菌株 R7、Rg、R3、Re 生长性能和产酸能力均较好。

2.3　优良乳酸菌鉴定结果

2.3.1　形态学鉴定结果将筛选获得的 R7、Rg、R3 和 Re 4 株优良乳酸菌经 MRS 平板培养，获得的菌落皆为圆形、白色、奶油状，边缘整齐、黏稠、不易挑取。通过显微镜观察发现，4 株乳酸菌皆为杆状，单个、成对或链状排列，其菌落特征和菌体形态特征见图 3。

2.3.2　生理生化鉴定结果　对筛选获得的 4 株乳酸菌 R7、Re、Rg 和 R3 进行碳源利用方式及生理生化特性鉴定，结果见表 3 和表 4。由表 4 可见，筛选获得的 4 株乳酸菌无芽孢，革兰氏阳性，不能够液化明胶，不水解淀粉，不还原硝酸盐，不产生 H_2S，耐酸性能好，在 pH 为 6.5 时生长良好，在 pH 为 4.5 时仍可生长，且无运动性。结合表 3 乳酸菌对碳水化合物的利用方式，初步鉴定为乳杆菌属的细菌。

2.3.3　16S rDNA 鉴定结果　将供试乳酸菌测序结果输入 GenBank 对比，结果表明，R7 与植物乳杆菌（*Lactobacillus plantarum*）具有 100% 的相似度，Rg 与发酵乳杆菌（*Lactobacillus fermentum*）具有 98% 的相似度，Re 与鼠李糖乳杆菌（*Lactobacillus rhamnosus*）具有 100% 的相似度，供试乳酸菌 R3 与戊糖乳杆菌（*Lactobacillus pentosus*）具有 99% 的相似度。结合以上 4 株菌的镜检及菌落形态特征、生理生化和 16S rDNA 分析结果，确定 R7 为植物乳杆菌（*Lactobacillus plantarum*），

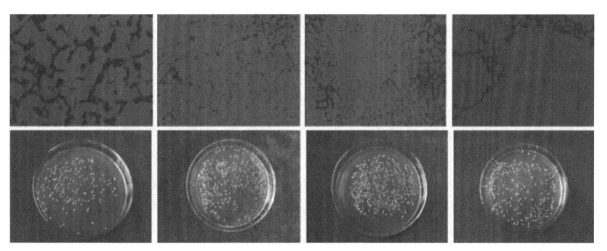

图 3　菌株 R7、Rg、R3 和 Re 菌体形态（×1 000）和菌落形态
从左向右依次为菌株 R7、Rg、R3 和 Re

R3 为戊糖乳杆菌（*Lactobacillus pentosus*），Rg 为发酵乳杆菌（*Lactobacillus fermentum*），Re 为鼠李糖乳杆菌（*Lactobacillus rhamnosus*）。

表 3　供试乳酸菌碳源利用结果

碳源 Carbohydrate	菌株编号Strains number			
	R7	R3	Rg	Re
阿拉伯糖Arabinose	+++	+++	++	+
纤维二糖Cellobiose	++	++	+	+
卫矛糖Dulcitol	−	+	+	−
果糖Fructose	+	+	+++	+
半乳糖Galactose	+++	+++	+++	+++
葡萄糖Glucose	+	+	+++	+
甘油Glycerol	−	−	+	−
肌醇Inositol	−	−	−	−
麦芽糖Maltose	+	+	++	+++
甘露糖Mannose	++	++	+++	+++
甘露醇Mannitol	+	+	+	−
棉籽糖Raffinose	++	+++	+++	+++
鼠李糖Rhamnose	++	+++	+++	+
核糖Ribose	++	++	+++	++
水杨苷Salicin	+	+	+++	−
山梨醇Sorbitol	−	−	+	−
乳糖lactose	+++	+	+++	+
山梨糖Sorbose	−	−	−	−
蔗糖Saccharose	+++	+++	++	+++
海藻糖Trehalose	+++	+++	+++	+++
木糖Xylose	++	+	+	++
可溶性淀粉Starch soluble	−	−	+	−

注："−"表示结果呈阴性；"+"表示结果呈阳性；"++"表示结果呈较强阳性；"+++"表示结果呈强阳性。表 4 同

表4 供试乳酸菌生理生化指标测定结果

项目 Item	菌株编号 Strains number			
	R7	R3	Rg	Re
石蕊牛奶 Litmus milk	−	−	−	−
淀粉水解 Starch bydrolyze	−	−	−	−
精氨酸产氨 Arginine producing ammonia	−	−	−	−
明胶液化 Gelatin liquefaction	−	−	−	−
产H_2S H_2S−Producting	−	−	−	−
马尿酸的水解 Hippurate hydrolysis	−	+	+	−
精氨酸水解 Arginine hydrolysis	−	−	+	−
葡聚糖产生 Dextran−producting	−	−	−	−
V−P试验 V−P test	+	+	+	+
M−R试验 M−R test	+	+	+	+
硝酸盐还原 Nitrate reduction	−	−	−	−
运动性 Motility	−	−	−	−
pH=6.5	+++	+++	+++	+++
pH=4.5	++	++	++	++

2.4 乳酸菌生物学特性测定结果

2.4.1 温度耐受性、耐酸碱和耐盐性 由图4可以看出，各菌株OD值均比初始值要高，其生长温度为15~50℃，10℃和60℃时乳酸菌基本不生长。37℃时OD值最大，为乳酸菌生长最适温度。进一步分析发现，Rg相较其他菌株在50℃生长良好，说明Rg具有较强耐受高温的能力，Re次之。由图5可知，多数菌株在酸性条件下生长较碱性条件好，但培养基pH太高或太低均不利于乳酸菌生长。各菌株在pH为6.5时OD值最大，说明pH为6.5为各菌株的最佳培养条件。R7、Rg、R3、Re在pH为3.0，4.0和4.5时OD值均较初始值高，说明4株菌均有较强的耐酸能力；Re在各种条件下均生长较好，说明Re具有较强的耐受酸碱的能力。由图6可知，随着NaCl质量浓度增加

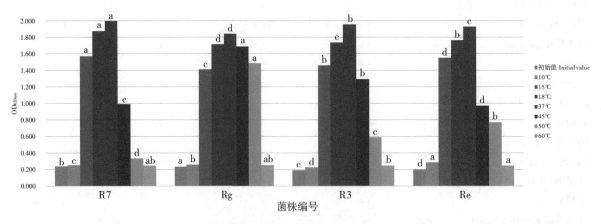

图4 乳酸菌在不同温度培养24h后的OD_{620nm}值

注：图柱上不同小写字母表示同一处理下不同菌株之间差异显著（$P<0.05$）。图5和图6同

各菌株生长减弱。Rg 和 Re 在 0.08g/mL NaCl 的培养基中生长较弱，R7 和 R3 在含 0.08g/mL NaCl 的培养基中较初始值显著增高，除 R7 菌株外，其余菌株在含 0.12g/mL NaCl 的培养基中基本不再生长，说明 R7 有较强的耐盐能力。

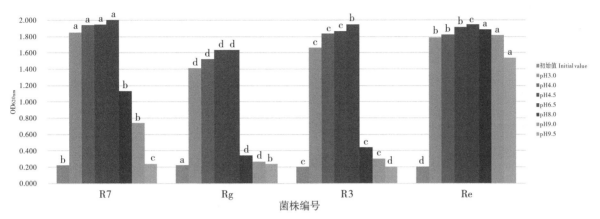

图 5　乳酸菌在不同 pH 培养 24h 后的 OD_{620nm} 值

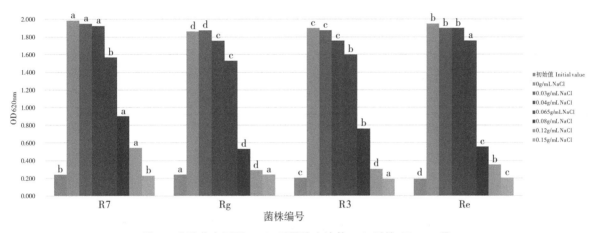

图 6　乳酸菌在不同 NaCl 质量浓度培养 24h 后的 OD_{620nm} 值

2.4.2　产酸量　对 4 株乳酸菌不同培养时间的培养液进行酸度测定，结果见图 7。酸度从总体上反映了乳酸菌产酸能力的大小。由图 7 可知，4 株乳酸菌酸度的变化趋势一致。随着培养时间增加，产酸总量呈上升趋势，2~8h 产酸量迅速增加，产酸量高的时间段为 8~36h，同时也是乳酸菌的对数生长期和稳定期。酸度反映了菌株产酸总量的变化情况。从图 7 可以看出，菌株 R7、Rg、R3、Re 产酸性能均较好，尤其是 R7 产酸量一直处于最高，24h 酸度达到 146.4°T。

2.4.3　有机酸组分　通过高效液相色谱对乳酸菌发酵产酸情况进行定性和定量分析，结果待测菌株均在 2.438min 出峰，其相对含量结果见表 5。由表 5 可知，待测菌株经液体发酵后均产生乳酸。R7、Rg、R3 和 Re4 株菌均无丁酸产生，丙酸相对含量较低。菌株 R7 乳酸相对含量最高，为 95.40%；菌株 R3 乳酸相对含量也较高，为 81.93%；菌株 Rg 乳酸相对含量为 77.56%；菌株 Re 有乙酸产生，乳酸和丙酸相对含量之和所占比例较高，达到 86.44%。由此可以得出，菌株 R7、Re、R3、Rg 产酸相对单一且乳酸含量较高，与 pH 及酸度测定结果一致。

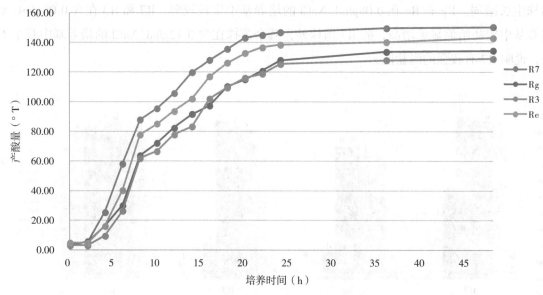

图 7　乳酸菌在不同培养时间的产酸量

表 5　乳酸菌发酵产酸中有机酸的相对含量

菌株编号	乳酸	乙酸	丙酸	丁酸
R7	95.40	0	4.60	0
Rg	77.56	0	22.44	0
R3	81.93	0	18.07	0
Re	48.18	13.56	38.26	0

3　讨论

　　青贮是一种很好的饲料利用方式，可通过乳酸菌的增殖，将原料中的可溶性糖转化成乳酸等酸类物质，创造酸性环境，抑制有害微生物的增殖，从而保存青贮饲料中的营养成分，达到饲料长期贮存的目的（张子仪，2000）。然而，新鲜饲草表面只有极少量乳酸菌，但附着了大量的腐败菌、丁酸菌、霉菌等有害菌。青贮开始时依靠青贮料自身的少量乳酸菌短时间内不能形成优势菌群，而腐败菌大量繁殖占据优势地位，消耗营养物质，容易产生霉菌毒素和二次发酵。因此，简单的自然青贮不能满足发酵的要求，分离筛选优质的乳酸菌就显得非常重要。本研究结果表明，菌株 R7、Rg、R3、Re 具有生长快、产酸能力强、耐酸的特性，经传统鉴定方法及 16S rDNA 序列分析，R7 为植物乳杆菌，R3 为戊糖乳杆菌，Rg 为发酵乳杆菌，Re 为鼠李糖乳杆菌。这与张慧杰等的研究结果在适温条件下乳酸杆菌的活力及生长速度均优于乳酸球菌相一致。青贮要求在较短时间内青贮基质 pH 迅速下降到 4.0 以下，这样才能有效抑制真菌及其他杂菌的生长。因此，产酸速率及快速生长能力是筛选优良乳酸菌的重要指标。McDonald 等（McDonal P，1991）和 Wool-ford（Woolford MK，1990）提出，用于青贮菌制剂的微生物应具有均一发酵途径，可快速发酵乳糖产生最大量的乳酸，能发酵葡萄糖、果糖、蔗糖、果聚糖，尤其是戊糖，有耐酸能力，能快速降低 pH，至少使 pH 最终达到 4.0，以抑制其他微生物。本研究结果表明，菌株 R7、Rg、R3、Re 生长及产酸能力俱佳，尤其是 R7，在 16h 可使发酵液 pH 降至 3.64，24h 酸度达到 146.4° T；其他菌株在发酵 24h 后 pH 分别为 3.61，3.65 和 3.67，且 4 株菌对数生长期较长。菌株 R7、Rg、R3、Re 在 pH 为 3.0，4.0，4.5 时均可旺盛生长，说明这 4 株菌都具有较强的耐酸能力，由于果渣本身 pH 较低，因此筛选耐酸的菌株更有利于果渣青贮。

有机酸的含量及组成比例是确定青贮饲料发酵特性和评价青贮饲料品质的重要指标。青贮饲料质量的好坏取决于乳酸菌作用，乳酸是乳酸菌的主要产物，其含量是反映青贮饲料质量最重要的指标。

乙酸的生成量与青贮饲料品质呈负相关（林秋萍，2006）。丙酸可以抑制真菌繁殖，防止二次发酵。丁酸由酪酸菌产生，可直接反映青贮饲料的腐败程度（刘桂要，2009）。因此选择乳酸、乙酸、丙酸和丁酸作为主要分析对象。利用高效液相色谱对菌株 R7、Rg、R3、Re 的发酵液进行分析发现，菌株 R7 乳酸含量最高，相对含量为 95.40%，菌株 R3、Rg、Re 发酵液乳酸相对含量分别为 81.93%，77.56%，48.18%。菌株 Re 产生的丙酸可以有效抑制真菌繁殖。由此可以得出，菌株 R7、Re、R3、Rg 具有均一的发酵途径，能发酵产生大量乳酸，可作为制备青贮发酵剂的优良菌株。近年来的研究表明，同型发酵乳酸菌与异型发酵乳酸菌混合使用更有利于养分保存和有氧条件下品质稳定，虽然异型发酵乳酸菌乳酸转化效率较同型发酵乳酸菌的差，但异型发酵时产生大量乙酸，乙酸具有抗真菌的作用，对防止有氧腐败至关重要（FIlyal，2003；Kung J，2007；Danner，2003）。这些规律可为果渣青贮发酵菌剂的研究和应用提供参考依据。菌株 R7、Re、R3、Rg 是否可以作为添加剂菌种还需要小规模发酵试验来验证，还有待进一步深入研究。

4 结论

（1）本研究以实验室保藏的具有饲用价值的乳酸菌和青贮饲料中分离到的菌株为出发菌，通过葡萄糖发酵产酸产气特征、产酸速率和生长曲线等试验，筛选出 4 株生长、产酸能力俱佳的菌株 R7、R3、Re 和 Rg。

（2）对筛选获得的菌株经传统的形态学、生理生化指标及 16S rDNA 序列分析，确定 R7 为植物乳杆菌，R3 为戊糖乳杆菌，Rg 为发酵乳杆菌，Re 为鼠李糖乳杆菌。

（3）生物学特性研究发现，R7、R3、Re 和 Rg 4 株菌均可在 15~50℃较好生长，且具有良好的耐酸耐碱性。R7 和 R3 具有较强的耐盐能力，Rg 可耐受 50℃高温。菌株 R7、Re、R3、Rg 产酸单一且乳酸含量较高。这 4 株菌均有制备优良果渣青贮发酵剂的潜能，可用于进一步研究。

参考文献共 26 篇（略）

原文发表于《西北农林科技大学学报（自然科学版）》，2015，43（1）：183–192.

紫外线与亚硝酸诱变处理对青霉、烟曲霉纤维素酶活性的影响

辛健康[1, 2]，薛泉宏[1]

（1. 西北农林科技大学资源环境学院，陕西杨凌 712100；2. 贵州师范大学生命科学学院，贵州贵阳 550001）

摘要：试验测定了青霉 1、青霉 3 和烟曲霉 F_2 经过亚硝酸和紫外线诱变后各突变株的水解透明圈直径大小。结果表明，青霉 1、青霉 3 和烟曲霉 F_2 经亚硝酸诱变后各突变株在微晶纤维素平板上的透明圈直径分别为 18.67mm、31.42mm、21.71mm，大于紫外线诱变突变株的透明圈平均直径（14.70mm、17.87mm、5.13mm），t 检验表明，菌株青霉 3 和烟曲霉 F_2 的紫外线诱变突变株透明圈直径与亚硝酸诱变突变株透明圈直径间存在显著性差异（$t_{青3}=5.168^{**}>t_{0.01}=2.690$，n=45；$t_{F2}=9.221^{**}>t_{0.01}=2.724$，n=37）。

关键词：诱变；青霉；烟曲霉；纤维素酶活性

Effect of Ultraviolet and Nitrite Mutation on Cellulase Activity of *Penicillium* and *Aspergillus fumigatus*

XIN Jian-kang[1,2], XUE Quan-hong[2]

(1. College of Natural Resources and Environment, Northwest A&F University, Yangling, Shaanxi 712100, China;

2. College of Life science, Guizhou Normal University, Guiyang, Guizhou 712100, China)

Abstract: This study measured the hydrolysis transparent circle diameter of *Penicillium* 1, *Penicillium* 3, and *Aspergillus fumigatus* F2, which were mutagenized by nitrite and UV. The results showed that the transparent circle diameter in microcrystalline cellulose plate of *Penicillium* 1, *Penicillium* 3, and *Aspergillus fumigatus* F2, mutagenized by nitrite, were 18.67mm, 31.42mm, 21.71mm, respectivly, which were more than the average diameter of UV mutation of transparent circle strains (14.70mm, 17.87mm, 5.13mm). T Test showed that the difference of transparent circle diameter between UV mutagenesis

---

第一作者：辛健康（1975— ），男，陕西西安人，硕士，副教授，主要从事微生物资源研究。E-mail: xinjiankang66@163.com。

通信作者：薛泉宏，教授，博士生导师，从事土壤微生物教学与研究工作。E-mail: xueqhong@public.xa.sn。

mutant and the nitrite mutant strain of *Penicillium* 3 and *Aspergillus fumigatus* F2 were significant (t_3 =5.168**>$t_{0.01}$=2.690, n=45 ; t_{F2}=9.221**>$t_{0.01}$=2.724, n=37).

Key words: mutagenesis; *Penicillium*; *Aspergillus fumigatus*; cellulase activity

纤维素是由 D- 葡萄糖以 β-1，4- 糖苷键组成的大分子多糖，是地球上分布最广、蕴藏量最丰富的天然碳水化合物，也是最廉价的可再生资源（蒋倩婷，2011）。而纤维素酶（cellulase）能将天然纤维素降解成葡萄糖，因而其越来越受到科研工作者的重视。纤维素利用中，高产纤维素酶菌株是非常重要的。这些高产纤维素酶菌株大多是经过多次、多种诱变方法处理得到的优良菌株。现在的诱变方法有物理法、化学法等，各种方法对纤维素酶活性提高程度不同。本研究重点探索紫外线和亚硝酸 2 种诱变方法对青霉、烟曲霉纤维素酶活性的影响，旨在评价 2 种诱变方法在提高青霉、烟曲霉纤维素酶活性程度上的优劣。

1　材料与方法

1.1　材料

1.1.1　菌种　烟曲霉 F_2 是由西北农林科技大学微生物资源研究室选育并保存的，青霉 1 和青霉 3 均从国家林业局"三北"防护林局永寿试验区所采的土样中分离获得。

1.1.2　发酵材料　采用无霉变的小麦和麸皮，烘干，粉碎过 1mm 筛。

1.1.3　培养基

（1）试管斜面培养基。PDA 培养基（程丽娟，2000）。

（2）固态产酶培养基。秸秆粉 7.0g，麸皮 3.0g，营养液 35mL，在 121℃灭菌 30min。

（3）营养液。大量元素：NH_4NO_3 4.3g/L，$MgSO_4 \cdot 7H_2O$ 0.3g/L，KH_2PO_4 4.3g/L，$CaCl_2$ 0.3g/L；微量元素：$FeSO_4 \cdot 7H_2O$ 5.0mg/L，$MnSO_4 \cdot H_2O$ 1.6mg/L，$ZnSO_4 \cdot 7H_2O$ 1.4mg/L，$CoCl_2$ 2.0mg/L。

（4）微晶纤维素平板。微晶纤维素 10g，琼脂 18g，营养液［同（3）］1 000mL。0.05MPa 灭菌 30min，摇匀，倒皿。

（5）分离培养基。新华滤纸 5 张 / 皿，营养液 10mL/ 皿。

1.1.4　染色剂　刚果红 1g，水 1 000mL。

1.2　试验方法

1.2.1　菌种分离　菌种分离采用分离培养基，菌种纯化采用平板划线法和稀释涂抹法（周德庆，1986）。

1.2.2　诱变育种

（1）紫外线诱变（周德庆，1986）。取培养 3d 的分生孢子，接入无菌水（含 0.1% 吐温 80，内放玻璃珠）中，振荡 20min，用无菌纱布过滤，滤液用血球计数板测定孢子数，并调整孢子数为 10^5 个 /mL。取 0.1mL 涂布于 PDA 平板上，于 28℃培养 6h，然后置于 30W 紫外灯下 25cm 处照射 2~14min，避光培养，挑取致死率 99% 以上平皿中生长的菌落，纯化。纯化菌株再通过微晶纤维素平板法检测和固态发酵产酶进行初筛和复筛。

（2）亚硝酸诱变（程丽娟，2000）：取孢子悬液 2mL（10^6 个 /mL），加入 1mL 0.6mol/L 亚硝

酸钠溶液和1mL pH为4.4醋酸缓冲液，27℃保温，这时亚硝酸钠浓度为0.15mol/L。处理2~8min后，取出2mL加入到10mL 0.7mol/L pH为8.6的磷酸氢二钠溶液中，这时pH下降到6.8左右，诱变终止。稀释涂皿，培养，挑取致死率99%以上的平皿菌落分离、纯化。纯化菌株再通过微晶纤维素平板法检测和固态发酵产酶进行初筛和复筛。

1.2.3 刚果红染色（张公，2000；种穗生，1989；高培基，1985） 每种供试菌株接入3个微晶纤维素平板，置于恒温培养箱28℃培养4d后，用1%刚果红染色5min，再用1mol/L NaCl冲洗平板，能产生纤维素酶的菌落周围会变成清晰的白色半透明圈。分别测量平皿菌落周围水解CMC-Na半透明圈直径的大小。

2 结果与讨论

2.1 诱变

青霉1、青霉3和烟曲霉F2分别采用紫外线照射处理和亚硝酸处理，通过微晶纤维素平板法筛选分离，PDA平板纯化后，共获得117株突变株。

2.2 突变株初筛

将117株突变株在PDA斜面上连续传代4次，再分别接到微晶纤维素平板上培养，4d后用刚果红染色5min，测量水解透明圈直径结果如表1。根据透明圈直径进行突变株的初筛。

表1 117株诱变初筛突变株水解圈直径

出发菌株	诱变方法	编号	水解圈直径（mm）	编号	水解圈直径（mm）	编号	水解圈直径（mm）	编号	水解圈直径（mm）
青霉1	紫外线	4z3.4	23	4z7.14	23	4z3.2	22	4z4.15	21
		4z11.8	20	4z13.5	20	4z7.13	18	4z2.7	18
		4z9.9	16	4z2.8	15	4z3.3	15	4z9.20	14
		4z9.11	14	4z13.6	10	4z5.21	10	4z9.10	10
		4z5.18	10	4z5.16	8	4z5.19	7	4z3.1	0
	亚硝酸	4x10.4	31	4x14.1	30	4x10.1	30	4x10.2	28
		4x10.3	27	4x8.6	27	4x12.2	26	4x10.6	23
		4x10.7	2	4x8.2	0	4x8.8	0	4x8.5	0
青霉3	紫外线	3z5.24	38	3z6.20	35	3z4.15	30	3z5.26	28
		3z2.10	28	3z6.18	28	3z4.14	27	3z4.13	26
		3z5.52	26	3z4.16	25	3z6.17	24	3z2.9	23
		3z6.19	22	3z8.21	16	3z4.28	15	3z2.7	6
		3z2.8	5	3z2.3	4	3z2.5	3	3z12.2	2
		3z2.6	0	3z2.2	0	3z2.4	0		
	亚硝酸	3x2.18	34	3x2.21	34	3x2.9	34	3x6.22	33
		3x2.8	33	3x2.17	33	3x2.1	33	3x2.25	33
		3x2.19	32	3x3.26	32	3x2.14	32	3x2.15	32
		3x2.20	32	3x2.10	32	3x2.13	31	3x2.5	31
		3x2.4	30	3x2.7	30	3x2.11	30	3x2.16	28
		3x2.6	22	3x2.12	20	3x2.2	20		

（续表）

出发菌株	诱变方法	编号	水解圈直径（mm）	编号	水解圈直径（mm）	编号	水解圈直径（mm）	编号	水解圈直径（mm）
烟曲霉F_2	紫外线	5z13.8	9	5z9.3	8	5z7.6	8	5z7.1	7
		5z11.7	7	5z3.11	6	5z9.5	6	5z13.9	5
		5z13.1	5	5z11.2	5	5z11.3	3	5z11.16	3
		5z7.13	2	5z7.12	2	5z9.15	1		
	亚硝酸	5x6.9	28	5x6.4	28	5x11.1	27	5x6.2	27
		5x3.24	27	5x3.22	26	5x13.1	26	6x6.6	26
		5x6.1	26	5x11.2	26	5x8.1	25	5x3.21	24
		5x6.8	23	5x6.3	23	5x3.19	22	5x8.3	22
		5x8.2	22	5x8.6	22	5x84	19	5x3.25	17
		5x6.7	12	5x3.23	12	5x3.20	6	5x6.10	5

表2　167株突变株水解透明圈直径统计

出发菌株	诱变方法	水解圈直径（mm）		CV（%）	n	t
		平均值	标准差			
青霉3	紫外线	17.87	12.51	70	23	5.168**
	亚硝酸	31.42	2.83	9	23	
青霉1	紫外线	14.7	6.16	41.9	20	1.135
	亚硝酸	18.67	3.82	20.4	12	
烟曲霉F_2	紫外线	5.13	2.47	48.1	15	9.221**
	亚硝酸	21.71	6.66	30.7	24	

从表1、表2可以看出，青霉3紫外线和亚硝酸诱变的突变株水解透明圈平均直径分别为17.87mm和31.42mm，t检验表明两者存在极显著差异（t=5.168>$t_{0.01}$=2.690），由此可知，亚硝酸诱变效果明显优于紫外线诱变结果；紫外线和亚硝酸诱变处理突变株透明圈直径的变异系数分别为70.0%和9.0%，说明亚硝酸诱变的突变株水解透明圈整体较大，且不同突变株变异较小。烟曲霉F_2的诱变效果与之类似。青霉1紫外线和亚硝酸诱变的突变株水解透明圈平均直径分别为14.70mm和18.67mm，亚硝酸诱变的突变株水解透明圈平均直径比紫外线诱变的大，但是经t检验可知，两者无显著差异（t=1.135＜$t_{0.05}$=2.042）；紫外线和亚硝酸诱变结果变异系数分别为41.9%和20.4%，说明青霉1亚硝酸诱变的突变株水解透明圈整体稳定。在紫外线诱变条件下，3株出发菌株的突变株水解透明圈直径为5.13~17.87mm，出发菌株青霉3的突变株水解圈平均直径最大，为17.87mm；烟曲霉F_2的突变株水解圈最小，只有5.13mm。在亚硝酸诱变条件下，青霉1、青霉3和烟曲霉F_2的突变株水解透明圈直径分别为18.63mm、31.42mm、21.71mm，差异较大。因此，相同诱变条件下不同菌株水解透明圈差异很大。

2.3　突变株复筛

以透明圈为主要指标，分别复筛出紫外线诱变青霉3、青霉1、烟曲霉的突变株10株、11株、

8株；复筛出亚硝酸诱变青霉3、青霉1和烟曲霉突变株10株、8株、16株。从表3至表6各突变株透明圈直径及统计结果可知，不同菌株在紫外线和亚硝酸诱变处理下的突变株水解圈直径差异较大。青霉3紫外线诱变各突变株透明圈直径比亚硝酸诱变的各突变株大20.9%，经t检验可知紫外线诱变效果优于亚硝酸诱变效果；青霉1紫外线诱变的各突变株与亚硝酸诱变的各突变株平均透明圈直径接近，变异系数也比较接近，t检验两者无显著差异；烟曲霉F_2紫外线诱变和亚硝酸诱变突变株平均透明圈直径为11.9mm、23.1mm，亚硝酸突变株比紫外线诱变的平均透明圈直径大94.1%，并且亚硝酸诱变的各菌株透明圈变异系数小，只有25.58%，经t检验可知，亚硝酸诱变的效果明显优于紫外线诱变的效果。由此可知，紫外线与亚硝酸的诱变结果因菌株而异。

表3　青霉1诱变复筛突变株生长状况及水解圈直径

诱变方法	编号	生长状况	产孢状况	菌落直径（mm）	产孢区直径（mm）	透明圈（mm）
紫外线	出发株	++	++	27	17	27
	4z7.14	++	+	38	24	33
	4z4.15	++	+	42	22	36
	4z13.5	++	+	41	26	35
	4z3.2	++	+	37	26	30
	4z3.4	++	+	40	27	36
	4z9.20	++	++	38	36	36
	4z11.87	++	+	39	24	35
	4z7.14	++	+	38	25	35
	4z9.9	++	+	38	25	30
	4z2.7	++	+	33	21	32
	4z2.8	++	+	33	18	33
	平均值			37.9	24.9	33.7
	标准差			2.84	4.5	2.28
亚硝酸	出发株	++	++	27	17	27
	4x10.6	+++	+++	30	28	30
	4x10.4	+++	+++	32	29	31
	4x14.1	+++	+++	35	29	35
	4x10.3	+++	+++	34	30	34
	4x10.2	+++	+++	30	29	29
	4x12.2	+++	+++	35	31	34
	4x10.1	+++	+++	35	31	34
	4x8.6	+++	+++	34	29	34
	平均值			33.1	29.5	32.6
	标准差			1.17	1.07	2.26

表4 青霉3诱变复筛突变株生长状况及水解圈直径

诱变方法	编号	生长状况	产孢状况	菌落直径（mm）	产孢区直径（mm）	透明圈（mm）
紫外线	出发株	++	++	27	17	27
	3z6.20	+++	+++	37	35	37
	3z2.10	+++	+++	35	34	35
	3z4.16	+++	+++	36	34	35
	3z4.13	+++	+++	38	35	37
	3z6.18	+++	+++	45	40	42
	3z5.25	+++	+++	45	41	44
	3z4.14	+++	+++	37	36	37
	3z5.26	+++	+++	36	34	35
	3z5.24	+++	+++	45	40	42
	3z4.15	+++	+++	28	25	27
	平均值			39.3	36.6	38.2
	标准差			4.33	2.92	3.49
亚硝酸	出发株	++	++	27	17	27
	3x2.1	++	+	34	20	34
	3x2.15	++	+	35	17	34
	3x2.14	++	+	31	19	30
	3x2.20	++	++	33	28	33
	3x2.18	++	+	36	19	36
	3x2.11	++	++	32	27	32
	3x2.19	++	+	31	22	30
	3x2.13	++	+	33	18	32
	3x2.21	++	+	34	21	34
	3x2.10	++	+	33	21	31
	3x2.4	++	+	28	18	28
	3x2.7	++	+	33	21	32
	3x2.8	++	+	33	18	33
	3x6.22	++	+	34	22	34
	3x3.26	++	+	30	21	29
	3x2.9	++	+	35	22	35
亚硝酸	3x2.5	++	+	28	17	27
	3x2.17	++	+	33	27	33
	3x2.16	++	+	26	17	26
	3x3.25	++	+	30	20	28
	平均值			32.1	20.75	31.6
	标准差			2.61	3.31	2.82

表5 烟曲霉 F2 诱变复筛突变株生长状况及水解圈直径

诱变方法	编号	生长状况	产孢状况	菌落直径（mm）	产孢区直径（mm）	透明圈（mm）
紫外线	出发株	++	+	28	4	19
	5z13.9	+	+	24	23	18
	5z7.1	+	+	23	22	7
	5z13.8	+	+	16	15	5
	5z3.11	+	+	30	22	17
	5z9.5	+	+	18	17	6
	5z7.6	+	+	32	22	19
	5z11.7	+	+	24	18	8
	5z9.3	+	+	24	18	15
	平均值			23.9	19.6	11.9
	标准差			5.36	2.97	5.91
亚硝酸	出发株	++	+	28	4	19
	5x6.9	++	++	28	20	27
	5x11.1	++	++	24	16	23
	5x6.1	++	++	26	20	26
	5x3.22	++	++	26	19	26
	5x3.21	+	++	23	16	22
	5x6.2	++	++	29	19	28
	5x13.1	++	+	25	20	17
	5x11.2	+	+	24	15	9
	5x6.3	++	++	23	15	22
	5x6.8	+++	+++	34	30	33
	5x3.24	+	+	32	27	18
	5x3.19	+	+	34	28	17
	5x6.6	++	+	28	18	27
	5x8.1	++	+	27	19	26
	5x8.3	++	+	23	12	20
	5x6.4	+	++	29	16	29
	平均值			27.2	19.4	23.1
	标准差			3.69	5.01	5.91

表6 6株供试菌株紫外线和亚硝酸诱变处理突变株水解圈直径统计

出发菌株	诱变方法	水解圈直径（mm）		CV（%）	n	t
		平均值	标准差			
青霉3	紫外线	38.2	3.49	9.14	9	5.479**
	亚硝酸	31.6	2.82	8.92	20	
青霉1	紫外线	33.7	2.28	6.76	11	1.042
	亚硝酸	32.6	2.26	6.93	8	
烟曲霉F₂	紫外线	11.9	5.91	49.67	8	4.395**
	亚硝酸	23.1	5.91	25.58	16	

3 结论

在初筛中，青霉 3、青霉 1 和烟曲霉 F_2 分别经紫外线和亚硝酸诱变的各突变株在微晶纤维素平板上透明圈直径表现为，亚硝酸诱变突变株透明圈平均直径（18.67mm、31.42mm、21.71mm）比紫外线诱变突变株平均直径（14.70mm、17.87mm、5.13mm）大，t 检验表明，菌株青霉 3 和烟曲霉 F2 的紫外线诱变突变株透明圈直径与亚硝酸诱变突变株透明圈直径间存在显著性差异（$t_{青3}$=5.168[**]，t_{F2}=9.221[**]）。

在复筛中，青霉 3、青霉 1 和烟曲霉 F_2 分别经紫外线和亚硝酸诱变的各突变株在微晶纤维素平板上透明圈直径表现为，亚硝酸诱变突变株和紫外线诱变突变株透明圈平均直径分别为31.6mm、32.6mm、23.1mm 和 38.2mm、33.7mm、11.9mm，t 检验表明，菌株青霉 3 和烟曲霉 F_2 的紫外线诱变突变株透明圈直径与亚硝酸诱变突变株透明圈直径间存在显著性差异（$t_{青3}$=5.479[**]，t_{F2}=4.395[**]）。

参考文献共 6 篇（略）

原文发表于《江苏农业科学》，2013，41（2）：303-306.

高产纤维素酶菌株的筛选及诱变育种

汤莉，薛泉宏，来航线

（西北农林科技大学资源环境学院，陕西杨凌　712100）

摘要：研究旨在从自然界中分离筛选出产纤维素酶活性较高的菌株，并通过诱变育种提高菌株产酶能力。以腐烂的玉米秸秆、小麦秸秆、稻草和腐熟的牛粪为分离源，用滤纸平板和固态发酵酶活为指标进行纤维素酶活菌株的筛选；采用比色法测定菌株产酶活性。共分离出产纤维素酶菌株83株，其中细菌15株，放线菌12株，真菌56株。筛选出产羧甲基纤维素酶活较高的四株菌分别为F1、F2、T9和A8，其酶活分别为20.79、21.00、17.58、16.92。在稻草、麦秆及玉米秆3种固态发酵基质中，F1、F2、T9和A8菌株纤维素酶三组分活力随发酵时间的变化趋势基本相似，除A8在稻草基质和F2在玉米秆粉基质上的FPA峰值分别为120h和48h外，其他菌株的3种酶活力在72~96h达峰值。经过诱变育种，突变株UA8-Ⅰ2-2和UF2-Ⅱ6-2成为纤维素酶活较高的优良菌株，其FPA分别是10.63IU/g和8.6IU/g，CMCA分别是36.1IU/g和46.02IU/g，BGA分别是62.25IU/g和19.56IU/g。

关键词：纤维素酶；选育

Screening and Breeding of High Cellulase Producing Strain

TANG Li, XUE Quan-Hong, LAI Hang-Xian

(College of Natural Resources and Environment, Northwest A &F University, Yang ling, Shaanxi 712100, China)

Abstract: This study aimed to isolate and screen strains with high cellulase activity from nature, and improve the ability of enzyme production by mutagenesis. The cellulase activity strains were screened by filter paper plate and solid-state fermentation enzyme activity from decaying corn stalks, wheat straw, straw and decomposed cattle manure. And the enzyme production activity was determined by colorimetric method. A total of 83 strains of cellulase producing strains were isolated, including 15 strains of bacteria, 12 strains of actinomycetes and 56 strains of fungi. The four strains with high activity of carboxymethyl cellulase production were F1, F2, T9 and A8, respectively, and their enzyme activities were 20.79 IU/g,

---

作者简介：汤莉（1970— ），女，黑龙江省密山县人，硕士，主要从事微生物学研究。

导师简介：薛泉宏，教授，博士生导师，从事土壤微生物教学与研究工作。E-mail: xueqhong@ public.xa.sn。

21.00 IU/g, 17.58 IU/g and 16.92 IU/g, respectively. In the straw, wheat straw and corn stalk three solid fermentation matrix, the cellulase dynamic change trend of F1, F2, T9 and A8 strains were similar in the fermentation process. After 120 fermentation in the straw matrix, the cellulase activity of A8 reached the highest, while F2 reached the peak at 48h in corn stalk powder matrix. Other three strains reached the peak of cellulase enzyme activity at the range of 72 ~ 96h. After mutation breeding, mutant UA8-I 2-2 and UF2-II 6-2 became excellent strains with high cellulase activity, their FPA were 10.63 IU/g and 8.6 IU/g, CMCA were 36.1 and 46.02 IU/g, BGA were 62.25 IU/g and 19.56 IU/g, respectively.

Key words: cellulase; breeding

纤维素是自然界植物合成量最大的有机物质，我国每年形成 40 亿吨农作物秸秆若降解为葡萄糖，将对缓解人类目前面临的粮食和能源危机发挥重大作用。纤维素利用的最大难题是纤维素降解，纤维素酶是降解纤维素生成葡萄糖的一种多酶体系。纤维素酶制剂在食品、医药、洗涤剂、纺织、植物遗传育种研究及饲料等领域具有广泛的应用价值。在纤维素酶的农业利用方面，饲料用酶是当今国内外酶制剂研究和开发的热点，而纤维素酶是饲用酶制剂的关键酶种，在饲料中添加少量纤维素酶，可显著提高秸秆饲料的消化利用率和营养价值。目前限制农作物秸秆纤维素有效降解和利用的主要因素之一，是纤维素酶生产菌的纤维素酶活力偏低。近十几年来，通过大量的诱变育种工作，纤维素酶活不断提高，优良菌株时有发现，但与实际生产上的需要相比，仍有一定距离；选育高产纤维素酶产生菌，探索可用于纤维素粗酶制剂工业化生产的固态发酵工艺是近期内的一项主要任务。本文旨在从自然界中分离筛选出产纤维素酶活性较高的菌株，并通过诱变育种提高菌株产酶能力，为饲用纤维素粗酶制剂生产提供优良菌株。

1 材料与方法

1.1 材料

1.1.1 供试菌种 绿色木霉 T9（*Trichoderma viride* T9）和黑曲霉 A8（*Aspergillus niger* A8）由西北农林科技大学资环学院微生物教研室保存，其余菌株均从西北农林科技大学农作一站腐烂秸秆和牛粪中分离获得。

1.1.2 培养基

① 斜面培养基：PDA 培养基、察氏培养基、牛肉膏蛋白胨培养基及高氏 1 号培养基。

② Ⅰ号固态产酶培养基：秸秆粉 2.0g，麸皮 1.0g，加 Mandels 营养液 12mL，在 121℃灭菌 30min。

③ Ⅱ号固态产酶培养基：秸秆粉 7.0g，麸皮 3.0g，$(NH_4)_2SO_4$ 0.3g，KH_2PO_4 0.3g，水 30mL，121℃灭菌 30min。

④ Ⅲ号固态产酶培养基：麦秆粉 + 麸皮 2g，氮源 0.04g，KH_2PO_4 0.06g，水料比为 5。

⑤ Ⅳ号固态产酶培养基：麦秆粉 1.4g，麸皮 0.6g，油渣 0.06g，KH_2PO_4 0.03g，水料比 5。

⑥ Ⅴ号固态产酶培养基：麦秆粉 1.2g，麸皮 0.8g，油渣 0.1g，KH_2PO_4 0.02g，水料比为 5。

⑦ Mandels 营养液：$(NH_4)_2SO_4$ 1.4g/L，$MgSO_4 \cdot 7HO_2$ 0.3g/L，KH_2PO_4 2.0g/L，$CaCl_2$ 0.3g/L，尿素 0.3g/L，微量元素：$FeSO_4 \cdot 7H_2O$ 5.0mL/L，$MnSO_4 \cdot H_2O$ 1.6mL/L，$ZnSO_4 \cdot 7H_2O$ 1.4mL/L，

CoCl$_2$ 2.0mL/L。

⑧ 微晶纤维素双层平板：底层为 PDA 平板，上层为微晶纤维素 1g，去氧胆酸发钠 0.15g，琼脂 2g，水 100mL。

1.1.3 发酵原料　玉米秆、小麦和稻草采自农作一站，自然风干后粉碎过 1mm 筛；麸皮、豆粕等均粉碎过 1mm 筛。

1.2 方法

1.2.1 菌种分离　采用滤纸平板法，菌种纯化采用平板划线法和稀释涂抹法。

1.2.2 菌落形态观察　在斜面和平板上培养，定时观察菌落大小、形态和颜色等特征，并用解剖镜照像。

1.2.3 酶液制备　发酵结束后及时将湿酶曲于 40℃干燥后粉碎，按四分法取样，按酶曲重量的 10 倍加入浸提液（0.05M pH 为 4.8 的柠檬酸 – 柠檬酸钠缓冲液中加入 1g/L 吐温 –80），45℃浸提 1.0h，过滤得粗酶液。测定酶活时，取相应的缓冲液稀释适当倍数。

1.2.4 酶活力测定　纤维素酶活力单位，采用国际单位（IU），即在 1min 内使底物生成 1μmol 葡萄糖所需的酶量定义为 1IU（本文所测酶活除注明外，均为二次重复的平均值）。

① 滤纸酶活力（FPA）测定：将新华定量滤纸条（1cm×6cm）卷成筒状放入试管中，加入 1.0mL 0.05M pH 为 4.8 柠檬酸 – 柠檬酸钠缓冲溶液和 0.5mL 适当稀释的酶液，50℃保温 1h，采用 DNS 法测定还原糖的生成量。

② 羧甲基纤维素酶活力（CMCA）测定：反应体系为 1.0mL 1% CMC-Na 溶液，0.5mL 稀释酶液，50℃保温 0.5h，采用 DNS 法测定还原糖生成量。进行产纤维素酶菌株的初筛时采用氰化盐—碘量法测定还原糖生成量。

③ β - 葡萄糖苷酶活力（BGA）测定：反应体系为 1.0% 水杨素溶液 1mL，酶液 0.5mL，50℃保温 0.5h，DNS 法测定还原糖生成量。

④ 蛋白酶活力测定：福林—酚法。

⑤ 淀粉酶活力测定：反应体系为 1% 可溶性淀粉（溶于 0.02M，pH 为 4.8 缓冲液）2mL，酶液 0.5mL，DNS 法测定麦芽糖生成量。酶活力定义为 1 克干曲 1min 内转化底物生成的麦芽糖毫克数。

1.2.5 诱变育种　取培养 3d 的分生孢子，接入已灭菌的 pH 为 4.8 柠檬酸—柠檬酸钠缓冲液中（含 0.1% 吐温 –80，内放玻璃珠），振荡 20min，用无菌滤纸过滤，滤液用血球计数板测定孢子数，并调整孢子数为 10^5 个 /mL。取 0.1mL 涂布于 PDA 平板上，于 28℃培养 6h，然后置于 30W 紫外灯下 25cm 处照射 2~14min，避光培养，取致死率 99% 以上的平皿菌落挑出分离、纯化。纯化菌株再通过固态产酶培养基进行初筛和复筛。

2 结果与分析

2.1 产纤维素酶优良菌株的筛选

2.1.1 分离　从四个分离源（腐烂的玉米秸秆、小麦秸秆、稻草和腐熟的牛粪）中分离出在滤纸平板上有明显透明圈的菌株共 83 株。其中细菌 15 株，放线菌 12 株，真菌 56 株。将其分别移接到牛肉膏蛋白胨、高氏 1 号和 PDA 斜面试管中培养，并进行菌株纯化。

2.1.2　初筛　从分离纯化的菌株中挑选产孢多、菌体量大及在滤纸平板上透明圈大的真菌 49 株，连同本实验室保存的 A8 和 T9 两株真菌，接入 I 号固态产酶培养基中，28℃培养 7d，测定发酵产物 CMCA。从中选出 CMCA 较高的四株真菌编号为 F1、F2、A8 和 T9（表 1）。分离所得 12 株细菌及 9 株放线菌在用同一方法初筛时被淘汰。

表 1　产纤维素酶微生物分离物的 CMCA　　　　　　　　　　　　　　（IU/g）

真菌		真菌		真菌		细菌		放线菌	
F1	20.79	F17	4.78	F33	11.17	B1	1.10	S1	2.10
F2	21.00	F18	7.13	F34	13.22	B2	13.92	S2	6.79
F3	14.92	F19	9.46	F35	8.46	B3	16.06	S3	1.21
F4	14.25	F20	15.11	F36	10.35	B4	11.17	S4	3.77
F5	12.92	F21	5.15	F37	13.45	B5	7.25	S5	3.81
F6	14.25	F22	9.46	F38	15.23	B6	3.76	S6	4.90
F7	13.58	F23	13.92	F39	13.24	B7	2.51	S7	5.12
F8	10.17	F24	4.08	F40	13.47	B8	4.71	S8	2.69
F9	8.79	F25	16.67	F41	14.67	B9	7.62	S9	1.06
F10	9.83	F26	13.92	F42	12.38	B10	4.02		
F11	8.13	F27	8.46	F43	7.34	B11	7.25		
F12	8.46	F28	7.25	F44	12.50	B12	3.39		
F13	8.49	F29	9.83	F45	8.48				
F14	11.17	F30	12.28	F46	7.85				
F15	2.11	F31	7.25	F47	7.34				
F16	10.17	F32	6.04	F48	6.71				
A8	16.92	T9	17.58	F49	9.68				

2.1.3　供试菌株固态发酵酶活性动态　纤维素酶是包括 EG、CBH 和 BG 3 种组分的复合酶，每一组分酶活力的高低都会影响复合酶对纤维素的降解。将 F1、F2、T9 和 A8 四菌株分别接种在含稻草、小麦秸秆和玉米秆的 II 号固态发酵培养基中，于接种后 24h、48h、72h、96h、120h 及 144h 分别测定 3 种酶的活性，结果整理在图 1~图 9。

从各组分酶活力的动态变化看，在 3 种固态发酵基质中，酶活力随发酵时间的变化趋势基本相似。在培养前期（48h 内）酶活力较低，这一时期主要是微生物的适应期和菌体细胞增殖期。48h 后各组分酶活力迅速提高。除 A8 菌株在稻草上的滤纸酶活和 F2 菌株在玉米秸秆粉上的滤纸酶活分别为 120h 和 48h 外，其他酶的活力在 72~96h 达高峰值，随后便下降。但在不同菌株和不同发酵基质之间表现出一定的差异。

2.1.3.1　FPA　从图 1~图 3 中看出，在同一培养基中，无论是以稻草、麦秆还是玉米秆为发酵基质，A8 菌株的最高 FPA 均比其他 3 株菌高，其次是 F2 菌株。例如，在麦秆基质上 F1、F2、T9 和 A8 菌株的最高 FPA（IU/g）排序为 A8（7.6）>F2（6.0）>F1（5.9）>T9（2.9）；在稻草上，四株菌最高 FPA 则按 A8（7.0）>F2（4.0）>T9（3.9）>F1（3.3）排序。对同一菌株而言，发酵基质不同，FPA 不同，但差异较小。

例如，在稻草、麦秆和玉米秆发酵基质中，A8 的最高 FPA 分别为 7.0IU/g、7.6IU/g 和 7.0IU/g；F2 菌株的 FPA 分别是 4.2IU/g、6.0IU/g 和 5.3IU/g。可见，以麦秆为发酵基质的最高 FPA 稍大于稻草和玉米秆，这说明，对 FPA 而言，不同菌株之间的酶活差异远大于不同发酵基质之间的酶活差异。

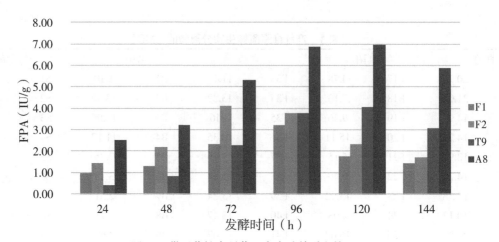

图 1　供适菌株在稻草固态发酵基质上的 FPA

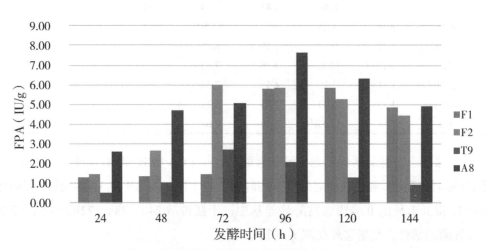

图 2　供适菌株在稻草固态发酵基质上的 FPA

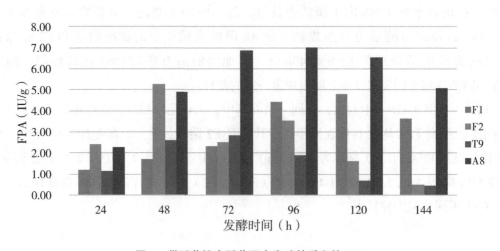

图 3　供适菌株在稻草固态发酵基质上的 FPA

2.1.3.2 CMCA 从图5看出，在稻草基质上，4个供试菌株的酶活力上升很快，均在72h达到最大酶活，且各菌株间CMCA差异较小，F1、F2、T9和A8在72h的CMCA分别是28.9IU/g、26.9IU/g、28.3IU/g和30.2IU/g，且A8菌株在麦秆和玉米秆基质上的CMCA的酶活高峰出现在96h，较稻草基质晚24h。在麦秆和玉米秆上（图6、图7），A8菌株酶活大于其他菌株，最大酶活分别是25.9IU/g、21.0IU/g。对同一菌株而言，以稻草为发酵基质时的酶活大于麦秆和玉米秆基质。以F2菌株为例，其在稻草、麦秆和玉米秆上的CMCA分别是26.9IU/g、14.5IU/g和13.7IU/g，在稻草上的酶活分别是麦秆、玉米秆上的1.8倍和1.9倍。而麦秆与玉米秆相比，除F1菌株外，F2、T9和A8菌株在麦秆上的酶活稍大于玉米秆。

2.1.3.3 BGA 从图7~图9中看出，在同一发酵基质中，A8菌株的酶活远大于F1、F2和T9菌株。例如，在稻草、麦秆和玉米秆上，A8菌株最大BGA分别是T9菌株的2倍、2.6倍、2.9倍。F2菌株最大BGA分别是T9菌株的1.4倍，1.7倍和1.2倍，F2菌株酶活位居第二。对同一菌株而言，以稻草为发酵基质的酶活大于麦秆和玉米秆。如F2菌株在稻草、麦秆和玉米秆上最大BGA分别是26.3IU/g、22.9IU/g和17.2IU/g。

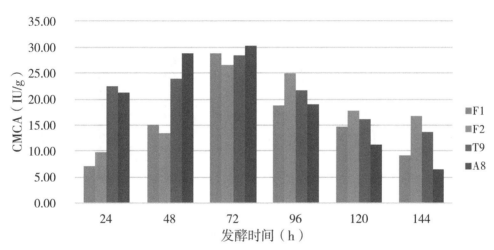

图4 供适菌株在稻草固态发酵基质上的CMCA

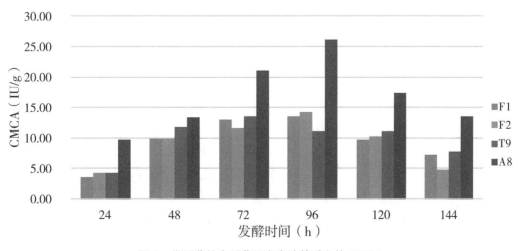

图5 供适菌株在稻草固态发酵基质上的CMCA

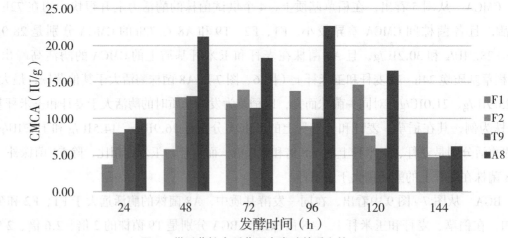

图 6　供适菌株在稻草固态发酵基质上的 CMCA

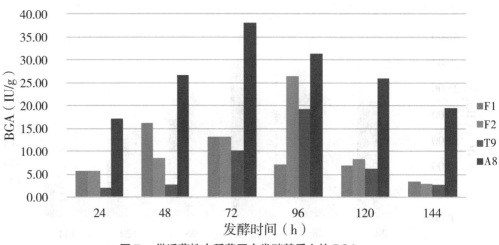

图 7　供适菌株在稻草固态发酵基质上的 BGA

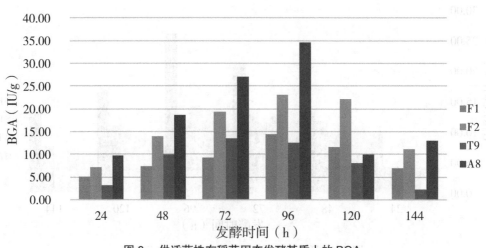

图 8　供适菌株在稻草固态发酵基质上的 BGA

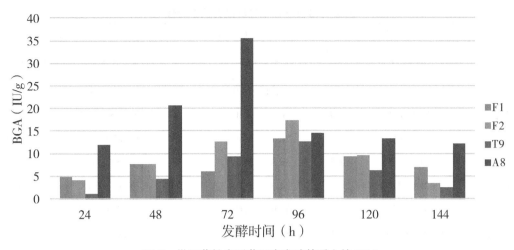

图 9　供适菌株在稻草固态发酵基质上的 BGA

综上所述，从发酵时间 96h 的 3 种酶活力来看，在稻草基质中，除 A8 菌株的 CMCA 稍低于 F2 和 T9 菌株外，A8 和 F2 菌株的 FPA 和 BGA 均高于 T9 和 F1 菌株。在麦秆基质中，A8 和 F2 菌 FPA、CMCA 及 BGA 均高于 F1 和 T9 菌株。在玉米秆基质中，A8 菌株的 FPA 和 CMCA 远大于其他 3 株菌，而 F1 菌株和 F2 菌株一种酶活力数值相近；同一菌株不同发酵基质比较，以稻草为好，麦秆次之。鉴于陕西关中地区水稻种植面积少，麦秆作为实际生产中的发酵基质资源丰富，以下试验均以麦秆为发酵基质。

2.2　供试菌株的诱变育种

在以麦秆为发酵基质时，F1 菌株为菌丝体，不产孢子，接种困难，A8 和 F2 菌株孢子丰富，较其他菌株酶活高，且达产酶高峰的时间较一致，因此，以 A8 和 F2 菌株为出发菌株进行诱变育种，以期使纤维素酶活得到进一步提高。本试验采用紫外线照射处理，通过微晶纤维素双层平板分离，PDA 平板纯化，获得 A8 菌株的突变株 17 株，F2 菌株的突变株 10 株。将 A8 突变株和 F2 突变株分别在 IV 号和 V 号培养基中培养，测定 3 种酶活力，进行突变株的初筛和复筛（表 4 至表 7）。

2.2.1　初筛　A8 突变株从表 2 看出，突变株 UA8-I2-2 的 FPA 较出发菌株提高 47.9%；突变株 UA8-I9-2 的 CMCA 较出发菌株提高 109.2%；突变株 UA8-I6-1 的 BGA 提高辐度达 201.1%，约为出发菌株的 3 倍。以 FPA 为主要指标并兼顾 CMCA 和 BGA，选出 UA8-I2-2、UA8-I10-1、UA8-I5-1 和 UA8-I6-1 4 株突变株。其 FPA 较出发菌株分别提高 47.9%、36.2%、21.4% 和 22.2%；其 CMCA 分别提高 79.8%、77.2%、85.4% 和 19.8%；其 BGA 较出发菌株分别提高 188%、173.9%、189.3% 和 201.1%。

表2　A8突变株初筛纤维素酶系活性

菌株代号	FPA		CMCA		BGA	
	$\overline{X}\pm S$（U）	增长率（%）	$\overline{X}\pm S$（U）	增长率（%）	$\overline{X}\pm S$（U）	增长率（%）
A8	6.03±0.014	–	20.41±1.39	–	34.74±1.47	–
UA8-Ⅰ2-2	8.92±0.078	47.9	36.69±3.40	79.8	100.05±2.85	188.0
UA8-Ⅰ10-1	8.21±0.092	36.2	36.16±0.69	77.2	95.15±7.62	173.9
UA8-Ⅰ5-1	7.32±0.092	21.4	37.84±2.80	85.4	100.51±5.17	189.3
UA8-Ⅰ11-1	7.83±0.35	29.9	34.22±5.12	67.7	88.47±0.18	154.7
UA8-Ⅰ6-2	6.43±0.70	6.6	34.98±3.12	71.4	99.35±14.64	186.0
UA8-Ⅰ11-2	6.70±0.34	11.1	34.05±1.99	66.8	93.52±0.74	169.2
UA8-Ⅰ6-1	7.37±0.16	22.2	24.45±10.17	19.8	104.59±4.71	201.1
UA8-Ⅰ10-2	6.59±0.28	9.3	40.68±4.10	99.3	101.33±8.01	191.7
UA8-Ⅰ9-2	6.29±0.13	4.3	42.69±3.96	109.2	101.20±4.57	191.3
UA8-Ⅰ8-2	6.89±0.47	14.3	39.33±0.52	92.7	102.78±1.96	195.9
UA8-Ⅱ2-2	6.64±0.68	10.1	42.69±0.42	109.2	25.61±1.73	−26.3
UA8-Ⅱ2-3	5.31±0.32	−1.18	42.09±0.14	126.2	26.30±1.30	−24.3
UA8-Ⅱ2-1	4.73±0.76	−21.4	40.12±3.22	96.6	1.87±1.56	−94.6
UA8-Ⅲ6-1	5.46±0.64	−9.3	30.00±0.53	47.0	58.20±2.21	67.5
UA8-Ⅲ7-1	7.92±0.28	31.6	30.51±0.62	49.4	71.85±5.77	106.8
UA8-Ⅲ5-1	6.39±0.32	6.1	31.38±0.03	53.7	71.92±1.08	107.0
UA8-Ⅲ2-1	4.99±1.23	−17.1	30.52±0.71	50.0	74.26±2.08	113.8

注：增长率（%）=（突变菌株酶活－出发菌株酶活）/出发菌株酶活×100，酶活单位为IU/g

F2突变株从表5看出，F2突菌株诱变效果不理想，负突变的菌株较多。突变株UF2-Ⅱ6-2的FPA较出发菌株提高131.7%；突变株的CMCA提高幅度较小，UF2-Ⅱ6-3突变株较出发菌株提高13.9%；突变株UF2-Ⅱ6-2的BGA较出发菌株提高99.6%。同样地，以FPA为主要指标，兼顾CMCA和BGA选出UF2-Ⅱ6-2、UF2-Ⅱ6-3、UF2-Ⅱ4-1和UF2-Ⅱ2-44株突变株。其FPA较出发菌株分别提高131.7%、46.0%、13.7%和77.0%；其CMCA分别提高−3.7%、4.6%、13.9%和8.2%；除UF2-Ⅱ6-2突变株的BGA较出发菌株提高99.6%外，其余3株突变株BGA较出发菌株分别降低12.4%、13.8%和7.2%。

表3　F2突变株初筛纤维素酶系活性

菌株代号	FPA		CMCA		BGA	
	$\overline{X}\pm S$（U）	增长率(%)	$\overline{X}\pm S$（U）	增长率(%)	$\overline{X}\pm S$（U）	增长率（%）
F2	1.39±0.05	–	19.52±0.56	–	15.35±0.01	–
UF2-Ⅱ6-2	3.22±0.12	131.7	18.80±0.42	−3.7	30.64±4.42	99.6
UF2-Ⅱ4-1	2.03±0.87	46.0	20.41±0.88	4.6	13.45±0.11	−12.4
UF2-Ⅱ6-3	1.58±0.61	13.7	22.24±0.49	13.9	13.23±0.33	−13.8
UF2-Ⅱ2-4	2.46±0.26	77.0	21.13±0.33	8.2	14.24±0.04	−7.2

（续表）

菌株代号	FPA		CMCA		BGA	
	$\bar{X}\pm S$（U）	增长率(%)	$\bar{X}\pm S$（U）	增长率（%）	$\bar{X}\pm S$（U）	增长率（%）
UF2-Ⅱ2-1	0.76 ± 0.47	−45.3	5.80 ± 0.09	−70.3	1.15 ± 0.11	−92.5
UF2-Ⅲ7-1	0.48 ± 0.21	−65.5	5.34 ± 0.21	−72.6	0.96 ± 0.40	−93.7
UF2-Ⅲ7-2	0.79 ± 0.28	−43.2	6.20 ± 0.18	−68.2	0.67 ± 0.13	−95.6
UF2-Ⅲ3-1	0.54 ± 0.28	−61.2	5.90 ± 0.42	−69.8	1.29 ± 0.11	−91.6
UF2-Ⅲ2-1	2.08 ± 1.12	49.6	17.34 ± 3.82	11.2	2.21 ± 0.07	−83.6
UF2-Ⅲ3-2	2.11 ± 0.37	51.8	19.88 ± 0.88	1.8	5.28 ± 1.12	−63.6

注：增长率（%）=（突变菌株酶活 − 出发菌株酶活）/ 出发菌株酶活 ×100，酶活单位为 IU/g

2.2.2 复筛 从初筛中选出的上述 A8 和 F2 突变株各 4 株参加复筛（表 4 和表 5）。经复筛后，以 FPA 为主要指标，兼顾 CMCA 和 BGA，选出两株酶活力提高幅度较大，重复之间波动性较小的优良突变株 UA8-Ⅰ2-2 和 UF2-Ⅱ6-2 进下研究。UA8-Ⅰ2-2 突变株较出发菌株 A8 的 FPA、CMCA 和 BGA 分别提高 40.3%、78.7% 和 65.1%；UF2-Ⅱ6-2 突变株较出发菌株 F2 的 FPA、CMCA 和 BGA 分别提高 26.3%、18.2% 和 43.6%。

表 4 A8 突变株复筛纤维素酶系活性（n=4）

菌株代号	FPA		CMCA		BGA	
	$\bar{X}\pm S$（U）	CV（%）	$\bar{X}\pm S$（U）	CV（%）	$\bar{X}\pm S$（U）	CV（%）
A8	7.22 ± 0.467	6.5	19.52 ± 0.56	−	15.35 ± 0.01	−
UA8-Ⅰ6-2	6.95 ± 0.503	7.2	18.80 ± 0.42	−3.7	30.64 ± 4.42	99.6
UA8-Ⅰ4-1	8.60 ± 0.423	4.9	20.41 ± 0.88	4.6	13.45 ± 0.11	−12.4
UA8-Ⅰ6-3	11.31 ± 0.507	4.5	22.24 ± 0.49	13.9	13.23 ± 0.33	−13.8
UA8-Ⅰ2-4	10.13 ± 0.149	1.5	21.13 ± 0.33	8.2	14.24 ± 0.04	−7.2

酶活单位：IU/g

表 5 F2 突变株初筛纤维素酶系活性（n=3）

菌株代号	FPA		CMCA		BGA	
	$\bar{X}\pm S$（U）	CV（%）	$\bar{X}\pm S$（U）	CV（%）	$\bar{X}\pm S$（U）	CV（%）
F2	3.42 ± 0.204	6.0	21.68 ± 1.763	8.1	19.85 ± 2.021	10.2
UF2-Ⅱ2-4	2.43 ± 0.343	14.1	20.19 ± 2.157	10.7	18.63 ± 3.123	16.8
UF2-Ⅱ2-3	3.13 ± 0.581	18.6	26.12 ± 4.183	16.0	21.49 ± 2.953	13.7
UF2-Ⅱ4-1	3.56 ± 0.178	5.0	21.14 ± 1.701	8.0	16.42 ± 0.962	5.9
UF2-Ⅱ6-2	4.32 ± 0.191	4.4	25.63 ± 2.246	8.8	28.51 ± 2.150	7.5

3 结论与讨论

菌株 F1、F2、T9 和 A8 是 4 株优良的产纤维素酶野生真菌，分解天然纤维素能力较强。

在不同发酵基质中，F1、F2、T9 和 A8 菌株纤维素酶三组分活力随发酵时间的变化趋势基本相似。除 A8 在稻草基质和 F2 在玉米秆粉基质上的 FPA 峰值分别为 120h 和 48h 外，其他菌株的 3 种酶活力在 72~96h 达峰值。对同一菌株而言，以稻草为发酵基质时，酶活力最高，麦秆次之，玉米秆最差。

突变株 UA8-Ⅰ2-2 和 UF2-Ⅱ6-2 是两株纤维素酶活较高的优良菌株，其 FPA 分别是 10.63IU/g 和 8.6IU/g，CMCA 分别是 36.1IU/g 和 46.02IU/g，BGA 分别是 62.25IU/g 和 19.56IU/g。

参考文献共 8 篇（略）

原文见文献　汤莉. 纤维素酶产生菌选育、固态发酵条件及性质研究[D]. 西北农林科技大学，2001: 31-41.

青贮用乳酸菌的分离、筛选及鉴定

肖健，来航线，薛泉宏

（西北农林科技大学资源环境学院，陕西杨凌　712100）

摘要：本研究从新鲜苹果渣及青贮玉米秸秆中分离获得 39 株菌，根据菌株的形态学、革兰氏染色、接触酶和发酵葡萄糖产酸产气特征，从中筛选获得 7 株同型发酵乳酸菌。依据该 7 株菌的生长速率及产酸速率，从中筛选获得 3 株生长与产酸俱佳的乳酸菌，编号分别为：R1、R11、R16，并通过形态学、生理生化指标及 16S rDNA 分子方法对这 3 株乳酸菌进行鉴定。经鉴定，此三株优良同型发酵乳酸菌分别为：R1，植物乳杆菌；R11，马里乳杆菌；R16，戊糖片球菌。

关键词：苹果渣；乳酸菌；生长速率；产酸速率

Isolation, Screening and Identification of Lactic Acid Bacteria Used in Silage

XIAO Jian , LAI Hang-Xian , XUE Quan-Hong

(College of Natural Resources and Environment, Northwest A &F University, Yang ling , Shaanxi 712100 , China)

Abstract: In this study, 39 strains in total were separated from fresh apple pomace and maize silage, according to the results of microbial morphology, gram's staining, contact enzymes tests and glucose fermentation to produce acid and gas, 7 homofermentative lactobacillus were screened from these strains. By the determination of growing and acid producing rate, 3 excellent proliferation and acid producing lactobacillus were selected from these 7 strains, which were numbered as R1, R11 and R16 respectively. These 3 lactobacillus were identified by morphology, physiological and biochemical indexes and 16S rDNA methods. The results showed that R1 was *Lactobacillus Plantarum*, R11 was *Lactobacillus Acidipiscis*, and R16 was *Pediococcus Pentosacous*.

Key words: apple residue; lactic acid bacteria; growth rate; acid production rate

基金项目：“十一五”国家科技支撑计划项目（2007BAD89B16）。

作者简介：肖健（1984— ），男，甘肃省陇西县人，硕士，主要从事资源微生物学。

导师简介：来航线（1964— ），陕西礼泉人，副教授，博士生导师，主要从事微生物资源与利用研究。

E—mail: laihangxian@163.com。

目前，陕西省每年榨汁产生 200 多万 t 苹果渣。由于新鲜苹果渣的水分含量高、营养丰富，为微生物活动创造了良好的条件。若不及时对其进行处理，极易腐败，造成环境污染和资源浪费（贺克勇，2007）。鲜苹果渣和苹果渣干粉均可以作为饲料喂养牲畜，但鲜果渣堆放易酸败变质，不易远距离运输，同时牲畜适口性较差，饲喂周期短；将苹果渣烘干或自然晾晒可以制得干果渣，但烘干成本过高，而自然晾晒易受天气影响，制约因素多。也可以用鲜苹果渣加工高蛋白的发酵饲料，但其制作工艺复杂，在实际应用中较难推广（王晋杰等，2006）。用苹果渣生产青贮饲料，操作过程简单、成本低、青贮后饲料的保存时间长、同时易于形成产业化，因此青贮可以作为苹果渣资源化和无害化利用的有效途径。目前国内有少量关于青贮苹果渣的研究（原有霖，2008），但大多只是对苹果渣进行简单的自然青贮，添加复合微生物的苹果渣青贮研究鲜有报道。本研究旨在分离筛选能用于苹果渣青贮的乳酸菌，为果渣的青贮利用提供优良菌株。

1 材料

1.1 分离材料

鲜果渣由陕西眉县恒兴果汁厂提供；玉米秸秆青贮饲料由西北农林科大学农场和宝鸡澳华现代牧业有限责任公司提供。

1.2 培养基（凌代文，1999；张刚，2007）

1.2.1 乳酸菌分离用培养基

（1）MRS 琼脂培养基加入 2%CaCO₃。蛋白胨 10g，酵母膏 5g，牛肉膏 10g，葡萄糖 20g，乙酸钠 5g，柠檬酸二铵 2g，吐温 80 1.0mL，硫酸镁 0.58g，硫酸锰 0.05g，磷酸氢二钾 2g，琼脂 20g，水 1 000mL。调 pH 为 6.2~6.4，121℃灭菌 15min。

（2）SL 培养基加入 2%CaCO₃。酪蛋白 10g，酵母提取物 5g，葡萄糖 20g，柠檬酸二铵 2g，吐温 80 1.0mL，乙酸钠 25g，磷酸二氢钾 6g，硫酸镁 0.58g，硫酸亚铁 0.03g，硫酸锰 0.15g，琼脂 15~20g，水 1 000mL。配制时，将琼脂溶解到 500mL 沸水中，单独溶解其他组分到 500mL 水中，用冰乙酸将 pH 调节到 5.4，加入已融化的琼脂，进一步煮沸 5min 即可。

1.2.2 乳酸菌培养用培养基 MRS 琼脂培养基斜面。

1.2.3 生理生化分析主要培养基

（1）PY 基础培养基。蛋白胨 5g，胰酶解酪阮（Trypticase）5g，酵母提取物 10g，盐溶液 40mL，蒸馏水 1 000mL。（盐溶液成分：无水氯化钙 0.2g，硫酸镁 0.48g，磷酸氢二钾 1.0g，磷酸二氢钾 1.0g，碳酸氢钠 10.0g，氯化钠 2.0g；将氯化钙和硫酸镁混合溶解到 300mL 蒸馏水中，再加 500mL 水，一边搅拌一边缓慢加入其他盐类；继续搅拌至全部溶解，再加 200mL 蒸馏水，贮备在 4℃冰箱备用）。

（2）PYG 琼脂培养基。在 PY 基础培养液内加入 1.0g 葡萄糖和 20g 琼脂即成为 PYG 琼脂培养基。对于厌氧的乳酸菌，需要在上述培养基中加入 0.1% 刃天青液 0.1mL 和半胱氨酸 –HCl·H₂O 0.05g，并在厌氧条件下制作培养基。半胱氨酸在培养基煮沸后分装容器前加入培养基中。

（3）产硫化氢试验培养基、石蕊牛乳试验培养基、硝酸盐还原试验培养基、葡萄糖产气试验培养基、明胶试验培养基、马尿酸盐试验培养基、精氨酸水解试验培养基和精氨酸产氨试验培养基。

2 方法

2.1 菌株的分离和纯化

乳酸菌的分离采用平板稀释法（郭本恒，2004），分离用培养基为含有 2%CaCO$_3$ 的 SL 培养基和 MRS 琼脂培养基。在无菌室中称取 10g 分离样品，放入装有 90mL 无菌水的三角瓶中振荡 0.5h，用无菌水进行稀释，选 10^{-4}、10^{-6}、10^{-8} 3 个稀释度，每个稀释度取 1 滴稀释液分别涂布和倾注在 SL 和 MRS 平板，于 37℃恒温培养 48h。形成菌落后，观察其形态，挑取有透明钙溶圈的菌落到 MRS 平板，并对所获得的菌株采用 MRS 琼脂平板划线法（黄秀梨，1999）进行纯化，将纯培养的菌株接种到 MRS 琼脂斜面培养基上，37℃恒温培养 48h 后置于 4℃冰箱中保存备用。

2.2 供试菌株的初步鉴定（凌代文，1999）

依据形态学特征对分离获得的供试菌株进行初步鉴定，挑取典型菌落，进行革兰氏染色，对革兰氏阳性的杆状或球状菌株继续进行接触酶试验，筛除非乳酸菌。

2.3 优良乳酸菌的筛选

2.3.1 葡萄糖产酸产气实验（凌代文，1999） 在 PY 基础培养基内加入 30g 葡萄糖和 0.5mL 吐温 80，再添加 6g 琼脂做成软琼脂柱。分装试管，高度 4~5cm。为便于观察产酸情况，在培养基内加入 1.4mL 浓度为 1.6g/100mL 的溴甲酚紫指示剂，121℃灭菌 20~30min 后备用。用分离到的菌株进行穿刺接种，其后在表层加盖一层厚度约为 7mm 的 2% 琼脂，37℃恒温培养 24h。

2.3.2 产酸速率（张刚，2007） 按 1.0×10^7 个 /g 的接种量将供试乳酸菌接入 MRS 液体培养基中，37℃恒温培养。每隔 2h 采用 DELTA-320 pH 计测定各菌株发酵液的 pH，绘制各发酵时间段所对应的发酵液 pH 的变化曲线，即为产酸速率曲线。

2.3.3 生长曲线（张刚，2007） 按 1.0×10^7 个 /g 的接种量将供试乳酸菌接入 MRS 液体培养基中，37℃恒温培养。每隔 2h 取一次液体发酵液样品，保存于 4℃冰箱中，最后以 MRS 培养基为空白，在 620nm 下测定样品的吸光值，以培养时间为横坐标，相对应的吸光值为纵坐标，绘制乳酸菌生长曲线。

2.4 优良乳酸菌的鉴定（凌代文，1999；程丽娟，2000）

2.4.1 生理生化鉴定 进行石蕊牛奶、淀粉水解、精氨酸水解、精氨酸产氨、明胶液化、产硫化氢、马尿酸盐水解、葡聚糖产生、V-P 试验以及菌株对 L- 阿拉伯糖、纤维二糖、卫矛醇、D- 果糖、D- 半乳糖、葡萄糖、甘油、肌醇、D（+）麦芽糖、D（+）甘露糖、D- 甘露醇、D（+）棉籽糖、鼠李糖、D（-）核糖、水杨苷、D- 山梨醇、L- 山梨糖、蔗糖、海藻糖、木糖等二十种碳水化合物发酵产酸试验。

2.4.2 16S rDNA 序列分析（李丽，2006） 提取供试乳酸菌的 DNA，通过琼脂糖凝胶电泳观察所提取的 DNA 的浓度，接下来做 PCR 扩增。在 PCR 扩增时采用细菌通用的引物：

正向引物为 PrimerA（对应在 E. coli 的 16S rDNA5'端 8-27f 位置）：

5'-AGAGTTTGATCCTGGCTCAG-3'；

反向引物为 PrimerB（对应在 *E. coli* 的 16S rDNA5'端 1523–1504r 位置）:

5'-AAGGAGGTGATCCAGCCGCA-3'。

在上海生工生物工程公司进行 PCR 产物的纯化与序列测定，测序时使用的引物是:

PA : 5'-CCGTCGACGAGCTCAGAGTTTGATCCTGGCTCAG-3'

PB : 5'-CCCGGGTACCAAGCTTAAGGTGATCCAGCCGCA-3'

PC : 5'-AGGGTTGCGCTCGTTG-3'

将测得的 16S rDNA 序列结果按要求输入 Genbank 中进行序列检索比对，获得与已知序列微生物的相似性，从而确定供试乳酸菌的属种信息。

3 结果与分析

3.1 乳酸菌的分离与初步鉴定

分离共获得 39 株菌，通过观察菌落特征及溶钙圈，从中挑出 11 株类似乳酸菌。将这些菌株经纯化后，通过革兰氏染色试验、接触酶试验及菌落形态特征初步鉴定获得 7 株乳酸菌。具体结果见表 1、表 2。

表 1 供试菌株革兰氏染色及接触酶试验结果

菌株编号 Screening number	G+/- Gram stain	接触酶 Thecontact enzyme	菌株编号 Screening number	G+/- Gram stain	接触酶 The contact enzyme
R1	+	–	R11	+	–
R2	+	+	R12	+	–
R3	+	+	R16	+	
R6	+	–	R19	+	
R8	+	+	R20	+	
R9	+	+			

注:"–"表示试验结果呈阴性;"+"表示试验结果呈阳性

表 2 供试菌体形态及菌落特征

菌株编号 Screening number	菌体形态 Microscopic morphology		菌落特征 Colony characteristics					
	形态 Morphology	排列 Arrangements	形状 Shape	颜色 Color	透明度 Transparency	质地 Texture	表面状态 Surface state	边缘 Edge
R1	长杆状	链状	圆形	白色	不透明	黏稠	光滑，无光泽，隆起	完整
R2	长杆状	单个或链状	圆形	微黄	略透明	黏稠	光滑，无光泽，隆起	完整
R3	椭球状	单个或成对	圆形	白色	略透明	黏稠	有褶皱，隆起	完整
R6	短杆状	单个	圆形	白色	不透明	干燥	有褶皱，隆起	完整
R8	短杆状	链状	圆形	白色	略透明	干燥	光滑，无光泽，隆起	完整

（续表）

菌株编号 Screening number	菌体形态 Microscopic morphology				菌落特征 Colony characteristics			
	形态 Morphology	排列 Arrangements	形状 Shape	颜色 Color	透明度 Transparency	质地 Texture	表面状态 Surface state	边缘 Edge
R9	球状	成对	圆形	微黄	略透明	干燥	光滑，有光泽，隆起	完整
R11	短杆状	链状	圆形	微黄	不透明	黏稠	光滑，无光泽，隆起	完整
R12	球状	单个或成对	圆形	微黄	不透明	黏稠	光滑，有光泽，隆起	完整
R16	球状	成对或四联	圆形	白色	不透明	黏稠	光滑，有光泽，隆起	完整
R19	短杆状	链状	圆形	微黄	不透明	黏稠	有褶皱，隆起	完整
R20	长杆状	单个或链状	圆形	白色	不透明	黏稠	光滑，有光泽，隆起	完整

目前大多数学者（凌代文，1999）将乳酸菌定义为一类发酵糖类主要产物为乳酸的无芽孢、菌体为球状或杆状、有时成丝状、产生假分枝、单个或多个排列成链的革兰氏阳性、接触酶阴性的细菌总称。由表1及表2可以看出，所有供试菌株菌落形态和特征及革兰氏染色呈阳性，均符合此定义，但菌株R2、R3、R8、R9接触酶呈阳性，为非乳酸菌，故筛除。因此初步确定从青贮玉米饲料中分离获得七株乳酸菌，菌株编号分别为：R1、R6、R11、R12、R16、R19、R20。

3.2　优良同型发酵乳酸菌的筛选

3.2.1　葡萄糖产酸产气试验　以经过初步鉴定所确定乳酸菌R1、R6、R11、R12、R16、R19、R20作为供试乳酸菌，进行葡萄糖发酵产酸产气试验，从中筛选获得同型发酵乳酸菌，结果见表3。

表3　乳酸菌发酵葡萄糖产酸产气结果

葡萄糖产酸产气 The glucose produced acid and gas	菌株Strains						
	R1	R6	R11	R12	R16	R19	R20
产酸Acid production	+++	++	+++	+	+++	+	++
产气Gas production	-	+	-	+	-	-	-

注："-"表示不能产酸或产气；"+"表示能够产酸或产气；"++"产酸或产气能力较强；"+++"表示产酸或产气能力很强

由表3可以看出，R1、R11、R16、R19和R20五株菌只产酸，不产气，为同型发酵乳酸菌，符合本试验要求，故以此五株同型发酵乳酸菌进行后续试验。

3.2.2　乳酸菌产酸速率曲线及生长曲线　将供试乳酸菌悬液按10^7个/g的量接入MRS液体培养基中，37℃恒温培养。每隔2h分别测定发酵液的pH和吸光值，绘制产酸速率曲线和生长曲线，从而判断其产酸和生长性能。结果如图1、图2所示。

产酸速率是筛选优良乳酸菌的重要指标，不同菌株之间差异较大。由图1可以看出：菌株R16的产酸能力最强，在16h可使发酵液pH降至4.5，36h降至3.99。R1、R11两株菌的产酸性能较好，R1在16h可使pH降至4.74；R11在16h可使pH降至4.67，最终两株菌均可将发酵液pH降至4.0左右。R19与R20最终pH高于其他菌株。

由图2可以看出，R1无明显适应期，对数期较长，在16h达到稳定期。说明该乳酸菌生长繁

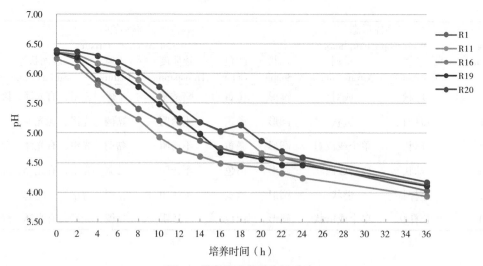

图1　供试乳酸菌的产酸速率

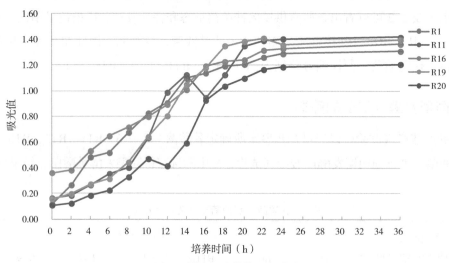

图2　供试乳酸菌的生长曲线

殖迅速，能很快进入对数期，在稳定期能够使菌数保持一定水平。R11在0~2h有一段适应期，其后在18h进入稳定期，该菌也能够较快增殖并保持相对稳定。R16在0~2h同样具有适应期，在16h进入稳定期，对数期相对较短，其菌数在稳定期能够保持较高数量。R19、R20适应期较其他菌长，并且增长不稳定。

综合供试乳酸菌产酸速率曲线和生长曲线结果：菌株R1、R11和R16生长性能和产酸能力均较好，为优良同型发酵乳酸菌，进行后续菌株复合配比青贮试验。

3.3　三株优良乳酸菌的鉴定

3.3.1　生理生化鉴定　对3株供试乳酸菌R1、R11和R16进行碳源利用类型及生理生化特性鉴定，结果见表4。

表 4 乳酸菌的生理生化结果

指标 Index	结果Result			指标 Index	结果Result		
	R1	R11	R16		R1	R11	R16
L-阿拉伯糖	++	–	+++	L-山梨糖	+	++	+
纤维二糖	+++	+	+++	可溶性淀粉	+	+++	–
卫矛醇	+	–	–	蔗糖	+++	++	–
D-果糖	+++	+	+++	海藻糖	+++	+++	+++
D-半乳糖	+++	+	+++	木糖	+	–	+
葡萄糖	++	+	+++	葡萄酸盐（钠盐）	+++		
甘油	++	+	–	石蕊牛奶胨化	–	–	–
马尿酸盐（钠盐）	+	–	+	淀粉水解	+	+	+
肌醇	–	–	–	精氨酸产氨			
D（+）麦芽糖	++	–	+++	明胶液化	–	–	–
D（+）甘露糖	+++	+++	+++	产H$_2$S	–	–	+
D-甘露醇	+	–	–	马尿酸盐水解	+	+	–
D（+）棉籽糖	+	–	–	精氨酸水解	+	–	+
鼠李糖	–	++	+++	葡聚糖的产生	+	–	+
D（–）核糖	+++	–	+++	V-P试验	+	++	+
水杨苷	+++	++	+++	pH为4.5	++	++	+
D-山梨醇	++	–	–	pH为6.5	++	++	++

注：表中"–"表示结果呈阴性；"+"表示结果呈阳性；"++"表示结果呈较强阳性；"+++"表示结果呈强阳性

由表4可以看出，乳杆菌 R1 不能利用精氨酸产生氨气，可以利用 L-阿拉伯糖、纤维二糖、卫矛醇、D-果糖、D-半乳糖、葡萄糖、甘油、马尿酸盐（钠盐）、D（+）麦芽糖、D（+）甘露糖、D-甘露醇、D（+）棉籽糖、D（–）核糖、水杨苷、D-山梨醇、L-山梨糖、可溶性淀粉、蔗糖、海藻糖、木糖、葡萄酸盐（钠盐）进行发酵并产酸，而不能利用肌醇和鼠李糖。

乳杆菌 R11 不能利用精氨酸产生氨气，能利用纤维二糖、D-果糖、D-半乳糖、葡萄糖、甘油、D（+）甘露糖、鼠李糖、D（–）核糖、水杨苷、L-山梨糖、可溶性淀粉、蔗糖、海藻糖进行发酵并产酸，而不能利用 L-阿拉伯糖、马尿酸盐（钠盐）、肌醇、D（+）麦芽糖、D-甘露醇、D（+）棉籽糖、D-山梨醇、木糖、葡萄酸盐（钠盐）。片球菌 R16 能在 pH 为 4.5 和 pH 为 6.5 的环境中生长，能产生细菌酶水解精氨酸，能利用 L-阿拉伯糖、纤维二糖、D-果糖、D-半乳糖、葡萄糖、马尿酸盐（钠盐）、D（+）麦芽糖、D（+）甘露糖、鼠李糖、D（–）核糖、水杨苷、L-山梨糖、海藻糖、木糖、进行发酵并产酸，而不能利用山梨醇、甘露醇、甘油、可溶性淀粉、蔗糖。

所分离得到的 2 株无芽孢、革兰氏阳性、接触酶阴性杆菌 R1 和 R11 不能够液化明胶，不产生 H$_2$S，耐酸性能好，在 pH 为 6.5 时生长良好，在 pH 为 4.5 时仍可生长。结合其对碳水化合物的利用方式，初步鉴定为乳杆菌属的细菌。所分离到的 1 株无芽孢、革兰氏阳性、接触酶阴性球菌 R16 能发酵葡萄糖产生乳酸，不产气。接触酶阴性。不酸化，不凝固牛奶，不水解马尿酸钠。结合其对碳水化合物的利用特性，初步鉴定为乳酸片球菌属的细菌。

3.3.2 16S rDNA 鉴定 将供试乳酸菌测序结果输入 GenBank 对比后，供试乳酸菌 R1 与植物乳杆菌（*Lcatobacillus Plantarum*）具有 99% 的相似度；供试乳酸菌 R11 与马里乳杆菌（*Lactobacillus*

Acidipiscis）具有98%的相似度；供试乳酸菌R16与戊糖片球菌（*Pediococcus Pentosacous*）具有99%的相似度。

结合以上三株菌的镜检及菌落形态特征、生理生化和16S rDNA结果，确定R1为：植物乳杆菌（*Lcatobacillus Plantarum*）；R11为：马里乳杆菌（*Lactobacillus Acidipiscis*）；R16为戊糖片球菌（*Pediococcus Pentosacous*）。

4 结论与讨论

（1）以新鲜苹果渣及玉米秸秆青贮饲料作为分离材料，采用稀释平板法分别涂布和倾注分离稀释液于SL和MRS分离培养基，分离到的菌株经纯化和初步鉴定后获得R1、R6、R11、R12、R16、R19和R20共七株乳酸菌。

（2）通过葡萄糖产酸产气、产酸速率和生长曲线从中筛选获得三株优良同型发酵乳酸菌：R1、R11和R16，并对其进行16S rDNA序列测定和生理生化鉴定。经鉴定：R1为植物乳杆菌（*Lactobacillus Plantarum*）；R11为马里乳杆菌（*Lactobacillus Acidipiscis*）；R16为戊糖片球菌（*Pediococcus pentosacous*）。

（3）本试验分离获得的优良乳酸菌在进行液体培养时，采用普通摇床培养，菌株都能良好生长，说明此次试验获得菌株并非严格厌氧菌。通常乳酸菌多为厌氧菌，对生长所需环境条件较为苛刻，而本研究分离的乳酸菌在有少量氧气的情况下也可以良好生长，环境适应性更好，有利于生产使用。

（4）目前的青贮饲料中，植物乳杆菌和戊糖片球菌为常见菌，而马里乳杆菌鲜有报道。目前对于马里乳杆菌主要集中进行其微生态效应的研究，董彩文等（董彩文，2009）研究认为，马里乳杆菌可产生具有蛋白质类抑菌性质的细菌素，此细菌素能够抑制G^+和G^-菌，对啤酒酵母和枯草芽孢杆菌有一定的抑制效果，认为马里乳杆菌是能够产广谱细菌素的乳酸菌。史怀平等（史怀平，2008）研究报道，试验小白鼠和小鸡在感染马里乳杆菌后，没有出现明显的病理症状，认为能够用马里乳杆菌制作微生态制剂。因此，将本试验分离获得马里乳杆菌添加到苹果渣中进行青贮，获得的饲料将会具有微生态作用。

参考文献共11篇（略）

原文见文献 肖健. 微生物添加剂对苹果渣青贮效果影响及动物喂养研究[D]. 西北农林科技大学，2010：14-21.

饲用优良乳酸菌鉴定及生物学特性研究

李肖，李海洋，房艳华，来航线，韦小敏，娄义

（西北农林科技大学资源环境学院，陕西杨凌　712100）

摘要： 通过对 9 株供试乳酸菌产酸产气、生长速率、产酸速率等方面筛选既能用于微生物制剂又能用于青贮饲料发酵剂的优良乳酸菌；并从细菌形态学、生理生化特征和 16S rDNA 基因序列分析对其进行鉴定；同时进一步研究乳酸菌对温度、盐浓度和强酸强碱的耐受性、有机酸组分和药物敏感性等生物学特性。试验筛选出 3 株优良乳酸菌，分别为植物乳杆菌 R02（*Lactobacillus plantarum*）、粪肠球菌 R07（*Enterococcus faecalis*）和戊糖片球菌 R09（*Pediococcus pentosaceus*）。其中菌株 R09 生长最快，产酸能力最强，乳酸占总酸含量最高，达 95.45 %，可耐受 0.12 g/mL NaCl；R02 对温度的耐受性最强，可耐受 55℃高温；R07 对强酸强碱环境有较强的耐受能力，在 pH 为 3.0~9.5 的条件下均可生长。菌株 R02、R07、R09 均具有生长快、产酸和耐受能力强的优良生物学特性，因此具有应用于微生态制剂和青贮饲料的潜能。

关键词： 青贮饲料；微生态制剂；乳酸菌；耐受性；药敏性

Screening and Characteristics of Excellent Lactic Acid Bacteria for both Silage Additive and Probiotics

LI Xiao, LI Hai-yang, FAGN Yan-hua, LAI Hang-xian, WEI Xiao-min, LOU Yi

(College of Natural Resources and Environment, Northwest A&F University, Yangling, Shaanxi 712100, China)

Abstract: The study was conducted to screen the excellent lactic acid bacteria for both silage additive and probiotics based on acid and biogas yield tests, growth rate and rates of acid producing tests, and the isolated strains were identified by morphological observation, physiological and biochemical tests, and sequence analysis of the 16S rDNA gene. Furthermore, other biological characteristics of excellent lactic acid bacteria, such as salt, acid and alkalis solvent tolerance, temperature resistance, the organic acid of lactobacillus fermenting liquid composition and drug sensitivity were investigated. The result showed that three strains of lactic acid bacteria, R02 (*Lactobacillus plantarum*), R07 (*Enterococcus faecalis*) and

基金项目：“十二五”国家科技支撑计划（2012BAD14B11）。

第一作者：李肖，女，硕士研究生，研究方向为微生物资源与利用。E-mail：xiaolivjiayou@sina.com。

通信作者：来航线，男，副教授，博士生导师，研究方向为微生物资源与利用。E-mail：laihangxian@163.com。

R09 (*Pediococcus pentosaceus*) were screened. R09 has the fastest growth rate and the strongest ability of producing acid. The proportion of lactic acid is the highest in liquid cultures of R09, accounting for 95.45% of the total acid content. Additionally, R09 can survive in 0.12 g/mL NaCl solution. R02 has the strongest tolerance to temperature, which grows well below 55℃. R07 has a strong resistance to acid and alkali, which can grow and survive within a wide pH range (3.0 to 9.5). R02, R07 and R09 strains characterized with such as high acids-producing capacity and high tolerance to acid, have a potentiality of using as silage additive and probioties.

Key words: silage; probiotics; lactobacillus; tolerance; antibiotic susceptibility test

近年来，抗生素、激素、防腐剂等药物性饲料添加剂在动物饲养中过度使用，导致动物肠胃正常菌群失调，动物免疫力、抗病力下降，产生耐药性和药物残留等问题，给畜禽和人类健康带来极大的危害。乳酸菌类微生态制剂具有维持肠道菌群的微生态平衡、提高营养利用率、促进营养物质的吸收、抑制致病菌侵害、增强肌体免疫功能等功效，是饲用微生态制剂中是应用最为广泛和效果较好的一类。目前，国内外对乳酸菌的分离鉴定试验报道较多，已广泛应用于饲料工业和青贮发酵剂产品中，但目前市场上所售菌剂的活菌数、产品有效组成和作用效果的稳定性都存在很多问题，国内研究人员大多对乳酸菌在青贮发酵过程中发挥的作用进行探讨，但其机理机制还有待进一步深入探究。筛选出能够旺盛繁殖、以乳酸为单一发酵产物，对环境条件有良好耐受能力的乳酸菌是益生菌研究的关键问题，决定着乳酸菌类发酵剂的使用效果。

本研究以近年来西北农林科技大学资源与环境学院微生物生态研究室保藏的9株乳酸菌为供试菌株，从发酵类型（产酸产气特性）、生长速率、产酸速率等方面筛选优良乳酸菌，通过形态学、生理生化和分子生物学方法对其进行鉴定，并对乳酸菌的耐酸耐碱性、有机酸组分和药物敏感性等生物学特性进行研究。筛选出具有应用于微生态制剂和青贮饲料潜能的优良乳酸菌，为开发相应产品提供理论基础和优良的出发菌株。

1　材料与方法

1.1　材料

1.1.1　供试菌株　供试9株乳酸菌 *Lactobacillus casei* (R01)、*Lactobacillus plantarum* (R02)、*Lactobacillusfermentum* (R03)、*Lactobacillus paraplantarum* (R04)、*Lactobacillus pentosus* (R05)、*Enterococcus durans* (R06)、*Enterococcus faecalis* (R07)、*Lactobacillus buchneri* (R08)、*Pediococcus pentosaceus* (R09)（CGMCC12487）均为西北农林科技大学资源环境学院微生物生态研究室多年分离并保存的菌株。

1.1.2　培养基　MRS 琼脂培养基：蛋白胨 10.0g、酵母膏 5.0g、牛肉膏 10.0g、葡萄糖 20.0g、乙酸钠 5.0g、柠檬酸氢二铵 2.0g、磷酸氢二钾 2.0g、硫酸镁 0.58g、硫酸锰 0.05g、吐温 80 1.0mL、琼脂 20.0g、蒸馏水 1 000mL。

SL 培养基：酪蛋白水解物 10g、酵母提取物 5g、柠檬酸二铵 2g、乙酸钠 25g、硫酸镁 0.58g、琼脂 15g、葡萄糖 20g、吐温 80 1.0mL、磷酸氢二钾 6g、硫酸亚铁 0.03g、硫酸锰 0.15g、蒸馏水 1 000mL。

PY 基础培养基：蛋白胨 0.5g，酵母提取物 1.0g，胰酶解酪胨 0.5g，盐溶液 4.0mL，蒸馏水1 000mL。

盐溶液成分：氯化钙0.2g，硫酸镁0.48g，磷酸氢二钾1.0g，磷酸二氢钾1.0g，碳酸氢钠10.0g，氯化钠2.0g，蒸馏水1 000mL。

1.2 方法

1.2.1 乳酸菌的纯化 以含有20g/L CaCO₃的SL培养基和MRS琼脂培养基，采用平板稀释法进行培养、纯化，观察其菌落和个体形态。接种到MRS斜面培养基上，37℃恒温微好氧条件下培养48h后置于4℃冰箱中保存备用。

1.2.2 优良乳酸菌的筛选 葡萄糖产酸产气实验：PY基础培养基内加入30g/L葡萄糖和0.5mL/L吐温80，以16g/L的溴甲酚紫1.4ml/L作指示剂，分装至试管，在试管内倒置一杜氏试管，121℃灭菌20~30min，接菌后置于37℃恒温培养箱培养24h。

产酸速率：按1×10^7CFU/mL的接种量将供试的产酸不产气同型发酵乳酸菌接入100mL pH为6.5的MRS液体培养基中，37℃恒温培养。每2h采用DELTA-320 pH计测定各菌株发酵液的pH，绘制各发酵时间段所对应的发酵液pH的变化曲线，即为产酸速率曲线。

生长曲线：按1×10^7CFU/mL的接种量将供试的同型发酵乳酸菌接入100mL MRS液体培养基中，37℃恒温培养36h。每2h取样1次，以不接菌为对照，采用菌落平板计数法测定样品的活菌数，以培养时间为横坐标，相对应的活菌数为纵坐标，绘制乳酸菌生长曲线。

1.2.3 优良乳酸菌的鉴定 形态学鉴定：将菌株分别涂布在MRS固体培养基上，37℃培养1~2d，观察菌落特征，革兰氏染色和菌体形态参照程丽娟的方法。

生理生化鉴定：石蕊牛奶、淀粉水解、精氨酸水解、精氨酸产氨、明胶液化、产硫化氢、马尿酸盐水解、葡聚糖产生、V-P试验以及菌株对D-果糖、葡萄糖、D(+)麦芽糖、D(+)甘露糖、D-甘露醇、蔗糖、木糖等二十种碳水化合物发酵产酸试验参照凌代文的方法。

16S rDNA序列分析：供试乳酸菌基因组DNA的提取及PCR扩增16S rDNA参照凌代文的方法。

PCR扩增使用的引物对为：

PA：5′-CCG TCG ACG AGC TCA GAG TTT GAT CCT GGC TCA G-3′

PB：5′-CCC GGG TAC CAA GCT TAA GGT GAT CCA GCC GCA-3′

16S rDNA序列同源比对及进化树的构建参照李丽的方法。

1.2.4 优良乳酸菌生物学特性研究 耐受性试验：将活化的乳酸菌按6%的体积百分比接种量接入MRS液体培养基后分别置于4℃、10℃、20℃、28℃、37℃、45℃、55℃培养24h，采用菌落平板计数法测定各组菌液的活菌数，进行温度耐受性分析；用无菌HCl和NaOH调节MRS液体培养基pH至3.0、4.0、5、6.5、8.0、9.0、9.5，接种培养24h，测定各组菌液的活菌数，进行酸碱耐受性分析；用NaCl调节MRS液体培养基的盐质量浓度为0 g/mL、0.015 g/mL、0.03 g/mL、0.04 g/mL、0.065 g/mL、0.08 g/mL、0.12 g/mL接种培养24h，测定各组菌液的活菌数，进行耐盐性分析。

有机酸测定：通过高效液相色谱法进行乳酸菌发酵液产酸组分的测定。将3株乳酸菌的发酵液在3 000r/min离心30min，将上清液经0.45μm的微孔滤膜过滤后，测定乳酸、乙酸、丙酸和丁酸的质量分数。流动相为0.5%(NH₄)₂HPO₄（用磷酸调pH为2.55），流速为2mL/min；色谱柱为C₁₈，柱温35℃，检测波长UV 214nm。

药敏性试验：挑取少许R02、R07和R09制成菌悬液，均匀涂布于MRS平板培养基上，将四环素、氯霉素、红霉素、复方新诺明、先锋噻肟、氟哌酸、氟嗪酸、痢特灵、链霉素、卡那霉素、庆大霉素、万古霉素、氨苄青霉素、青霉素 G、先锋 V 和利福平共 16 种药敏片置于平板上，同时设置生长对照和标准菌株的阳性对照，35℃培养 24 h，观察并记录抑菌圈大小。

2　结果与分析

2.1　优良乳酸菌的筛选

2.1.1　葡萄糖发酵产酸产气试验　以 R01、R02、R03、R04、R05、R06、R07、R08、R09 为供试菌株，进行葡萄糖发酵产酸产气分析，培养基的颜色由紫色变为黄色表示产酸，由颜色深浅可判断菌株产酸能力的强弱，结果见表 1。测定结果显示 9 株菌株均产酸，但产酸能力差异较大，R02、R03、R05、R07、R09 产酸能力较强，R01、R04、R08 次之，R06 较差。菌株 R03、R04、R05 在产酸的同时，培养基中杜氏试管顶端出现气泡，表明其产气，为异型发酵乳酸菌，其他菌株产酸的同时未产气为同型发酵乳酸菌。

表 1　供试菌株发酵葡萄糖产酸产气

葡萄糖发酵情况 Fermentation of glucose	菌株 Strain								
	R01	R02	R03	R04	R05	R06	R07	R08	R09
产酸 Acid production	++	+++	+++	++	+++	+	+++	++	+++
产气 Gas production	-	-	+	+	+	-	-	-	-

注："-"表示不能够产酸或产气；"+""++""+++"表示产酸或产气能力依次增强

2.1.2　生长曲线及产酸速率曲线　选取产酸能力强的同型发酵乳酸菌（R01、R02、R07、R08、R09）进行生长速率和产酸速率测定，其生长曲线和产酸速率曲线分别见图 1 和图 2。由图 1 可知，5 株乳酸菌生长均呈现标准的 S 型曲线，菌株生长包括适应期、对数期和稳定期。菌株 R01、R07 和 R09 的适应期较长，曲线较平缓，6 h 以后进入对数期，菌株 R02 和 R08 的适应期较短，且在适应期内有缓慢的生长；菌株 R02 和 R09 的对数期最短，菌体迅速繁殖，16h 以后进入稳定期，菌株 R01 和 R07 在对数期菌体生长速率较 R02 和 R09 缓慢，20 h 以后进入稳定期，菌株 R01 在稳定期菌数含量较低，R08 对数期最长，且生长缓慢。结果表明，R02、R07 和 R09 三株菌生长性能较好。

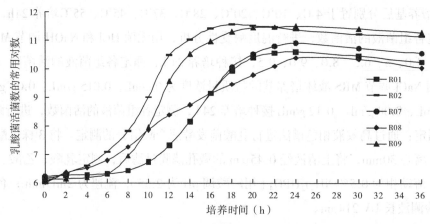

图 1　同型发酵乳酸菌的生长曲线

由图 2 可以看出，各菌株在培养过程中 pH 的变化规律基本一致，pH 都呈现先稳定后下降再稳定的趋势。结合生长曲线的测定结果，乳酸菌处于适应期时，培养基中 pH 变化基本保持稳定；当生长进入对数期，菌体大量繁殖，pH 呈现迅速下降的趋势；生长进入稳定期时，代谢减慢，pH 又趋于稳定。虽然各个菌株在培养期间，pH 都明显下降，但菌株的产酸速率和能力存在明显差异。R02 和 R07 在对数生长期时 pH 下降速度最快，R01 和 R09 次之，R08 下降速度缓慢。由图 2 可知，R02 和 R07 产酸速率快，且 pH 下降幅度最大，R01 和 R09 次之。

综合同型发酵乳酸菌的生长曲线和产酸速率的结果得出：R02、R07 和 R09 3 株菌生长性能和产酸能力均较好，可用于后续研究及应用。

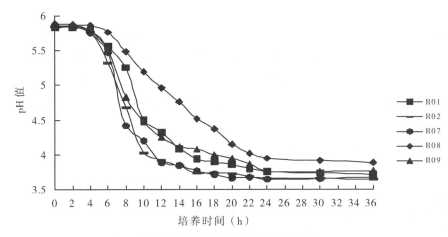

图 2　同型发酵乳酸菌的产酸速率

2.2　优良乳酸菌的鉴定

2.2.1　形态学鉴定　筛选获得的 3 株优良乳酸菌在 MRS 平板培养的菌落特征和菌体的形态特征见图 3 及表 2。3 株菌均为革兰氏阳性、接触酶阴性的同型发酵乳酸菌，菌株 R02 为杆状菌，菌株 R07 和 R09 为球状菌。

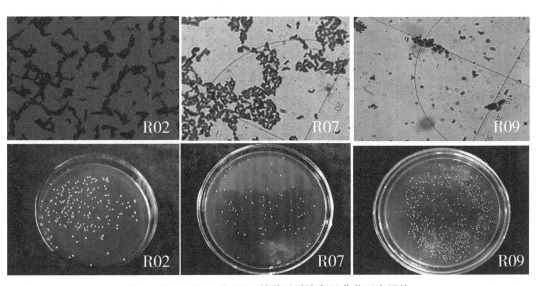

图 3　R02、R07 和 R09 的革兰氏染色及菌落形态照片

表2　R02、R07 和 R09 的特性

菌株 Strain	菌体形态 Bacteria shape	菌落特征 Characters of colony	革兰氏染色 Gram stain	触酶试验 Catalase
R02	杆状 Biciltus 成对或链状 In pairs or chain	圆形、白色、不透明、黏稠、光滑、奶油状、隆起、整齐 Circular,white,non-transparent, ropiness, smooth, creamy, boss, regular	G+	—
R07	球状 Globular 单个或成对 Single or in pairs	圆形、白色、边缘透明、光滑、有光泽、隆起、整齐 Circular,white, edging-transparent, smooth, glossy, boss, regular	G+	—
R09	球状 Globular 单个或成对 Single or in pairs	圆形、微黄色、不透明、黏稠、光滑、无光泽、隆起 Circular, yellowish, non-transparent, ropiness, smooth, reluster, boss	G+	—

2.2.2　生理生化鉴定结果　对筛选出的 3 株无芽孢、革兰氏阳性、接触酶阴性乳酸菌 R02、R07 和 R09 进行碳源利用方式及生理生化指标鉴定，结果见由表3。R02、R07 和 R09 菌株均不具备水解淀粉、还原硝酸盐和产生 H_2S 的能力，无运动性，耐酸性能好。依据形态和培养特征，结合菌株对碳源的利用方式，初步判断 R02 属于乳杆菌属，R07 属于链球菌属，R09 属于片球菌属。

表3　R02、R07 和 R09 的生理生化鉴定结果

指标 Index	R02	R07	R09	指标 Index	R02	R07	R09
L-阿拉伯糖 L-Arabinose	++	+	—	可溶性淀粉 Starch soluble	+	—	—
纤维二糖 Cellobiose	++	++	++	蔗糖 Saccharose	+++	+++	+++
卫矛醇 Dulcitol	+	—	—	海藻糖 Trehalose	+++	+	+++
D-果糖 D-Fructose	++	++	++	D-木糖 D-Xylose	++	+	+
D-半乳糖 D-Galactose	+++	+++	+++	葡萄酸钠 Sodium gluconate	++		
葡萄糖 Glucose	+++	+++	+++	石蕊牛奶 Litmus milk	产酸	产酸	产酸
甘油 Glycerol	+	—	—	淀粉水解 Starch hydrolyze			
马尿酸钠 Sodium hippurate	++	+	—	精氨酸产氨 Arg pr	+	+++	++
肌醇 Inositol	+	—	—	明胶液化 Gelatin liquefaction			
D(+)麦芽糖 D-Maltose	+++	+++	+++	产 H_2S H_2S-Producing			
D-甘露糖 D-Mannose	+++	+++	+++	马尿酸盐水解 Hippurate hydrolysis	++	+++	+++
D-甘露醇 D-Mannitol	++	++	—	精氨酸水解 Arginine hydrolysis	—	++	+++
D(+)棉籽糖 D-Raffinose	++	—	++	葡聚糖产生 Dextran-Producting			++
L-鼠李糖 L-Rhamnose	+++	+	+++	V-P试验 V-P test	+++	+++	+++
D(-)核糖 D-Ribose	++	++	++	M-R试验 M-R test	++	+++	+++
D-水杨苷 D- Salicin	++	++	++	硝酸盐还原 Nitrate reduction			
D-山梨醇 D-Sorbitol	+++	—	+	运动性 Motility	—	—	—
乳糖 Lactose	+++	+++	+++	pH 6.5	+++	+++	+++
L-山梨糖 L-Sorbose	+++	+	—	pH 4.5	++	+	++

注：表中"+"表示结果呈阳性；"++"表示结果呈较强阳性；"+++"表示结果呈强阳性；"-"表示结果呈阴性

2.2.3 分子生物学鉴定　经过 16S rDNA 序列同源比对构建的进化树，见图4。R02 与植物乳杆菌（*Lactobacillus plantarum*）亲缘关系最近，R07 与粪肠球菌（*Enterococcus faecalis*）亲源关系最近，

R09 与戊糖片球菌（*Pediococcus pentosaceus*）亲缘关系最近。因此，结合三株菌的形态特征、生理生化和 16S rDNA 比对结果鉴定 R02 为：植物乳杆菌（*Lactobacillus plantarum*）；R07 为：粪肠球菌（*Enterococcus faecalis*）；R09 为戊糖片球菌（*Pediococcus pentosaceus*）。

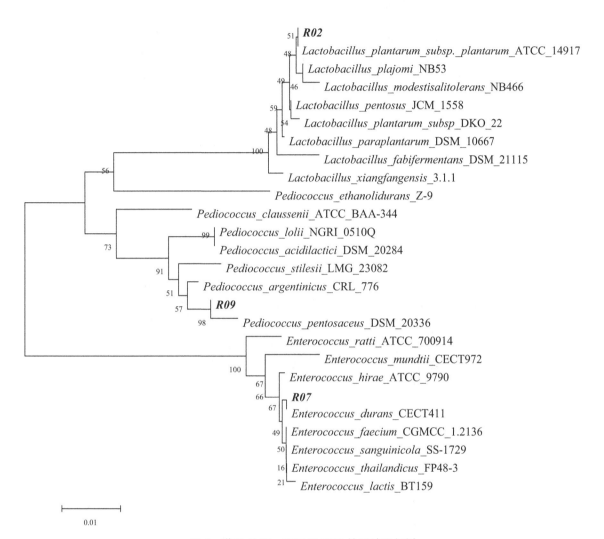

图 4　菌株 R02、R07 和 R09 的系统进化树

2.3　优良乳酸菌生物学特性研究

2.3.1　耐受性试验结果　由图 5 可知，3 株菌的最适培养温度均为 37℃，R02 菌株对低温和高温均有较强的耐受能力，在培养温度达到 55℃时仍可生长，R07 和 R09 菌株对温度较为敏感，温度高于 45℃时菌株生长微弱。由图 6 可知，各菌株的生长随着 NaCl 浓度的增高而减弱，R09 菌株在 NaCl 浓度 0.12g/mL 时仍可良好生长，说明 R09 菌株具有很强的耐盐能力，R02 和 R07 次之，其在 NaCl 质量浓度高于 0.03g/mL 后生长性能显著减弱。由图 7 可知，pH 对乳酸菌的影响较大，各菌株在 pH 为 6.5 时菌浓最大，为各菌株的最佳培养条件。R09 菌株在 pH 为 9 时生长较好，说明 R09 对强碱环境有一定的耐受能力，R02 和 R07 次之。

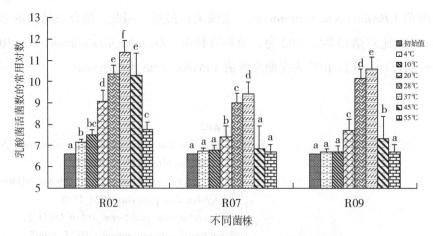

图5 不同温度下培养乳酸菌24h后的活菌数

注：不同字母表示差异显著（*P*>0.05），下同

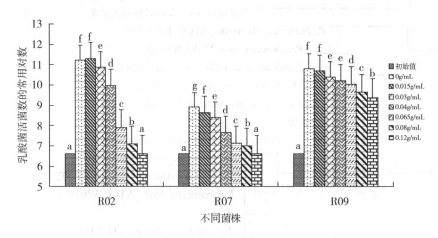

图6 不同NaCl质量浓度培养乳酸菌24h后的活菌数

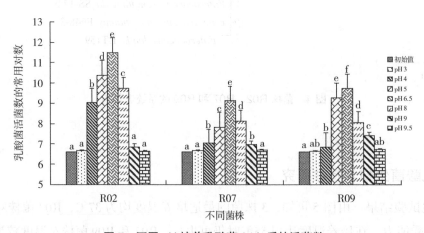

图7 不同pH培养乳酸菌24h后的活菌数

2.3.2 有机酸组分测定　通过高效液相色谱仪对乳酸菌发酵产酸情况进行酸组分分析，结果见表4。3菌株经液体发酵后均产生乳酸和少量丙酸，无乙酸和丁酸产生，3株菌产乳酸均超过85%，其中R09和R02达95%以上。说明R02、R07和R09这3株菌在生产上具有良好的潜能。

表4 有机酸质量百分比

菌株 Strain	乳酸 Lactic acid			乙酸 (%) Acetic acid	丙酸 (%) Propionic acid	丁酸 (%) Butyric acid
	浓度 (mg/mL) Concentration	峰面积 Peak area	含量 Content			
R02	38.69	3 503 487	95.27c	0a	4.73b	0a
R07	36.96	3 105 283	85.32c	0a	14.68b	0a
R09	39.42	3 810 937	95.45c	0a	3.55b	0a

注：不同字母表示差异显著（$P>0.05$）

2.3.3 耐药性试验结果分析 采用纸片扩散法进行试验，结果以美国 NCCLS 文件为判断标准报告，结果见表5。

从表5可以看出，在对抗生素类、氟喹诺酮类、磺胺类、呋喃类、喹恶啉类等5类抗菌药物的药敏性试验中，3株菌对大多数药物具有较强的耐受性，其中菌株R09对所有抗菌药物都具有很强的耐药性，菌株R07仅对四环素、氯霉素、万古霉素、氨苄青霉素、先锋V和利福平6种药物敏感，R02菌株的耐药性相对较弱，因此在用于动物防病治病时应注意避免将R02和R07菌株与少数敏感性抗生素同时使用。

表5 R02、R07和R09的药敏性试验结果

抗菌药物 Antimicrobial agent	μg药物(片) Potency	判定标准 [抑菌圈直径 (mm)] Criterion (Inhibition zone diameter mm)			直径 (mm) Diameter (mm)			药物的敏感性判定 Criterion of antibiotic susceptibility test		
		R	I	S	R02	R07	R09	R02	R07	R09
四环素Tetracycline	30	<14	15~18	>19	21.3	30.7	0	S	S	R
氯霉素Chloramphenicol	30	<12	13~17	>18	27.5	30	0	S	S	R
红霉素Erythromycin	15	<13	14~22	>23	28.8	0	0	S	R	R
复方新诺明 Compound Sulfamethoxazole	23.75	<10	11~15	>16	0	0	0	R	R	R
先锋噻肟 cefotaxime	30	<14	15~22	>23	0	0	0	R	R	R
氟哌酸 Norfloxacin Capsules	10	<12	13~16	>17	0	0	0	R	R	R
痢特灵 Furazolidone	300	<14	15~16	>17	16	0	0	I	R	R
链霉素Streptomycin	10	<11	12~14	>15	0	0	0	R	R	R
卡那霉素Kanamycin	30	<13	14~17	>18	0	0	0	R	R	R
庆大霉素Gentamicin	10	<12	13~14	>15	19	0	0	S	R	R
万古霉素Vancomycin	30	<14	15~20	>21	0	22.7	0	R	S	R
氨苄青霉素 ampicillin	10	<11	12~14	>15	33.5	22.5	0	S	S	R
青霉素 G Penicillin G	10	<18	19~28	>29	0	0	0	R	R	R
先锋 V cephalothin	30	<14	15~17	>18	20	17	0	S	I	R
利福平Rifampicin	5	<16	17~19	>20	22.5	18.5	0	S	I	R
丁胺卡那Amikacin	30	<14	15~16	>17	16	0	0	I	R	R
环丙沙星Ciprofloxacin	5	<15	16~20	>20	0	0	0	R	R	R

注：R 表示耐药；I 表示中介敏感；S 表示敏感

3 讨论

目前国内外对乳酸菌作为青贮饲料发酵剂或微生态制剂的研究非常广泛，但对于高效稳定的乳酸菌菌株的筛选和研究仍十分迫切。本试验从生长性能、产酸性能和耐受性等方面出发，共筛选获得3株同型发酵乳酸菌。与传统的鉴定手段相比，本研究先从形态学特征和生理生化特性出发，对3株菌做初步鉴定，然后通过16S rDNA序列分析方法进一步鉴定，提高了鉴定的准确率。结果表明，R02为植物乳杆菌，R07为粪肠球菌，R09为戊糖片球菌。

乳酸菌作为微生态制剂以及饲料发酵剂直接作用于动物肠道，能产生大量有机酸类物质，并可在动物肠道中形成一层菌膜，有效地抵抗病毒和病原微生物的侵袭，增强生物体对疾病的抵抗力，可部分替代抗生素在畜牧业养殖中的使用。乳酸菌对温度、pH和盐浓度的耐受性有效抑制了微生态制剂生产过程中活菌含量的降低，也提高了乳酸菌进入动物肠道的定植能力；对抗菌药物的耐受性能够增强机体的免疫机能、防病治病、提高生产效益。本试验研究结果表明，3株菌对温度、pH和盐浓度都具有较强的耐受能力，其中，R09可耐受0.12 g/mL的NaCl浓度；R02可耐受55 ℃的高温环境；R07在pH为3.0~9.5的条件下均可生长。另外，在对常用抗生素的耐受性方面，菌株R02和R07对抗菌药物表现出较强的耐受性，而R09表现出极强的耐药性，为微生态制剂开发提供优良的菌株。

在青贮饲料的发酵过程中应用乳酸菌发酵剂，可以迅速降低青贮物料的pH至3.8~4.2，抑制有害菌的生长，并提高乳酸/乙酸的比例，提高饲料适口性，降低蛋白质的分解率，提高干物质的回收率，从而实现长期保存饲料及其营养物质的目的。用于青贮发酵的乳酸菌应具有均一的发酵途径，可快速发酵乳糖产生大量乳酸，因此作为饲料添加剂的乳酸菌的产酸能力、产酸速度以及产乳酸的比例直接影响青贮品质。3株乳酸菌发酵24 h后的pH分别为3.62、3.63和3.77，且乳酸含量均超过85%，其中菌株R02和R09的乳酸含量超过95%，因此3株菌均具有青贮的潜能。

综上，本试验筛选出3株优良的同型发酵乳酸菌，均具有良好的产酸能力和抗逆性，并对常用抗菌药物有很强的耐受能力和良好的生物学特性，为青贮饲料发酵剂和微生态制剂的制备提供优良的出发菌株。

参考文献共 22 篇（略）

原文发表于《西北农业学报》，2017，26（11）：1-9.

产复合酶优良菌株筛选及苹果渣固态发酵效果研究

李海洋，李肖，韦小敏，来航线，党妮娜，王昕昱，孔令昭，聂荣杰，刘壮壮

（西北农林科技大学资源环境学院，陕西杨凌　712100）

摘要：通过液态发酵产酶试验和苹果渣固态发酵试验，研究不同丝状真菌产水解酶活性，及产酶优良霉菌对苹果渣发酵改质的效果，筛选出适用于苹果渣发酵的优良霉菌。结果表明，黑曲霉 MHQ1 产纤维素酶、果胶酶和木聚糖酶活性较高，分别为 64.7U/mL、66.9U/mL 和 216.7U/mL；米曲霉 MMQ1 产淀粉酶和蛋白酶酶活性较高，分别为 1782.6U/mL 和 83.0U/mL；烟曲霉 MYQ1 产蛋白酶和果胶酶活性较高，分别为 128.9U/mL 和 51.6U/mL。其中黑曲霉 MHQ1 能在果渣基质上良好地生长，对果渣具有较强的降解改质能力，产物中粗蛋白和纯蛋白质量分数分别增至 387.5g/kg 和 228.9g/kg，接菌增率为 79.2% 和 193.8%，且纤维素酶、果胶酶和蛋白酶活性分别为 178.0U/g、150.6U/g 和 57.5U/g，纤维素、果胶等抗营养物质分别降解 28.9%、53.8%，水溶性氨基酸质量分数增加到 2.7%。采用酵母菌与产复合酶优良的霉菌复合发酵，能显著提高果渣发酵产物中蛋白质水平，降低抗营养物质质量分数，提高水解酶和水溶性氨基酸等活性物质质量分数，有效地发酵果渣为生物蛋白饲料。

关键词：霉菌；水解酶；苹果渣；固态发酵；蛋白质

Screening of High Yield Multi Enzyme-Producing Strains and Their Effect on Apple Pomace Solid-State Fermentation

LI Hai-yang, LI Xiao, WEI Xiao-min, LAI Hang-xian, DANG Ni-na, WANG Xin-yu, KONG Ling-zhao, NIE Rong-jie, LIU Zhuang-zhuang

（College of Natural Resources and Environment, Northwest A&F University, Yangling Shaanxi 712100, China）

Abstract: Several high enzyme-yield strains were screened through Liquid fermentation and apple pomace solid state fermentation experiment by comparing the hydrolytic enzyme activity and product quality of apple pomace fermentation. The results showed that the activity of cellulose (64.7 U/mL), pecti-

基金项目："十二五"国家科技支撑计划（2012BAD14B11）。

第一作者：李海洋，男，硕士研究生，研究方向为微生物资源与利用。E-mail: clisea@yeah.net。

通信作者：韦小敏，女，硕士导师，研究方向为微生物资源与利用。E-mail: weixiaomin@nusuaf.edu.cn。

nase(66.9 U/mL) and xylanase (216.7 U/mL) produced by *Aspergillus Niger* MHQ1 were comparably high, and the amylase(1 782.6 U/mL) and protease(83.0 U/mL) produced by *Aspergillus oryzae* MMQ1 were comparably high. And the activity of protease(128.9 U/mL) and pectinase (51.6 U/mL) produced by *Aspergillus fumigates* MYQ1 were comparably high. Among all, *Aspergillus Niger* MHQ1 grew well on the apple pomace substrate, and fermenting combied with yeast could improve the quality of apple residue fermentation products: the crude protein and pure protein mass fraction of the products were increased to 387.5 g/kg and 228.9 g/kg; the efficiency of seed inoculation was enhanced by 79.2% and 193.8% compared with blank samples, and the activities of cellulase, pectinase and protease were 178.0 U/g, 150.6 U/g and 57.5 U/g ,respectively. Besides, the anti-nutrients such as cellulose, pectin were degraded by 28.9% and 53.8%, and water soluble amino acid mass fraction was increased to 2.7%. In all, *Aspergillus Niger* MHQ1 fermentation with yeast could significantly improve protein level of apple pomace fermentation product, reduce the anti-nutrient mass fraction, and increase the hydrolytic enzymes activity and the water soluble amino acids mass fraction . Therefore, *Aspergillus Niger* MHQ1 combined with yeast could effectively ferment apple pomace to biological protein-rich feed.

Key words: mycete; hydrolase; apple pomace; solid state fermentation; protein

中国是重要的苹果生产国，年产苹果约在 2 500 万 t。每年苹果加工过程中有 100 多万吨苹果渣产生。因此，对其充分开发利用成为许多学者的重要研究课题。随着中国饲料工业和畜牧业的迅速发展，寻找开发非常规蛋白饲料原料已成为饲料工业和养殖业急需解决的问题。苹果渣因含有可溶性糖、维生素、矿物质、氨基酸等多种营养物质，越来越多的地被应用于动物饲料。但果渣中较低的蛋白质量分数、较大的酸度和果胶、纤维素等抗营养因子的存在，直接影响果渣作为饲料的饲用效果。通过外源氮素的添加，利用微生物的分解再合成过程提高果渣中蛋白质的质量分数，是实现果渣饲料化利用的重要措施，大量研究表明通过采取多种菌种混合发酵的方式可有效提高产物中营养物质的质量分数，且生产上常用协同性与互补性较好的霉菌和酵母组合作为发酵菌剂。主要因为微生物发酵过程是复合酶水解原料中大分子营养物质的过程，酶的活力及酶的复合类型决定菌剂对底物的降解改质程度。有鉴于此，本研究通过液态发酵产酶试验，探究不同丝状真菌的产酶活性及产酶类型，再将产复合酶活较高的霉菌与酵母配伍，进行果渣复菌发酵，以期获得用于苹果渣固态发酵生产生物蛋白饲料的专适性霉菌。

1 材料与方法

1.1 材料

1.1.1 供试菌种 黑曲霉 MHQ1（*Aspergillus niger* MHQ1）、黑曲霉 MHQ2（*Aspergillus niger* MHQ2）黑曲霉 MHQ3（*Aspergillus niger* MHQ3）、黑曲霉 MHQ4（*Aspergillus niger* MHQ4）、米曲霉 MMQ1（*Aspergillus oryzae* MMQ1）、米曲霉 MMQ2（*Aspergillus oryzae* MMQ2）、烟曲霉 MYQ1（*Aspergillus fumigates* MYQ1）、瑞氏木霉 MRM1（*Trichoderma reesei* MRM1），未知菌株 MW1、MW2、MW3、MW4、MW5。以上菌种均由西北农林科技大学资源环境学院微生物资源研究室提供。

长枝木霉 13003（*Trichoderma longibrachiatum* 13003）、绿色木霉 13002（*Trichoderma viride* 13002），酵母菌：产朊假丝酵母 1314（*Candida utilis* 1314），均购于中国工业微生物菌种保藏管理中心。

1.1.2　原料　烘干苹果渣由眉县恒兴果汁有限公司提供，油渣、麸皮均购自市场。

1.1.3　培养基　丝状真菌培养基：马铃薯琼脂培养基（PDA），酵母培养基：YEPD 培养基。

液体发酵培养基：麦秸粉 15g，麸皮 20g，微晶纤维素 6g，豆饼粉 5g，硫酸铵 2g，尿素 1g，硝酸钠 2g，硫酸二氢钾 3g，硫酸镁 0.5g，吐温 80 3mL，自来水 1 000mL，pH 自然。

固态发酵原料：原料质量配比为苹果渣：油渣粉：尿素 =17：2：1（w/w/w）。

1.2　方法

1.2.1　菌悬液制备　丝状真菌孢子悬液的制备：将 28℃活化的霉菌斜面菌种用无菌水配制成菌悬液，接种至装有灭菌 PDA 固体培养基的三角瓶中，28℃培养 72h 后向三角瓶中加入 200mL 无菌生理盐水，摇动制成孢子悬液，采用血球计数法测定孢子数，并用无菌水稀释至 10^8CFU/mL。

酵母菌悬液制备：按照无菌操作法向 100mL 灭菌 YEPD 液体培养基中接入产朊假丝酵母菌，28℃摇瓶 150r/min 培养 72h，采用血球计数法测定细胞数，并用无菌水稀释至 10^8CFU/mL。

1.2.2　丝状真菌液态发酵　准确量 80mL 液体发酵培养基于 500mL 抽滤瓶中，121℃下湿热灭菌 30min。待培养基冷却后，分别通过打孔法将 15 株丝状真菌的产孢子菌块接入抽滤瓶中，每瓶接 3 块，共设 16 个处理，分别为对照（CK）、单接各个丝状真菌 MHQ1、MHQ2、MHQ3、MMQ1、MW1、MHQ4、MYQ1、13003、MMQ2、MRM1、MW2MW3、MW4、13002、MW5，每处理重复 3 次。将接种后摇匀的液态培养瓶置于 28℃恒温培养，以 200r/min 速度振荡培养 5d，从培养后的第 2 天起每天定时取样，获得含酶发酵液，发酵液经 5 000r/min 离心和真空抽滤即为去除菌体的粗酶液，酶液放置于 4℃条件，备用。

1.2.3　固态发酵　准确称取固态发酵原料 50.0g 装入 650mL 组培瓶中，加入 75mL mandels 复合盐溶液，混匀，121℃下湿热灭菌 30min。待培养基冷却后，分别按单一霉菌与酵母配伍的方式，在每瓶培养基中接入 3mL 酵母菌悬液和 3mL 霉菌孢子悬液，共设 7 个处理，分别为对照（CK）、酵母菌 + 黑曲霉组（Y+MHQ1）、酵母菌 + 米曲霉组（Y+MMQ1）、酵母菌 + 烟曲霉组（Y+MYQ1）、酵母菌 + 黑曲霉组（Y+MHQ3）、酵母菌 + 长枝木霉组（Y+13003）、酵母菌 + 未知霉菌组（Y+MW1），每个处理重复 3 次。将接种并搅匀的培养基置于 28℃恒温培养箱中培养 96h，培养期间，每隔 24h 观察记录培养基中丝状真菌菌丝的生长情况，并做记录。培养结束后，将发酵样品于 40℃低温烘干至质量恒定，冷却后准确称量并作记录，最后将样品粉碎，过 40 目筛，备用。

1.2.4　测定方法　纤维素酶活、木聚糖酶活、淀粉酶活和果胶酶活测定采用 DNS 法；蛋白酶酶活力的测定采用 GB/T 23527-2009，粗蛋白度的测定采用 GB/T 6432-1994，纯蛋白的测定采用凯氏定氮法；纤维素的测定方法采用 GB/T 20806-2006；果胶的测定采用果胶酸沉淀法；水溶性氨基酸的测定采用茚三酮比色法。

1.2.5　计算公式　发酵产物得率 = 发酵产物干质量 / 发酵前原料干质量 ×100%

发酵增率（△f）=（发酵产物营养物质质量分数 – 未发酵纯苹果渣营养物质质量分数）/ 未发酵纯苹果渣营养物质质量分数 ×100%

接菌增率（△i）=（接菌发酵产物营养物质质量分数 – 未接菌发酵产物营养物质质量分数）/

未接菌发酵产物营养物质质量分数 ×100%

1.2.6 数据分析 采用 DPS 7.05 软件对数据进行统计分析，试验结果以"平均值 ± 标准差（$\bar{x} \pm S$）"表示，采用 Duncan's 新复极差法进行多重比较。

2 结果与分析

2.1 饲用复合酶优良丝状真菌筛选

不同菌种产酶活性和类型不同，通过单一菌株液体发酵产酶试验测定纤维素酶、蛋白酶、果胶酶、淀粉酶和木聚糖酶活性，从而筛选出能产多种水解酶且酶活较高的优良丝状真菌。

2.1.1 高产纤维素酶菌株筛选 纤维素酶是一类能水解纤维素成简单糖的复合酶，它主要包括葡聚糖内切酶（EG）、葡聚糖外切酶（CBH）和 β–葡萄糖苷酶（BG）。纤维素酶活测定常用的可溶性底物为羧甲基纤维素，不溶性底物为新华 1 号滤纸，本研究以滤纸为底物测定大型丝状真菌液态发酵产物中纤维素酶活性，酶活结果见图 1。

由图 1 可知，15 株霉菌液体发酵 5d 后，最高纤维素酶活变幅为 6.1~64.7U/mL，其中来源于中国工业菌种保藏中心产纤维素酶优良的长枝木霉 13003 菌株的酶活为 30.0U/mL。以菌株 13003 作为纤维素酶活参比菌株，可知酶活高达 64.7U/mL 的黑曲霉 MHQ1 显著优于 13003 和其余霉菌，可作为产纤维素酶的优良出发菌株。菌株 MHQ2、MHQ3、MW2、MMQ1 酶活都在 20U/mL 以上，虽然较参比菌株酶活低，但都显著高于其余霉菌。

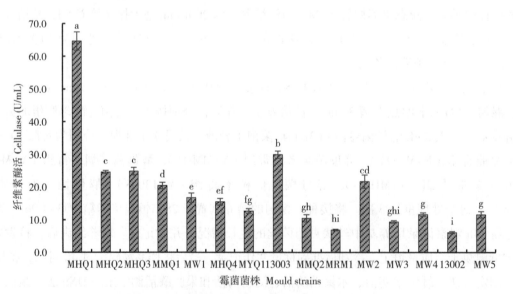

图 1 15 株丝状真菌液态发酵产物中纤维素酶活
注：柱状图上不同字母表示差异达显著水平（$P<0.05$），下同

2.1.2 高产蛋白酶菌株筛选 蛋白酶是作用于蛋白质或多肽，催化肽键水解的酶类。按蛋白酶水解蛋白质的最适作用 pH 不同，可分为酸性、中性和碱性蛋白酶 3 种，饲料工业中使用的是酸性和中性蛋白酶。本研究在中性条件下测定霉菌液态发酵产物中性蛋白酶活性，酶活结果见图 2。

由图2可知，15株霉菌液体发酵后，最高蛋白酶活变幅为0.7~128.9U/mL，其中MYQ1、MMQ1菌株产蛋白酶活较高，酶活力分别为128.9U/mL和83.0U/mL，且菌株MYQ1、MMQ1酶活显著高于其他霉菌（$P<0.05$），可作为产蛋白酶的优良出发菌株。其次为菌株MW1、MW2、MW4、13002，酶活都在45U/mL以上，且相邻两菌株间酶活差异不显著，但都显著高于菌株MHQ1、MHQ2、MHQ3、MHQ4、13003、MMQ2、MRM1。

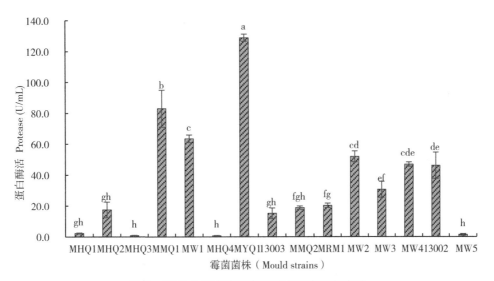

图2　15株丝状真菌液态发酵产物中蛋白酶活

2.1.3　高产果胶酶菌株筛选　果胶酶是指能催化分解果胶质的一类酶的总称，包括原果胶酶、聚半乳糖醛酸酶、果胶裂解酶和果胶酯酶等。果胶酶以果胶为底物，可以使果胶分解并产生半乳糖醛酸。本研究采用DNS法测定霉菌液态发酵产物中果胶酶活性，酶活结果见图3。

由图3可知，15株霉菌液体发酵后，最高果胶酶活变幅为20.8~66.9U/mL，其中MHQ1菌株产果胶酶活最高，其次为MHQ3、MYQ1、MW2菌株，果胶酶活力分别为66.9U/mL、55.5U/mL、51.6U/mL和43.3U/mL，且菌株MHQ1酶活显著高于其他霉菌（$P<0.05$），可作为产蛋白酶的优良出发菌株。菌株MHQ3、MYQ1、MW2酶活都在40U/mL以上，且相邻两菌株间酶活差异不显著，

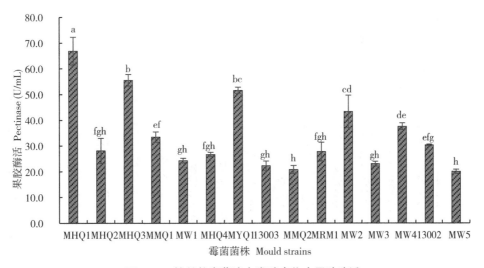

图3　15株丝状真菌液态发酵产物中果胶酶活

但显著高于其余菌株。

2.1.4 高产淀粉酶菌株筛选 淀粉酶是能够分解淀粉糖苷键的一类酶的总称,包括 α-淀粉酶、β-淀粉酶、糖化酶和异淀粉酶。液态发酵产物中淀粉酶活见图4。

由图4可知,15株霉菌液体发酵后,最高淀粉酶活变幅为129.9~1 782.6U/mL,其中MMQ1菌株产淀粉酶活最高,其次为MW1、MW3、MMQ2菌株,淀粉酶活力分别为1 039.1U/mL、1 001.2U/mL 和955.3U/mL,且菌株MMQ1酶活显著高于其他霉菌($P<0.05$),可作为产淀粉酶的优良出发菌株。菌株MW1、MW3、MMQ2酶活都在900U/mL以上,且三株霉菌之间酶活无显著差异,但都显著高于其余菌株。

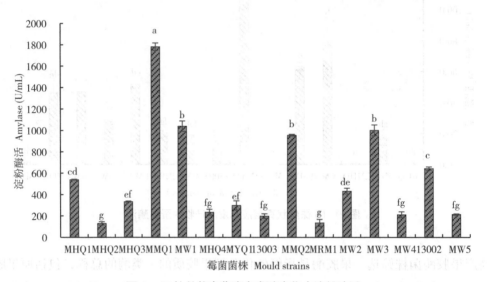

图4 15株丝状真菌液态发酵产物中淀粉酶活

2.1.5 高产木聚糖酶菌株筛选 木聚糖酶是一类降解木聚糖的复合酶系,主要有内切木聚糖酶、外切木聚糖酶、脱支链酶、木糖苷酶等。液态发酵产物中木聚糖酶活见图5。

由图5可知,15株霉菌液体发酵后,最高木聚糖酶活变幅为49.2~224.3U/mL,其中MHQ3、MHQ1菌株产木聚糖酶活较高,其次为菌株13003,木聚糖酶活力分别为224.3U/mL、216.7U/mL 和

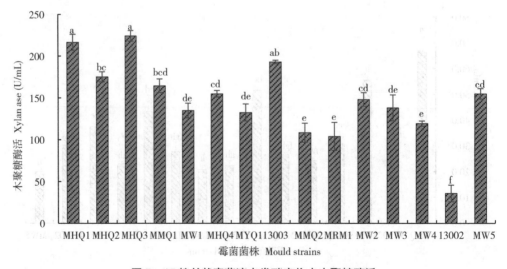

图5 15株丝状真菌液态发酵产物中木聚糖酶活

193.0U/mL，且除13003菌株外，菌株MHQ3、MHQ1酶活显著高于其他霉菌（$P<0.05$），可作为产木聚糖酶的优良出发菌株。菌株13003酶活高于MHQ2、MMQ1、MW2，并显著高于其他霉菌（$P<0.05$）。

2.1.6 优良菌株的综合产酶情况 将15株霉菌按5种酶的活性高低进行排序，综合各种酶活排序选取能产生多种酶活，且活性较高的霉菌为优良菌株，排序筛选结果见表1。

表1 优良霉菌五种酶活综合排序

优良菌株 （High enzyme yield strains）	纤维素酶 （Cellulase）	蛋白酶 （Protease）	果胶酶 （Pectinase）	淀粉酶 （Amylase）	木聚糖酶 （Xylanase）
MHQ1	1	12	1	6	2
MMQ1	6	2	6	1	5
13003	2	11	13	13	3
MHQ3	3	14	2	8	1
MYQ1	9	1	3	9	11
MW1	7	3	11	2	10

注：表中阿拉伯数字表示排序名次，数字越小排序越靠前

表1表明，丝状真菌MHQ1、MMQ1、13003、MHQ3、MYQ1、MW1产复合酶活性较高，尤以菌株MHQ1、MMQ1、MYQ1表现最佳，其中霉菌MHQ1、MHQ3产纤维素酶、果胶酶、木聚糖酶活较高，菌株MMQ1、MW1产蛋白酶和淀粉酶活较高，菌株13003产纤维素酶和木聚糖酶活性较高，菌株MYQ1产蛋白酶和果胶酶活较高。上述霉菌作为产复合酶优良菌株，可用于苹果渣及其他有机渣类发酵试验，进一步研究其对苹果渣等有机废弃物的酶解改质效果。

2.2 复菌固态发酵对苹果渣发酵产物蛋白质量分数的影响

不同的产酶菌株对苹果渣发酵基质的降解利用能力不同，将上述筛选的产复合酶活较高的丝状真菌与产朊假丝酵母1314进行复配用于苹果渣固态发酵，通过记录和测定发酵产物中菌丝生长状况、发酵饲料得率、粗蛋白质质量分数和纯蛋白质量分数，研究不同丝状真菌与酵母组合对苹果渣发酵效果的影响。

2.2.1 不同菌株组合处理下霉菌菌丝生长状况 发酵苹果渣中菌丝的生长速度和数量反映菌丝的生长特性和对果渣发酵基质的适应程度，酵母菌与丝状真菌混合发酵苹果渣过程中菌丝的生长状况见表2。

表2 复菌固态发酵苹果渣霉菌菌丝生长状况

处理 Treatment	发酵时间 (h) Fermentation time			
	24	48	72	96
CK	–	–	–	–
Y+MHQ1	–	+++	+++	+++
Y+MMQ1	+	+++	+++	+++
Y+MYQ1	–	++	+++	+++
Y+MHQ3	+	+++	+++	+++
Y+13003		+	++	+++
Y+MW1	+	++	+++	+++

注：- 外观无明显变化，+ 菌丝开始生长，++ 菌丝明显可见，+++ 菌丝生长旺盛

81

从表 2 可以看出，发酵原料在接种发酵剂后，菌丝体随着生长时间增加不断增加，且各处理菌体生长状况因发酵剂不同稍有差异。接种 24 h 后，处理 Y+MMQ1、Y+MHQ3、Y+MW1 中出现白色菌丝；接种 48 h 后，Y+MHQ1、Y+MMQ1、Y+MHQ3 处理基质中已呈现旺盛菌丝，表明霉菌 MHQ1、MMQ1、MHQ3 在果渣基质中能快速生长；接种 72 h 后，除 Y+13003 外，各接种处理基质中菌丝生长繁茂，布满发酵原料，结成白色团状；而处理 Y+13003 在发酵 96 h 后，才出现旺盛菌丝，表明上述六株霉菌均能在果渣基质中良好地生长，其中霉菌 13003 生长相对较慢。

2.2.2 不同菌株组合处理对发酵苹果渣饲料粗蛋白质量分数的影响 苹果渣经过酵母菌与丝状真菌复合发酵后，产物中粗蛋白质质量分数及其增率如下表 3 所示。

表 3 酵母菌与不同丝状真菌发酵处理苹果渣中粗蛋白质质量分数及其增率

处理 Treatment	$\bar{x} \pm S$ (g/kg)	△f (%)	△i (%)
CK	216.2 ± 3.8 f	262.1	—
Y+MHQ1	387.5 ± 6.1 a	549.1	79.2
Y+MMQ1	261.3 ± 11.1 e	337.7	20.9
Y+MYQ1	308.8 ± 7.1 c	417.2	42.8
Y+MHQ3	369.6 ± 3.1 b	519.1	70.9
Y+13003	286.3 ± 1.8 d	379.6	32.4
Y+MW1	301.6 ± 5.0 c	405.2	39.5

注：未发酵纯果渣原料粗蛋白质质量分数为 59.7 g/kg。△f 表示发酵增率，△i 表示接菌增率。下同。

由表 3 可知，发酵能大幅提高果渣发酵产物粗蛋白质质量分数，发酵产物粗蛋白质质量分数为 216.2~387.5 g/kg，较未发酵纯果渣中粗蛋白质质量分数增加 262.1%~549.1%。其中未接菌发酵产物中粗蛋白质质量分数为 216.2 g/kg，较纯苹果渣增加 262.1%，主要是辅料的添加调节发酵果渣氮素的质量分数，同时在低温烘干的过程中可能伴有孢子的飘散引起氮素的少量累积。与未接菌发酵相比，酵母与霉菌混合发酵能显著提高发酵产物中粗蛋白质的质量分数（$P<0.05$），接菌增率为 20.9%~79.2%。混菌处理 Y+MHQ1 发酵产物粗蛋白质量分数及其增率最高，分别为 387.5 g/kg、79.2%，并显著高于其他处理。混菌处理 Y+MHQ3 发酵产物粗蛋白质质量分数及其增率分别为 369.6 g/kg、70.9%，仅次于酵母与霉菌 MHQ1 的复合发酵效果。

2.2.3 不同菌株组合处理对发酵苹果渣饲料纯蛋白质量分数的影响 苹果渣经过酵母菌与丝状真菌混合发酵后，产物中纯蛋白质质量分数及其增率如下表 4 所示。

表 4 酵母菌与不同丝状真菌发酵处理苹果渣中纯蛋白质质量分数及其增率

处理 Treatment	$\bar{x} \pm S$ (g/kg)	△f (%)	△i (%)
CK	77.9 ± 2.3 f	51.0	—
Y+MHQ1	228.9 ± 2.4 a	343.6	193.8
Y+MMQ1	156.0 ± 4.8 b	202.3	1002
Y+MYQ1	119.1 ± 10.9 d	130.8	52.9
Y+MHQ3	157.1 ± 2.7 b	204.4	101.7
Y+13003	102.2 ± 2.4 e	98.1	31.2
Y+MW1	134.7 ± 6.1 c	161.0	72.9

注：未发酵纯果渣原料纯蛋白质质量分数为 51.6 g/kg

由表 4 可知，发酵能大幅提高果渣发酵产物纯蛋白质质量分数，发酵产物纯蛋白质量分数为 77.9~228.9 g/kg，较未发酵纯果渣中纯蛋白质量分数增加 51.0%~343.6%。其中未接菌发酵产物中纯蛋白质量分数为 77.9 g/kg，较纯果渣增加 51.0%。与未接菌发酵相比，酵母与霉菌混合发酵能显著提高发酵产物中纯蛋白质的质量分数（$P<0.05$），接菌增率为 31.2%~193.8%。混菌处理 Y+MHQ1 发酵产物纯蛋白质量分数及其增率最高，分别为 228.9 g/kg、193.8%，并显著高于其他处理，表明在酵母菌的配伍下，霉菌 MHQ1 能有效改质果渣为生物蛋白饲料。

上述结果表明，产饲用复合酶优良的丝状真菌均能利用苹果渣基质良好地生长，能不同程度地提高发酵产物中粗蛋白质和纯蛋白的质量分数，其中黑曲霉 MHQ1 表现最佳，发酵后产物中粗蛋白和纯蛋白质量分数分别达到 387.5 g/kg、228.9 g/kg。

2.3 黑曲霉与酵母配伍用于苹果渣固态发酵的效果

黑曲霉 MHQ1 和产朊假丝酵母 1314 配伍的复合菌剂用于苹果渣固态发酵，通过测定发酵产物中纤维素酶、果胶酶和蛋白酶活性及纤维素、果胶和水溶性氨基酸的质量分数，进一步探讨该复合菌剂对苹果渣的利用和改质效果，结果如下表 5 所示。

表 5　酵母菌与黑曲霉发酵苹果渣产物中纤维素酶、果胶酶、蛋白酶活性及部分营养物质质量分数

成分 Components	营养物质质量分数 $\bar{x} \pm S$ (%) Mass fraction of nutrition				酶活 $\bar{x} \pm S$ (U/g) Enzyme activitys		
	纤维素 (Cellulose)	果胶 (Pectin)	纯蛋白 Pure protein)	水溶性氨基酸 (Water soluble amino acids)	纤维素酶 (Cellulase)	果胶酶 (Pectinase)	蛋白酶 (Protease)
纯果渣(Pure pomace)	26.6 ± 1.6	10.4 ± 0.9	5.2	0.06 ± 0.003	18.4 ± 0.6	25.2 ± 2.4	21.4 ± 1.1
发酵饲料 (Fermented feed)	18.9 ± 1.4	4.8 ± 0.7	22.9 ± 2.4	2.7 ± 0.4	178.0 ± 6.8	150.6 ± 4.8	57.5 ± 3.5
△f (%)	−28.9	−53.8	343.25	4400.0	867.4	497.6	168.7

由表 5 可知优良黑霉菌株 MHQ1 与酵母菌复合发酵苹果渣发酵产物中纤维素酶、果胶酶和蛋白酶活分别为 178.0 U/g、150.6 U/g 和 57.5 U/g，较纯果渣分别增加 867.4%、497.6% 和 168.7%。产物中纤维素和果胶质量分数分别为 18.9% 和 4.8%，与纯果渣相比纤维素、果胶降解率分别为 28.9%、53.8%，纯蛋白、水溶性氨基酸增至 22.9%、2.7%，表明经过发酵酶解过程，苹果渣中的纤维素和果胶发生不同程度的降解利用，减少饲料中抗营养物质的质量分数，同时水溶性氨基酸质量分数得到大幅提高，蛋白质部分转化为更容易被动物吸收利用的氮素形态。

3　讨论与结论

近些年，产酶菌株的筛选主要集中在产单一酶活较高菌株的筛选，通过选择培养基分离筛选自然界中产酶活性较高的原生菌株。据报道，张欢筛选出一株产纤维素酶活较高的黑曲霉菌株，其发酵液滤纸酶活力和羧甲基纤维素酶活活力分别达到 40.7U/mL 和 60.9U/mL；魏丕伟从高温大曲中获得一株中性蛋白酶活 11.0U/mL 的米曲霉；华宝玉从橘子园土壤和腐烂的水果等处筛选得到产果胶酶活可达 42.0U/mL 的聚多曲霉；国春艳从土壤中筛选出液态发酵下木聚糖酶活高达 628.4U/mL

黑曲霉菌株；肖长清报道一株大曲中降解淀粉能力较强的黑曲霉，液体发酵酶活可达 35.0U/mL。本研究通过液态发酵产酶试验，综合评价各菌株不同酶活力，从实验室保藏的 15 株霉菌中筛选出 5 株产复合酶活较高的菌株，尤以菌株 MHQ1、MMQ1、MYQ1 表现优异。在统一酶活单位下进行比较可知，本研究筛选出的优良菌株的淀粉酶和蛋白酶活性优于上述文献报道的菌株，纤维素、果胶酶、木聚糖酶与报道菌株酶活相一致，且综合产酶能力较好，可以作为饲用复合酶制剂生产的优良材料。

霉菌可以分泌丰富的水解酶类，且霉菌中菌体蛋白质的质量分数可达 20%~30%，因此在蛋白饲料的生产中霉菌被广泛使用。据报道，陈娟等利用黑曲霉与多株酵母菌复合发酵苹果渣，产物中粗蛋白质质量分数增至 27.6%，提高 455.3%。张高波研究表明酵母与霉菌复菌发酵果渣后，产物中纤维素酶、蛋白酶活分别为 64.3U/g 和 742.4U/g，较对照增加 947.4%、207.3%。与上述结果相似，本研究以酵母菌配伍产复合酶优良的霉菌进行果渣固态混菌发酵，结果表明黑曲霉 MHQ1 与产朊假丝酵母共发酵能显著提高苹果渣中粗蛋白和纯蛋白的质量分数，明显提高纤维素酶、果胶酶和蛋白酶活性，降低纤维素和果胶质量分数，发酵改质效果明显。主要因为黑曲霉在果渣发酵过程中能产生多种水解酶，将果渣中的纤维素和果胶等降解为易利用的还原糖，同时纤维素酶和果胶酶共同作用破坏细胞壁有利于胞内淀粉、脂类、维生素等营养物质的释放，为酵母和霉菌的生长、蛋白质的累积提供充足的物质基础；另一方面，酵母对可溶性营养物质的利用可以减弱纤维素酶等合成的反馈抑制作用，进一步提高产酶的效率。因此，丝状真菌与酵母良好的协同共生关系，为果渣等非常规饲料原料的开发利用开辟广阔的前景。

本研究获得一株产纤维素酶、木聚糖酶和果胶酶活性较高，能用于苹果渣发酵生产生物蛋白饲料的优良丝状真菌黑曲霉 MHQ1，其与产朊假丝酵母菌配伍发酵果渣，能显著提升产物中蛋白质量分数，增加纤维素酶、果胶酶和蛋白酶活性，不同程度地降解纤维素、果胶等抗营养物质，有效地改质苹果渣为生物蛋白饲料，为苹果渣的饲料化利用提供优良出发菌株。

参考文献共 31 篇（略）

原文发表于《西北农业学报》，2017，26（9）：1 301-1 310.

二

优良菌株的发酵特性

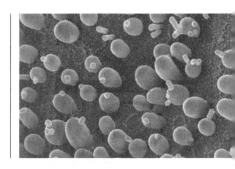

3株蜡样芽孢杆菌生理特性及
SOD 发酵条件的研究

杨保伟，来航线，盛敏

（西北农林科技大学资源环境学院，陕西杨凌　712100）

摘要： 对 3 株蜡样芽孢杆菌的培养特征、生理生化实验、喂养实验、动物毒性实验、生长特性及其性质进行了研究，并对其 SOD 液体发酵条件进行了分析。结果表明，3 株蜡样芽孢杆菌均为有益菌；pH 为 7.5 时，3 株菌在 25~30℃发酵 60h 后酶活均达到最高；在 35~45℃发酵 24~36h 后酶活最高。通过比较发现，02 号菌株的 SOD 活性在整个培养过程中均比较高，且酶活值比较稳定，是生产微生态制剂的理想菌株。

关键词： 蜡样芽孢杆菌；生理特性；SOD ；发酵条件

Physiological Characters and the Condition of SOD Fermentation
of Three Strains of *Bacillus cereus*

YANG Bao-wei, LAI Hang-xian, SHENG Min

(College of Natural Resources and Environment, Northwest Sci-Tech University of Agriculture and Foresty,

Yangling, Shaanxi 712100, China)

Abstract: In this paper, the nature, the characters of cultivation and development, the physiological and biochemical experiments, the feeding and animal toxicological experiments of three strains of *Bacillus cereus* were studied. It can be determined preliminarily that these three *Bacillus cereus* were all beneficial bacteria, and the condition of SOD liquid fermentation was studied also. The results suggested: when pH=7.5,T=25~30℃, the SOD activity in the liquid reached the peak value after 60h; when pH=7.5, T=35~40℃, the SOD activity reached the peak value after 24~36 h. The contrasts indicated that the SOD activity of 02 was maintaining at a higher level and stability during the whole cultivation, it's an ideal

基金项目：企业协作"新型生物饲料添加剂研制"项目。

第一作者：杨保伟（1976— ），男，陕西商州人，在读硕士，主要从事农业微生物及微生物发酵研究。

通信作者：来航线（1964—），男，副教授，博士生导师，研究方向为微生物资源与利用。

E-mail: laihangxian@163.com。

bacterium which can be used in the production of microecological agent.

Key words: *Bacillus cereus*; character of physiology; SOD; fermentation condition

蜡样芽孢杆菌（*Bacillus cereus*，B.C）广泛存在于土壤等环境中，是一种需氧型的大杆菌，其代谢产物中富含蛋白酶、淀粉酶、SOD 等。SOD 可以清除生物体内活性氧自由基，减少其对细胞的毒害作用，使生物体免受伤害。同时，其对一些疾病如慢性眼症、某些自身免疫病、肺气肿和氧中毒等有治疗和预防作用，还具有抗衰老、防辐射等功效。使用以蜡样芽孢杆菌为代表细菌生产的微生态制剂，可以克服长期以来使用抗生素作为药品和饲料添加剂所带来的副作用，诸如人和畜禽肠道微生态系统失调、产生抗药性、免疫力下降及药物残留等。同时，B.C 菌类制剂多为非消化性食品添加剂或药剂，能选择性促进一种或几种定殖于肠道的微生物的活性，抑制肠道内有害菌的生长，减少宿主染病的机会，保证宿主健康。另外，在生长过程中，B.C 菌还会产生一系列有益的代谢产物，刺激和促进宿主的生长。本试验对 3 株待试芽孢杆菌的基本培养特征、生理生化特征、动物毒理试验、喂养试验、SOD 发酵条件等进行了研究，并讨论了液体发酵方式对其 SOD 活性的影响及其最佳产酶条件，旨在为微生态制剂的工业化生产提供理论依据。

1 材料与方法

1.1 材料

1.1.1 菌株 01 号菌株为本院微生物教研组菌种室保存，02、03 号菌株均从杨凌近郊土壤中分离纯化得到。

1.1.2 试验动物 一级小白鼠（18~22g）购自第四军医大学；雏鸡由西北农林科技大学动物科技学院提供。

1.2 方法

1.2.1 细菌培养特征 将 3 株参试菌分别接种于产芽孢培养基的平板和液体培养基上，37℃培养，革兰氏染色，观察菌体、菌落及液体培养特征。

1.2.2 生理生化特征 溶血酶、卵磷脂酶、淀粉水解酶、柠檬酸盐利用、酪蛋白酶试验、石蕊牛奶、明胶水解试验、VP、MR 试验、吲哚、H_2S 试验、硝酸盐还原试验、耐盐试验（NaCl 质量浓度分别为 10g/L、30g/L、50g/L 和 90g/L）、耐酸碱试验（pH 分别为 3，4，5，8，9）、生长温度试验（温度分别为 37℃，40℃，45℃和 50℃）等按文献（程丽娟，2000）方法进行培养，并记录其结果。

1.2.3 动物毒性试验 选用一级小白鼠（18~22 g）作为试验动物，以腹腔注射、灌胃等方法分别注入 37℃液体培养物和菌粉（有效菌数含量 ≥ 10^9 个 /mL 或个 /g），同时设无菌培养物对照组和自然对照组（不注射亦不灌胃）。

1.2.4 喂养试验 将雏鸡随机分成 4 组，每组 50 只，第 1 组为微生态制剂预防，第 2 组为微生态制剂治疗，第 3 组为环丙沙星治疗，第 4 组为鸡白痢沙门氏杆菌攻毒对照（不饲喂活菌制剂）。从 1 日龄开始，预防组（1 组）每日饮用活菌制剂 5mL（活菌制剂有效菌数为 1×10^9 个 /mL）；3 日龄，给所有的雏鸡滴喂鸡沙门氏杆菌。每日观察鸡仔健康状况，记录发病和死亡情况，30 日龄时，逐个称重、计算死亡率、存活率及增重率（所有雏鸡均采用网上笼养，任其自由采食和饮水）。

1.2.5 SOD 活性试验 将 3 株芽孢杆菌分别接入液体培养基中（500mL 三角瓶装培养液 100mL），在 pH 为 7.5，温度 25℃，30℃，35℃，40℃和 45℃条件下培养，从培养 24h 开始，每 12h 取样 1 次，菌悬液在低温冷冻离心机中 14 000r/min 离心 15min，取上清液（即粗酶液），测定 SOD 活性。

2 结果与分析

2.1 培养特征

在牛肉膏蛋白胨液体培养基中，3 株芽孢杆菌形成菌膜，并产生少量混浊，振荡易乳化；平板培养上，其菌落均为较规则圆形，边缘较整齐，表面突起不明显，奶油色，质地均匀。镜检结果表明，3 株芽孢杆菌均为长杆状，G^+，两端钝圆；24h 时形成未脱落芽孢，芽孢中生或偏生，椭圆形，比菌体略宽；48h 时芽孢大部分脱落。

2.2 生理生化特征

通过对 3 株待试芽孢杆菌的卵磷脂酶等 13 个生理生化特征及 4 种氮源、12 种碳源利用等的试验分析，结果表明，3 株芽孢杆菌最适生长的 pH 为 7.5；最适生长的盐质量浓度为 10g/L；能以硝酸钾、蛋白胨作 N 源，不利用硫酸铵和脲；能以鼠李糖、葡萄糖、麦芽糖、果糖及阿拉伯糖为 C 源，不能很好利用 D- 甘露糖、木糖、山梨糖、乳糖、甘露醇；卵磷脂酶、溶血酶试验呈阴性；VP、MR、吲哚试验、酪蛋白酶试验呈阳性；不能利用柠檬酸钠，能液化明胶。

2.3 动物毒性特征

动物毒性试验结果表明，01，02，03 号菌株均为弱毒，在菌数 ≥ 10^{13} 个 /mL 时可致死小白鼠，≤ 10^9 个 /mL 时无毒，所以在微生态制剂中，该 3 株芽孢杆菌的添加量应控制在 10^9 个 /mL 以下。

2.4 喂养试验

喂养试验结果表明，第 1 组、第 2 组的成活率、死亡率与第 3 组均比较接近。由此可以说明，给雏鸡饲喂微生态活菌制剂能减少雏鸡死亡，提高其成活率，即饲喂微生态制剂对雏鸡来说具有一定的防病治病效果。雏鸡增重试验结果表明，饲喂组均比对照组体重明显增加，其中预防组的增重效果最为显著。

2.5 SOD 酶活性试验

对 3 株芽孢杆菌进行液体发酵，定期取样后，SOD 活性的测定结果见图 1。

由图 1 可以看出：① 在低温时（25~30℃），3 株菌 SOD 达到最高酶活的速度均较慢，在培养约 60h 时酶活达到最高，其中 03 号菌株的 SOD 酶活的最大值最高，02 号菌株次之；② 在较高温度时（35~45℃），3 株菌的 SOD 分别于培养 24h 或 36h 后达到最高酶活，且 01，02 号菌株在 35℃发酵 36h 后，达到不同培养温度条件下整个培养过程中的最高酶活；③ 在 40~45℃培养时，02，03 号菌株可迅速达到最大酶活，40℃时二者分别于 36h、24h 达到最高酶活，45℃时二者均于 24h 达到最高酶活，且随培养时间延长，酶活呈急剧下降趋势；而低温条件下，酶活达最高后

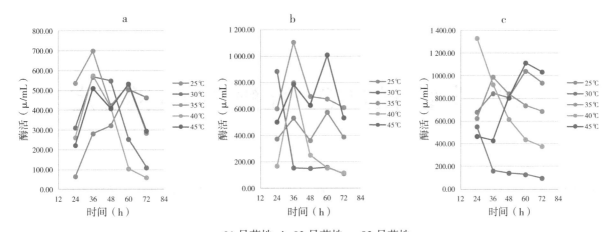

a. 01 号菌株；b. 02 号菌株；c. 03 号菌株

图 1　不同温度下 pH 为 7.5 时 3 株蜡样芽孢杆菌 SOD 活性与培养时间的关系

下降趋势比较平缓。④ 在 35~40℃培养时，3 株菌的整体酶活值相对均比其他温度时的酶活高。综合来看，02，03 号菌株的最高酶活值在各培养温度条件下均比较大，二者相比，02 号菌株在不同培养温度、时间条件下，酶活值比较稳定，且在相同条件下达到最大酶活值的时间比较短。所以，在工业生产上，为了缩短发酵时间，提高产量，减少成本，宜选用 02 号菌株，适宜的培养温度为 35~40℃。

3　结论

（1）3 株芽孢杆菌均为长杆状，G⁺，两端钝圆，培养 24h 时形成未脱落芽孢，芽孢中生或偏生，椭圆形，比菌体略宽。

（2）3 株芽孢杆菌最适生长的 pH 为 7.5；最适生长的盐质量浓度为 10g/L；C、N 源利用范围比较广泛。

（3）以蜡样芽孢杆菌为主体的微生态制剂饲喂畜禽，具有防病治病的效果，制剂中该菌的添加量 ≤ 10^9 个 /mL 时安全无毒。

（4）3 株菌都具有产 SOD 的特性，最适产酶条件为：温度为 35~40℃，时间为 24~36h。相对来说，02 号菌株的最高酶活值比较稳定，且在相同条件下达到最高酶活值的时间比较短，为工业生产的理想菌种。

参考文献共 8 篇（略）

原文发表于《西北农林科技大学学报（自然科学版）》，2004，32（3）：101–103.

一株野生酵母的 SOD 酶酶学特性的鉴定

刘林丽[1]，薛泉宏[2]

（1.西北农林科技大学生命科学学院，陕西杨凌　712100；2.西北农林科技大学资源环境学院，陕西杨凌　712100）

摘　要：对前期试验分离、筛选到的一株有较高 SOD 酶生产能力的野生酵母菌株 YT-5，经发酵后提取、纯化其 SOD 酶。对纯化后的 SOD 酶的热稳定性、耐酸碱性及对蛋白酶耐受性、存放时间等酶学特性进行了研究，发现此菌株产生的 SOD 酶对热、酸、碱和蛋白酶都有较好的稳定性，也表现出一定的存放稳定性。从酶学特性方面初步鉴定，YT-5 可用作微生态制剂生产菌株，且有一定的开发潜力。

关键词：超氧化物歧化酶（SOD）；野生酵母；酶学特性

Identifying the Enzymology Characteristics of a Wild Yeast' SOD

LIU Lin-li[1], XUE Quan-hong[2]

(1.College of Life Science, Northwest A& F University, Yangling, Shaanxi　712100, China; 2. College of Natural Resources and Environment, Northwest A& F University, Yangling, Shanxi　712100,China)

Abstract: With the screened wild SOD-high-produced yeast strain, YT-5, fermented and purifyed SOD produced by the strain, then studying on its enzymology characteristics of thermal stability, effects of pH, protease and keeping time, found that the SOD produced by YT-5 are stable to thermal, protease and stored. Our initial conclusion is that YT-5 is fit for animal micro-organic agents producing strain and has certain latent capacity of development.

Key words: superoxide dismutase(SOD); wild yeast; enzymology characteristic

超氧化物歧化酶（Superoxide dismutase，简称 SOD）是广泛存在于生物体细胞内的一种防御氧化损伤的金属酶，SOD 在生物体内的存在，与机体衰老、肿瘤发生、自身免疫性疾病和辐射防护

基金项目：杨凌农业基金（2003JB04）CNT 动物促长剂的开发研制。

第一作者：刘林丽（1967— ），女，高级实验师，在读博士。主要从事实验教学与管理、生化与分子生物学方向的研究。E-mail: hilaryliu@163.com。

通信作者：薛泉宏，教授，博士生导师，从事土壤微生物教学与研究工作。E-mail: xueqhong@public.xa.sn。

有关，在医药、保健品、食品添加剂和化妆品等方面具有重要的应用价值。自 1969 年 Mc-cord 和 Fridovich 发现该酶以来，人们已从多种动植物和微生物中分离出了此酶，SOD 的应用基础研究也一直是国际上一个十分活跃的课题。目前生产用 SOD 产品主要从牲畜血液中提取，这个方法所用原料有限，且 SOD 质量不稳定。通过微生物发酵法生产 SOD，不仅可以克服这些方面的问题，而且还可以大大降低生产成本。因此，用于生产 SOD 的菌株是至关重要的，针对这一情况，笔者经过大量的分离、产酶性能筛选和 H_2O_2 抗性实验，最终筛选到了一株野生酵母株 YT-5，经发酵后提取、快速蛋白液相纯化 SOD 酶，经检测本株野生酵母 YT-5 产生的 SOD 酶为两个组分的水溶性混合酶，其等电点 pH 为 6.2，分子量为 24kD 和 35kD，最高酶活可达 1 851 U/g 湿菌体。为了确保以后的 SOD 酶制剂和微生态制剂的质量，本试验对分离到的 SOD 酶进行了部分酶学特性研究。

1 材料与方法

1.1 菌种

野生酵母菌（自编号 YP-1），由生命科学学院生物教学示范中心提供，自秦岭山野生葡萄皮上分离到的一株高产 SOD 酶的酵母菌菌株，其安全性能和相关的一些生产指标还有待于进一步试验确定。

1.2 培养基

酵母培养基（g/L）：葡萄糖 20，蛋白胨 10，酵母膏 20；酵母二、三级发酵培养基（g/L）：蔗糖 60，蛋白胨 20，酵母膏 10。

1.3 SOD 酶活检测

按参考文献（张博润等，1997；谢卫华等，1988）的方法稍作调整后进行测定。采用邻苯三酚自氧化法，以华东理工大学产的 Cu，Zn-SOD 参照品为对照（酶活力单位：在每毫升反应液中，每分钟抑制邻苯三酚在 325nm 处的自氧化速率达 50% 时的酶量，视为一个酶活力单位即 1U）。

1.4 SOD 酶的提纯

先用异丙醇浸泡离心收集到的湿菌体，异丙醇：湿菌体为 9：1（V/W），浸泡 120min，抽滤除去溶剂，加入 3 倍体积 50mmol/L 磷酸钾缓冲液（pH 为 7.0），搅拌 120min，离心除去菌体，便可得到 SOD 提取液，通过快速蛋白液相的 Source30S 离子交换柱（IEX）层析浓缩提取液，每 1mL 收集 1 管，酶活检测，对有酶活的收集管进行冷冻干燥，用 50mmol/L 磷酸钾缓冲液（pH 为 7.0）溶解冻干样品，再通过 Superose 12 column 凝胶过滤层析（GF），除去依然混在酶液中的小分子量杂质，按吸收峰收集洗脱液，分步检测酶活，收集酶活最高管样品，冷冻干燥，低温保存待用。

1.5 SOD 酶学特性实验

根据参考文献（张远琼，1996；王忠彦等，1997；苏宁等，1998；邓碧玉等，1997；杨光礼等，1996；袁琴生等，1989；屠幼英，1992）检测经分离纯化的 SOD 酶的热稳定性、耐酸碱性、对蛋白酶耐受性及存放时间。

1.5.1 热稳定性 经提纯的酶液分别在25℃，35℃，45℃，55℃，65℃，75℃，85℃等7个温度下保温15min后，立即置冰浴5min，测各温度处理下酶液的残存酶活。

1.5.2 耐酸碱性 取巴比妥广泛缓冲液（pH为2，4，6，8，10）分别与酶液等量混合后（对照用测酶活的缓冲液等量混合），25℃保温30min，测残存酶活。

1.5.3 对蛋白酶的耐受性 酶液中分别加入蛋白酶E至终浓度0.1mg/mL，0.5mg/mL，1mg/mL，35℃保温60min后，立即置冰浴，测残存酶活。

1.5.4 存放时间 将提纯酶液分别在室温和4℃条件下存放，每隔2d取样一次，测酶液残存酶活。

2 结果与分析

2.1 热稳定性

从图1可以看出，当温度低于55℃时，酶活保持稳定；在65℃条件下加热15min，将保持70%的酶活性；到75℃时酶活急剧下降，几乎完全丧失活性。在55℃保温不同时间，检测残存酶活，结果表明该酶的半衰期为18min。

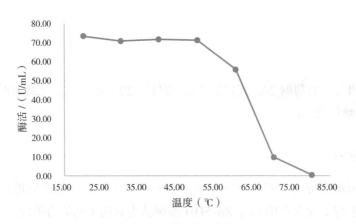

图1 SOD酶热稳定性

2.2 耐酸碱性

用巴比妥广泛缓冲液与酶液等量混合后（对照用测酶活的缓冲液等量混合），25℃保温30min，测残存酶活。结果见图2。

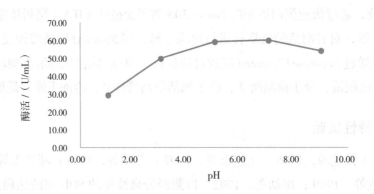

图2 pH对SOD酶活的影响

由图 2 可以看出，在 pH 为 4~8 的范围内，SOD 酶活基本可以保持稳定，特别在 pH 为 6~8，酶活基本没有损失。

2.3 对蛋白酶的耐受性

从图 3 可以看出，蛋白酶 E 对 YT-5 的 SOD 酶活有一定的破坏作用。在 0.1mg/mL 的蛋白酶 E 中，保存 40min 时，酶活可保持 79.9%；60min 时，酶活只残存 64.9%；在 1.0mg/mL 的蛋白酶 E 中，保存 30min 时，酶活还有 81.3%；保存 60min 时，基本丧失酶活。

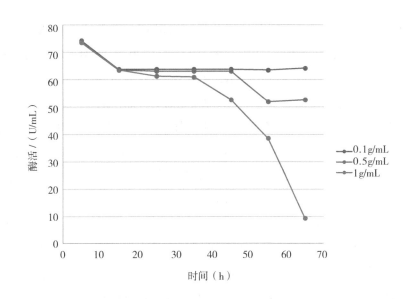

图 3 蛋白酶 E 对 YT-5 菌株 SOD 酶活性的影响

2.4 存放时间稳定性

提取酶液分别在室温和 4℃存放，每 2d 取样测酶活一次。结果表明，20d 内酶活均较稳定，且 4℃的存放效果较室温好。

3 小结与讨论

通过对野生酵母菌株 YT-5 产生的 SOD 酶的部分酶学特性分析，发现此菌株产生的 SOD 酶对热、酸、碱和蛋白酶都有较好的稳定性，也表现出一定的存放稳定性，从酶学特性方面初步鉴定出：此菌株可用作微生态制剂生产菌株，且有一定的开发潜力；但从其产酶能力（最高量：1 851U/g 湿菌体）与目前复合微生态制剂生产成本和产量的要求来看，不是很理想的生产菌株。为了满足生产用菌种的条件，笔者将相继对此菌株的安全性能做鉴定实验，并借助基因工程手段，通过改造野生酵母菌 YT-5 的 SOD 表达基因的启动子，来加强其表达；还将结合给予一些外界的低温、缺水、紫外等逆境的诱导因素，来改善菌株 SOD 的生产量。

参考文献共 13 篇（略）

原文发表于《西北农业学报》，2007，16（1）：159-161.

不同菌株对苹果渣青贮饲料发酵效果的影响

肖健，来航线，姜林，薛泉宏，张海燕，吴超

（西北农林科技大学资源环境学院，陕西杨凌　712100）

摘要：【目的】探讨接种 3 种不同菌株对苹果渣青贮饲料营养成分的影响。【方法】以 3 株乳酸菌（植物乳杆菌（*Lactobacil lus plantarum*，R1）、马里乳杆菌（*Lactobacillus aci dipiscis*，R11）、戊糖［片球菌（*Pediococcus pentosacous*，R16）］、1 株酵母菌［产香酵母（Aroma-producing yeast，M 5）］及 1 株芽孢杆菌［蜡样芽孢杆菌（*Bacillus cereus*，B2）］作为供试菌种，以不添加菌种的苹果渣自然青贮为对照，设 6 个接菌处理（分别接种菌株 R1、R11、R16、R1+M5+B2、R11+M5+B2 和 R16+M5+B2），研究不同处理对苹果渣青贮发酵过程中 pH、供试菌株数量及各类营养成分含量的影响。【结果】混菌青贮模式下，微生物之间无明显的竞争或拮抗作用，均能良好生长，菌数可达到 $10^8 \sim 10^{10}$ 个 /g；各处理的 pH 均可降至 3.70 以下，其中以处理 1 的 pH 降低最为明显，45d 后其 pH 达到 3.50。青贮后苹果渣饲料营养水平高于鲜果渣，所有处理氨态氮含量均有一定增加，各混菌处理总氮含量均有不同程度的增加，其中以处理 5 最为明显，总氮含量增长了 70%；各处理有机酸含量均有明显增长，尤其以处理 1 和处理 2 的增加量较为明显，增加量约为 400%。【讨论】合理的乳酸菌和酵母菌配比，可以使乳酸菌在青贮过程中发挥主导作用，而且增加了饲料中的粗蛋白质含量，提高了饲料品质，且混菌青贮优于单菌青贮。

关键词：乳酸菌；酵母菌；蜡样芽孢杆菌；苹果渣青贮；养分水平

Influence of Different Strains on the Efficiency of Silage Apple Pomace Fermentation

XIAO Jian, LAI Hang-xian, JIANG Lin, XUE Quan-hong, ZHANG Hai-yan, WU Chao

(College of Natural Resources and Environment, Northwest A&F University, Yangling, Shaanxi 712100, China)

Abstract:【Objective】The study investigated the influence of three kinds of strains on silage apple

基金项目：国家科技支撑计划项目（2007BAD89B16）；国家"十一五"科技支撑计划奶业专项（2006BAD04A11）。

第一作者：肖健（1984— ），男，甘肃陇西人，回族，在读硕士，主要从事微生物资源与利用研究。E-mail: xjxs163@yahoo.com.cn。

通信作者：来航线（1964— ），男，陕西礼泉人，副教授，博士，主要从事微生物生态和微生物资源与利用研究。E-mail : laihangxian@163.com。

pomace nutrition. 【Method】Three kinds of lactobacillus (*Lactobacillus plantarum*, R1; *Lactobacillus acidipiscis*, R11; *Pediococcus pentosacous*, R16), one yeast (*Aroma-producing yeast*, M5) and one bacillus cereus (*Bacillus cereus*, B2) were used as the test strains.Six treatments (R1, R11, R16, R1 +M5+B2, R11+M5+B2 and R16+M5 +B2) were set with the natural apple pomace sliage as the control treatment. The influence of the number of microorganisms, pH and nutrient indexes in different treatments was studied.【Result】The results showed that all of the microorganisms can grow well with no obvious competition or antagonism under the mixed mode and the bacterium number can reach $10^8 \sim 10^{10}$ per gram; pH decreased and lower than 3.70 in all treatments,among which treatment 1 was the lowest and reached 3.50 forty five days later. The nutritional levels in silage apple pomace were higher than fresh apple pomace, the ammonia nitrogen was increased obviously in all treatments, and the crude protein content increased in every mixed mode,especially in treatment 5, increased by 70%; Also , the organic acids increased distinctly, the lactic acid in treatment 1 and 2 increased more obviously, by nearly 400% increase.【Conclusion】With reasonable formula of lactobacillu and yeast, not only did lactobacillu play the leading role, but also the crude protein was increased and the feed nutrition was enhanced. The treatment of mixed bacteria was better than single bacterium.

Key words: *Lactobacillus*; yeast; *Bacillus cereus*; apple pomace silage; nutrition level

我国是世界闻名的苹果生产和消费大国，而陕西省又是苹果大省。2002 年陕西省的苹果种植面积为 36.9 万 hm²，产量达 392 万 t，占全国总产量的 22%，占世界总产量的 7%；2003 年陕西的苹果栽培面积跃居全国首位，产量仅在山东之后，居全国第二位。到 2007 年，陕西苹果面积已达 42 万 hm²，面积和产量均居全国第一。

目前，陕西省每年通过榨汁生产出 200 万 t 以上的苹果渣，由于新鲜苹果渣水分含量高、营养丰富，为微生物的生长提供了有利条件。如果不能及时有效地加以处理，极易腐败进而造成环境污染和资源浪费。苹果渣用作饲料时可以鲜饲或制成苹果渣干粉，鲜果渣堆放易酸败变质，饲喂周期短，同时限制了商品流通。苹果渣干粉一般采用烘干或自然晾晒干燥，但烘干成本太高，而自然晾晒又受天气条件影响很大，制约因素很多。鲜苹果渣也可以制成高蛋白发酵饲料，但由于其制作工艺复杂，在实际应用中较难推广。由于苹果渣青贮操作过程简单、成本低，青贮后不但饲料保存时间长，同时易于形成产业化，因此青贮是苹果渣资源化和无害化利用的一种有效途径。目前国内已有一些关于苹果渣青贮的研究，但大多数研究只是对苹果渣进行了简单的自然青贮，添加菌种的苹果渣青贮研究尚鲜有报道。

本试验以新鲜苹果渣作为青贮原料，利用 3 株乳酸菌进行单菌青贮及利用这 3 株乳酸菌分别与 1 株产香酵母和 1 株蜡样芽孢杆菌进行混菌青贮，探讨不同菌株对苹果渣青贮饲料发酵效果的影响，以期为获得优良的青贮苹果渣菌剂配方提供依据。

1 材料与方法

1.1 材料

1.1.1 供试菌株 3 株供试乳酸菌分别为植物乳　杆菌（*Lactobacillus plantarum*，R1）、马里乳杆菌

（*Lactobacillus acidipiscis*，R11）和戊糖片球菌（*Pediococcus pentosacous*，R16）；供试酵母菌为产香酵母（*Aroma-producing yeast*，M5）；供试芽孢杆菌为蜡样芽孢杆菌（*Bacillus cereus*，B2）。以上 5 株菌种均由西北农林科技大学资源环境学院试验室保存。

1.1.2 青贮原料 采自陕西省乾县海升果汁厂榨汁后的新鲜苹果渣。

1.1.3 培养基 3 种培养基分别如下

（1）乳酸菌培养基（MRS 培养基）。其组分为：蛋白胨 10g、酵母膏 5g、牛肉膏 10g、葡萄糖 20g，乙酸钠 5g，柠檬酸二铵 2g，吐温 -80 1mL，硫酸镁 0.58g，硫酸锰 0.05g，磷酸氢二钾 2g，琼脂 20g，蒸馏水 1 000mL。调 pH 为 6.2~6.4，121℃灭菌 15min。

（2）酵母菌培养基（YM 培养基）。其组分为：酵母浸出物 3g，麦芽浸出物 3g，蛋白胨 5g，葡萄糖 10g，琼脂 20g，蒸馏水 1 000mL。

（3）蜡样芽孢杆菌培养基（细菌培养基）。其组分为：牛肉膏 3g，蛋白胨 10g，氯化钠 5g，琼脂 20g，蒸馏水 1 000mL。

1.2 方法

1.2.1 试验设计 试验共设计了 6 个处理，同时以不添加菌种的苹果渣自然青贮为对照（CK），试验期为 45d，分别于培养的 1d，2d，3d，5d，10d，20d，45d 进行采样，分析供试菌株的数量动态变化，并记录样品 pH。待青贮发酵结束后，对所有处理的各种养分指标进行分析测定。各处理中乳酸菌的添加量为 10^7 个 /g，酵母菌和蜡样芽孢杆菌的添加量均为 10^6 个 /g。试验方案见表 1。

表 1 苹果渣青贮发酵试验菌株添加方案

处理Treatment	菌株Strain	处理Treatment	菌株Strain
1	R1	4	R1+M5+B2
2	R11	5	R11+M5+B2
3	R16	6	R16+M5+B2

1.2.2 供试菌株数量测定 采用稀释平板分离法，乳酸菌和蜡样芽孢杆菌于 37℃培养 1~2d；酵母菌于 28℃培养 3~4d。

1.2.3 青贮样品 pH 的测定 取蒸馏水浸提样品［V（水）：V（青贮样品）=10：1］，用 DELTA-320pH 计测定 pH。

1.2.4 青贮物料各种养分指标的测定 乳酸、乙酸、丙酸和丁酸含量采用高效液相色谱法测定氨态氮含量采用流动分析仪测定，干物质含量采用烘干法测定，粗蛋白质含量采用凯氏定氮法测定，可溶性碳水化合物含量采用蒽酮比色法测定。

2 结果与分析

2.1 苹果渣青贮发酵过程中 pH 的变化

青贮发酵过程中 pH 的变化，可直观地反映乳酸菌的产酸能力。对各阶段青贮发酵材料 pH 的测定结果如表 2 所示。从表 2 可以看出，在苹果渣的整个青贮期，随着青贮时间的延长，所有处理的 pH 基本均呈下降趋势，且在后期趋于稳定。与其他处理组相比，CK 组的 pH 变化比较平缓，但青贮结束后，处理组和 CK 组的 pH 较为接近，在青贮前期，与 CK 组相比，添加了乳酸菌处理组的 pH 急剧降低；而不同乳酸菌处理组间差异不明显。在青贮结束后，处理 1 的 pH 最低；添加酵母菌和蜡样芽孢杆菌处理组的 pH 较未添加的处理组高。3 种乳酸菌处理相比，植物乳杆菌的降酸能力最强，马里乳杆菌次之，戊糖片球菌较弱。

表 2   苹果渣青贮发酵过程中 pH 的变化

处理/Treatment	青贮时间（d）Time						
	1	2	3	5	10	20	45
CK	4.42	4.35	4.01	3.89	3.85	3.79	3.68
1	4.07	3.73	3.69	3.74	3.57	3.53	3.50
2	3.99	3.71	3.64	3.64	3.65	3.59	3.52
3	4.03	3.76	3.67	3.63	3.65	3.63	3.61
4	4.06	3.87	3.77	3.65	3.63	3.62	3.59
5	4.07	3.70	3.66	3.67	3.62	3.63	3.57
6	4.05	3.77	3.69	3.66	3.58	3.57	3.55

2.2   苹果渣青贮发酵过程中有效菌群的变化

供试菌株有效菌群数量的动态变化，可以反映出其在青贮材料中的生长状况，从而判断饲料的发酵状况。对各青贮阶段的材料进行分离，检测每克青贮材料干物质中乳酸菌、酵母菌和蜡样芽孢杆菌的数量，其结果见表 3 至表 5。因处理 1~3 中没有添加蜡样芽孢杆菌，未测得其中蜡样芽孢杆菌数量，故没有在表 5 中列出。

表 3   苹果渣青贮发酵过程中不同菌株处理后乳酸菌数量的变化   （×10^8 个 /g）

青贮时间（d）Time	处理/Treatment						
	CK	1	2	3	4	5	6
1	0.84	10.80	13.10	13.10	9.40	10.00	10.50
2	1.40	7.20	7.90	7.90	8.70	8.50	7.60
3	2.20	6.30	6.70	6.70	4.90	5.50	8.70
5	9.30	6.90	3.00	3.00	1.80	3.20	2.10
10	6.70	3.50	2.40	2.40	1.30	0.79	1.10
20	0.08	0.23	0.11	0.11	0.12	0.10	0.15
45	0.01	0.02	0.04	0.03	0.01	0.05	0.04

表 4　苹果渣青贮发酵过程中不同菌株处理后酵母菌数量的变化　　　　　（×10⁶ 个 /g）

青贮时间（d）Time	处理/Treatment						
	CK	1	2	3	4	5	6
1	5.1	6.3	6.8	79.0	1251	907.0	631.0
2	4.5	6.7	8.9	27.0	153	175.0	96.0
3	3.5	3.5	3.3	14.0	21	15.0	6.1
5	2.2	1.5	2.3	3.9	33	2.4	0.4
10	0.2	0	0	0	0	0	0
20	0	0	0	0	0	0	0
45	0	0	0	0	0	0	0

注："0"表示未从样品中分离出酵母菌

表 5　苹果渣青贮发酵过程中不同菌株处理后蜡样芽孢杆菌数量的变化　　　　　（×10⁵ 个 /g）

青贮时间（d）Time	处理/Treatment		
	4	5	6
1	152.00	496.00	135.00
2	4.40	7.40	8.90
3	12.00	7.50	1.50
5	0.45	0.31	0.75
10	0.32	0.15	0.75
20	0.07	0.36	0.15
45	0.09	0.17	0.31

从表 3~ 表 5 可以看出，在苹果渣青贮发酵过程中，随着青贮时间的延长，乳酸菌数量呈先增长后减少的变化趋势，其中处理 1，2，4 和 5 的乳酸菌数量于青贮第 2 天达到最高，而处理 3 和 6 于青贮第 3 天达最高值，CK 于第 5 天达到最高值。在青贮的前 10d，各处理乳酸菌的增量均较高，且均高于 5×10^8 个 /g；待青贮 10d 后，乳酸菌数量迅速降低，且均小于 2.5×10^7 个 /g。在青贮发酵过程中，随着青贮时间的延长，酵母菌数量呈逐渐减少的趋势，至最后无法检测出其变化，其中 CK 和处理 3，4，5 和 6 的酵母菌数量，于青贮的第 1 天达最高值，而处理 1 和 2 于第 2 天达最高值。处理 4，5，6 的酵母菌数量最高依次为 1.25×10^9 个 /g、9.07×10^8 个 /g 和 6.31×10^8 个 /g；待青贮 5d 后，酵母菌数量迅速降低，几乎不能存活于青贮材料中。在青贮发酵过程中，随着青贮时间的延长，处理 4~6 中的蜡样芽孢杆菌数量呈逐渐减少的变化趋势，各处理组蜡样芽孢杆菌数量均在第 1 天达最高值，其中处理 5 蜡样芽孢杆菌数量最高，为 4.96×10^7 个 /g，待青贮 3d 后，蜡样芽孢杆菌数量迅速降低，低于 3.1×10^4 个 /g。供试菌株的生长状况，主要与青贮物料中的氧气、养分和 pH 等因素有关，同时也和添加菌自身的耐受性相关。在苹果渣的青贮过程中，乳酸菌一直处于优势生长状态，从而保证了青贮的顺利进行。在处理 4~6 中，酵母菌的增量很明显，同时与未添加酵母菌的 CK 和处理组 1~3 相比，乳酸菌数量差异很小，这说明混菌青贮后，各菌株之间的拮抗或竞争作用不明显，菌株各自均能良好生长。

2.3 苹果渣青贮发酵饲料中主要养分含量的变化

苹果渣青贮发酵 45d 后，测定各处理苹果渣青贮饲料的干物质（DM）、氨态氮（NH₄⁺-N）、粗蛋白质（CP）及可溶性碳水化合物（WSC）的含量，其结果见表 6。

表 6　苹果渣青贮发酵饲料中主要养分含量的变化　　　　　　　　　　　　　　（g/kg）

测定指标 Index	鲜果渣 Fresh apple pomace	处理/Treatment						
		CK	1	2	3	4	5	6
干物质DM	251.00	241.30	284.10	243.80	245.30	257.70	252.40	253.80
氨态氮NH₄⁺-N	0.28	0.73	0.74	0.72	0.71	0.76	0.70	0.69
粗蛋白质CP	3.99	3.08	3.74	3.56	3.30	4.42	6.77	5.38
可溶性碳水化合物WSC	54.00	61.40	65.60	95.10	74.60	76.70	58.00	62.70

从表 6 可以看出，与青贮前相比，CK 与处理 1~3 的 DM 含量均小幅下降，其中以 CK 下降幅度最大；而处理 4~6 的 DM 含量小幅增加。青贮前后 NH₄⁺-N 含量的变化较大，CK 和各处理的 NH₄⁺-N 含量较青贮前均大幅上升。与青贮前相比，CK 与处理 1~3 的 CP 含量均有所降低，其中以 CK 组 CP 的降低幅度最大，约为 23%，这是因为青贮饲料中的腐败菌主要为大肠杆菌，它们主要分解青贮饲料中的蛋白质和氨基酸，导致饲料的 CP 含量下降；处理 4~6 中的 CP 含量明显高于青贮前的原料，其中以处理 5 和 6 的增幅较大，约为 70% 和 35%。这说明酵母菌的添加，可以有效弥补青贮饲料的蛋白质损失。青贮后，各处理的 WSC 含量均明显增加，其中以处理 2 的增幅最为明显，约为 76%；处理 3，4 的增加量也较多，大约为 40%。

2.4 苹果渣青贮发酵饲料中有机酸含量的变化

从表 7 可以看出，与青贮前相比，青贮结束后各处理的总酸含量均明显增加，其中 CK 的总酸含量高于其他处理。与青贮前相比，CK 的乳酸含量增加明显，而乙酸含量几乎没有变化；其他各处理的乳酸和乙酸含量都有较明显的增加。经过青贮发酵以后，只有 CK 产生了丙酸和丁酸，并且其丁酸含量很高，明显高于乳酸，对青贮饲料的品质产生了较大影响。处理 4 和 5 的乳酸和乙酸含量都明显低于处理 1 和 2；处理 3 和处理 6 的乳酸含量相同，只是处理 6 的乙酸高于处理 3。这说明 R16 的乳酸产生量受 M5 和 B2 的影响不大，而其他处理的 M5 和 B2 对同组乳酸菌产酸影响较大。

表 7　苹果渣青贮饲料中主要有机酸含量的变化

有机酸 Organic acid	鲜果渣 Fresh apple pomace	处理/Treatment						
		CK	1	2	3	4	5	6
乳酸Lactic acid	0.010	0.028	0.051	0.050	0.039	0.043	0.041	0.039
乙酸Acetic acid	0.030	0.029	0.063	0.051	0.052	0.043	0.049	0.062
丙酸Propionic acid	0	0.008	0	0	0	0	0	0
丁酸Butyric acid	0	0.063	0	0	0	0	0	0
总酸Total acid	0.040	0.128	0.114	0.101	0.091	0.086	0.090	0.010

注："0" 表示该有机酸含量较低，已检测不出

3 讨论与结论

（1）乳酸菌作为青贮过程中的核心菌，其生长状况对青贮的成败具有决定性作用。在本研究中，与不添加菌株的苹果渣自然青贮相比，添加乳酸菌能有效降低青贮物料的 pH，使其中有害微生物无法大量存活，延长饲料的保存时间，提高饲料的安全性，同时可最大限度地保存饲料的营养成分。本研究发现，对乳酸菌与酵母菌进行合理配比，在乳酸菌发挥作用的基础上，不仅增加了饲料中粗蛋白质的含量，而且提高了饲料的品质。

（2）本研究中，乳酸菌 R1、R11 和 R16，在单菌青贮处理 1~3 中的最高数量分别为 1.08×10^9 个 /g、1.31×10^9 个 /g 和 1.12×10^9 个 /g，在混菌青贮处理 4~6 中的最高数量分别为 9.4×10^8 个 /g、1.0×10^9 个 /g 和 1.05×10^9 个 /g。通过比较单菌青贮与混菌青贮的乳酸菌数量，可以发现，试验所添加的供试微生物在混合状态下相互影响不大，各自可以良好生长。青贮饲料中主要养分指标 DM 和 CP 的含量，在单菌青贮时最高分为 248.1g/kg 和 3.74g/kg，在混菌青贮时最高分别为 257.7g/kg 和 6.77g/kg，通过对比可以看出，混菌青贮的饲料养分水平高于单菌青贮，因此混菌青贮优于单菌青贮。分析混菌青贮的各类指标可以看出，在不同菌株配比条件下，混菌青贮指标各有优势。在后续试验中，可以考虑将 2 株甚至更多的乳酸菌进行复合配比，通过完整的青贮周期，分析评定青贮效果，以期获得更好的青贮配方。由于目前对添加菌株的苹果渣青贮研究很少，因此，本研究对于新型苹果渣饲料青贮菌剂的生产，具有一定的指导意义。

（3）目前，抗生素在动物治疗中应用广泛，其在防治动物疾病方面发挥重要作用的同时，也给畜牧生产和人类带来一定的副作用，而以芽孢杆菌为代表的细菌类微生物制剂，可以代替抗生素发挥治疗作用，并减少副作用的产生。微生态制剂包括益生素和微生物生长促进剂，益生素又称生菌剂，是由活体微生物制成的生物活性制剂，它可通过与动物消化道生物的竞争性排斥作用，抑制有害菌生长，形成优势菌群或者通过增强非特异性免疫功能来预防疾病，从而促进动物生长和提高饲料转化率。微生物生长促进剂是指摄入动物体内参与肠内微生物平衡，具有直接提高动物对饲料的利用率及促进动物生长作用的活性微生物培养物。目前，对益生素与微生物生长促进剂还没有严格的界限。本研究所添加的蜡样芽孢杆菌具有上述微生态制剂的功能。从青贮过程中蜡样芽孢杆菌的分出率来看，该菌具有较好的耐酸性，能够在饲料中保持一定的菌数，但其微生态效应还有待进一步的试验来验证。

参考文献共 18 篇（略）

原文发表于《西北农林科技大学学报（自然科学版）》，2010，38（3）：83-88.

2 种真菌纤维素酶系组分活性研究初报

汤莉，薛泉宏

（西北农林科技大学资源环境学院，陕西杨陵　712100）

摘要： 在液体摇瓶培养和固体发酵条件下，对 2 株产纤维素酶的野生型真菌的产酶动态和酶系活性进行了分析，并将固态酶曲与海林产酶粉进行了综纤维糖化对比试验。结果表明，2 菌株酶系组分酶活较高，尤其是 β－葡萄糖苷酶酶活远高于海林酶粉。

关键词： 纤维素酶；酶系组分；酶活

Study on the Cellulase Production and Enzyme Activity of Cellulase System from Two Cellulolytic Fungus

TANG Li, XUE Quan-hong

(College of Natural Resources and Environment, Northwest Science and Technology University

of Agriculture and Forestry, Yangling, Shaanxi 712100, China)

Abstract: The changes of cellulase production and enzyme activity of some components in the cellulose system were analysed from two wild cellulolytic fungus grown on solid medium fermentation and shake flask culture. The results showed that two strains were of quick cellulase production speed, complete components in the enzyme system and high enzyme activity, especially high β-glucosidase activity. Two strains could be applied to cellulase production and be parent strains of muttan stains.

Key words: cellulase; component of enzyme system; enzyme activity

纤维素酶能将纤维素降解成葡萄糖。该酶是起协同作用的多组分酶系。要使纤维素得以充分水解，就酶本身而言，主要考虑两个方面：一是提高酶的活力；二是改善纤维素酶系各组分的相对含量，充分发挥他们之间的协同作用。近年来，通过大量的诱变育种工作，纤维素酶活力不断提高，但纤维素水解产物对酶活性有较强的抑制作用，其中纤维二糖是抑制纤维素酶水解作用的主要水解产物。许多研究者在改进纤维素酶系组成方面做了大量工作，为提高 β－葡萄糖苷酶活性，有人

第一作者：汤莉（1970— ），女，黑龙江省密山县人，在读硕士，主要从事微生物学研究。

通信作者：薛泉宏，教授，博士生导师，从事土壤微生物教学与研究工作。E-mail: xueqhong@public.xa.sn。

采取在木霉纤维素酶中补加曲霉的 β-葡萄糖苷酶,或克隆高活性 β-葡萄糖苷酶基因,构建高效分解纤维素工程菌。本研究对 2 株具有较高 β-葡萄糖苷酶活性的野生真菌的酶系组分进行酶活分析,以了解其产酶情况,为直接开发利用产纤维素酶真菌,通过诱变育种或构建高产纤维素酶工程菌提供出发菌。

1 材料与方法

1.1 材料

试验菌株 M_1(白地霉 Geotrichum candidum);M_2(灰绿曲霉 Aspergillus glaucus)由黑龙江八一农垦大学微生物系提供。酶制剂由黑龙江省海林市万利达集团生产。培养基及培养参照文献(Mandels M,1976;余晓斌等,1998)方法进行。菌种斜面培养基马铃薯 200g、葡萄糖 10g、KH_2PO_4 1g、琼脂 18g、水 1 000mL,pH 为 6,121℃,灭菌 30min。液体发酵培养基综纤维(脱木素稻草)10.0g,麸皮 10.0g,蛋白胨 0.5g,尿素 0.3g,KH_2PO_4 4.0g,K_2HPO_4 3.0g,$(NH_4)_2SO_4$ 1.4g,$CaCl_2$ 0.3g,$MgSO_4 \cdot 7H_2O$ 0.3g,Tween 80 2.0g,$FeSO_4 \cdot 7H_2O$ 0.005g,$MnSO_4 \cdot H_2O$ 1.6mg,$ZnSO_4 \cdot 7H_2O$ 1.4mg,$CoCl_2$ 2mg,pH 为 6,250mL,蒸馏水 1 000mL,三角瓶装培养基 100mL,121℃灭菌 30min。固体发酵培养基麦秆粉 7.0g,麸皮 3.0g,$(NH_4)_2SO_4$ 0.3g,KH_2PO_4 0.1g,醋酸钠 0.01g,维生素 C 0.01g,自来水 35mL,装入 300mL 克氏扁瓶中 121℃灭菌 60min,28℃培养。

1.2 方法

接种方法及接种量参照文献(余晓斌等,1998;刘金旭,1974)进行。酶液的制备固体发酵物加入 10 倍 0.05mol/L pH 为 4.8 的柠檬酸缓冲液(加体积分数 0.1% Tween-80),摇匀后 45℃保温 1h,新华定性滤纸过滤,得粗酶液。液体发酵物用新华定性滤纸过滤,得粗酶液。酶活力测定参照 IUPAC 推荐的国际标准方法测定。酶活力由 1g 纤维素酶曲在 1min 酶解底物生成葡萄糖 μg 数表示。滤纸酶活(FPA)于 25mL 具塞试管 A 和 B 中加缓冲液 1mL,分别加入卷成筒状的滤纸片 1cm×6cm 1 条,50℃预热 5min 后在 A 管中加入 0.5mL 适当稀释的酶液。50℃保温 60min,取出各加 3mL DNS 试剂。B 管中补加 0.5mL 酶液,煮沸 5min,立即冷却,加蒸馏水至刻度,用 722 型分光光糖标准曲线上查出相应的葡萄糖含量。

羧甲基纤维素酶活(CMCA)底物为体积分数 1% 羧甲基纤维素钠溶液 1mL,50℃保温 30min,其他同上。β-葡萄糖苷酶活(BGA)底物为体积分数 1% 水杨素溶液 2mL,50℃保温 30min,其他同上。粗纤维的制备将风干的秸秆切成 2cm 左右小段,加体积分数 1%NaOH 溶液(1:12),121℃湿热处理 1h,分离碱液,水洗至中性,处理后的秸秆干燥后粉碎,过 1mm 筛。粗纤维酶解方法称取 0.3g 固态干酶曲,加 5mL pH 为 4.8 的柠檬酸缓冲液,45℃浸提 1h,取滤液加综纤维 1g,补充缓冲液至 50mL,置于 250mL 三角瓶中,45℃水浴中酶解 24h。用 DNS 法测可溶性还原糖浓度,进一步计算底物糖化率。

$$糖化率(\%)= 还原底 / 糖物 \times 0.9 \times 100$$

2 结果与讨论

2.1 液体培养纤维素酶系活性

从表1可见，FPA、CMCA、BGA 在发酵过程中的产酶趋势大体一致。发酵初期酶活较低，随着发酵时间的延长而逐渐上升，达到峰值后又逐渐下降。但同一酶活2个菌株间产酶峰期不同。如 M_1 菌株的 FPA、CMCA、BGA 分别于发酵72h、84h、84h 达到峰值，而 M_2 菌株除 CMCA 的峰值在84h 外，其他2种湿热处理酶活均在发酵60h 即达峰值。即 M_2 菌株的产酶高峰期较 M_1 菌株早24h。从酶活看，M_2 菌株普遍高于 M_1，如产酶高峰期 M_2 菌株的 FPA、CMCA 是 M_1 菌株的1.4倍，BGA 是 M_1 的2.3倍度计于540nm 处测定光密度（B管为对照）。

表1 供试菌株液体培养纤维素酶系活性

培养时间（h）	FPA		CMCA		BGA	
	M_1	M_2	M_1	M_2	M_1	M_2
36	3.44	2.34	7.72	9.42	4.94	13.46
60	2.11	12.01	20.39	49.71	7.42	27.39
72	8.39	11.28	32.25	51.17	10.12	17.22
84	4.34	11.04	44.58	62.14	12.07	13.64
96	4.77	8.69	26.06	41.75	9.61	10.52
120	3.81	5.97	31.61	32.46	4.42	6.71

2.2 固态发酵纤维素酶系组分活性

M_1 和 M_2 菌株的固态发酵过程中的产酶趋势与液体摇瓶培养基本相似（表2），酶活随发酵时间的延长而上升，达到峰值后，逐渐回落；同一酶活2个菌株的产酶高峰期除 FPA 均是144h，CMCA、BGA 则不相同。M_1 菌株的 CMCA、BGA 在发酵144h 达到高峰，而 M_2 菌株较之提前72h；2菌株产酶高峰期的酶活数值差异较大，M_2 菌株的 FPA 是 M_1 的2倍，而 M_1 菌株的 CMCA 是 M_2 的1.2倍，M_2 菌株的 BGA 约是 M_1 的1.6倍。

表2 供试菌株固态发酵纤维素酶系活性

培养时间（h）	FPA		CMCA		BGA	
	M_1	M_2	M_1	M_2	M_1	M_2
48	207.1	127.2	1 120.1	2 113.2	406.4	2 475.6
72	482.7	319.8	2 316.7	3 583.7	941.3	3 137.3
96	428.3	862.8	2 570.3	3 306.3	1 327.3	1 448.1
120	580.2	1 051.7	3 461.2	3 021.2	1 762.2	1 211.6
144	603.3	1 206.7	4 259.7	2 706	1 991.1	1 194.7
168	407.8	941.6	2 809.6	2 005.1	1 617.2	864.3

为了解 M_1 菌株和 M_2 菌株产酶能力，特将其与酶制剂进行对比试验（表3）。2菌株在产酶高峰期的滤纸酶活分别是酶制剂的 25.5% 和 51.1%。酶粉的 CMCA 约为 M_1 菌株4倍，为 M_2 的4.7倍。而 BGA 恰恰相反，M_1 和 M_2 菌株分别是酶制剂的 5.5 倍和 8.7 倍。

2.3 综纤维酶解试验

为了解 M_1 和 M_2 菌株所产纤维素酶对综纤维的实际分解能力，将 M_1 和 M_2 菌株发酵96h和144h所得酶曲制得酶液，与海林酶制剂对比，进行酶解试验。结果表明，在45℃酶解24h，M_1 菌株发酵144h的酶曲反应体系中还原糖浓度、底物糖化率大于发酵96h的酶曲，M2菌株与之相反（表4）。可见 M_2 菌株产酶速度较快，酶解能力较 M_1 菌株强。以 M_1 和 M_2 菌株酶解能力较强的酶曲与酶制剂比较，M_1 菌株还原糖浓度、底物糖化率均是酶制剂的 62.2%，M_2 菌株均是酶制剂的 92.2%。M_1 和 M_2 菌株酶曲的得糖率仅比酶制剂减少38%和8%。若延长酶解时间，2菌株酶曲得糖率可望进一步提高。

表3 酶曲与酶制剂酶活的比较　　　　　　　　　　　　　[μg/（min/g）]

样品	FPA	CMCA	BGA
M_1菌株	6 03.3	4 259.7	1 991.1
M_1菌株	1 206.7	3 583.7	3 137.3
酶制剂	2 365.3	16 748	361.3

表4 酶曲和酶制剂酶解效果

样品	培养时间 （h）	还原糖浓度 （g/L）	底物糖化率 （%）	得糖率 （mg/g）
M_1菌株 M_1 Strain	96	4.3	19.4	7 19.2
M_1菌株	144	5.6	25.2	9 36.4
M_1 Strain	96	8.3	37.4	1 383
酶制剂	144	7.2	32.4	1 206
Enzyme powder		9.0	40.5	1 501

注：还原糖浓度指1L反应体系中酶解综纤维24h所含还原糖克数

3 小结

通过液体摇瓶培养和固体发酵条件下的产酶动态和酶系组成的酶活分析，及固态酶曲的综纤维糖化试验表明，M_1 和 M_2 菌株纤维素酶系组分酶活较高，其中 β-葡萄糖苷酶酶活远超出海林酶粉。若优化产酶条件，2菌株所产纤维素酶活还可进一步提高。

参考文献共12篇（略）

原文发表于《西北农林科技大学学报（自然科学版）》，2001，29（1）：68-70.

多元混菌发酵对纤维素酶活性的影响

涂璇，薛泉宏，司美茹，龚明福

（西北农林科技大学资源环境学院，陕西杨陵　712100）

摘要：研究了两种曲霉（UF2 和 UA8）二元混菌体系和两种曲霉与 1 种酵母菌组成的三元混菌体系混合发酵对纤维素酶系 3 种酶组分活性的影响。结果表明：两种霉菌按一定比例接种进行混合发酵时 3 种纤维素酶组分的活性较单菌发酵大幅度提高，滤纸酶（FPA）、微晶纤维素酶（AVI）和羧甲基纤维素酶（CMC）活性分别较 UA8 单菌发酵提高 2.2%~51.1%、20.7%~332.6% 和 29.4%~299.6%；向由两种霉菌组成的二元混菌发酵体系中接入酵母菌可显著降低 3 种纤维素酶组分的活性；三菌混合发酵能使纤维素酶 3 组分的产酶高峰出现时间较双菌混合发酵滞后约 24h，但三菌与双菌混合发酵 3 种纤维素酶组分的酶活峰值无明显差异；双菌混合发酵有利于缩短纤维素酶生产发酵周期。

关键词：纤维素酶；混合发酵；黑曲霉；烟曲霉；固态发酵

Effects of Mixed Poly-fermentation on Cellulase Activity

TU Xuan, XUE Quan-hong, SI Mei-ru, GONG Ming-fu

(College of Natural Resources and Environment, Northwest Sci-Tech University of

Agriculture and Forestry, Yangling, Shaanxi 712100, China)

Abstract: The effects of the composition on cellulase activities were studied by mixed fermentation. One system was composed of *Aspergillus niger* and *Aspergillus fumigatus*, the other consisted of *Aspergilluses* and *Candida*. The results showed that cellulase activities were greatly increased in comparison with the fermentation of the dual *Aspergilluses* inoculated in a given proportion for fermentation. Compared with sole fermentation of UA8, the activities of FPA, avicelase and cmcase were increased from 2.2% to 51.1%, from 20.7% to 332.6% and from 29.6% to 299.6% respectively. The activity of cellulase system was significantly reduced after *Candida* was inoculated in the mixed fermentation of the dual *Aspergilluses*. The peak values of enzyme production fermentation in the mixture of triple microorganisms

第一作者：涂璇（1974–），女，湖南常德人，硕士，主要从事土壤微生物学研究。

通信作者：薛泉宏，教授，博士生导师，从事土壤微生物教学与研究工作。E-mail: xueqhong@public.xa.sn。

showed a lag about 24 hours to compare with that of the dual microbes.However the difference in the peak values of cellulase was not obvious in the dual systems. The mixed fermentation of two dual microbes may be advantageous to shorten the fermentation cycle in cellulase production.

Key words: cellulase; mixed fermentation; *Aspergillus niger*; *Aspergillus fumigatus*; solid fermentation

纤维素是自然界中储存量最多的多糖类物质，它是植物细胞壁的主要构成物之一，占植物秸秆干重的 1/3~1/2，全球每年合成量约 40 亿 t。但大部分未被有效利用。困扰农作物秸秆中纤维素利用的核心问题是纤维素酶的活性低且质量不稳定。为了提高纤维素酶活性，人们已在纤维素酶高产菌株选育、发酵工艺优化及通过混菌发酵以提高纤维素酶的活力等方面做了大量的工作，取得了一定的进展。有研究报道利用微生态原理将曲霉和酵母菌或木霉和曲霉进行混合发酵能提高纤维素酶的活性，但目前尚未看到两种曲霉与酵母菌三菌混合发酵的报道。本文重点探索双菌、三菌混合发酵对纤维素酶活性的影响，其结果将为利用多菌混合发酵提高纤维素酶活性研究和技术开发提供科学依据。

1 材料与方法

1.1 材料

1.1.1 菌种 黑曲霉和烟曲霉（UA8 *Aspergillus fumigatus* 和 UF2 *Aspergillus niger*）是本课题组通过紫外诱变选育出的纤维素酶高产突变株，T12 *Candida* 为本课题组保藏的一株酵母菌。

1.1.2 培养基 UF2 和 UA8 活化及孢子制备培养基：PDA 固体培养基及产孢培养基（麸皮：水=1 : 1）；酵母菌液体菌种制备培养基：PDA 液体培养基；纤维素酶固态发酵培养基：稻草粉：麸皮 =7 : 3；营养液（g/L）：NH$_4$NO$_3$ 1.5；KH$_2$PO$_4$ 1.5；MgSO$_4$·7H$_2$O 0.3；CaCl$_2$ 0.3。

1.2 方法

1.2.1 UF2 和 UA8 孢子悬液的制备 将 28℃下培养好的 UF2 和 UA8 斜面菌种接入装有 15 g 孢子制备培养基的三角瓶中。28℃培养 3d，然后向三角瓶中加入 300mL 无菌水（其中含 0.5g/L 吐温），用无菌纱布过滤，充分摇动制成孢子悬液（UF2 1.1 × 10^{10} CFU/mL，UA8 2.5 × 10^{10} CFU/mL）。

1.2.2 酵母菌液体菌种制备 按无菌操作向事先灭好菌的 300mL PDA 液体培养基中接入少量酵母菌，28℃水浴摇床上培养 2d，酵母菌悬液浓度达到 4.2 × 10^9 CFU/mL。

1.2.3 纤维素酶固态发酵 向罐头瓶中装入 10g 干料（稻草粉:麸皮 =7 : 3），按干料:营养液=1 : 4 加入 40mL 营养液，湿热灭菌 1h，冷却后按表 1 方案同时接入各菌，充分混合均匀，28℃培养 3d。

1.2.4 粗酶液的制备 发酵结束后将湿酶曲于 40℃下低温烘干后粉碎，混合均匀待用。称取干酶曲 1.000g 加入 15mL 浸提液（柠檬酸 – 柠檬酸钠缓冲液）40℃浸提 45min，过滤得粗酶液。用相应缓冲液稀释原酶液，测定其酶活。

表 1　混菌发酵不同处理接种比例

处理/Treatment	处理编号（P）										
	1	2	3	4	5	6	7	8	9	10	11
双菌发酵 UF2：UA8	10：0	9：1	8：2	7：3	6：4	5：5	4：6	3：7	2：8	1：9	0：10
三菌发酵 UF2：UA8+T12	P1+T12	P2+T12	P3+T12	P4+T12	P5+T12	P6+T12	P7+T12	P8+T12	P9+T12	P10+T12	P11+T12

1.2.5　酶活力测定　纤维素酶活力单位为 IU/g：1min 内 1g 干酶粉与过量底物反应生成 1μmol 葡萄糖的酶量。滤纸酶活（FPA）及羧甲基纤维素酶活（Cmcase）：分别按文献及测定。微晶纤维素酶活（Avicelase）：吸取 1.0mL 10g L 微晶纤维素悬浮液（称取 1.00g 微晶纤维素，加 0.05mol/ L pH 为 4.8 柠檬酸 – 柠檬酸钠缓冲液溶解，稀释定容至 100mL），加一定稀释度酶液 0.5mL，50℃保温 1h，离心后，取 1.0mL 上清液用 DNS 法测还原糖生成量。

2　结果与讨论

2.1　固态混合发酵纤维素酶活性

2.1.1　双菌混合发酵　从表 2 可以看出，在双菌混合发酵处理中，各处理的滤纸酶活（FPA）、微晶纤维素酶活（AVI）及羧甲基纤维素酶活（CMC）均高于单菌发酵（UF2 或 UA8）。其中双菌发酵 FPA 较单菌 UA8 酶活（处理 No.11）提高 2.2%~51.1%，增幅最高处理达 51.1%（No.8，UF2：UA8=3：7）。AVI 和 CMC 酶活分别较单菌 UA8 提高 20.7%~332.6% 和 29.4%~299.6%，增幅最高处理均为处理 No.8，增率分别为 332.6% 和 299.6%，与 FPA 一致。由此可知，按 UF2：UA8=3：7 接种进行固态发酵可显著提高 FPA、AVI 及 CMC 的活性。

表 2　混合发酵纤维素酶活增率　　　　　　　　　　　　　　　（%）

No	Δ 双菌百分比			Δ 三菌百分比			Δ（A–B）百分比		
	FPA	AVI	CMC	FPA	AVI	CMC	FPA	AVI	CMC
1	/	/	/	/	/	/	153	134.0	763.0
2	36.4	192.4	255.8	18.6	26.4	4.6	167.0	100.7	745.3
3	17.8	218.5	245.8	39.2	34.0	53.6	96.3	106.3	745.3
4	18.7	235.9	188.3	43.3	61.3	125.0	92.1	8.7	218.5
5	2.7	259.8	197.1	48.5	97.2	85.5	60.4	58.4	298.2
6	2.7	256.5	224.6	72.2	89.6	115.7	38.3	63.2	274.0
7	2.2	275.0	261.9	96.9	82.1	130.8	20.4	78.8	289.7
8	51.1	332.6	299.6	106.0	123.0	141.5	70.0	68.6	311.3
9	20.0	254.3	114.6	162.0	48.1	206.7	6.3	107.6	74.0
10	16.4	20.7	29.4	106.0	15.1	142.5	31.0	−9.0	32.7
11	/	/	/	/	/	/	38.9	−23.3	27
Average	18.7	227.0	201.9	77.0	64.0	111.8	70.3	69.6	317.6

注：Δ 双菌百分比 =［双菌处理酶活 – 单菌酶活（UA8）单菌酶活（UA8）］×100%；Δ 三菌百分比 =［三菌处理酶活 – 双菌酶活（UF2+T12）双菌酶活（UF2+T12）］×100%；Δ（A–B）百分比 =［（双菌处理酶活 – 三菌处理酶活）三菌处理酶活］×100%

2.1.2　三菌混合发酵纤维素酶活性　表 2 中，三菌混合发酵纤维素酶三种组分的活性均高于双菌发酵（UF2+T12），其中 FPA、AVI 和 CMC 酶活分别较双菌对照 No.1 提高 18.6%~162.0%、15.1%~123.0% 和 4.6%~206.7%，增幅最大者分别为 162.0%（No.9）、122.6%（No.8）和 206.7%（No.9），表明两种霉菌（UF2+UA8）与酵母菌进行三菌混合发酵时的纤维素酶活性显著高于霉菌与酵母菌双菌发酵（表 1 中三菌发酵处理 1 或处理 11：UF2+T12 或 UA8+T12）。

从表 2 中还可知，向 UF2 中接入酵母菌后，FPA、AVI 和 CMC 三种酶活性（IU/g）分别为 0.97、1.06 及 4.96，远小于 UF2 单菌发酵的相应酶活性（其 FPA、AVI、CMC 分别为 2.46、248、42.8）。酵母菌接入对单菌 UA8 的影响与之相似。即向单一霉菌固态发酵体系接入酵母菌后发酵产物 FPA、AVI 及 CMC 三种酶活性降低，这一结果与先前报道不一致，原因有待进一步研究。

2.1.3　三菌与双菌混合发酵的比较　从图 1、图 2 看出，由两种霉菌（UF2+UA8）混合发酵与两

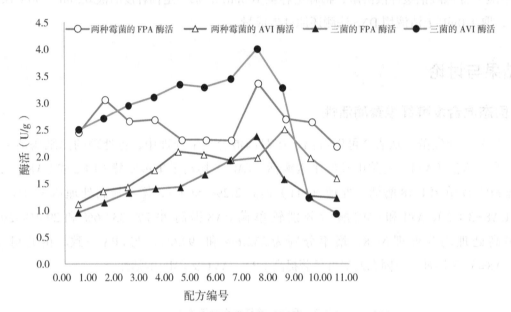

图 1　不同配方在两种发酵方式下的 FPA 和 AVI 酶活

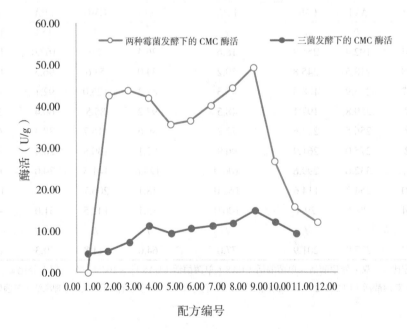

图 2　不同配方在两种发酵方式下的 CMC 酶活

种霉菌和酵母菌进行三菌（UF2+UA8+T12）混合发酵时三种纤维素酶组分的活性差异很大。两种霉菌混合发酵的 FPA、AVI 及 CMC 活性均高于三菌混合发酵。其中两种霉菌混合发酵的 FPA、AVI 及 CMC 分别较三菌混合发酵高出 6.2%~167%、-9%~106.3% 及 32.7%~745.3%（表 2）；两种霉菌（UF2+UA8）混合发酵后所得粗酶液的 CMC 远高于三菌混合发酵。在两种霉菌的最适接种比例（No.8 UF2∶UA8=3∶7）时双菌较三菌混合发酵的 FPA、AVI 及 CMC 分别高出 70.0%、68.6% 和 311.3%（表 2）。由此可知两种霉菌混合发酵优于三菌（两种霉菌 + 酵母）混合发酵。

由以上分析可知，两种霉菌按一定比例混合接种进行发酵可显著提高纤维素酶三种组分的活性，其中对 CMC 的影响尤为明显；加入酵母菌 T12 后，使得两种霉菌在混合发酵后产生的三种纤维素酶组分的酶活性显著降低。

2.2 混合发酵纤维素酶的动力学特征

2.2.1 纤维素酶活力峰值出现时间 从图 4，图 5 No.9 处理看出，双菌与三菌混合发酵酶活力峰值

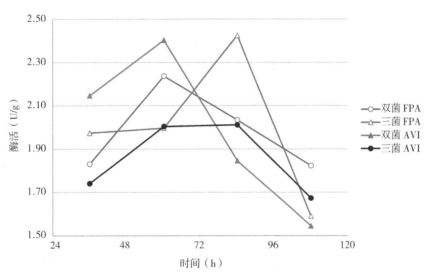

图 3 配方 8 FPA，AVI 酶活动态

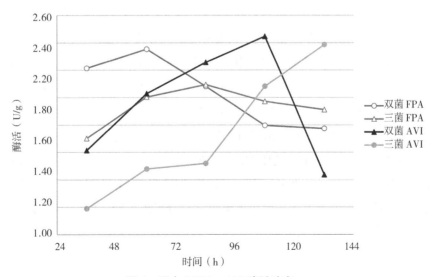

图 4 配方 9FPA，AVI 酶活动态

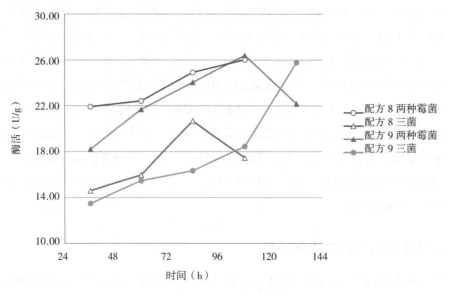

图5　配方8和配方9CMC酶活动态

出现时间不同，且有一定的规律：三菌混合发酵纤维素酶三种酶组分酶活峰值出现时间均较双菌发酵的晚24h。如两种霉菌发酵与三菌发酵FPA和AVI的酶活峰值出现时间分别为72h与96h，120h与144h；AVI与CMC酶活峰值同时出现。两种霉菌No.8与No.9的FPA峰值变化趋势相同，但AVI和CMC略有差异（图3~图5）。由此可知两种霉菌混合发酵有利于酶活峰值提前，缩短发酵生产周期。

2.2.2　纤维素酶峰值酶活性　从图3~图5可知，在三菌和双菌两种混合发酵方式下，三种酶峰的活性差异不大。如在No.9处理中，两种霉菌和三菌发酵的FPA、AVI及CMC的峰值酶活性（IU/g）分别为2.34和2.08；2.45和2.39；及26.51和25.84。No.8中双菌及三菌发酵的峰值酶活差异与No.9处理的结果相似。

2.2.3　纤维素酶活性的动态差异　从图3~图5可知，双菌与三菌混合发酵不同时间三种纤维素酶组分动态变化不同，但具有一定规律性。双菌与三菌发酵不同时间，不同酶组分之间存在一定差异。在No.9处理中，双菌发酵的CMC和AVI活性在48~120h内均高于三菌发酵，高出比率分别为36.9%~47.8%和17.2%~47.7%；培养至144h，则双菌混合发酵的CMC与AVI活性较三菌分别低13.6%和39.7%。No.9的FPA和No.8的AVI的动态差异与之相似。混菌发酵中微生物种类较多，微生物之间关系复杂，纤维素酶活性变化远较单菌发酵复杂，对其变化规律及机制尚需作进一步研究。

　　纤维素的有效降解是纤维素酶系各主要组分之间协同作用的结果。纤维素酶是具有不同底物特异性的多酶复合物，关于它的作用机制目前大多数人倾向于协同理论，即内切葡聚糖酶首先进攻纤维素的非结晶区，形成外切纤维素酶需要的新的游离末端，然后外切纤维素酶从多糖链的非还原端切下纤维二糖单位，β-葡萄糖苷酶水解纤维二糖单位，形成葡萄糖。纤维素酶的活性主要取决于滤纸酶活和微晶纤维素酶活的大小。利用烟曲霉UF2和黑曲霉UA8进行双菌混合发酵能够大幅度提高纤维素酶的活性，其原因是这两种霉菌的三种酶（FPA、AVI及CMC）作用于纤维素的位点不同，各酶对纤维素的降解程度也不同。混合发酵可以充分发挥各酶之间的协同作用，进而使纤维素酶的活性达到较高水平。

3　结论

（1）两种霉菌混合发酵产生的纤维素酶活比三菌混合发酵产生的纤维素酶活高，当两种供试霉菌按 UF2：UA8=3：7 或 2：8 接种进行双菌混合发酵能显著提高发酵产物中 3 种纤维素酶组分的活性，其中微晶纤维素 AVI 和 CMC 酶活性显著增强。

（2）向两种霉菌组成的混菌发酵体系中接入酵母菌进行三菌混合发酵可显著降低发酵产物中 3 种纤维素酶组分的活性。酵母菌对混菌发酵中纤维素酶活的负影响机制尚待进一步研究。

（3）三菌混合发酵能使纤维素酶 3 组分的产酶高峰出现时间较双菌混合发酵滞后约 24h，但三菌与双菌混合发酵产物 3 种纤维素酶组分的峰值酶活无明显差异；两种霉菌混合发酵有利于缩短纤维素酶生产的发酵周期。

参考文献共 14 篇（略）

原文发表于《工业微生物》，2004，34（1）：30–34.

混合发酵对纤维素酶和淀粉酶活性的影响

司美茹，薛泉宏，蔡艳

（西北农林科技大学资源环境学院，陕西杨陵 712100）

摘要：采用混合培养法，研究了假丝酵母对黑曲霉和烟曲霉固态发酵中纤维素酶及淀粉酶活性的影响。结果表明：① 接入少量假丝酵母混合培养，可明显提高黑曲霉和烟曲霉纤维素酶系中滤纸酶、羧甲基纤维素酶、微晶纤维素酶及淀粉酶的活性。混合培养时，黑曲霉发酵产物中上述 4 种酶的峰值酶活较黑曲霉单独培养时分别提高 36.1%，11.1%，16.2% 及 41.8%；烟曲霉分别提高 24.9%，52.8%，40.8% 及 163.5%。② 混合培养时，在黑曲霉和烟曲霉中，除黑曲霉的滤纸酶和淀粉酶外，其余纤维素酶和淀粉酶的产酶高峰期较单纯培养提前 24h 出现，接入酵母菌加快了发酵进程，使发酵周期缩短。③ 接入酵母菌后，黑曲霉和烟曲霉固态发酵产物中细胞外可溶性蛋白质峰值含量，较无酵母菌接入时分别提高 34.8% 和 41%；且细胞外可溶性蛋白质含量随发酵时间的变化趋势与纤维素酶及淀粉酶的活性变化趋势吻合，揭示了混合培养时纤维素酶及淀粉酶活性提高是酶蛋白合成与分泌量增加的结果。④ 酵母菌利用了固态发酵中水解形成的纤维二糖等小分子还原糖，解除了纤维二糖对纤维素酶和淀粉酶合成的反馈阻遏，提高了发酵产物的酶活性。

关键词：混合培养；纤维素酶；淀粉酶；假丝酵母；烟曲霉；黑曲霉

The Effect of Mixed Fermentation on Cellulase and Amylase Activities

SI Mei-ru, XUE Quan-hong, CAI Yan

(College of Natural Resources and Environment, Northwest Sci-Tech University of Agriculture
and Forestry, Yangling, Shaanxi 712100, China)

Abstract: The effect of *Candida* on cellulase and amylase activities of *Aspergillus niger* and *Aspergillus fumigatus* in soild fermentation was studied by mixed culture. The result showed: ① FPA, cmcase, avicelase in cellulase system of *Aspergillus niger* and *amylase* activities increased obviously by mixed culture. In *Aspergillus niger*, the peak values of the four kinds of enzyme activities in mixed culture increased by

---

第一作者：司美茹 (1978—)，女，陕西咸阳人，硕士，主要从事农业微生物方面的研究。

通信作者：薛泉宏，教授，博士生导师，从事土壤微生物教学与研究工作。E-mail: xueqhong@public.xa.sn。

36.1% ,11.1% ,16.2% and 41.8% respectively over those of sole culture; In *Aspergillus fumigatus*, they increased by 24.9% , 52.8% , 40.8% and 163 . 5%. ② In *Aspergillus fumigatus* and *Aspergillus niger*, the peak values of other cellulases and amylases activities in mixed culture were 24 hearlier than those of sole culture, excepting FPA and amylase of Aspergillus niger. Mixed culture accelerated fermentation process and shortened fermentation period. ③ The maximal content of extracellular protein of Aspergillus niger and Aspergillus fumigatus in mixed culture increased respectively by 34.8% and 41%;extracellular protein and cellulase and amylase activities changing were identical with fermentation time,which indicated that an increase in enzyme activities was the result of enzyme forming and exudation. ④ *Candida* could use dextrose and cellobiose produced in soild fermentation so that it breaked off feedback repression of glucose and cellobiose versus cellulase and amylse synthics, and enhanced enzyme activity of fermentation substance.

Key words: mixed culture; cellulase, amylase; *Candida*; *Aspergillus niger*; *Aspergillus fumigatus*

纤维素是自然界植物合成量最大的有机物之一，占农作物秸秆的 30%~50%。全球每年形成的 40 亿 t 秸秆中的纤维素若转化为葡萄糖，将对缓解人类面临的粮食、能源及环境危机发挥重大作用。纤维素利用的核心问题是纤维素酶的活性低，人们已在提高纤维素酶活方面作了大量研究，在高酶活菌株选育及发酵工艺上取得了一定进展，但至今仍无重大突破。近年有人已开始利用微生态原理提高酶活的探索，张海及张苓花等人的研究表明，利用木霉生产纤维素酶时添加曲霉和酵母菌，可提高纤维素酶活性，并有效抑制杂菌生长。黑曲霉也是重要的纤维素酶产生菌，利用混菌发酵能否提高黑曲霉的纤维素酶活性及其机理目前尚不清楚。

本研究重点探索了加入假丝酵母对黑曲霉和烟曲霉纤维素酶活性的影响及酶活提高的机理，旨在为利用微生态原理提高纤维素酶活性的研究与生产提供理论依据。

1 材料和方法

1.1 材料

1.1.1 菌种 UA8 和 UF2 是本课题组用黑曲霉和烟曲霉通过紫外诱变选育出的纤维素酶高产突变株，y 为假丝酵母，由西北农林科技大学资源环境学院微生物教研室保存。

1.1.2 培养基 UA8 和 UF2 活化及孢子制备培养基：PDA 固体培养基；酵母菌液体菌种培养基：PDA 液体培养基；纤维素酶固态发酵培养基：稻草粉:麸皮（质量比）=7：3；Mandels 营养液。

1.2 方法

1.2.1 UA8 和 UF2 孢子悬液制备 将 28℃培养好的 UA8 和 UF2 斜面菌种用无菌水制成菌悬液，接入装有 50mL 孢子制备培养基的三角瓶中，培养 3 d。向三角瓶中加入 100mL 无菌水（其中含 0.5g/L 吐温与数粒玻璃珠），摇动制成孢子悬液。

（UA8 浓度为 1.8×10^{10} 个 /mL ；UF2 浓度为 2.4×10^{10} 个 /mL ）。

1.2.2 酵母菌液体菌种制备 按无菌操作法向事先灭好菌的 100mL PDA 液体培养基中接入少量酵母菌，28℃培养 2d，细胞悬液浓度为 1.04×10^{10} 个 /mL。

1.2.3　混合接种液制备　吸取酵母菌细胞悬液（1.04×10^{10} 个 /mL）1mL 于 100mL UA8 或 UF2 孢子悬液中，摇匀备用。

1.2.4　试验方案　本试验设 3 个不同处理：① 对照（CK），不接菌，仅加入 5mL 无菌水；② 单菌发酵：UF2、UA8 及 y 分别表示仅接种烟曲霉（*Aspergillus fumigalus*）、黑曲霉（*Aspergillusniger*）及假丝酵母（*Candida*）的孢子或菌悬液；③ 混合发酵：UF2-y 和 UA8-y 分别表示接种烟曲霉与假丝酵母和接种黑曲霉与假丝酵母的混合悬液。

1.2.5　纤维素酶的固态发酵　向罐头瓶中装 15 g 干料，按干料：Mandels 营养液（质量比）= 1：5 加入 75mL 营养液，湿热灭菌，冷却后按 1.2.4 试验方案向各个处理中接入 5mL 孢子悬液或混合悬液；前期（第 1 天）28℃培养，后期（第 2~6 天）25℃培养，分别于第 48，72，96，120，144 小时取样，每处理重复 2 次。

1.2.6　酶液制备　发酵结束后将酶曲于 40℃低温烘干后粉碎，按四分法取干酶曲 1.000 g，按酶曲重量的 15 倍加入浸提液（0.05mol/L pH 为 4.8 的柠檬酸 – 柠檬酸钠缓冲液），45℃浸提 1h，过滤得粗酶液。用相应缓冲液适当稀释原酶液，测定酶活力。

1.2.7　酶活力测定　纤维素酶活力的单位为 μmol/（g·min），即 1 g 干曲 1min 内转化底物生成的葡萄糖 μmol 数。滤纸酶活（FPA）及羧甲基纤维素酶活（Cmcase）分别按文献（王泌等，1995；高培基，1985）测定。微晶纤维素酶活（Avicelase）吸取 1.0mL 10g/L 微晶纤维素悬浮液（称取 1.000 g 微晶纤维素，加 0.05mol/L pH 为 4.8 柠檬酸 – 柠檬酸钠缓冲液溶解，稀释定容至 100mL）和 0.5mL 适当稀释的酶液，50℃保温 1h，离心后，取 1.0mL 上清液用 DNS 法测还原糖生成量。淀粉酶　吸取 10g/L 可溶性淀粉（称取 1.000g 淀粉溶于 100mL 0.1mol/L pH 为 5.6 柠檬酸缓冲液中）1mL，酶液 0.5mL，DNS 法测定麦芽糖生成量。酶活力定义为 1 g 干曲 1min 内转化底物生成的麦芽糖毫克数，即 mg/（g·min）。细胞外可溶性蛋白质含量用考马斯亮兰法测定。

2　结果与讨论

2.1　混合培养对纤维素酶活性的影响

纤维素酶包括内切葡聚糖酶（或称羧甲基纤维素酶）、纤维二糖水解酶（或称微晶纤维素酶或滤纸酶）和 β – 葡萄糖苷酶 3 个主要组分。每一组分酶活力的高低都会影响纤维素酶对纤维素的降解。

2.1.1　FPA　从表 1 看出，烟曲霉和黑曲霉分别与酵母菌（y）混合培养时，平均滤纸酶活（UF2-y 和 UA8-y）较单纯培养时（UF2 和 UA8）分别提高 54.5% 和 26.8%。在烟曲霉处理中，混合培养（UF2-y）与单纯培养（UF2）的 FPA 峰值的出现时间分别为 72h 和 96h，即接入酵母菌时 UF2 的产酶高峰提前 24h 出现；且 UF2-y 和 UF2 峰值酶活分别为 6.67μmol/（g·min）和 5.34μmol/（g·min），接入酵母菌使峰值时的 FPA 提高 24.9%。对黑曲霉而言，混合培养（UA8-y）与单纯培养（UA8）的 FPA 峰值均在 96h 出现，加入酵母菌并未加快 UA8 发酵进程，但使峰值时的 FPA 由单独培养时的 9.1mol/（g·min）提高到混合培养时的 12.4μmol/（g·min），增幅达 36.1%。从表 1 还可知，酵母菌的 FPA 很低，与 CK 相当，表明酵母菌不产滤纸酶。这也进一步说明，UA8 和 UF2 与酵母菌混合培养后 FPA 的提高并非酵母菌产酶所致，而是接入酵母菌后产生的其他效应引起的。

表1 供试菌株不同处理的滤纸酶活性

发酵时间（h）	黑曲霉			烟曲霉			假丝酵母（Y）	CK（不接菌）
	UA8	UA8-y	ΔA%	UF2	UF2-y	ΔB%		
48	2.55	2.98	17.1	2.29	3.77	64.4	0.64	0.59
72	8.88	11.91	34.0	4.36	6.67	52.9	0.045	0.079
96	9.10	12.4	36.1	5.34	6.51	21.9	0.091	0.062
120	4.77	5.44	14.2	2.49	5.27	119.4	0.039	0.043
144	4.40	4.49	44.2	1.73	2.81	62.8	0.078	0.077
平均值	5.86	7.44	26.8	3.24	5.01	54.5	0.18	0.51
峰值	9.10	12.4	36.1	5.34	6.67	24.9	—	—

注：ΔA%=UA8-y- UA8/ UA8×100；ΔA%=UF2-y- UF2/ UF2×100；Cmcase，Avicelase，淀粉酶及胞外可溶性蛋白质含量测定结果的 ΔA% 和 ΔB% 计算与之相同，UA8-y 表示黑曲霉与酵母菌混合培养；UF2-y 表示烟曲霉与酵母菌混合培养

2.1.2 羧甲基纤维素酶活（Cmcase） 从表2可知，UF2 和 UA8 分别与酵母菌混合培养时，Cmcase 平均较单纯培养时分别提高 49.8% 和 19.3%。在黑曲霉处理中，UA8-y 与 UA8 的 Cmcase 峰值分别于 72h 和 96h 出现，即接入酵母菌使 UA8 的 Cmcase 高峰期提前 24h 出现；且 UA8-y 和 UA8 在峰值时酶活分别为 58.44μmol/（g·min）和 52.60μmol/（g·min），接入酵母菌使峰值时的 Cmcase 提高 11.1%。烟曲霉与之类似。

表2 供试菌株不同处理的羧甲基纤维素酶活

发酵时间（h）	黑曲霉			烟曲霉			假丝酵母（Y）	CK（不接菌）
	UA8	UA8-y	ΔA%	UF2	UF2-y	ΔB%		
48	13.13	24.41	85.9	12.03	15.34	27.5	0.303	0.278
72	47.18	58.44	23.9	42.19	71.09	68.5	0.781	0.801
96	52.60	56.89	8.2	46.54	67.03	44.0	0.703	0.791
120	42.08	43.23	2.7	18.29	28.13	53.8	0.001	0.005
144	11.98	16.33	35.5	16.25	21.09	29.8	0.065	0.067
平均值	33.39	39.82	19.3	27.05	40.54	49.8	0.38	0.39
峰值	52.60	58.44	11.1	46.54	71.09	52.8	—	—

2.1.3 Avicelase 微晶纤维素是用稀酸水解纤维材料，使结晶区与非结晶区断裂后得到的低聚合度及高结晶度的产物，它较棉纤维更易被纤维素酶水解，它反映的主要是纤维二糖水解酶的作用结果。用它作为基质进行测定时，被测酶活明显高于滤纸作为基质时的酶活。从表3可看出，在烟曲霉处理中，UF2-y 和 UF2 的 Avicelase 在峰值时分别为 13.94μmol/（g·min）和 9.90μmol/（g·min），混合培养使峰值时的酶活提高 40.8%；UF2-y 和 UF2 的 Avicelase 峰值分别在 72h 和 96h 出现，接入酵母菌使 UF2 的峰值提前 24h 出现。黑曲霉与之类似。

表3 供试菌株不同处理的微晶纤维素酶活

发酵时间（h）	黑曲霉			烟曲霉			假丝酵母（Y）	CK（不接菌）
	UA8	UA8-y	ΔA%	UF2	UF2-y	ΔB%		
48	6.78	7.45	9.9	3.47	5.24	5.1	0.031	0.041
72	7.99	8.66	8.4	7.85	13.94	77.6	0	0.031

（续表）

发酵时间（h）	黑曲霉			烟曲霉			假丝酵母（Y）	CK（不接菌）
	UA8	UA8-y	ΔA%	UF2	UF2-y	ΔB%		
96	8.41	10.48	24.6	9.90	11.20	13.1	0.59	0.59
120	9.02	9.54	5.8	5.09	6.89	35.4	0.16	0.17
144	3.42	3.48	1.8	4.74	4.92	3.8	0.16	0.17
平均值	7.12	7.94	11.2	6.21	8.44	35.9	0.19	0.19
峰值	9.02	10.48	16.2	9.90	13.94	40.8	—	—

由表1~3综合分析可知，酵母菌与 UA8 或 UF2 混合培养后，酶活提高是由于酵母菌利用了水解形成的纤维二糖等小分子还原糖，解除了小分子还原糖对纤维素酶合成的反馈阻遏的结果。

2.2 混合培养对淀粉酶活的影响

微生物发酵生产的粗纤维素酶制剂中含有一些辅助酶，主要有淀粉酶、蛋白酶及半纤维素酶等。这些辅助酶对饲料中纤维素之外的其他成分具有一定的降解作用，在饲料中添加淀粉酶可显著促进畜禽生长。本试验的纤维素酶固态发酵培养基中含有 30% 麸皮，其中含有一定量的淀粉，在接入黑曲霉或烟曲霉后会产生一定量淀粉酶。从表4可以看出，在黑曲霉和烟曲霉处理中，混合培养的淀粉酶活均明显高于单纯培养。对烟曲霉而言，UF2-y 和 UF2 的淀粉酶活峰值分别在 72h 和 96h 出现，即接入酶母菌后淀粉酶活峰值提前 24h 出现；且在峰值时 UF2-y 和 UF2 的酶活分别为 328.8mg/（g·min）和 124.8 mg/（g·min），接入酵母菌使峰值时的酶活提高 163.5%。对黑曲霉而言，加入酵母后，淀粉酶的峰值期未提前，但酶活提高。从表4还可知，酵母菌的淀粉酶活与 CK 相当，均非常小，说明酵母菌不产淀粉酶。由此可知，在固态发酵中，存在着淀粉水解生成的小分子还原糖阻遏淀粉酶合成的现象。在发酵中加入酵母菌解除了还原糖对淀粉酶合成的阻遏，增加了淀粉酶的合成量与分泌量。

表4　供试菌株不同处理的淀粉酶活

发酵时间（h）	黑曲霉			烟曲霉			假丝酵母（Y）	CK（不接菌）
	UA8	UA8-y	ΔA%	UF2	UF2-y	ΔB%		
48	108.48	144.24	32.4	72.72	144	98	0.24	0.12
72	214.8	312	45.3	96.72	328.8	239.9	0.24	0.24
96	235.2	333.6	41.8	124.8	204	63	0.24	0
120	192	206.4	7.5	94.8	178.4	88	0.24	0.24
144	136	158.4	16.4	77.6	132	70	0.24	0
平均值	176.4	230.4	31	92.88	197.3	119.9	0.24	0.11
峰值	235.2	333.6	41.8	124.8	328.8	163.5	—	—

2.3 混合培养对细胞外可溶性蛋白质含量的影响

纤维素酶活提高可通过两条途径实现：一是酶合成量增加，二是酶合成量不变，酶活性提高。从表5可知，烟曲霉或黑曲霉与酵母菌混合培养后，细胞外可溶性蛋白质含量明显提高。与单独培养相比较，混合培养产生的细胞外可溶性蛋白质含量峰值提前。对黑曲霉而言，混合培养（UA8-y）和单独培养（UA8）时的平均细胞外可溶性蛋白质含量分别为 2.30mg/g 及 1.76 mg/g，混合培养使可溶性蛋白质含量提高 30.7%；UA8-y 和 UA8 的细胞外可溶性蛋白质含量的峰值分别在 96h 和 120h 时出现，即接入酵母菌使细胞外可溶性蛋白质含量峰值提前 24h 出现；且在峰值时 UA8-y 和 UA8 细胞外可溶性蛋白质含量分别为 3.33mg/g 和 2.47 mg/g，接入酵母菌使细胞外可溶性蛋白质含量提高 34.8%。烟曲霉与之类似。从表 5 还可知，酵母菌和 CK 的细胞外可溶性蛋白质均未检出。

表 5　供试菌株不同处理的细胞外可溶性蛋白质含量

发酵时间（h）	黑曲霉			烟曲霉			假丝酵母（Y）	CK（不接菌）
	UA8	UA8-y	ΔA%	UF2	UF2-y	ΔB%		
48	0.9	1.2	33	0.81	1.44	77	0	0
72	2.02	2.27	12	1.82	3.32	82	0	0
96	2.27	3.33	46	2.34	2.44	4.2	0	0
120	2.47	2.72	10	1.26	1.8	4.3	0	0
144	1.17	1.98	69	0.99	1.16	17	0	0
平均值	1.76	2.30	30.7	1.44	2.03	41.1	0	0

比较表 1~5 可知，细胞外可溶性蛋白质含量与纤维素酶及淀粉酶活随培养时间的变化趋势一致，进而推知，混合培养时纤维素酶及淀粉酶活性提高主要是酶合成量增加所致。

3　结论

（1）利用黑曲霉和烟曲霉固态发酵生产纤维素酶时，接入少量假丝酵母可显著提高纤维素酶系中 FPA，Cmcase 及 Avicelase 3 种酶组分和淀粉酶的活性。

（2）接入少量假丝酵母混合培养时，除 UA8 的 FPA 和淀粉酶峰值期与单纯培养时同时出现外，纤维素酶系中的 FPA，Cmcase 及 Avicelase 3 种酶组分和淀粉酶的高峰期较单纯培养时均提前 24h。混合培养后，加快了发酵进程，使产酶周期缩短，有利于提高工业生产中设备利用率和酶制剂质量。

（3）酵母菌与黑曲霉或烟曲霉混合培养提高了细胞外可溶性蛋白含量，进而推知：混合培养时纤维素酶和淀粉酶活提高主要是酶合成量增加所致。

（4）在固态发酵中也存在淀粉水解生成的小分子还原糖阻遏淀粉酶合成的现象，加入酵母菌解除了还原糖对淀粉酶合成的阻遏，增加了淀粉酶的合成量。

（5）在接种烟曲霉或黑曲霉以后，稻草中的纤维素等多糖物质被水解，产生一定量的还原糖——葡萄糖和纤维二糖，它们对纤维素酶的合成产生反馈阻遏，影响了酶活性的提高，使产酶峰值期出现晚，发酵周期延长。当接种酵母菌进行混合培养时，酵母菌利用了烟曲霉和黑曲霉水解纤维素形成的小分子还原糖，解除了小分子还原糖对纤维素酶的反馈阻遏，促进了烟曲霉和黑曲霉合成更多的酶，进而提高了纤维素酶和淀粉酶的活性。

参考文献共 16 篇（略）

原文发表于《西北农林科技大学学报（自然科学版）》，2002，30（5）：69-74.

菌种对苹果渣发酵饲料中蛋白酶活、纤维素酶活及总酚含量的影响

张高波[1]，李巨秀[1]，来航线[2]，彭智超[1]，何亚军[1]，卫　伟[1]，程　方[1]

（1.西北农林科技大学食品科学与工程学院，陕西杨凌，712100

2.西北农林科技大学资源环境学院，陕西杨凌，712100）

摘要：研究了发酵菌种对苹果渣发酵饲料中蛋白酶活、纤维素酶活以及总酚含量的影响。以未接菌的固态发酵培养基作为空白对照，通过单一菌种、双菌组合、菌种比例发酵试验，采用比色法对发酵产物进行蛋白酶活、纤维素酶活及总酚含量分析。结果表明：产朊假丝酵母 HJ1 和黑曲霉 HF3 组合是优选菌种配伍，接菌比例为 1∶1 时，发酵产物中蛋白酶活（742.40±56.77）U/g，纤维素酶活（64.31±3.19）U/g，总酚含量达（5.89±0.47）g/kg，与对照组相比分别增加了 207.32%，947.45% 和 86.00%。适宜菌种比例的双菌发酵对于提高苹果渣发酵饲料中蛋白酶活、纤维素酶活以及总酚含量有显著作用（$P<0.01$）。

关键词：苹果渣；菌种；发酵饲料；蛋白酶活；纤维素酶活；总酚含量

The Effect of the Strains on Proteinase Activity, Cellulase Activity and Total Phenolic Content in Apple Pomace Fermented Feed

ZHANG Gao-bo[1], LI Ju-xiu[1], LAI Hang-xian[2], PENG Zhi-chao[1], HE Ya-jun[1], WEI Wei[1], CENG Fang[1]

(1. College of Food Science and Engineering, Northwest A & F University, Yangling 712100, China;

2. College of Natural Resources and Environment, Northwest A & F University, Yangling 712100, China)

Abstract: In this experiment,the strains of solid state fermentation, which would affect the proteinase activity,cellulase activity and total phenolic content of apple pomace fermented feed, was studied to provide the scientific basis for the production of apple pomace active protein feed. Solid state fermentation

基金项目："十二五"国家科技支撑计划项目（2012BAD14B11）。

第一作者：张高波（1986—），男，河南洛阳人，从事食品安全与营养研究。

通信作者：李巨秀（1972—），女，甘肃景泰人，博士，副教授，博士生导师，从事食品安全与营养研究，E-mail: juxiuli@msn.com。

medium without inoculation was used as control.The effects of single-strain fermentation and mixed-strains fermentation of apple pomace on proteinase activity, cellulose activity and total phenolic content were analyzed by colorimetric spectroscopy. The results showed that,the combination of Aspergillus niger HF3 and Candida utilis HJ1 is the optimal strain combination.When inoculated by Aspergillus niger HF3 and Candida utilis at the ratio of 1∶1, the proteinase activity, cellulase activity and total phenolic content reached (742.40 ± 56.77) U g, (64.31 ± 3.19) U/g and (5.89 ± 0.47) g/kg, which were increased by 207.32%, 947.45%, and 86.00%, respectively, compared with blank samples. The proteinase activity, cellulase activity and total phenolic content of apple pomace fermented feed had been obviously improved by mixed-strains fermentated treatment (P <0.01).

Key words: apple pomace; strains; fermented feed; proteinase activity; cellulase activity; total phenolic content

　　我国是世界上最大的苹果生产国，年产苹果2 000万t以上，苹果加工中每年排出苹果渣接近300万t，由于苹果渣含有较高水分和丰富的营养物质，易被微生物浸染，废弃时造成严重的资源浪费和环境污染。苹果渣作为一种农业废弃物，用作饲料可以降低饲喂动物的成本，提高经济效益，而且利用比较完全，不会产生二次污染，也为我国短缺的饲料来源开辟新途径。苹果渣发酵饲料作为苹果渣的合理利用方式之一，目前的研究多集中在提高蛋白质的含量方面。苹果渣发酵饲料中除蛋白质外的一些蛋白酶、纤维素酶、总酚等活性物质对动物的营养也起着重要作用。饲用蛋白酶可以提高营养物质特别是蛋白质的消化利用率，增强动物的免疫力；饲用纤维素酶可以摧毁植物的细胞壁，使营养物质能很好地被吸收利用，补充草食动物内源酶的不足，消除抗营养因子，维持小肠绒毛形态完整、促进营养物质的吸收等；饲料中酚类等抗氧化剂的存在能阻止或者延缓饲料中活性物质被氧化变质，提高营养成分的稳定性和延长饲料储存期。另外，发酵饲料中菌种的选择对饲料品质起着关键作用，生产发酵饲料的菌种很多，主要有乳酸菌、芽孢菌、酵母菌、霉菌等4类。酵母菌和霉菌由于菌体蛋白含量高而在发酵苹果渣生产蛋白饲料方面应用较多。因此，本文选用2株酵母和3株霉菌为发酵菌种，以提高苹果渣发酵饲料中活性物质为目标，探索单一菌种、双菌组合及菌种比例对苹果渣发酵饲料中3种活性物质的影响，旨在为苹果渣发酵生产活性蛋白饲料提供一定依据。

1　材料与方法

1.1　原料与菌种

1.1.1　原料　干苹果渣，由乾县海升果汁厂提供。麸皮：市售。

1.1.2　菌种　产朊假丝酵母HJ1（*Candida utilis*），产朊假丝酵母HJ2（*Candida utilis*），绿色木霉HF1（*Trichodermaviride*），康宁木霉HF2（*Trichoderma koningii*），黑曲霉HF3（*Aspergillus niger*），均由西北农林科技大学资源环境学院来航线副教授提供。

1.2　培养基

1.2.1　霉菌培养基　马铃薯葡萄糖琼脂（PDA）培养基：100g土豆块，10g葡萄糖，7.5g琼脂，

500mL 水，121℃灭菌 20min。

1.2.2　酵母菌培养基　酵母膏蛋白胨葡萄糖（YPD）琼脂培养基：酵母浸粉 5g，蛋白胨 10g，葡萄糖 10g，琼脂 7.5g，500mL 水，121℃灭菌 20min。

1.2.3　固态发酵培养基　固态发酵培养基：苹果渣 85%，麸皮 10%，尿素 5%，料水比为 1∶2，121℃灭菌 30min。

1.3　主要试剂及仪器

干酪素，北京奥博星生物技术有限责任公司；羧甲基纤维素钠，sigma 公司；福林酚试剂，上海荔达生物科技有限公司；一水没食子酸，科邦生物；3，5-二硝基水杨酸等为分析纯。KQ-500DE 超声波清洗机，江苏昆山市超声仪器有限公司；HH-6 数字恒温水浴锅，国华电器有限公司；PHS-3C+pH 计，成都世纪方舟科技有限公司；85-2 恒温磁力搅拌器，国华电器有限公司；SPX-150 生化培养箱，上海悦丰仪器仪表有限公司；LAC-5080S 高压灭菌锅，上海博讯仪器仪表有限公司；HC-3018 R 冷冻离心机，安徽中科中佳科学仪器有限公司；UV2550 紫外可见分光光度计，Shimadzu Corporation。

1.4　实验方法

1.4.1　菌悬液的制备　菌悬液制备参考文献（任雅萍等，2011），略有改动。将斜面菌种接到相应的平板培养基上，（28±1）℃下酵母菌培养 3d、霉菌培养 5d，在无菌操作条件下用 0.9% 的无菌生理盐水 100mL 将平板上的酵母菌霉菌转移至三角瓶中，摇匀，经血球计数板计数，产朊假丝酵母 HJ1、HJ2 的孢子数达 10^9CFU/mL，绿色木霉 HF1、康宁木霉 HF2、黑曲霉 HF3 的孢子数分别达 10^8CFU/mL、10^9CFU/mL、10^9CFU/mL。

1.4.2　单一菌种发酵试验　将产朊假丝酵母 HJ1、HJ2，绿色木霉 HF1，康宁木霉 HF2，黑曲霉 HF3 的菌悬液分别以 10% 的接种量，接入固态发酵培养基，（30±1）℃下发酵 3d 后，将发酵产物在 45℃下烘干，粉碎，进行蛋白酶活、纤维素酶活以及总酚含量测定，同时以未接菌的固态发酵培养基作为空白对照试验，每个处理 3 次平行试验。

1.4.3　双菌发酵试验　采用一株霉菌和一株酵母的双菌组合方式进行双菌发酵试验，接菌比例 1∶1，其余同单一菌种发酵试验。

1.4.4　菌种比例发酵试验　依据单一菌种与双菌发酵试验结果，确定产朊假丝酵母 HJ1 和黑曲霉 HF3 的双菌组合方式为优选菌种配伍，产朊假丝酵母 HJ1 和黑曲霉 HF3 的菌悬液以 2∶1，1∶1，1∶2 进行菌种比例发酵试验。

1.5　分析方法

1.5.1　蛋白酶活力的测定　粗酶液制备：称取发酵产物 1g（精确到 0.000 1g），加入 0.05mol/L pH 为 3.0 的乳酸钠缓冲液 20mL，（40±1）℃水浴 60min，中速滤纸过滤，滤液即为粗酶液，采用福林法测定蛋白酶活力。蛋白酶活力单位定义：1g 固态发酵产物，在乳酸钠缓冲液中，于（40±1）℃的条件下，每分钟内分解酪蛋白产生 1μg 的酪氨酸称为一个酶活力单位，结果以 U/g 表示。

1.5.2　纤维素酶活力的测定　粗酶液制备：称取发酵产物 0.5g（精确到 0.000 1g），加入 0.1mol/L pH 为 5.0 乙酸钠缓冲溶液 20mL，磁力搅拌 30min，缓冲溶液定容至 50mL，摇匀，单层纱布过滤，取滤液20mL至高速离心管，10 000r/min冷冻离心3min，上清液为粗酶原液，根据需要用乙酸钠缓冲液恰当稀释后即为粗酶液，采用DNS法测定纤维素酶活力。纤维素酶活力单位定义：在（50±1）℃、pH为5.0的条件下，每分钟从浓度4mg/mL的羧甲基纤维素钠溶液中降解释放1μmol还原糖所需要的酶液量为一个酶活力单位，结果以U/g表示。

1.5.3 总酚含量的测定　样品提取液制备参照文献（Ajila C M et al，2011），略有改动。称取发酵产物1g（精确到0.000 1g），加入20mL 70%乙醇，在（40±1）℃的条件下超声提取30min，中速滤纸过滤，7 000r/min离心20min，上清液即为样品提取液。

样品测定：准确吸取适量样品提取液于10mL比色管中，加蒸馏水至5mL，加入1mL福林酚试剂，摇匀，静置3~5min，再加入10%Na$_2$CO$_3$ 2mL，蒸馏水定容，混匀，置于（25±1）℃水浴锅中显色120min，显色后于波长766nm处测定吸光度，结果以g/kg表示。

1.6 数据处理

采用DPS 7.05软件对所得数据进行统计分析，试验结果以平均值±标准偏差（$\bar{x} \pm s$）表示，多重比较采用Duncan新复极差法分析，$P<0.01$为有显著性差异。

2 结果与分析

2.1 单一菌种发酵试验

产朊假丝酵母HJ1、HJ2，绿色木霉HF1，康宁木霉HF2，黑曲霉HF3分别接入固态发酵培养基，发酵3d后测定发酵产物中蛋白酶活、纤维素酶活以及总酚含量，试验结果如图1所示。

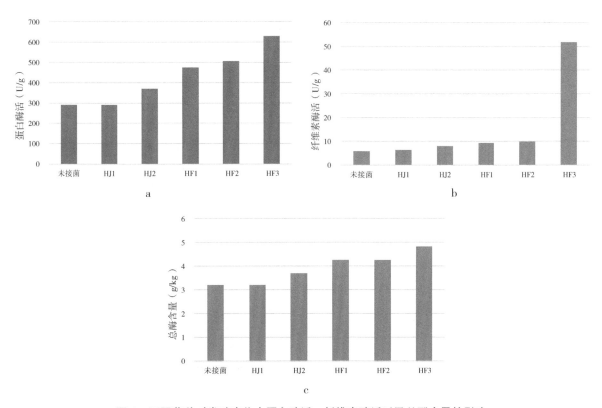

图1　不同菌种对发酵产物中蛋白酶活、纤维素酶活以及总酚含量的影响

从图1a可以看出，产朊假丝酵母HJ1发酵产物中蛋白酶活较未接菌略有升高，但差异不显著（$P>0.01$），其余菌种则有显著性升高（$P<0.01$），分别增加了29.26%，65.61%，75.00%，117.02%，其中黑曲霉HF3增加幅度最大，说明黑曲霉HF3产蛋白酶能力较强。

产朊假丝酵母HJ1、HJ2发酵产物中的纤维素酶活较未接菌差异均不显著（$P>0.01$），其余菌种则有显著性升高（$P<0.01$），分别增加了56.96%，60.31%和748.34%，其中黑曲霉HF3增加幅度最大，说明黑曲霉HF3产纤维素酶能力也较强（图1b）。

由图1c可得出，与未接菌相比，产朊假丝酵母HJ1、HJ2发酵产物中的总酚含量略有升高，但无显著性差异（$P>0.01$），而其余菌种则有显著性升高（$P<0.01$），分别增加了36.61%，36.51%和55.10%，其中黑曲霉HF3增加幅度最大，达（4.90 ± 0.28）g/kg。

霉菌可以分泌各种酶，酵母菌则含蛋白质和维生素高。由以上分析可以看出，不同菌种对苹果渣发酵饲料中蛋白酶活、纤维素酶活、总酚含量的影响差别较大。相比较而言，绿色木霉HF1、康宁木霉HF2、黑曲霉HF3发酵后产物中这3种活性物质含量均有显著性升高（$P<0.01$），说明霉菌更有助于提高发酵产物中的这3种活性物质的含量，其中黑曲霉HF3发酵产物中的3种活性物质增加幅度均最大。

2.2 双菌发酵试验

双菌组合按照1∶1的接菌比例接入固态发酵培养基，发酵3d后测定发酵产物中3种活性物质的含量，结果如图2所示。

由图2a可看出，2种不同的菌种混合发酵苹果渣，发酵产物中蛋白酶活较未接菌均有显著升高（$P<0.01$），产朊假丝酵母HJ2和绿色木霉HF1组合增加幅度最小，产朊假丝酵母HJ1和黑曲

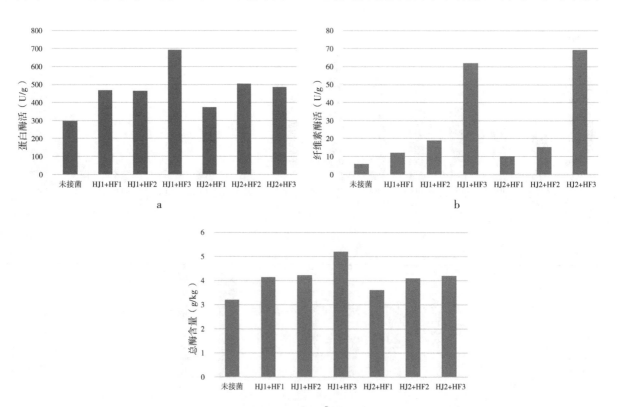

图2 双菌组合对发酵产物中蛋白酶活、纤维素酶活以及总酚含量的影响

霉 HF3 组合增加幅度最大，说明产朊假丝酵母 HJ1 和黑曲霉 HF3 组合产蛋白酶能力较强，其余双菌组合间无显著性差异（*P*>0.01）。

不同双菌组合发酵产物中的纤维素酶活较未接菌均有显著升高（*P*<0.01），含黑曲霉 HF3 的双菌组合产纤维素酶的能力较强，其中产朊假丝酵母 HJ2 和黑曲霉 HF3 组合与其他双菌组合相比均有显著性差异（*P*<0.01），较未接菌增加了 995.69%，达（67.28 ± 1.09）U/g（图 2b）。

由图 2c 得知，不同双菌组合发酵产物中的总酚含量均有升高，除产朊假丝酵母 HJ2 和康宁木霉 HF1 组合较未接菌无显著性差异（*P*>0.01）外，其余均有显著性差异（*P*<0.01），其中产朊假丝酵母 HJ1 和黑曲霉 HF3 组合增加幅度最大，增加了 64.80%，达（5.22 ± 0.23）g/kg。

由以上分析看出，不同双菌组合发酵苹果渣对蛋白酶活、纤维素酶活、总酚含量的影响较大，且双菌组合发酵产物中 3 种活性物质的含量高于对应的单一菌种，一方面是混菌发酵比单菌发酵能更充分利用发酵基质，另一方面是酵母菌利用霉菌降解纤维素生成的葡萄糖进行生物合成，形成了菌种间的互惠共生关系，从而促进了酶类等活性物质的产生，其中组合产朊假丝酵母 HJ1 和黑曲霉 HF3 发酵效果较好。

2.3　菌种比例发酵试验

将产朊假丝酵母 HJ1 和黑曲霉 HF3 分别以 2：1，1：1，1：2 的比例接入固态发酵培养基，发酵 3d 后，测定发酵产物中的 3 种活性物质含量，结果见图 3。

由图 3a 可知，不同菌种比例的发酵产物中蛋白酶活较未接菌均有显著性升高（*P*<0.01），依次增加了 186.76%、207.32% 和 99.26%，菌种比例为 1：1 时，增加幅度最大，说明菌种比例为 1：1 时，产朊假丝酵母 HJ1 和黑曲霉 HF3 间达到了一种良好的共生关系，相互促进彼此生长，有

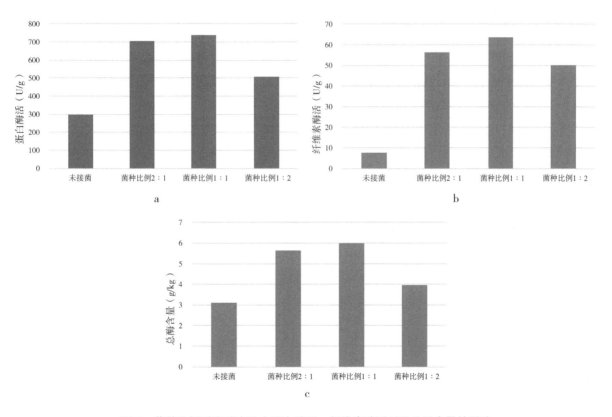

图 3　菌种比例对发酵产物中蛋白酶活、纤维素酶活以及总酚含量的影响

助于蛋白酶的释放。

不同菌种比例的发酵产物中纤维素酶活较未接菌均有显著性升高（$P<0.01$），而且各个比例之间也存在显著性差异（$P<0.01$），依次增加了821.84%、947.45%和717.76%，菌种比例为1∶1时，增加幅度最大（图3b）。

不同菌种比例的发酵产物中总酚含量较未接菌依次增加了76.76%、86.00%和24.18%，但只有菌种比例为2∶1、1∶1时，有显著性升高（$P<0.01$），菌种比例1∶1时，增加幅度最大（图3c）。

由以上分析知，产朊假丝酵母HJ1和黑曲霉HF3组合接菌比例1∶1时的蛋白酶活、纤维素酶活、总酚含量均高于接菌比例2∶1、1∶2，因此选择菌种比例1∶1为适宜的接种比例。

3 讨论

单一菌种发酵试验中，黑曲霉HF3发酵产物中的蛋白酶活、纤维素酶活均最高，这与文献报道的一些黑曲霉菌株固态发酵苹果渣可以产蛋白酶和纤维素酶相一致，此外黑曲霉HF3发酵产物中的总酚含量也最高，这可能是由于黑曲霉HF3发酵苹果渣的过程中产生了碳水化合物的代谢酶，促进了酚类的释放，因此黑曲霉HF3可以作为苹果渣发酵生产活性蛋白饲料的良好菌株。

当2种菌种混合发酵时，酵母菌可利用霉菌降解纤维素生成的葡萄糖进行生物合成，形成了霉菌和酵母菌间的共生关系，从而具有较强的转化纤维素能力。当产朊假丝酵母HJ1和黑曲霉HF3组合按照接菌比例1∶1接入固态发酵培养基，黑曲霉HF3一开始生长，就会分泌一些酶类，其中的纤维素酶、半纤维素酶降解纤维素生成葡萄糖，葡萄糖可以被产朊假丝酵母HJ1利用而促进自身生长，减缓了葡萄糖对纤维素酶的反馈抑制作用，使产朊假丝酵母HJ1和黑曲霉HF3具有良好的协同关系，从而促进了纤维素酶的分泌与释放。

苹果渣中纤维素含量较高，所以产纤维素酶的微生物常被研究者采用，而关于蛋白酶的研究则较少，已有的研究中所测出的蛋白酶活力很低。对于苹果渣发酵饲料而言，苹果渣的pH为3.4，且在发酵过程中基本不变，利于酸性蛋白酶的产生。此外，由于苹果渣本身的蛋白酶活力较低，选用高产蛋白酶的菌株发酵苹果渣也显得尤为重要，本试验中黑曲霉HF3产酸性蛋白酶的能力较强，与产朊假丝酵母HJ1进行混菌发酵形成菌种间的协同作用，产酸性蛋白酶的能力更强。

4 结论

黑曲霉HF3发酵苹果渣后蛋白酶活力、纤维素活力、总酚含量均有较大幅度提高。

双菌发酵苹果渣试验中，综合蛋白酶活力、纤维素酶活力、总酚含量得到苹果渣发酵生产活性蛋白饲料的优选双菌配伍为产朊假丝酵母HJ1和黑曲霉HF3，接菌比例为1∶1，发酵3d后，发酵产物中蛋白酶活（742.40±56.77）U/g，纤维素酶活（64.31±3.19）U/g，总酚含量达（5.89±0.47）g/kg。

参考文献共21篇（略）

原文发表于《食品与发酵工业》，2013，39（11）：118–123.

多菌种混合发酵马铃薯渣产蛋白饲料的研究

程方[1]，李巨秀[1]，来航线[2]，张高波[1]，卫伟[1]

（1. 西北农林科技大学食品科学与工程学院，陕西杨凌，712100

2. 西北农林科技大学资源环境学院，陕西杨凌，712100）

摘要： 马铃薯渣是马铃薯淀粉生产加工过程中产生的副产物。通过微生物发酵可有效改善马铃薯渣的营养价值，从而提高其饲用价值。本文通过研究菌种对发酵马铃薯渣饲料中粗蛋白质、粗纤维含量及蛋白酶活、纤维素酶活的影响，为发酵马铃薯渣生产蛋白饲料提供科学依据。采用八株菌种对废马铃薯渣进行固态发酵，以未接菌种的培养基为对照，通过单一菌种、双菌组合、菌种比例的发酵试验，对发酵产物中粗蛋白质、粗纤维含量及蛋白酶活、纤维素酶活进行分析。结果表明，黑曲霉 Z9 和啤酒酵母 PJ 组合为最佳菌种配伍，且当菌种比例为 1 : 1 时，粗蛋白质含量为 41.72%，蛋白酶活为 1 344.93 U/g，纤维素酶活为 120.87 U/g，分别比对照组含量提高了 78.69%、296.74% 和 1 473.77%；粗纤维含量为 8.47%，比对照组降低了 31.96%。

关键词： 马铃薯渣；多菌种；混合发酵；蛋白饲料

The Research on Mixed-strains Fermentating Potato Residue to Produce Protein Feed

Cheng Fang[1], Li Ju-xiu[1], Lai Hang-xian[2], Zhang Gao-bo[1], Wei Wei[1]

(1. College of Food Science and Engineering, Northwest A & F University, Yangling 712100, China;

2. College of Natural Resources and Environment, Northwest A & F University, Yangling 712100, China)

Abstract: Potato residue is the by-product which produced during the process of potato starch production. The microorganism fermentation treatment can effectively improve the nutritional value and feeding value of potato residue. In this experiment, the strains of solid state fermentation, which could affect the crude protein content, crude fiber content and proteinase activity, cellulase activity of potato residue fermented feed, was studied in order to provide the scientific basis for potato residue protein feed.

基金资助："十二五"国家科技支撑计划项目（2012BAD14B11）。

第一作者：程方（1989— ），女，在读硕士研究生，E-mail: 262429436@qq.com。

通信作者：李巨秀（1972— ），女，甘肃景泰人，副教授，博士生导师，从事食品安全与营养研究，E-mail: 656612204@qq.com。

With the treatments of single-strain fermentation, mixed-strains fermentation and strain ratio fermentation, we analyzed the products of the solid-state fermentation, which were fermented by 8 different strains, from the aspects of the crude protein content, crude fiber content and proteinase activity, cellulase activity without inoculation as the control. The results showed that the Aspergillus Niger Z9 and Saccharomyces cerevisiae PJ combination was the optimal strain combination, inoculated by Aspergillus Niger Z9 and Saccharomyces cerevisiae PJ at the ratio of 1 ∶ 1. It was clear from the evidence that the crude protein content reached 41.72%, proteinase activity reached 1 344.93 U/g, cellulase activity reached 120.87 U/g, which were increased by 78.69%, 296.74%, 1 473.77%, respectively, compared to control; while the crude fiber content reached 8.47%, which was decreased by 31.96% compared to control.

Key words: potato residue; mixed-strains; mixed-strains fermentation; protein feed

马铃薯是粮饲菜兼用的作物，作为世界各国的主要经济作物之一，其种植业发展迅速，产量逐年上升。马铃薯除作为蔬菜外，主要用来加工淀粉，平均每生产 1t 淀粉，需消耗约 6.5t 马铃薯，排放 20t 左右的废水和 5t 左右的薯渣，而国内目前淀粉的年产量为 3.00×10^5t 左右。马铃薯渣是淀粉加工过程中产生的副产物，主要成分为水、残余淀粉颗粒、纤维素、半纤维素等成分。

通过微生物发酵不仅可提高马铃薯渣中蛋白质含量，降低纤维素和果胶含量，同时也可产生一些生物活性物质。发酵马铃薯渣可转化为营养丰富的活性蛋白饲料是马铃薯渣有效利用的重要途径之一，对于缓解我国蛋白饲料资源缺乏、提高马铃薯种植与加工效益、减少环境污染具有重要意义。

目前，国内外发酵马铃薯渣的研究主要集中在提高粗蛋白质含量方面，然而，发酵饲料中的活性物质对动物的营养也起着重要作用，其中蛋白酶不仅可以提高蛋白质的消化利用率，而且可以增强动物机体的免疫力；纤维素酶可改善动物胃中微生态环境，既能促进小肠对营养物质的吸收，又能促进动物健康生长。此外，马铃薯渣中含有大量的纤维素，通过微生物发酵可使纤维素降解为易被动物消化吸收的小分子糖类，产生大量菌体蛋白，使饲料的营养价值得到显著提高。

发酵饲料中菌种的选择对饲料品质起着关键作用，用于生产发酵饲料的菌种较多，主要有酵母菌、霉菌、乳酸菌、芽孢菌等 4 类，其中酵母菌和霉菌的菌体蛋白含量较高，霉菌在生长过程中能够分泌大量纤维素酶、淀粉酶和果胶酶等酶类，这些酶类能够促进马铃薯渣基质中的纤维素、淀粉等高分子化合物分解为单糖，供微生物生长繁殖利用，可使菌体蛋白积累，并且当酵母菌和霉菌、木霉和黑曲霉混合发酵时，两两之间具有良好的协同共生关系。因此，本文选用产朊假丝酵母 HJ1、啤酒酵母 PJ 和产酶能力较强的绿色木霉 HF1，康宁木霉 HF2，黑曲霉 HF3、Z9，黄曲霉 Z7，里氏木霉 Rut C30 为发酵菌种，以提高马铃薯渣发酵饲料中粗蛋白质含量、蛋白酶活及纤维素酶活，降低粗纤维含量为目标，探索单一菌种、双菌组合及菌种比例对马铃薯渣发酵饲料中各物质含量的影响，旨在为发酵马铃薯渣生产蛋白饲料提供依据。

1 材料与方法

1.1 原料与菌种

1.1.1 原料 干马铃薯渣：由甘肃腾胜农产品集团股份有限公司提供。麸皮：市售。

1.1.2　菌种　产朊假丝酵母 HJ1（*Candida utilis*），啤酒酵母 PJ（*Saccharomyces cerevisiae*），绿色木霉 HF1（*Trichoderma viride*），康宁木霉 HF2（*Trichoderma koningii*），黑曲霉 HF3（*Aspergillus niger*），黑曲霉 Z9（*Aspergillus niger*），黄曲霉 Z7（*Aspergillus flavus*），里氏木霉 Rut C30（*Trichoderma reesei*），均由西北农林科技大学资源环境学院提供。

1.2　培养基

1.2.1　霉菌培养基　马铃薯葡萄糖琼脂（PDA）培养基：称取 38g PDA 合成培养基加入 1 000m L 蒸馏水中，煮沸溶解。121℃灭菌 20min。

1.2.2　酵母菌培养基　酵母膏蛋白胨葡萄糖（YPD）琼脂培养基：酵母浸粉 5g，蛋白胨 10g，葡萄糖 10g，琼脂 10g，500mL 水，121℃灭菌 20min。

1.2.3　固态发酵培养基　固态发酵培养基：马铃薯渣 85%，麸皮 10%，尿素 5%，料水比为 1∶1.5，混匀，六层纱布封口，121℃灭菌 30min。

1.3　主要试剂及仪器

干酪素，北京奥博星生物技术有限责任公司；羧甲基纤维素钠，sigma 公司；福林酚试剂，上海荔达生物科技有限公司；3，5- 二硝基水杨酸等为分析纯。

SPX-150 生化培养箱，上海悦丰仪器仪表有限公司；LAC-5080S 高压灭菌锅，上海博讯仪器仪表有限公司；PHS-3C+pH 计，成都世纪方舟科技有限公司；HH-6 数字恒温水浴锅，国华电器有限公司；85-2 恒温磁力搅拌器，国华电器有限公司；HC-3018R 冷冻离心机，安徽中科中佳科学仪器有限公司；KJELTEC 全自动凯氏定氮仪，瑞典 FOSS TECATOR 公司；UV2550 紫外可见分光光度计，Shimadzu Corporation；M6 粗纤维提取测定仪，瑞典 FOSS TECATOR 公司。

1.4　试验方法

1.4.1　菌悬液的制备　采用划线法将斜面菌种接到相应的平板培养基上，（28±1）℃下酵母菌培养 3d、霉菌培养 5d，在无菌操作条件下用 0.9% 的无菌生理盐水 100mL 将平板上的酵母菌和霉菌转移至三角瓶中，摇匀，经血球计数板计数，使酵母菌的活菌数和霉菌的孢子数均达到 10^9 CFU/mL。

1.4.2　单一菌种发酵试验　选用八株菌种进行单菌发酵试验，将产朊假丝酵母 HJ1，啤酒酵母 PJ，绿色木霉 HF1，康宁木霉 HF2，黑曲霉 HF3、Z9，黄曲霉 Z7，里氏木霉 Rut C30 的菌悬液分别以 10%（v/w）的接种量，接入固态发酵培养基，（30±1）℃下发酵 4d 后，将发酵产物在 45℃下烘干、粉碎后测定发酵产物中的粗蛋白质、粗纤维含量及蛋白酶活、纤维素酶活，以未接菌种的固态发酵培养基为对照，每个处理做三次平行试验。

1.4.3　双菌组合发酵试验　从单菌发酵试验中筛选出粗蛋白质含量、蛋白酶活及纤维素酶活较高，粗纤维含量较低的三株霉菌，且选出和霉菌有良好协同作用的二株酵母菌，进行双菌发酵试验，菌种比例为 1∶1。双菌组合有八种，分别为：黑曲霉 Z9 和产朊假丝酵母 HJ1，黑曲霉 Z9 和啤酒酵母 PJ，黑曲霉 HF3 和产朊假丝酵母 HJ1，黑曲霉 HF3 和啤酒酵母 PJ，里氏木霉 RutC30 和黑曲霉 Z9，里氏木霉 RutC30 和黑曲霉 HF3，里氏木霉 RutC30 和产朊假丝酵母 HJ1，里氏木霉 RutC30 和啤酒酵母 PJ。其余同单一菌种发酵试验。

1.4.4　菌种比例发酵试验　依据单一菌种与双菌发酵试验结果，确定黑曲霉 Z9 和啤酒酵母 PJ 的双菌组合方式为优选菌种配伍，将黑曲霉 Z9 和啤酒酵母 PJ 的菌悬液以 3∶1，2∶1，1∶1，1∶2，1∶3 进行菌种比例发酵试验。

1.5　分析方法

1.5.1　粗蛋白质含量的测定　参照 GB 5009.5–2010，采用凯氏定氮法。

1.5.2　蛋白酶活力的测定　采用福林法测定蛋白酶活力。

粗酶液制备：称取发酵产物 1g（精确至 0.000 1g），加入 0.05mol/L pH 为 3.0 的乳酸钠缓冲液 20mL，（40±1）℃水浴 60min，中速滤纸过滤，滤液即为粗酶原液，根据需要用乳酸钠缓冲液适当稀释后即为粗酶液。

蛋白酶活力单位定义：1g 固态发酵产物，在乳酸钠缓冲液中，于（40±1）℃的条件下，每分钟内分解酪蛋白产生 1μg 的酪氨酸称为一个酶活力单位，结果以 U/g 表示。

1.5.3　纤维素酶活测定　采用 DNS 法测定纤维素酶的活力。

粗酶液的提取：称取发酵产物 0.5g（精确至 0.000 1g），加入 0.1mol/L pH 为 5.0 的乙酸钠缓冲溶液 20mL，磁力搅拌 30min 后，用缓冲溶液定容至 50mL，摇匀，单层纱布过滤，取滤液 20mL 至高速离心管，10 000r/min 冷冻离心 5min，上清液为粗酶原液，根据需要用乙酸钠缓冲液适当稀释后即为粗酶液。

纤维素酶活力单位定义：在（50±1）℃、pH 为 5.0 的条件下，每分钟从浓度 4mg/mL 的羧甲基纤维素钠溶液中降解释放 1μmol 还原糖所需要的酶液量为一个酶活力单位，结果以 U/g 表示。

1.5.4　粗纤维含量测定　参照 GB/T 6434–1994 测定。

1.6　数据处理

采用 DPS 7.05 软件对所得数据进行统计分析，试验结果以平均值 ± 标准偏差（$\bar{x}±s$）表示，多重比较采用 Duncan 新复极差法分析，$P<0.05$ 为有显著性差异。

2　结果与分析

2.1　单一菌种发酵试验

不同菌种对固态发酵培养基分解利用不同，通过单一菌种发酵试验测定发酵产物中粗蛋白质、粗纤维含量及蛋白酶活、纤维素酶活，从而筛选出分解利用固态发酵培养基较好的菌种，结果如图 1 所示。

从图 1A 中可看出，产朊假丝酵母 HJ1、绿色木霉 HF1、康宁木霉 HF2、黄曲霉 Z7、里氏木霉 RutC30 发酵产物中粗蛋白质含量较未接菌略有升高，但差异不显著（$P>0.05$），其余菌种则有显著性升高（$P<0.05$），啤酒酵母 PJ 较未接菌增加了 3.14%，这是因为啤酒酵母自身菌体所含粗蛋白质含量较高；黑曲霉 HF3、Z9 增加幅度也较大，较未接菌分别增加了 32.12%、48.43%，这是因为黑曲霉在生长过程中能够分泌大量纤维素酶、淀粉酶和果胶酶等酶类，这些酶类能够促进马铃薯渣基质中的纤维素、淀粉等高分子化合物分解为单糖，供微生物生长繁殖利用，使得菌体蛋白积累，从而提高了发酵产物中粗蛋白质含量。

从图 1B 中可看出，八株菌种发酵产物中蛋白酶活较未接菌均有显著性升高（$P<0.05$），其中

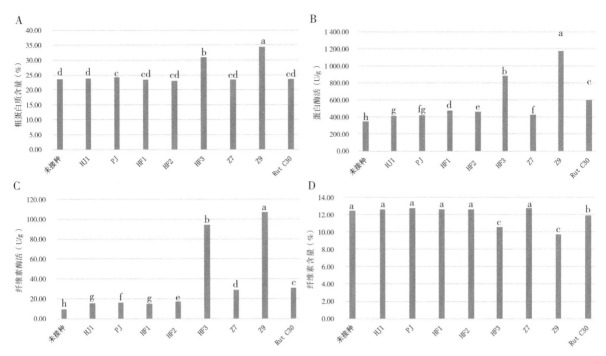

图1　不同菌种对发酵产物中粗蛋白质含量（A）、蛋白酶活（B）、纤维素酶活（C）及粗纤维含量（D）的影响

注：柱状图上标小写拉丁字母表示5%显著水平，字母相同表示差异不显著，字母不同表示差异显著，下同

黑曲霉HF3、Z9增加幅度较大，分别增加了161.45%、252.13%，这是因为黑曲霉在生长过程中能够分泌大量蛋白酶，从而提高了蛋白酶活；其次，黑曲霉在生长过程中还可分泌大量纤维素酶，纤维素酶将马铃薯渣基质中的纤维素分解为葡萄糖，适当的葡萄糖浓度增加也有利于蛋白酶活的提高。

从图1C中可看出，八株菌种发酵产物中纤维素酶活较未接菌均有显著性升高（$P<0.05$），其中黑曲霉HF3、Z9增加幅度较大，分别增加了1 120.44%、1 290.63%，这是因为黑曲霉能够分泌大量纤维素酶，从而提高了发酵产物中纤维素酶活。

从图1D中可看出，产朊假丝酵母HJ1、啤酒酵母PJ、绿色木霉HF1、康宁木霉HF2、黄曲霉Z7发酵产物中粗纤维含量较未接菌差异不显著（$P>0.05$），黑曲霉HF3、Z9和里氏木霉RutC30则有显著性降低（$P<0.05$），且黑曲霉HF3、Z9降低幅度较大，分别降低了16.01%、22.57%，这是因为黑曲霉能分泌大量纤维素酶和半纤维素酶，分解了部分纤维素。

2.2　双菌发酵试验

不同双菌组合中各菌间相互作用机理不同，使得组合之间协同共生关系有差异，对固态发酵培养基的分解利用能力有差异，故发酵后测定发酵产物中各物质含量，从而筛选出协同共生关系最优组合，结果如图2所示。

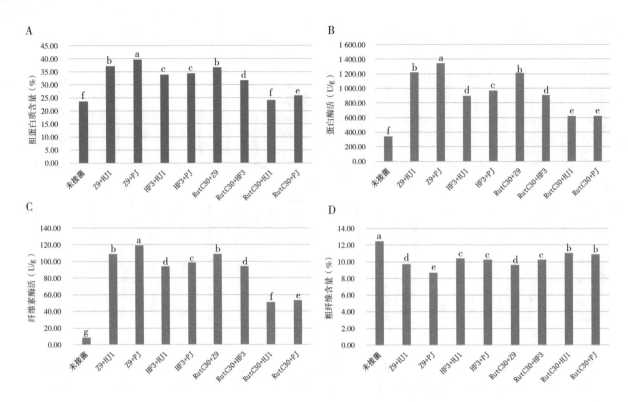

图2 双菌组合对发酵产物中粗蛋白质含量（A）、蛋白酶活（B）、纤维素酶活（C）及粗纤维含量（D）的影响

从图2A可看出，八种菌种组合发酵产物中粗蛋白质含量较未接菌均有显著性升高（$P<0.05$），且双菌组合的粗蛋白质含量均高于相应单一菌种。当酵母菌和霉菌、木霉和黑曲霉混合发酵时，两两之间具有良好的协同共生关系，可以减弱纤维素酶合成的反馈抑制作用而提高纤维素酶产率，分泌的纤维素酶量增大，有利于将马铃薯渣基质中纤维素分解为单糖，供微生物生长繁殖，使得菌体蛋白增加，从而提高发酵产物中粗蛋白质含量。八种菌种组合中，黑曲霉Z9和啤酒酵母PJ组合发酵产物中粗蛋白质含量最高，高达39.45%，比未接菌增加了68.97%，且较单一菌种黑曲霉Z9和啤酒酵母PJ分别增加了13.82%、63.80%，说明此组合协同共生关系最优，且双菌组合发酵产物中的粗蛋白质含量高于相应单一菌种发酵。

从图2B中可看出，八种双菌组合发酵产物中蛋白酶活较未接菌均有显著性升高（$P<0.05$），且双菌组合的蛋白酶活均高于相应单一菌种。当木霉和黑曲霉进行双菌发酵时，木霉产纤维素酶可辅助马铃薯渣基质中蛋白类物质释放，进而诱导黑曲霉产蛋白酶，具有协同作用，从而促进蛋白酶分泌和释放。八种菌种组合中，黑曲霉Z9和啤酒酵母PJ组合发酵产物中蛋白酶活最高，高达1 341.34U/g，较未接菌增加了295.67%，且比单一菌种黑曲霉Z9和啤酒酵母PJ分别增加了12.17%、216.61%，说明此组合为优选双菌组合。

从图2C中可看出，八种双菌组合发酵产物中纤维素酶活较未接菌均有显著性升高（$P<0.05$），且双菌组合的纤维素酶活均高于相应单一菌种。当里氏木霉和黑曲霉混合发酵时，由于里氏木霉所产的β-葡萄糖苷酶活力较低，而黑曲霉是优良的β-葡萄糖苷酶生产菌株，通过二者共同培养，能够产较强活力的内切葡聚糖酶和β-葡萄糖苷酶，使得底物去糖基化，并产生龙胆二糖，龙胆二糖是产纤维素酶诱导物，从而促进纤维素酶分泌和释放，酶活提高。八种菌种组合中，黑曲霉Z9和啤酒酵母PJ组合发酵产物中的纤维素酶活最高，高达120.09U/g，较未接菌增加了1 463.73%，

且较单一菌种黑曲霉 Z9 和啤酒酵母 PJ 分别增加了 12.45%、664.98%，此双菌组合为最优菌种配伍。

从图 2D 中可看出，八种双菌组合发酵产物中粗纤维含量较未接菌均有显著性降低（$P<0.05$），且双菌组合的粗纤维含量均低于相应单一菌种。当酵母菌和霉菌混合发酵、木霉和黑曲霉混合发酵时，两两之间均具有良好的协同共生关系，可以减弱纤维素酶合成的反馈抑制作用而提高纤维素酶产率，有利于将马铃薯渣基质中纤维素分解为单糖，供微生物生长繁殖，从而使得双菌发酵产物中粗纤维含量较单一菌种降低率高。八种菌种组合中，黑曲霉 Z9 和啤酒酵母 PJ 组合发酵产物中粗纤维含量最低（8.72%），较未接菌降低了 29.95%，且较单一菌种黑曲霉 Z9 和啤酒酵母 PJ 分别降低了 9.46%、32.04%。

2.3　菌种比例发酵试验

由于啤酒酵母对发酵产物的适口性有较大影响，因此啤酒酵母的接菌量不能过少，且若黑曲霉接菌量过多，则发酵料有较浓霉味，使得饲料的香味和色泽均受到一定影响，恰当的菌种比例能使各微生物在发酵过程中具有良好协同作用。将黑曲霉 Z9 和啤酒酵母 PJ 按不同比例接入固态发酵培养基，测定发酵产物中各物质含量，从而选出最优菌种比例，结果如图 3。

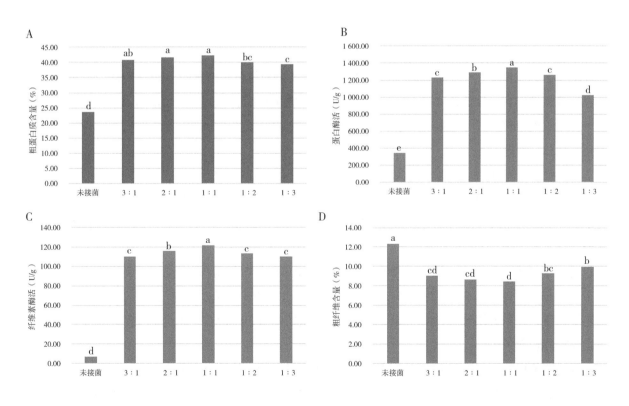

图 3　菌种比例对发酵产物中粗蛋白质含量（A）、蛋白酶活（B）、纤维素酶活（C）及粗纤维含量（D）的影响

从图 3A 中可看出，不同菌种比例的发酵产物中粗蛋白质含量较未接菌均有显著性升高（$P<0.05$），粗蛋白质含量依次为 40.70%、41.24%、41.72%、39.75% 及 38.73%，当菌种比例为 1：1 时，粗蛋白质含量最高，可达 41.72%，说明菌种比例为 1：1 时，黑曲霉 Z9 和啤酒酵母 PJ 间达到一种良好的共生关系，相互促进彼此生长，有助于粗蛋白质含量提高。当菌种比例为 1：2，

1∶3时发酵产物中粗蛋白质含量都偏低，这是由于黑曲霉接入量较少，导致产生糖化酶及纤维素酶减少，不利于马铃薯渣中纤维素降解，同时发酵物料中可利用糖减少使得啤酒酵母的生长繁殖受到限制，导致发酵产物中粗蛋白质含量较低，因此当菌种比例为1∶1为最优。

从图3B中可看出，不同菌种比例的发酵产物中蛋白酶活较未接菌均有显著性升高（$P<0.05$），蛋白酶活依次为1 233.15U/g、1 293.66U/g、1 344.93U/g、1 249.73U/g及1 027.73U/g，当菌种比例为1∶1时，蛋白酶活最高，高达1 344.93U/g，说明菌种比例为1∶1时，黑曲霉Z9和啤酒酵母PJ间达到一种良好的共生关系，相互促进彼此生长，有助于蛋白酶分泌和释放，菌种比例为最佳。

从图3C中可看出，不同菌种比例的发酵产物中纤维素酶活较未接菌均有显著性升高（$P<0.05$），纤维素酶活依次为110.79U/g、114.75U/g、120.87U/g、110.10U/g及108.48U/g，当菌种比例为1∶1时，纤维素酶活最高，说明菌种比例为1∶1时，黑曲霉Z9和啤酒酵母PJ间达到一种良好的共生关系，相互促进彼此生长，有助于纤维素酶分泌和释放，为最优菌种比例。

从图3D中可看出，不同菌种比例的发酵产物中粗纤维含量较未接菌均有显著性降低（$P<0.05$），粗纤维含量依次为8.97%、8.68%、8.47%、9.33%及9.88%，当菌种比例为1∶1时，粗纤维含量最低，说明菌种比例为1∶1时，黑曲霉Z9和啤酒酵母PJ间达到一种良好的共生关系，相互促进彼此生长，有助于降解纤维素即粗纤维含量降低，菌种比例达到最优。

3 讨论

单一菌种发酵试验中，黑曲霉HF3、Z9发酵产物中的粗蛋白质含量及蛋白酶活、纤维素酶活均较高且粗纤维含量较低，这与文献报道的一些黑曲霉菌株固态发酵马铃薯渣可以产蛋白质、蛋白酶、纤维素酶和降解纤维素相一致，因此黑曲霉HF3、Z9可以作为马铃薯渣发酵产活性蛋白饲料的良好菌株。

当酵母菌和霉菌混合发酵、木霉和黑曲霉混合发酵时，两两之间均具有良好的协同共生关系，可以减弱纤维素酶合成的反馈抑制作用而提高纤维素酶产率，有利于将马铃薯渣基质中纤维素分解为单糖，供微生物生长繁殖，从而具有较强的转化纤维素能力。当啤酒酵母PJ和黑曲霉Z9组合按照接菌比例1∶1接入固态发酵培养基，黑曲霉Z9一开始生长，就会分泌一些酶类，其中的纤维素酶、半纤维素酶降解纤维素生成葡萄糖，葡萄糖可以被啤酒酵母PJ利用而促进自身生长，减缓了葡萄糖对纤维素酶的反馈抑制作用，使啤酒酵母PJ和黑曲霉Z9具有良好的协同关系，从而促进了纤维素酶的分泌释放、蛋白质的积累和纤维素的降解，可使双菌组合的发酵产物中营养成分含量高于相应单一菌种。

马铃薯渣中纤维素含量较高，所以产纤维素酶的微生物常被研究者采用，而关于蛋白酶的研究则较少，已有的研究中所测出的蛋白酶活力很低，同时，由于马铃薯渣本身的蛋白酶活力较低，选用高产蛋白酶的菌株发酵马铃薯渣也显得尤为重要，本试验中黑曲霉Z9产蛋白酶的能力较强，与啤酒酵母PJ进行混菌发酵形成菌种间的协同作用，产蛋白酶能力更强。

此外，目前国内外马铃薯渣发酵产蛋白饲料研究主要集中在提高粗蛋白质含量阶段，有关蛋白饲料中活性物质的研究是少之又少，本试验着重选取纤维素酶活和蛋白酶活体现发酵产物的活性，对于其他活性物质如游离氨基酸、多肽等有待进一步探讨。

4 结论

黑曲霉 HF3、Z9 发酵马铃薯渣后粗蛋白质含量、蛋白酶活力及纤维素活力均有较大幅度提高，粗纤维含量显著降低。双菌发酵马铃薯渣试验中，综合粗蛋白质、粗纤维含量及蛋白酶活、纤维素酶活，得到马铃薯渣发酵生产蛋白饲料的优选双菌配伍为黑曲霉 Z9 和啤酒酵母 PJ，最适菌种比例为 1：1，发酵 4d 后，发酵产物中粗蛋白质含量为（41.72±0.58）%，粗纤维含量为（8.47±0.11）%，蛋白酶活为（1 344.93±10.56）U/g，纤维素酶活为（120.87±0.46）U/g。

参考文献共 36 篇（略）

原文发表于《食品与发酵工业》，2015，41（2）：95–101.

固态复合发酵剂用于苹果渣蛋白饲料发酵效果研究

贺克勇[1]，杨帆[2]，薛泉宏[3]，来航线[3]，岳田利[4]

（1.西北农林科技大学机械与电子工程学院，陕西杨凌，712100

2.陕西省饲料工业办公室，陕西西安，710000

3.西北农林科技大学资源环境学院，陕西杨凌，712100

4.西北农林科技大学食品科学与工程学院，陕西杨凌，712100）

摘要：研究了10种固态复合发酵剂对苹果渣发酵饲料纯蛋白含量的影响。结果表明，① 10种固态复合发酵剂均能提高苹果渣中蛋白质含量，接入10号发酵剂48h发酵产物纯蛋白增率较对照提高86.1%；② 随发酵时间的延长，发酵产物中纯蛋白质含量增加，48h为较适宜的发酵时间；③ 灭菌处理发酵产物的蛋白质含量高于不灭菌发酵，平均提高幅度39.1%。

关键词：苹果渣；发酵饲料；发酵产物得率；蛋白质含量

Study of the Fermentation Effect of Solid State Fermentation Agent Used in Apple Pomace Fermented Protein Feed

HE Ke-yong[1], YANG Fan[2], XUE Quan-hong[3], LAI Hang-xian[3], YUE Tian-li[4]

(1.College of Mechanical and Electronic Engineering, Northwest A&F University, Yangling, Shaanxi 712100, China; 2. Shaanxi Provincial Feed Industry Office, Xi'an, Shaanxi 710000, China; 3.College of Natural Resources and Environment, Northwest A&F University, Yangling, Shaanxi 712100, China; 4.College of Food Science and Engineering, Northwest A&F University, Yangling, Shaanxi 712100, China)

Abstract: This study researched the effect of ten kinds of solid state compound fermentor on the protein content of apple pomace fermented feed. The results showed that all of these solid state compound fermentor enhanced the protein content of apple pomace, and the increase rate of protein content was

基金项目：国家科技攻关项目（2001BA901A19）陕西特色果品深加工技术研究与开发

第一作者：贺克勇（1972—），男，陕西渭南人，助理研究员，主要从事农业微生物研究。

通信作者：岳田利（1965—），男，教授，博士生导师，主要从事食品生物技术及食品安全控制研究。

86.1% compared with CK, when fermented with the No. 10 fermentor. With the prolongation of the fermentation time, the content of pure protein in the fermentation product increased, and the suitable fermentation time was 48h. The protein content of the fermentation product was higher than that of the non sterilized fermentation, and the average increase rate was 39.1%.

Key words: apple pomace; fermented feed; fermented production residue; content of protein

我国是世界上苹果生产大国，苹果产量拉居世界首位。近年来，苹果汁加工业的迅速发展产生了大量苹果渣。苹果渣含水量高（70%~82%），且含有丰富的可溶性营养物质，为微生物滋生提供了有利条件，故苹果渣废弃时极易腐烂发臭，严重污染环境且造成资源浪费。利用苹果渣发酵生产微生物蛋白是苹果渣的一种有效利用途径。已有研究表明，酵母菌和霉菌混合发酵能提高发酵产物中蛋白质含量，并产生果胶酶等多种酶系，对提高饲料消化利用率有益。但霉菌和酵母菌发酵剂制备较为麻烦，加上小型企业在设备和技术力量等方面的限制，难以保证发酵剂质量，进而影响发酵饲料的质量。如能制成含有两种微生物的商品化复合固态发酵剂，则可以简化苹果渣发酵饲料生产工艺，提高产品质量。目前，我国尚无专用于苹果渣发酵饲料的专用固态复合发酵剂。本文重点研究本课题组开发的苹果渣蛋白饲料固态复合发酵剂在不同条件下的发酵效果及产品质量，旨在为苹果渣固态复合发酵剂的生产应用提供科学依据。

1 材料与方法

1.1 材料

1.1.1 发酵剂 发酵剂 1~10 号。由酶菌 UA8、H1、H5、H8 及 H14 和酵母菌 Y_8、Y_{12} 相互混合制备（见表 1），UA8、H1、H5、H8 及 H14 是本课题组用黑曲霉通过紫外线诱变选育出的纤维素酶高产突变株，Y_8 为酒精酵母，Y_{12} 为饲料酵母菌。以上菌种均由西北农林科技大学资源环境学院微生物资源研究室保存。

表 1 发酵剂组成

发酵剂编号	组成	发酵剂编号	组成
1	UA8+酵母菌8	6	H5+酵母菌12
2	UA8+酵母菌12	7	H8+酵母菌8
3	H1+酵母菌8	8	H8+酵母菌12
4	H1+酵母菌12	9	H14+酵母菌8
5	H5+酵母菌8	10	H14+酵母菌12

1.1.2 培养基 固态发酵原料：苹果鲜渣、干渣。鲜渣在自然条件下风干，粉碎过 0.4mm 筛（40目）备用；油渣，尿素。

1.2 方法

1.2.1 干苹果渣固态发酵 按苹果干渣（第一批苹果渣）：油渣 =6 ：4 配制发酵原料；称取

10g 发酵原料于广口瓶中，每瓶按纯 N 质量比 20g/kg 加入尿素，按料：水 =1：2.5 加入 25mL 水，121℃条件下灭菌 30min，冷却后按每瓶 0.5g 用量接入复合发酵剂；对照加入 0.5g 复合发酵剂，121℃条件下灭菌 30min，使发酵剂中微生物失活。试验重复 3 次，28℃条件下培养 3d，每隔 12h 观察记录，取样一次，样品在 80℃条件下烘干，称重，测定纯蛋白质含量。

1.2.2 新鲜苹果渣固态发酵 称鲜苹果渣（含水量 80%，第二批苹果渣）30g（相当 6.0g 干苹果渣），加油渣粉 4.0g，水 6mL，使发酵底物中料：水 =1：3.0；加入尿素，使发酵原料（以干物质计，10g）中纯 N 含量达 20g/kg。试验分灭菌和不灭菌两种处理，每瓶加入 0.5g 复合发酵剂，28℃条件下培养 3d，每处理重复 3 次，将发酵产物在 80℃条件下烘干，称重，测定纯蛋白质含量。

1.2.3 结果计算

发酵产物得率（%）=（发酵产物干重 / 原料干重）×100%

使用发酵剂纯蛋白增率 Δ%=[（接发酵剂处理的纯蛋白含量 – 对照纯蛋白含量）/ 对照纯蛋白含量]×100%。

2 结果与讨论

2.1 不同发酵剂处理菌体的生长状况

从表 2 可以看出，发酵原料在接种发酵剂后，12h 菌体开始生长，36h 后全部开始产生孢子，各处理菌体生长状况因发酵剂不同稍有差异；发酵剂 1、2 的菌丝体生长较快，但孢子不发达，发酵剂 9、10 的菌丝体和孢子在 48h 后优于其它发酵剂。

表 2 不同发酵剂处理菌体生长状况

发酵剂编号	发酵时间（h）											
	12h		24h		36h		48h		60h		72h	
	菌丝	孢子	菌丝	孢子	菌丝	孢子	菌丝	孢子	菌丝	孢子	菌丝	孢子
1	+++	−	+++	−	+++	+	+++	+	+++	+	+++	+
2	+++	−	+++	−	+++	+	+++	+	+++	+	+++	+
3	++	−	+++	−	++	++	+++	+	+++	++	+++	++
4	++	−	+++	−	++	++	+++	+	+++	++	+++	++
5	++	−	++	−	++	++	+++	++	+++	++	+++	++
6	++	−	++	−	++	++	+++	++	+++	++	+++	++
7	++	−	+++	−	++	++	+++	++	+++	++	+++	++
8	+	−	+++	−	++	++	+++	++	+++	++	+++	++
9	+	−	+++	−	++	++	+++	+++	+++	+++	+++	+++
10	−	−	+++	−	++	++	+++	+++	+++	+++	+++	+++

注：−，+，++ 及 +++ 分别表示培养物外观无明显变化、菌体开始生长、菌体明显可见及菌体生长繁茂。

2.2 干苹果渣发酵产物的纯蛋白含量

2.2.1 发酵剂种类对蛋白质含量的影响 从表 3 看出，10 种发酵剂均能大幅度提高苹果渣中蛋白质含量，各发酵剂的提高幅度有一定差异，各时间段发酵产物的平均蛋白质的含量为

179.2~199.0g/kg，较对照（110.9g/kg）提高61.6%~79.5%。由于各发酵剂间无明显差异，所以10种发酵剂均可作为苹果渣饲料蛋白生产的发酵剂，10号发酵剂的发酵产物的蛋白质含量略高于其他发酵剂，如36h时按蛋白质含量增率排序，前5名发酵剂为10号（81.8%）>2号（78.2%）>1号（77.1%）>9号（76.3%）>8号（74.3%），48h排序则为10号（84.0）>7、9号（84.0%）>2号（78.2）>3号（78.5%），在60h和72h时也表现出类似趋势。

表3　不同发酵剂在干苹果渣原料上发酵产物纯蛋白质含量　　　　　　（g/kg）

发酵剂编号	发酵时间（h）												
	12h		24h		6h		48h		60h		72h		平均	
	g/kg	△%	g/kg	△%	g/kg	△%	g/kg	△%	g/kg	△%	g/kg	△%	g/kg	△%
1	153.7	38.6	172.0	55.1	196.3	77.1	197.3	77.9	201.7	81.9	241.8	118.0	193.8	74.8
2	156.6	41.2	172.7	55.7	197.6	78.2	198.6	79.1	206.4	86.1	231.0	108.3	193.8	74.8
3	140.7	26.9	156.3	40.9	184.3	66.2	198.0	78.5	204.2	84.1	225.4	103.2	184.8	66.6
4	130.1	17.3	158.1	42.6	180.8	63.0	190.9	72.1	196.3	77.0	223.6	102.7	180.1	62.4
5	150.3	35.5	168.9	52.3	177.1	59.7	187.9	69.4	191.6	72.8	221.7	99.9	182.9	64.9
6	142.7	28.7	163.2	47.2	171.0	54.2	189.1	70.5	197.4	78.0	212.0	91.2	179.2	61.6
7	151.8	36.9	170.8	54.0	192.2	73.3	204.0	84.0	207.4	87.0	234.1	111.1	193.4	74.4
8	148.1	33.5	179.8	62.1	193.3	74.3	195.3	77.1	200.0	80.3	227.8	105.4	190.9	72.1
9	140.1	26.3	181.6	63.7	194.5	76.3	204.0	84.0	205.9	85.5	238.4	115.0	194.2	75.1
10	143.3	29.2	183.9	66.2	200.7	81.0	206.4	86.1	217.4	96.0	242.2	118.4	199.0	79.5
平均	145.7	31.4	170.7	54.0	188.8	70.3	197.1	77.9	202.9	82.9	229.8	107.3		

注：对照处理的纯蛋白含量110.9g/kg

2.2.2　发酵时间对蛋白质含量的影响　从表3和图1看出，随着发酵时间的延长，发酵产物中蛋白质含量不断增加，但在发酵48h后增长较慢，因此发酵时间应选48h；至72h，产物纯蛋白含量有一个较大的增长。在发酵周期许可的情况下，发酵时间可延长至72h。

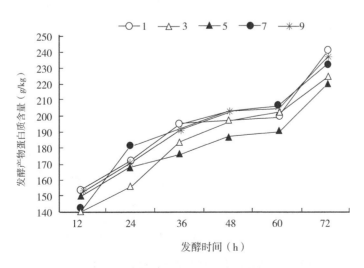

图1　5种发酵剂发酵产物纯蛋白时间变化趋势

2.3 鲜苹果渣发酵产物纯蛋白含量

表4　发酵产物蛋白质含量　　　　　　　　　　　　　　（g/kg）

发酵剂编号	不灭菌（A）		灭菌（B）		[（B-A）/A]×100%
	含量（g/kg）	△%	含量（g/kg）	△%	
1	173.4	31.5	245.7	86.3	41.7
2	176.2	33.6	239.3	81.4	35.8
3	173.1	31.2	230.9	75.0	33.4
4	169.4	28.4	232.8	76.6	37.4
5	164.7	24.9	238.8	81.0	45.0
6	169.6	28.6	232.2	76.0	36.9
7	172.8	31.0	240.8	82.6	39.4
8	174.5	32.3	243.6	84.7	39.6
9	174.6	32.4	248.4	88.3	42.3
10	180.7	37.0	251.4	90.6	39.1
平均	172.9	31.0	240.3	82.2	39.1

注：对照处理的纯蛋白含量131.9g/kg

从表4和图2可知，采用灭菌发酵模式时，发酵产物中蛋白质明显高于果渣不灭菌发酵。10种发酵剂中，不灭菌发酵的蛋白含量为164.7~180.7g/kg，平均蛋白质含量为172.9g/kg，比不接菌对照（131.9g/kg）提高24.9%~37.0%，平均增幅31.0%；灭菌发酵中蛋白质含量为230.9~251.4g/kg，平均蛋白质含量为240.3g/kg，比不接菌对照（131.9g/kg）提高75.0%~90.6%，平均增幅为82.2%；与不灭菌发酵相比，灭菌处理发酵产物纯蛋白含量提高33.4%~45.0%，平均增幅39.1%。由此可见，发酵过程中应采用灭菌发酵。接种不同发酵剂时发酵产物中纯蛋白含量不同。在灭菌与不灭菌处理中，蛋白质含量增率排序前5位的发酵剂依次分别为10号（90.6%）>9号（88.3%）>1号（86.3%）>8号（84.7%）与10号（37.0%）>2号（33.6%）>9号（32.4%）>8号（32.3%）>1号（31.5%）。即在鲜果渣发酵中，10号发酵剂的纯蛋白质含量的提高幅度最大，因此，10号发酵剂应为较好的发酵剂。

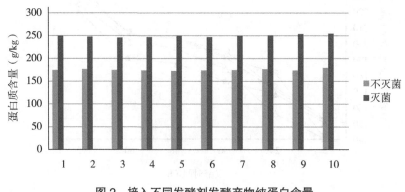

图2　接入不同发酵剂发酵产物纯蛋白含量

3 结论

10 种固态复合发酵剂均能显著提高苹果渣中蛋白质的含量，可以作为生产发酵剂使用，其中 10 号发酵剂的发酵效果略优于其他发酵剂；随发酵时间的延长，发酵产物中蛋白质含量提高。从产物蛋白含量和生产周期考虑，发酵时间应控制在 48h 内，在发酵周期许可的情况下，发酵时间可延长至 72h；灭菌发酵处理发酵产物中蛋白质含量高于鲜果渣直接发酵。生产中采用何种发酵方式，应据产品成本核算结果确定。

参考文献共 3 篇（略）

原文发表于《饲料工业》，2005，26（9）：9-11.

混菌固态发酵对苹果渣不同氮素组分的影响

刘壮壮，李海洋，韦小敏，来航线，李肖

（西北农林科技大学资源环境学院，陕西杨凌 712100）

摘要：通过研究产朊假丝酵母菌与不同丝状真菌组合进行固态发酵对苹果渣产物中粗蛋白质质量分数、纯蛋白质质量分数、多肽质量分数和游离氨基酸质量分数的影响，筛选出适合草果渣发酵的最佳菌种组合。结果表明：与草果渣原料相比，单接产朊假丝酵母菌和分别接种产朊假丝醇母菌与里氏木霉、斜卧青霉、黑曲霉、黄曲霉菌种组合固态发酵后均可显著提高苹果渣的粗蛋白质质量分数（219.42~292.86g /kg）、纯蛋白质质量分数（153.59~208.85g /kg）、多肽质量分数（36.73~47.10g /kg）和游离氨基酸质量分数（0.59~0.71g /kg）（$P<0.05$）与对照组相比较，其中粗蛋白质质量分数增量为80.45%~199.39%、纯蛋白质量分数增量为140.83%~257.96%、多肽质量分数增量为107.75%~183.61%、游离氨基酸质量分数增最为118.18%~172.73%.综合各项指标可以得出，采用固态发酵苹果渣时，产朊假丝酵母菌与黑曲霉是最佳的菌种组合，发酵产物中其粗蛋白质质量分数为292.86g /kg、纯蛋白质质量分数为208.85g /kg、多肽质量分数为40.35g /kg、游离氨基酸质量分数为0.65g /kg。因此，采用混合菌种固态发酵苹果查可以提高苹果渣中粗蛋白质、纯蛋白质、多肽和游离氨基酸的质量分数，增加苹果渣的营养价值。

关键词：产朊假丝醇母菌；丝状真菌；苹果渣；固态发酵；氮素组分

Effect of Mixed Bacteria in Solid State Fermentation on Different Nitrogen Fractions in Apple Pomace

LIU Zhuang-zhuang, LI Hai-yang, WEI Xiao-min, LAI Hang-xian, LI Xiao

(College of Natural Resoures and Environment, Northwes A&F University, Yangling Shaanxi 712100. China)

Abstract: This experiment was conducted to determine the effect of Candida tilis combined with different filamentous fungi on crude protein,pure protein,peptide and free amino acid in the solid state fermenlation of apple pomace.The results showed that mass fraction of crude protein (2 19.42~292.86 g /kg), pure protein (153.59~208.85 g /kg),polypeptide (36.73~47.10 g /kg) and free amino acid (0.59~0.718

基金项目：国家"十二五"科技支撑计划项目（2012BAD14B11）。

第一作者：刘壮壮，女，硕士，研究方向为微生物资源与利用。E—mail：lzz1159487001@126.com。

通信作者：来航线，男，博士，从事微生物资源与利用研究。E-mail: laihangxian@163.com。

g /kg) of apple pomace significantly increased compared with that of the apple pomace (*P*<0.05) after the solid state fermentation of single yeast strain and yeast com bined with different filamentous fungi.Compared with blank samples, the mass fraction of crude protein,pure protein, polypeptide and free amino acid were enhanced by 80.45%~199.39%, 140.83%~257.96%, 107.75%~183.61%, 118.18%~172.73%. In conclusion,the combination of Candida utilis and Aspergillus niger is the optimal combination used as the solid state fermentation of the apple pomace after considering all the indicators.The mass fraction of crude protein ,pure protein ,polypep-tide and free amino acid in fermentation products were 292.86 g /kg, 208.85 g /kg, 40.35g /kg,0.65 g /kg respectively.1 herefore,mixed bacteria in solid state fermentation of apple pomace can improve the mass fraction of crude protein ,pure protein, polypeptide and free amino acid and increase the nutritional value of apple pomace.

Key words: *Candida utilis*; filamentous fungi; apple pomace; solid state fermentation; Nitrogen frac tions

苹果渣是苹果汁生产加工的副产品，占苹果鲜质量的 25%~35%。苹果渣主要由果皮、果核以及残余果肉等组成，含有丰富的有机酸、矿物质、纤维素和维生素等，主要用于生产果胶、有机酸、酒精、天然抗氧化物、芳香化合物、酶制剂和动物饲料等。但由于苹果渣蛋白质质量分数较低，限制其作为饲料原料的使用。提高自然资源的利用效率是目前全球范围内的一种趋势，在苹果渣中加入尿素等无机氮源，经过酵母菌固态发酵后可以将无机氮转化为菌体蛋白质，提高苹果渣蛋白质的质量分数和品质，达到提高苹果渣饲用价值的目的。采用单一菌种进行固态发酵虽然可以提高蛋白质质量分数，但混菌发酵效果优于单菌种发酵，优势在于采用混菌固态发酵时菌种间可以相互协调、互生发酵、互补缺点。本试验通过研究产朊假丝酵母菌与不同丝状真菌的组合对固态发酵苹果渣产物中粗蛋白质、纯蛋白质质量分数、多肽质量分数和游离氨基酸质量分数的影响，筛选出适合苹果渣发酵的最佳菌种组合，为苹果渣的有效利用提供理论依据。

1 材料与方法

1.1 材料

1.1.1 供试菌株 氏木霉（*Trichoderma reesei*）、斜卧青霉（*Penicillium decumbens*）、黑曲霉（*Aspergillus niger*）、黄曲霉（*Aspergillus flaous*）均由西北农林科技大学资源环境学院实验室保藏，产朊假丝酵母菌（*Candidautilis*）购于国家菌种保藏中心。

1.1.2 原料 苹果渣由乾县海升果汁厂提供，苹果渣为自然风干样。

1.1.3 培养基 丝状真菌培养基：马铃薯琼脂培养基（PDA）、麸皮固体培养基。
酵母菌培养基：YEPD 培养基。

1.2 方法

1.2.1 丝状真菌孢子悬液制备 孢子悬液制备将 28℃活化的里氏木霉、斜卧青霉、黑曲霉和黄曲霉斜面菌种用无菌水配制成菌悬液，接种至装有灭菌麸皮固体培养基的三角瓶中，28℃培养 72h 后向三角瓶中加入 200mL 无菌生理盐水，摇动制成孢子悬液，采用血球计数法测定细胞数为

$3.40 \times 10^8 CFU/mL$、$3.57 \times 10^8 CFU/mL$、$3.73 \times 10^8 CFU/mL$、$3.66 \times 10^8 CFU/mL$。

　　酵母菌悬液制备：按照无菌操作法向 100mL 灭菌 PDA 液体培养基中接入产朊假丝酵母菌，28℃摇瓶 140r/min 培养 72h，采用血球计数法测定细胞数为 $5.70 \times 10^8 CFU/mL$。

1.2.2　苹果渣固态发酵渣　准确称取 45g 苹果、5g 油渣和 2.5g 尿素于广口瓶中，同时加入 60mL 蒸馏水配制成固态发酵培养基于 121℃湿热灭菌 30min，待培养基冷却后，按照试验设计（表 1）进行试验，共设 6 个处理：对照组（CK）、单接酵母菌组（Y）、酵母菌＋里氏木霉组（Y+M）、酵母菌＋斜卧青霉组（Y+Q）、酵母菌＋黑曲霉组（Y+N）、酵母菌＋黄曲霉组（Y+H）。将接种后的固体培养基置于 28℃恒温培养箱中培养 72h。每处理重复 4 次。发酵结束后，将发酵产物于 45℃条件下烘干，将其与苹果渣原料粉碎过 40 目筛备用。

表 1　试验设计

处理 Treatment	接种菌株 Inoculate strains
对照组CK	6mL无菌水
酵母菌组Y	6mL产朊假丝酵母菌悬液
酵母菌+里氏木霉组Y+M	3mL酵母菌悬液+3mL里氏木霉孢子悬液
酵母菌+斜卧青霉组Y+Q	3mL酵母菌悬液+3mL斜卧青霉孢子悬液
酵母菌+黑曲霉组Y+N	3mL酵母菌悬液+3mL黑曲霉孢子悬液
酵母菌+黄曲霉组Y+H	3mL酵母菌悬液+3mL黄曲霉孢子悬液

1.2.3　测定方法　粗蛋白质的测定参照中华人民共和国标准 GB/T 6432-1994 方法进行，纯蛋白质的测定见参考文献，多肽、游离氨基酸的测定见参考文献。

1.2.4　计算公式　发酵增率（Δf）=（发酵后苹果渣营养物质质量分数 – 未发酵苹果渣营养物质质量分数）/ 未发酵苹果渣营养物质质量分数 × 100%

　　接菌增率（Δi）=（接菌处理后苹果渣营养物质质量分数 – 未接菌处理后苹果渣营养物质质量分数）/ 未接菌处理后苹果渣营养物质质量分数 × 100%

　　产物得率 = 发酵产物干质量 / 原料干质量 × 100%

1.2.5　数据分析　采用 SPSS 统计软件对试验数据进行方差分析和多重比较，数据以"平均值 ± 标准差"表示。

2　结果与分析

2.1　酵母菌与不同丝状真菌发酵对苹果渣中粗蛋白质质量分数的影响

　　苹果渣经过酵母菌与丝状真菌混合发酵 72 h 后，产物中粗蛋白质质量分数及其增率见表 2。由表 2 可知，未接菌发酵、接种酵母菌和混合接种酵母菌与丝状真菌发酵后均显著提高苹果渣中粗蛋白质的质量分数（$P<0.05$），其中混合接种酵母菌与黑曲霉发酵后苹果渣的粗蛋白质质量分数最高，为 292.86 g/kg。与苹果渣原料相比，未接菌发酵后，发酵苹果渣中粗蛋白质质量分数的增幅为 178.90%，单接酵母菌发酵后苹果渣粗蛋白质质量分数的增幅为 258.35%；混合接种酵母菌与黑曲霉组苹果渣中粗蛋白质量分数的增幅为 378.29%。与对照组中粗蛋白质相比，单接酵母菌发酵后苹果渣粗蛋白质质量分数的增幅为 28.49%，混合接种酵母菌与黑曲霉发酵后苹果渣粗蛋白质质量

分数的增幅可达71.49%。由表2还可得出,在初始发酵条件相同时,接种混菌发酵后产物中的粗蛋白质量分数明显高于单接酵母菌,这与混菌发酵效果优于单菌种发酵的结果一致。

表2　酵母菌与不同丝状真菌发酵处理苹果渣中粗蛋白质质量分数的变化

处理 Treatment	$\bar{x}$ (g/kg)	$\triangle f$ (%)	$\triangle i$ (%)
未发酵纯果渣原料Raw pomace	61.23 ± 0.77f	—	—
对照组CK	170.77 ± 0.89e	178.90	—
酵母菌组Y	219.42 ± 2.31d	258.35	28.49
酵母菌+里氏木霉组Y+M	231.25 ± 3.73b	277.67	35.42
酵母菌+斜卧青霉组Y+Q	224.04 ± 1.78c	265.90	31.19
酵母菌+黑曲霉组Y+N	292.86 ± 5.02a	378.29	71.49
酵母菌+黄曲霉组Y+H	224.58 ± 2.70c	266.78	31.51

注:$\bar{x}$ 表示所测物质质量分数的平均值,$\triangle f$ (%) 表示发酵增率,$\triangle i$ (%) 表示接菌增率。同列不同字母表示差异达显著水平（$P<0.05$）。下同

2.2　酵母菌与不同丝状真菌发酵对苹果渣中纯蛋白质质量分数的影响

苹果渣经过酵母菌与丝状真菌混合发酵72h后,产物中纯蛋白质质量分数及其增率如下表3所示。

由表3可知,未接菌发酵、接种酵母菌和混合接种酵母菌与丝状真菌发酵后均显著提高苹果渣中纯蛋白质的质量分数（$P<0.05$）,其中接种酵母菌与黑曲霉发酵后苹果渣的纯蛋白质质量分数最高,为208.85 g/kg,与苹果渣原料相比,未接菌发酵后苹果渣纯蛋白质质量分数增幅为83.95%,单接酵母菌发酵后苹果渣纯蛋白质质量分数的增幅为224.78%;接种酵母菌与黑曲霉后苹果渣纯蛋白质质量分数增幅为341.64%。与对照组中纯蛋白质质量分数相比,接种酵母菌发酵后苹果渣纯蛋白质质量分数增幅为76.56%,酵母菌与黑曲霉组发酵后苹果渣纯蛋白质质量分数的增幅为140.09%。由表3可得出,接菌后产物中纯蛋白质的增率76.56%~140.09%,说明加入酵母菌及其与4种真菌混合菌对产物中纯蛋白质质量分数的提高效果显著。

表3　酵母菌与不同丝状真菌发酵处理苹果渣中纯蛋白质质量分数的变化

处理 Treatment	$\bar{x}$ (g/kg)	$\triangle f$ (%)	$\triangle i$ (%)
未发酵纯果渣原料Raw pomace	47.29 ± 0.37f	—	—
对照组CK	86.99 ± 1.61e	83.95	—
酵母菌组Y	153.59 ± 1.05d	224.78	76.56
酵母菌+里氏木霉组Y+M	161.87 ± 2.70b	242.29	86.08
酵母菌+斜卧青霉组Y+Q	156.83 ± 3.99c	231.63	80.29
酵母菌+黑曲霉组Y+N	208.85 ± 3.63a	341.64	140.09
酵母菌+黄曲霉组Y+H	157.21 ± 2.18c	232.44	80.72

2.3　酵母菌与不同丝状真菌发酵对苹果渣中多肽质量分数的影响

有研究表明,多肽作为生理调节物在肠道中吸收速度快且不消耗能量。在动物的消化吸收过程

中起着非常重要的作用。酵母菌与丝状真菌混合发酵苹果渣 72 h 后，产物中多肽质量分数及其增率见表 4。

表 4 酵母菌与不同丝状真菌发酵处理苹果渣中多肽质量分数的变化

处理 Treatment	$\bar{x}$ (g/kg)	$\triangle f$ (%)	$\triangle i$ (%)
未发酵纯果渣原料Raw pomace	13.67 ± 0.33f	—	—
对照组CK	22.00 ± 0.32e	60.94	—
酵母菌组Y	36.73 ± 0.32d	168.69	66.95
酵母菌+里氏木霉组Y+M	40.35 ± 0.36c	195.17	83.41
酵母菌+斜卧青霉组Y+Q	43.48 ± 0.67b	218.07	97.64
酵母菌+黑曲霉组Y+N	40.35 ± 0.29c	195.17	83.41
酵母菌+黄曲霉组Y+H	47.10 ± 0.29a	244.55	114.09

由表 4 可知，未接菌发酵、接种酵母菌和混合接种酵母菌与丝状真菌发酵后均显著提高苹果渣中多肽的质量分数（$P<0.05$），其中混合接种酵母菌与黄曲霉发酵后苹果渣中多肽质量分数最高为 47.10 g/kg。与苹果渣原料相比，未接菌发酵后苹果渣中多肽质量分数的增幅为 60.94%，单接酵母菌发酵后苹果渣中多肽质量分数的增幅为 168.69%；接种酵母菌与黄曲霉后苹果渣中多肽质量分数的增幅为 244.55%。与对照组中多肽质量分数相比，接种酵母菌发酵后苹果渣多肽质量分数的增幅为 66.95%，接种酵母菌与黄曲霉后苹果渣多肽质量分数增幅为 114.09%。

2.4 酵母菌与不同丝状真菌发酵对苹果渣中游离氨基酸质量分数的影响

动物对蛋白质的吸收与利用过程中，游离氨基酸是最直接的吸收方式。酵母菌与丝状真菌混合发酵苹果渣 72 h 后，产物中游离氨基酸质量分数及其增率见表 5。

表 5 酵母菌与不同丝状真菌发酵处理苹果渣中游离氨基酸质量分数的变化

处理 Treatment	$\bar{x}$ (g/kg)	$\triangle f$ (%)	$\triangle i$ (%)
未发酵纯果渣原料Raw pomace	0.22 ± 0.01e	—	—
对照组CK	0.33 ± 0.01d	50.00	—
酵母菌组Y	0.59 ± 0.01c	168.18	78.79
酵母菌+里氏木霉组Y+M	0.65 ± 0.02b	195.45	96.97
酵母菌+斜卧青霉组Y+Q	0.70 ± 0.02a	218.18	112.12
酵母菌+黑曲霉组Y+N	0.65 ± 0.00b	195.45	96.97
酵母菌+黄曲霉组Y+H	0.71 ± 0.01a	222.73	115.15

由表 5 可知，未接菌发酵、接种酵母菌和混合接种酵母菌与丝状真菌发酵后均显著提高苹果渣中游离氨基酸的质量分数（$P<0.05$），其中混合接种酵母菌与黄曲霉组苹果渣中游离氨基酸质量分数最高为 0.71 g/kg。与苹果渣原料相比，未接菌发酵后苹果渣中游离氨基酸质量分数的增幅为 50.00%，单接酵母菌发酵后苹果渣中游离氨基酸质量分数的增幅为 168.18%；接种酵母菌与黄曲霉发酵后苹果渣中游离氨基酸质量分数的增幅为 222.73%。与单接种酵母菌相比，接种酵母菌与黄曲霉发酵后苹果渣中游离氨基酸质量分数的增幅为 115.15%。

2.5　不同菌株组合处理对发酵产物得率的影响

酵母菌与丝状真菌混合发酵苹果渣 72 h 后，发酵产物得率见表 6。

表 6　不同菌株组合处理后发酵产物的得率

处理 Treatment	发酵产物得率 (%) Recovery percent of fermentation product
对照组CK	98.00 ± 1.13a
酵母菌组Y	90.19 ± 0.96b
酵母菌+里氏木霉组Y+M	75.29 ± 0.67f
酵母菌+斜卧青霉组Y+Q	80.81 ± 0.62d
酵母菌+黑曲霉组Y+N	83.51 ± 0.82c
酵母菌+黄曲霉组Y+H	78.16 ± 0.60e

由表 6 可知，苹果渣经过 72h 发酵处理后，其产物得率与对照组相比均有显著下降（$P<0.01$）。其中单接产朊假丝酵母菌时，产物得率为 90.19%，比对照组降低了 7.81%。混合接种产朊假丝酵母菌与真菌时，产物得率为 75.29%~83.51%。与单接酵母菌发酵相比，混合接种酵母菌与真菌发酵后产物得率较低。其原因是混菌发酵时微生物生长繁殖快，使发酵产物中的菌体数目增多，消耗的碳源、能源物质相应增加，故发酵产物得率降低。因而，产朊假丝酵母与黑曲霉是最佳的菌种组合，发酵产物得率最高 83.51%。

3　讨论与结论

微生物能将 15% 以上的糖类、半纤维素和粗纤维以及 3% 以上的粗脂肪转化为 30% 以上的粗蛋白质。产朊假丝酵母菌的生长速度非常快，在适宜的生长条件下，其世代倍增的时间小于 3h，特别适合作为发酵蛋白饲料的菌种。酵母菌的菌体蛋白质质量分数占细胞干质量的 50%~60%，同时含有丰富的 B 族维生素以及多种水解酶和氨基酸，因此接种酵母菌可以使苹果渣原料中粗蛋白质质量分数显著增加。丝状真菌能够合成分泌纤维素酶、半纤维素酶、果胶酶和淀粉酶，降解原料中的纤维素、半纤维素、果胶和淀粉，本试验中，里氏木霉、斜卧青霉降解纤维素具有良好的效果；黑曲霉与黄曲霉降解半纤维素具有良好的效果；里氏木霉、黄曲霉降解果胶能力较强；里氏木霉、黑曲霉降解淀粉能力较强，从而降低产物中纤维素、半纤维素、果胶、淀粉质量分数，提高原料中粗蛋白质的质量分数，此外丝状真菌本身含有 20%~30% 的菌体蛋白质，因此丝状真菌可利用廉价的粗蛋白质原料作为发酵底物，生产高活性的蛋白饲料。本试验中接种酵母菌发酵后产物中粗蛋白质的质量分数较苹果渣原料中粗蛋白质的质量分数提高了 258.35%，而同时接种酵母菌和黑曲霉后发酵产物中的质量分数提高 378.29%。与本试验结果相似，张宗舟等研究表明，利用由啤酒酵母菌、黑曲霉、热带假丝酵母菌和白地菌组成的复合菌剂对苹果渣进行发酵后粗蛋白质量分数提高了 328%。

粗蛋白质质量分数包括真蛋白质和非蛋白氮两部分含氮物质，非蛋白氮不能或不能完全被动物利用，因此真蛋白质质量分数比粗蛋白质质量分数能更准确地反映出饲料的真正营养价值。贺克勇等研究表明，与未接菌发酵后苹果渣纯蛋白质质量分数相比，采用酵母菌和黑曲霉发酵苹果渣 48h 后，苹果渣的纯蛋白质质量分数提高了 86.1%。徐抗震等利用产朊假丝酵母、果酒酵母菌和绿色木霉对苹果渣进行固态发酵 84h 后真蛋白质量分数由 10.02% 提高到 26.59%。本试验中，在苹果渣固体培养基中接种酵母菌和黑曲霉发酵 72h 后，发酵产物中纯蛋白质质量分数比苹果渣原料中提高 341.64%。

在动物消化和吸收蛋白质的过程中，游离氨基酸是最直接的吸收形式，多肽是蛋白质消化的主要产物，在氨基酸的消化、吸收和代谢中起到重要作用。丝状真菌可以产生蛋白酶.淀粉酶、纤维素酶等，在发酵过程中不易消化的大分子蛋白质被降解为易被消化和吸收小分子的多肽并进步降解为氨基酸，从而提高发酵产物的营养价值。本试验结果表明，与未发酵苹果渣相比，接种酵母菌和丝状真菌进行固态发酵后显著提高苹果渣中多肽和游离氨基酸的质量分数。任雅萍等、陈娇娇等和吕春茂等研究发现，固态发酵显著提高苹果渣中游离氨基酸的质量分数。卫琳等和明强强等研究表明，接种黑曲霉进行固态发酵可以显著提高物料中多肽的质量分数。

本试验还可以得出，接种酵母菌与黑曲霉、酵母菌与康宁木霉时二者的粗蛋白质、纯蛋白质质量分数比较高；接种酵母菌与黄曲霉、酵母菌与斜卧青霉时二者的多肽和游离氨基酸质量分数较高。其原因黑曲霉和康宁木霉能够产生糖化酶、多种纤维素酶等将苹果渣中的大分子营养物质降解，为酵母菌的生长提供原料，从而可以达到累积蛋白质的效果，而黄曲霉和斜卧青霉产蛋白酶的能力较强，可以将大分子的蛋白质水解成小分子的多肽和游离氨基酸，利于动物的消化与吸收。在本试验中，对照组添加的为无菌水，试验组添加的为不同的菌悬液，而菌悬液的制备过程中需要添加微量氨源，这可能会对试验结果产生影响，但由于试验过程中还额外添加了无机氨源，因此，将不同菌株及培养基中所含的氨源忽略不计。综上所述，综合各项指标可以得出，采用固态发酵苹果渣时，产朊假丝酵母菌与黑曲霉是最佳的菌种组合，可以提高粗蛋白质、纯蛋白质、多肽和游离氨基酸的质量分数，从而增加了苹果渣的营养价值。

参考文献共 24 篇（略）

原文发表于《西北农业学报》，2015，24（9）：104-110.

添加复合发酵剂对奶牛饲料纯蛋白质含量的影响

辛健康，薛泉宏

摘要：试验研究了奶牛饲料经复合发酵剂发酵后蛋白质含量，结果表明：奶牛饲料经复合发酵剂预发酵处理纯蛋白含量明显提高，复合发酵剂添加量、发酵时间和发酵模式对纯蛋白质含量影响较大。随着复合发酵剂用量增加，发酵产物中纯蛋白质含量呈曲线变化，先增加，后降低；料中添加氮素和延长发酵时间，有利于发酵饲料中菌体生长，增加纯蛋白；采用低温低含水量发酵，可抑制细菌大量繁殖引起的酸败变质，同时增加发酵时的通气量，有利于菌体生长，纯蛋白质含量提高幅度大（最高比原料提高 19.2%）。奶牛饲料的最适预发酵条件为复合发酵剂量 10g/kg、添加氮素、温度 30℃、时间 48h、水：料 =2.5：3。

关键词：复合发酵剂；蛋白质；饲料发酵；发酵条件

Effect of Adding Compound Fermentor on the Content of Pure Protein in Dairy Cattle Feed

XIN Jian-kang, XUE Quan-hong

(College of Natural Resources and Environment, Northwest A&F University, Yangling, Shaanxi 712100, China)

Abstract: This study researched the effect of compound fermentor on the protein content of dairy cattle feed. The results showed that the treatment of compound fermentor enhanced the pure protein content of dairy cattle feed, and the additive amount of compound fermentor, fermented time, fermented mode affected pure protein content. With the increase of the dosage of the compound fermentation agent, the content of pure protein in fermentation product showed a curve change, which first increased and then decreased. Adding nitrogen in the material and prolonging the fermentation time are beneficial to the growth of the bacteria in the fermented feed and the increase of pure protein. With low temperature and low water content, fermentation can inhibit the deterioration caused by the large population of bacteria, and increasing the ventilation volume during the fermentation was conducive to cell growth, protein content

第一作者：辛健康（1975—），男，陕西西安人，主要从事农业微生物资源与利用。

通信作者：薛泉宏（1957—），男，陕西白水人，教授，博士生导师，主要从事放线菌资源研究，E-mail: xueqhong@public.xa.sn.cn。

increase (the highest increase ratio was 19.2% than raw materials). The optimum fermentation conditions for dairy cattle feed were compound fermentation dosage 10g/kg, nitrogen adding, temperature 30, time 48h, water: materiel=2.5∶3.

Key words: compound fermentor; protein; fermented feed; fermented conditions

烟曲霉和黑曲霉有很强的糖化能力，可以分泌多种酶，酵母可以生产单细胞蛋白及维生素，尤其是 B 族维生素。在饲料中添加混合发酵剂进行固体发酵有利于饲料中纤维素的糖化及菌体蛋白质的生成，可增加饲料中纯蛋白质和 B 族维生素含量，提高饲料的消化利用率。本文重点研究了不同条件下混合发酵剂对奶牛饲料中蛋白质含量的影响，旨在为奶牛饲料的预发酵处理技术应用提供帮助。

1 材料和方法

1.1 材料

1.1.1 菌种 酵母菌、黑曲霉和烟曲霉由西北农林科技大学资源环境学院微生物教研室保存。

1.1.2 活化菌种培养基 ①试管斜面培养基：PDA 培养基。②土豆汁培养基。

1.1.3 发酵培养基 向罐头瓶中装 7g 小麦秸秆粉和 3g 麸皮，混合均匀，按干料∶营养液（质量比）=1∶3.5 加入 35mL 营养液，湿热灭菌。营养液中含大量成分（g/L）：$(NH_4)_2NO_3$ 4.3、$MgSO_4 \cdot 7H_2O$ 0.3、KH_2PO_4 4.3、$CaCl_2$ 0.3；微量成分（mg/L）：$FeSO_4 \cdot 7H_2O$ 5.0、$MnSO_4 \cdot H_2O$ 1.6、$ZnSO_4 \cdot 7H_2O$ 1.4、$CoCl_2$ 2.0。

1.1.4 复合发酵剂 粗酶制剂的制备：将烟曲霉、黑曲霉分别活化后，接入固体培养基中发酵 48h 然后低温烘干，再将两种曲霉的发酵产物以 1∶1 的比例混合，混合物的羧甲基纤维素酶（CMCA）活力为 99.1IU/g，滤纸酶（FPA）活力为 3.13IU/g。酵母菌发酵液的制备：将酵母菌种在 PDA 斜面上活化两次，然后接入土豆汁培养基中，28℃摇床培养 48h（菌数 10 亿个 /mL）。复合发酵剂的制备：将粗酶制剂与酵母菌发酵液按 1∶1 混合，40℃低温烘干即制成复合发酵剂。

1.1.5 发酵材料 玉米粉∶麸皮∶奶牛饲料添加剂 =2∶2∶1 的奶牛饲料。

1.2 方法

1.2.1 奶牛饲料固体发酵试验方案（表 1）

表 1 饲料的固体发酵试验方案

复合发酵剂添加量（g/kg）	模式Ⅰ（高温高水，40℃，水∶料=5∶3）				模式Ⅱ（高温高水，40℃，水∶料=5∶3）			
	发酵24h		发酵48h		发酵24h		发酵48h	
	有氮	无氮	有氮	无氮	有氮	无氮	有氮	无氮
0（对照）								
5								
10								
20								
40								

注：加氮处理尿素添加量为 2%

1.2.2 发酵产物中纯蛋白质含量测定　将发酵产物在 40℃烘干，采用硫酸铜沉淀法和凯氏法定氮，以 N×6.25 换算成蛋白质含量。每处理重复 3 次。

2　结果与讨论

2.1　发酵条件对饲料中纯蛋白含量的影响（表 2）

表 2　奶牛饲料经不同发酵预处理所得发酵产物纯蛋白质含量

项目	发酵时间（h）	氮素	复合发酵剂添加量（g/kg）				
			0（CK）	5	10	20	40
模式 I	24（a）	无氮	136.1	148.7	140.7	148.7	128.1
		Δ%		9.26	3.38	9.26	−5.88
		有氮	135.3	158.9	146.1	141.6	147.8
		Δ%		17.44	7.98	4.66	9.24
		Na%	−0.59	6.86	3.84	−4.77	15.38
	48（b）	无氮	137.1	142.5	148.7	155.9	139.8
		Δ%		3.94	8.46	13.71	1.97
		有氮	137.1	145.1	133.4	146.1	137.1
		Δ%		5.84	2.70	6.56	0
		Na%	0	1.82	−10.29	−6.29	−1.93
	（b–a）/a（%）	无氮	0.73	−4.17	5.69	4.84	9.13
		有氮	1.32	−8.68	−8.69	3.18	−7.24
模式 II	24（a）	无氮	151.2	157.7	155.0	159.5	156.8
		Δ%		4.30	2.51	5.49	3.70
		有氮	148.7	164.9	160.4	155.9	161.2
		Δ%		10.89	7.87	4.84	8.41
		Nc%	−1.65	4.53	3.48	−2.26	2.81
	48（b）	无氮	151.4	164.0	163.1	169.3	161.3
		Δ%		8.32	7.73	11.82	6.54
		有氮	153.2	167.1	172.0	169.3	161.3
		Δ%		9.07	12.27	10.51	5.29
模式 II	48（b）	Na%	1.19	1.89	5.46	0	0
	（b–a）/a（%）	无氮	0.13	3.99	5.22	6.14	2.87
		有氮	3.03	1.33	7.23	8.59	0.06
（II–I）/I（%）	24	无氮	11.09	6.05	10.16	7.26	22.40
		有氮	9.90	3.77	9.79	10.09	9.07
	48	无氮	10.43	15.08	9.68	8.59	15.38
		有氮	11.74	15.16	28.93	15.88	17.65

注：① Δ%=［（处理纯蛋白含量 – 对照纯蛋白含量）/ 对照纯蛋白含量］× 100%；
　　② N%=［（有氮处理纯蛋白含量 – 无氮处理纯蛋白含量）/ 无氮处理纯蛋白含量］× 100%

　　从表 2 可知，随着混合发酵剂用量增加，发酵产物中纯蛋白含量呈曲线变化，先增加，后降低。但各处理之间纯蛋白含量随混合发酵剂用量增加而变化的幅度，因其他条件的差异而不同。在模式Ⅰ中，发酵48h，无氮处理发酵产物中纯蛋白含量随混合发酵剂用量增加变化极大，其纯蛋白质含量波动范围在137.1~155.9g/kg。这种曲线变化趋势可能与菌体在发酵物中的生长状况有关。当混合发酵剂量较少时，纤维素酶活性较低，菌体个数较少，而在适宜的条件下菌体开始大量繁殖，增加了纯蛋白含量。

从表2可知，加氮处理的发酵产物中纯蛋白质含量大多数高于无氮处理的样品，模式Ⅰ发酵24h中，除对照和添加复合发酵剂量20g/kg时无氮处理比有氮处理纯蛋白质含量高外，其余有氮处理比无氮处理纯蛋白质含量提高3.84%~15.38%，平均提高8.69%；模式Ⅱ发酵24h的有氮处理比无氮处理纯蛋白质含量变化与模式Ⅰ发酵24h类似。而模式Ⅰ发酵48h中除对照和添加复合发酵剂量5g/kg外，其余有氮处理比无氮处理纯蛋白含量降低1.93%~10.29%，平均降低6.17%。发酵时间对饲料中纯蛋白质含量的影响较大。模式Ⅱ中，48h无氮处理和有氮处理纯蛋白质含量变化范围分别在151.4~169.3g/kg和153.2~172.0g/kg，无氮处理和有氮处理在48h比24h纯蛋白含量分别提高0.13%~6.14%和0.06%~8.59%，平均提高3.67%和4.05%。模式Ⅰ无氮处理中除添加复合发酵剂量5g/kg时48h比24h纯蛋白含量低外，其余48h比24h处理纯蛋白质含量提高0.73%~9.13%，平均提高5.10%；而有氮处理中除对照和添加复合发酵剂量20g/kg时48h比24h纯蛋白质含量高外，其余48h比24h处理纯蛋白质含量降低7.24%~8.69%，平均降低8.20%。模式Ⅱ和模式Ⅰ相比，其纯蛋白质含量增幅较高。发酵48h，模式Ⅱ较模式Ⅰ有氮和无氮处理的纯蛋白质含量增加幅度分别为11.74%~28.93%和8.59%~15.38%。在发酵剂用量10g/kg时，发酵48h，模式Ⅱ有氮发酵处理较对照纯蛋白质的绝对增量为18.8g/kg，增幅12.27%。因此，奶牛饲料的最适预发酵条件为复合发酵剂量10g/kg、添加氮素、温度30℃、时间48h、水∶料=2.5∶3。

2.2 奶牛原饲料与奶牛加氮发酵饲料纯蛋白质含量（表3）

表3 不同发酵模式下奶牛原饲料与加氮发酵饲料产物纯蛋白质含量

项目	发酵时间（h）	复合发酵剂添加量（g/kg）				
		5	10	20	40	平均
模式Ⅰ	24	158.9	146.1	141.6	147.8	148.6
	Δ%	10.1	1.2	−1.9	2.4	3.0
	48	145.1	133.4	146.1	137.1	140.4
	Δ%	0.6	−7.6	1.2	−5.0	−2.7
模式Ⅱ	24	164.9	160.4	·55.9	161.2	160.6
	Δ%	14.3	11.1	8.0	11.7	11.3
	48	167.1	172.0	169.3	161.3	167.4
	Δ%	15.8	19.2	17.3	11.8	16.0

注：奶牛原饲料纯蛋白含量为144.3g/kg；Δ%=［（处理纯蛋白含量−奶牛原饲料纯蛋白含量）/奶牛原饲料纯蛋白含量］×100%

从表3可知，大多数加氮处理奶牛发酵饲料中纯蛋白质含量高于奶牛原饲料纯蛋白质含量。在模式Ⅱ中，发酵48h发酵产物中蛋白质含量较奶牛原饲料增加11.8%~19.2%，平均增加16.0%；发酵24h发酵产物中蛋白质含量较奶牛原饲料增加8.0%~14.3%，平均增加11.3%。在模式Ⅰ中，发酵24h各处理除在复合发酵剂添加量为20g/kg纯蛋白质含量低于奶牛原饲料外，其他处理的蛋白质含量为146.1~158.9g/kg，比奶牛原饲料蛋白质含量平均提高3%；发酵48h产物中，复合添加剂量为 5g/kg、20g/kg 的处理蛋白质含量分别为 145.1g/kg、146.1g/kg，高于奶牛原饲料蛋白质含量 0.6%、1.2%，而另外两个处理蛋白质含量低于奶牛原饲料中蛋白质含量。发酵模式 I 蛋白质含量增幅低于模式 II。这是由于发酵模式 I 水分含量高，温度高，细菌大量繁殖，发酵产物发生酸败，影响饲用，而模式 II 不存在此问题。因此，模式 II 是比较理想的奶牛饲料预发酵模式。

3 结论

3.1 饲料经复合发酵剂预发酵处理纯蛋白质含量明显提高，复合发酵剂添加量、发酵时间和发酵模式对纯蛋白质含量影响较大，随着复合发酵剂用量增加，发酵产物中纯蛋白质含量呈曲线变化，先增加，后降低。

3.2 料中添加氮素和延长发酵时间，有利于发酵饲料中菌体生长，增加纯蛋白。

3.3 采用低温低含水量发酵，可抑制细菌大量繁殖引起的酸败变质，同时增加发酵时的通气量，有利于菌体生长，纯蛋白含量提高幅度大（最高比原料提高 19.2%）。因此，奶牛饲料的最适预发酵条件为复合发酵剂量 10g/kg、添加氮素、温度 30℃、时间 48h、水：料 =2.5：3。

参考文献共 5 篇（略）

原文发表于《饲料工业》，2007，28（13）：50–52.

苹果渣青贮复合微生物添加剂配伍效果试验

侯霞霞[1]，来航线[2]，韦小敏[2]

（1.西北农林科技大学生命科学学院，陕西杨凌 712100；

2.西北农林科技大学资源环境学院，陕西杨凌 712100）

摘要：本试验将供试的 2 株乳酸菌分别与酵母菌 1314 和芽孢杆菌 Y2 进行复合配比，同时设单独组为对照组（CK），试验期为 96h，青贮原料主要为苹果渣，分别于培养的 0h，12h，24h，36h，48h，72h，96h 进行采样，分析活菌的数量，pH 和铵态氮与总氮的比值变化情况。结果表明，在优势乳酸菌组合中同时添加等量的酵母菌和芽孢杆菌作为复合微生物添加剂可取得较好的青贮效果，乳酸菌和酵母菌均能够旺盛繁殖，发酵基质 pH 能迅速下降，铵态氮与总氮的比值降低。

关键词：芽孢杆菌；酵母菌；活菌数量；pH

Apple Pomace Silage Effect of Compound Microbial Additive Compatibility Test

HOU Xia-xia[1], LAI Hang-xian[2], WEI Xiao-min[2]

(1. College of Life Sciences, Northwest A&F University, Yangling, Shaanxi 712100, China;

2. College of Natural Resources and Environment, Northwest A&F University, Yangling, Shaanxi 712100, China)

Abstract: This experiment tested the 2 strains of lactic acid bacteria and yeast respectively 1314 and bacillus Y2 compound ratio, at the same time set up a separate group to the control group (CK), trial for 96 h, silage main raw material for the apple residue, respectively in the cultivation of 0h, 12h, 24h, 36h, 48h, 72h, 96h sampling, analysis of the number of living bacterium, the pH and the ratio of ammonia nitrogen and total nitrogen. Results showed that the advantages of combination of lactic acid bacteria at the same time to add the same amount of yeast and bacillus as compound microbial additives can obtain good effect of silage, the lactic acid bacteria and yeast are able to breed, fermentation substrate pH drop quickly, the

基金项目："十二五"国家科技支撑计划项目（2012BAD14B11）。

作者简介：侯霞霞（1989— ），女，内蒙古呼和浩特，硕士，主要从事微生物资源与利用研究。Email: houxia1989@126.com。

导师简介：来航线（1964— ），陕西礼泉人，副教授，博士生导师，主要从事微生物资源与利用研究。E-mail: laihangxian@163.com。

ratio of ammonia nitrogen and total nitrogen decreased.

Key words: *Bacillus*; yeast; live bacteria number; pH value

青贮饲料就是把在一定季节收割的牧草或作物秸秆以及农业废弃物等装入青贮窖或者青贮壕，尽量压实，使之处于厌氧的环境，从而保存作物的鲜绿，使其营养物质的损耗尽量减少的一种贮藏方式。青贮是不同种类微生物共同组成的一个复杂的厌氧生态系统，在青贮原料中发生着各种生物化学反应和不同微生物的代谢活动，有益菌和有害菌的比例是青贮能否成功的重要因素。本试验将植物乳杆菌 R7、戊糖乳杆菌 R3 和实验室保藏的具有饲用价值的一株产朊假丝酵母 1314 和一株可用作微生态制剂的芽孢杆菌 Y2 进行复配，以期为复合微生物添加剂的制备提供参考。

1 材料与方法

1.1 供试菌株

植物乳杆菌 R7（*Lactobacillus plantarum*）；戊糖乳杆菌 R3（*Lactobacillus pentosus*）；发酵乳杆菌 Rg（*Lactobacillus fermentum*）；鼠李糖乳杆菌 Re（*Lactobacillus rhamnosus*）；产朊假丝酵母 1314（*Candida utilis*）；芽孢杆菌 Y2（*Bacillus siamensis*）。

1.2 青贮材料

试验用苹果渣由陕西省眉县恒兴果汁有限公司提供，豆粕从市场上购买。

1.3 培养基

营养盐液：$(NH_4)_2NO_3$ 4.3g/L，$MgSO_4.7H_2O$ 0.3g/L，KH_2PO_4 4.3g/L，$CaCl_2$ 0.3g/L，$FeSO_4 7H_2O$ 5mg/L，$MnSO_4.H_2O$ 1.6mg/L，$ZnSO_4.7H_2O$ 1.4mg/L，$CoCl_2$ 2mg/L。

2 实验方法

本实验设计了 6 个处理，将供试的 2 株乳酸菌分别与酵母菌 1314 和芽孢杆菌 Y2 进行复合配比，同时设单独乳酸菌组、酵母菌组和芽孢杆菌组为对照组（CK），试验期为 96h，青贮原料主要为苹果渣，同时添加 10% 的豆粕，补充适量营养盐液，分别于培养的 0h，12h，24h，36h，48h，72h，96h 进行采样，分析不同微生物数量动态变化，并记录样品 pH。待青贮发酵结束后，对所有处理的主要养分指标进行分析测定。各处理接种量为 10mL，培养温度 25℃，采用大小一致的发酵罐将拌菌后的基质装实，封口，设平行组。

表 1　复合微生物添加剂试验方案

处理Treatment	菌株Strain	处理Treatment	菌株Strain
1	R7+R3	4	R7+R3+Y2
2	Y2	5	R7+R3+1314
3	1314	6	R7+R3+Y2+1314

3 复合微生物添加剂效果小试

3.1 感官评价

添加乳酸菌的处理组1、4、5、6均无异味，具有芳香的酸味，只添加酵母菌和只添加芽孢杆菌的处理组稍有一些刺激的气味。从感官上来看，各处理组均呈现黄褐色，未出现发霉、发黏的现象。综合色泽、气味和质地方面，添加乳酸菌的组明显优于未添加组[3]。

3.2 微生物数量变化

微生物数量的动态变化在某些程度上反映了青贮饲料的发酵状况好坏，而活菌数能直接反应微生物的生长繁殖状况，分别在不同时间段不同处理取样，进行活菌数的测定，结果见图1、图2、图3和图4。

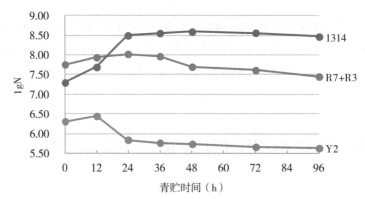

图1 单独添加乳酸菌、芽孢杆菌、酵母菌处理组的活菌数
注：N代表活菌数（CFU/mL）

由图1可以看出，在以苹果渣为主要原料，添加10%的豆粕混合的基质中，乳酸菌、酵母菌都可以较好的生长，在青贮24h后乳酸菌的活菌数最高，为1.05×10^8CFU/gFM，而酵母菌在青贮48h活菌数达到最高，为3.92×10^8CFU/gFM，芽孢杆菌生长相对较弱，在12h时基质中的有效活菌数最多，达到2.7×10^6CFU/gFM。在青贮的后期，有效活菌数开始缓慢地减少，分析原因可能是由于不同菌株对酸的耐受性不同，还与青贮环境的氧气含量、温度等有关。由于氧气的消耗，有机酸含量的增加，使得好氧的芽孢杆菌很难继续繁殖。

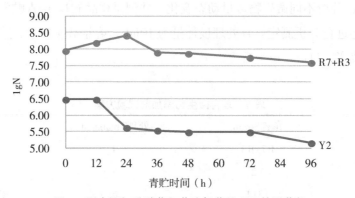

图2 混合添加乳酸菌和芽孢杆菌处理组的活菌数

由图2可以看出，当乳酸菌和芽孢杆菌混合添加入发酵基质中时，发现乳酸菌比单独添加时生长更加旺盛，24h有效活菌数可达到2.69×10^8CFU/gFM，与此同时，芽孢杆菌在青贮前期与单独添加时活菌数无明显差异，但后期数量下降较快，分析原因可能是在乳酸菌存在的条件下，芽孢杆菌由于对酸的耐受性较差，因此更难存活。

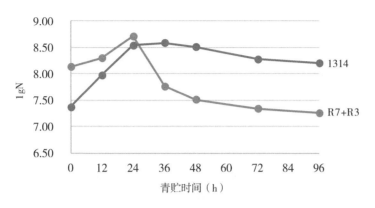

图3 混合添加乳酸菌和酵母菌处理组的活菌数

由图3可以看出，当酵母菌和乳酸菌混合添加时，乳酸菌比单独添加时生长更旺盛，24h有效活菌数可达到5.05×10^8CFU/gFM，与此同时，36h酵母菌有效活菌数为3.96×10^8CFU/gFM，与单独添加无显著差异，但后期酵母菌数出现缓慢下降，分析原因可能是酵母菌对酸的耐受性有限。

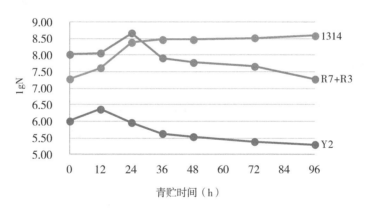

图4 混合添加乳酸菌、芽孢杆菌和酵母菌处理组的活菌数

由图4可以看出，当三种菌混合复配加入青贮基质时，发现乳酸菌和酵母菌均可以旺盛的繁殖，乳酸菌在24h有效活菌数可达到4.7×10^8CFU/gFM，而酵母菌数量呈不断上升的状态，青贮96h酵母菌数为3.96×10^8CFU/gFM，说明三种菌复合添加时乳酸菌和酵母菌均可以旺盛繁殖，与此同时，芽孢杆菌在青贮前期与单独添加时活菌数无明显差异，后期数量呈缓慢下降直到最后保持稳定。因此，从微生物数量的动态分析可以发现，乳酸菌、酵母菌和芽孢杆菌混合青贮组效果更佳。

3.3 pH 变化

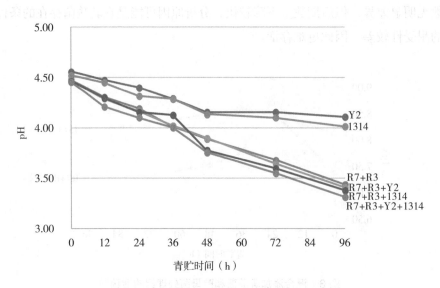

图 5　不同处理 96h 青贮过程中 pH 变化

由图 5 可以看出，随着青贮时间的延长，处理 1、4、5、6 青贮基质的 pH 呈迅速下降的趋势，而处理 2 和 3 由于没有添加乳酸菌，因此，pH 下降较为缓慢，处理 6 在青贮 96h pH 下降到 3.31，明显低于处理 2 和 3。pH 的迅速下降可有效抑制一些好氧腐败菌的生长，使青贮原料快速进入稳定期，减少了营养物质的损失。

3.4 铵态氮与总氮的比值

表 2　复合微生物添加剂青贮 96h 铵态氮占总氮的比值

处理 Treatment	青贮时间（h） Time 铵态氮/总氮 NH₄⁺-N/TN（%）						
	0	12	24	36	48	72	96
R7+R3	7.71	8.16	8.59	9.36	9.94	9.81	10.88
Y2	7.89	8.65	9.89	10.23	11.49	12.01	12.38
1314	7.81	8.99	9.27	10.05	11.48	11.76	11.94
R7+R3+Y2	7.94	8.91	9.24	9.87	9.97	11.05	10.53
R7+R3+1314	7.91	8.24	8.35	8.79	9.54	10.56	10.97
R7+R3+Y2+1314	7.69	8.24	8.19	8.31	9.48	9.78	9.95

由表 2 可以看出，铵态氮占总氮的含量呈逐渐上升的趋势，参考德国青贮饲料的质量标准及评定方法，NH_3-N/TN（%）≤ 10 青贮饲料为优，10<NH_3-N/TN（%）<15 为良，而本试验制作的青贮饲料在添加乳酸菌、酵母菌和芽孢杆菌的处理组 6 铵态氮占总氮的含量小于 10%，其余处理组均在 10%~15% 的范围，因此，处理组 6 青贮效果最佳。

4　结论与讨论

本文通过对优选出的乳酸菌组合与具有饲用价值的产朊假丝酵母 1314 和芽孢杆菌 Y2 复合配伍，摸索复合微生物添加剂在果渣青贮中的应用效果，研究发现：在优势乳酸菌组合中同时添加等量的酵母菌和芽孢杆菌作为复合微生物添加剂可取得较好的青贮效果，乳酸菌和酵母菌均能够旺盛繁殖，发酵基质的 pH 能迅速下降，在乳酸菌发挥主导作用的同时，后期酵母菌转变成菌体蛋白可有效的提高粗蛋白质的含量，降低铵态氮占总氮的比值，而芽孢杆菌本身作为微生态制剂可起到调节肠道菌群，在后期动物饲喂过程中发挥一定作用。

参考文献共 7 篇（略）

原文见文献 侯霞霞 . 青贮用优良乳酸菌的筛选及苹果渣发酵试验研究 [D]. 西北农林科技大学，2014：42–46.

苹果渣青贮最优乳酸菌菌株配伍筛选

侯霞霞[1]，来航线[2]，韦小敏[2]

（1. 西北农林科技大学生命科学学院，陕西杨凌 712100；2. 西北农林科技大学资源环境学院，陕西杨凌 712100）

摘要：为筛选优良的乳酸菌复合菌剂，本研究以苹果渣为青贮原料，采用组培瓶厌氧发酵，探讨了 4 株乳酸菌单菌及不同配比的复菌青贮对产物中乳酸菌数、有机酸含量及各类养分指标的影响。结果表明，适用于苹果渣青贮的最优菌株组合为植物乳杆菌与戊糖乳杆菌（R7+R3），该复合菌剂青贮 45 d 后，产物中乳酸菌数量为 10^7 CFU /g，乳酸含量高达 1.23 g/kg DM，比对照组增加 74.07%，氨态氮与总氮比值下降 28.35%，干物质和粗蛋白的含量分别增加到 294.3 g/kg 和 9.28%。植物乳杆菌与戊糖乳杆菌复合菌剂能有效提高苹果渣青贮效果，在青贮饲料的生产中具有较好的应用前景。

关键词：苹果渣；乳酸菌；青贮饲料；有机酸

The Optimal Compatibility of Lactic Acid Bacteria Strains Screening Apple Pomace Silage

HOU Xia-xia[1], LAI Hang-xian[2], WEI Xiao-min[2]

(1. College of Life Sciences, Northwest A&F University, Yangling, Shaanxi 712100, China;

2. College of Natural Resources and Environment, Northwest A&F University, Yangling, Shaanxi 712100, China)

Abstract: This test used apple pomace as materials for the single silage which added lactic acid bacteria and fermented via the small pot at laboratory, Through silaging with single lactic acid bacteria and different lactic acid bacteria combination, analysed the living count of lactic acid bacteria, organic acid content and the change of different nutrient indexes, the optimal strain combination was screened. The

基金项目："十二五"国家科技支撑计划项目（2012BAD14B11）。

作者简介：侯霞霞（1989—），女，内蒙古呼和浩特，硕士，主要从事微生物资源与利用研究。
Email: houxia1989@126.com。

导师简介：来航线（1964—），陕西礼泉人，副教授，博士生导师，主要从事微生物资源与利用研究。E-mail: laihangxian@163.com

158

group R7+R3 is the optimum strain combination which was suitable for pomace silage, namely adding *Plant lactobacillus* and *Pentose lactobacillus* in the silage. It would provide theoretical.

Key words: apple residue; lactic acid bacteria; silage; organic acid

青贮是一个各种微生物共同作用的复杂过程，自然青贮过程中，由于原料本身附着的乳酸菌有限，而且存在大量腐败菌，导致饲料养分损失大，青贮品质差，牲畜适口性差。在青贮原料中添加乳酸菌，可以较迅速的降低青贮基质的 pH，抑制其中有害微生物的活动，能够延长饲料的保存时间，提高饲料的安全性，同时最大限度地保持饲料的营养成分。目前，农业和果业的发展产生了大量的废弃物，如大量的秸秆、果渣和枝条等，而这些物质都是潜在的资源，但由于未能很好的利用造成了环境的污染以及资源的浪费。本文针对果业加工业产生的大量废弃物果渣，将筛选出的优良乳酸菌通过单菌和混菌的配比进行青贮试验，分析不同微生物配比试验苹果渣青贮饲料的乳酸菌数、有机酸含量及各类养分指标，从而筛选出最优的菌株配伍，为新型果渣青贮饲料的调制和进一步的应用奠定基础。

1 材料与方法

1.1 供试菌株

植物乳杆菌 R7（*Lactobacillus plantarum*）；戊糖乳杆菌 R3（*Lactobacillus pentosus*）；发酵乳杆菌 Rg（*Lactobacillus fermentum*）；鼠李糖乳杆菌 Re（*Lactobacillus rhamnosus*）。

1.2 青贮材料

试验用苹果渣由陕西省眉县恒兴果汁有限公司提供，豆粕从市场上购买。

1.3 培养基

MRS 培养基：蛋白胨 10g，酵母膏 5g，牛肉膏 10g，葡萄糖 20g，乙酸钠 5g，柠檬酸二铵 2g，吐温 80 1.0mL，硫酸镁 0.58g，硫酸锰 0.05g，磷酸氢二钾 2g，琼脂 20g，蒸馏水 1 000mL。

YM 培养基：酵母浸出物 3g，麦芽浸出物 3g，蛋白胨 5g，葡萄糖 10g，琼脂 20g，蒸馏水 1 000mL。

PDA 培养基：200 g 马铃薯煮沸取滤液 200mL，葡萄糖 20 g，琼脂 20 g，蒸馏水 1 000mL。

牛肉膏蛋白胨培养基：牛肉膏 3 g，蛋白胨 10 g，氯化钠 5 g，琼脂 20 g，蒸馏水 1 000mL。

营养盐液：（NH$_4$）$_2$NO$_3$ 4.3g/L，MgSO$_4$.7H$_2$O 0.3g/L，KH$_2$PO$_4$ 4.3g/L，CaCl$_2$ 0.3g/L，FeSO$_4$.7H$_2$O 5mg/L，MnSO$_4$.H$_2$O 1.6mg/L，ZnSO$_4$.7H$_2$O 1.4mg/L，CoCl$_2$ 2mg/L。

2 试验方法

2.1 乳酸菌最优配伍筛选试验方案

本实验设计了 7 个处理，将供试的 4 株乳酸菌进行单菌青贮以及不同菌株的两两复合配比，同时设立以不添加菌种的苹果渣自然青贮为对照组（CK），试验期为 45d，青贮原料为新鲜苹果渣，同时补充适量营养盐液，分别于培养的 1d，2d，3d，5d，10d，20d，45d 进行采样，分析不同微生物数量动态变化，并记录样品 pH。待青贮发酵结束后，对所有处理的各种养分指标进行分析测定。各处理中乳酸菌的添加量为 10^7 个 /DM。采用大小一致的发酵罐将拌菌后的果渣装实，封口，设平行组。试验方案如表 1 所示。

表 1　苹果渣青贮发酵菌株配比试验方案

处理Treatment	菌株Strain	处理Treatment	菌株Strain
1	R7	5	R7+Rg
2	Rg	6	R7+R3
3	R3	7	R7+Re
4	Re	8	CK

2.2　测定指标

2.2.1　微生物数量变化　采用稀释平板分离法对发酵不同时间的青贮基质进行活菌计数，乳酸菌用 MRS 培养基分离，37℃培养 1~2d；酵母菌用 YM 培养基分离，28℃培养 1~2d；霉菌用 PDA 培养基分离，30℃培养 2~3d。

2.2.2　pH　采用 DELTA-320pH 计测定。

2.2.3　有机酸　利用 Waters 的 HPLC2695 测定总酸、乳酸、乙酸和丙酸含量。

2.2.4　可溶性碳水化合物（WSC）　采用蒽酮 – 硫酸比色法测定。

2.2.5　粗蛋白质含量（CP）　采用凯氏定氮法测定。

2.2.6　氨态氮含量　采用流动分析仪测定。

2.2.7　干物质（DM）　采用烘干法测定。

2.2.8　中性洗涤纤维（NDF）　采用国标法 GB/T 20806—2006 测定。

3　结果与分析

3.1　微生物数量变化

青贮过程中微生物数量的变化是衡量青贮饲料品质的一个非常重要的指标，乳酸菌能否快速增值占据优势地位是青贮成功的关键。分别对不同处理不同阶段青贮过程中饲料取样，进行乳酸菌、酵母菌和霉菌的数量测定，其结果见表 2、表 3 和表 4。

表 2　不同处理 45d 青贮过程中乳酸菌数变化　　　　　　　　　　　　　　（10^8CFU/g）

处理/Treatment	青贮时间（d）/ Time							
	0	1	2	3	5	10	20	45
R7	0.85	2.90	7.52	2.35	1.95	1.09	0.10	0.10
Rg	0.87	1.06	2.90	0.37	0.31	0.27	0.01	0.01
R3	0.97	4.10	5.35	3.10	2.10	1.66	0.06	0.05

处理/Treatment	青贮时间（d）/ Time							
	0	1	2	3	5	10	20	45
Re	0.91	3.70	5.10	2.90	2.65	2.30	0.07	0.07
R7+Rg	0.84	1.85	3.30	1.75	0.86	0.61	0.10	0.02
R7+R3	0.86	2.85	9.05	4.45	2.60	2.25	1.05	0.90
R7+Re	0.80	1.85	3.40	3.30	2.50	1.45	0.04	0.03
CK	0.02	0.27	0.28	0.32	0.69	0.20	0.08	0.01

表3　不同处理45d青贮过程中酵母菌数变化　　　　　　　　　　　（10^7CFU/g）

处理/Treatment	青贮时间（d）/ Time							
	0	1	2	3	5	10	20	45
R7	1.78	1.60	1.05	0.91	0.29	0.18	0	0
Rg	2.91	2.80	2.50	0.55	0.26	0.09	0.06	0.02
R3	2.12	3.65	1.30	0.58	0.48	0.07	0.02	0.01
Re	3.14	2.45	1.19	0.49	0.33	0.16	0.08	0.01
R7+Rg	3.85	3.25	1.01	0.47	0.13	0.03	0.02	0.14
R7+R3	2.54	1.95	0.93	0.23	0.11	0.01	0	0
R7+Re	2.36	2.05	0.68	0.64	0.05	0.03	0.02	0.02
CK	4.02	4.90	5.95	2.10	1.85	1.28	1.15	0.61

表4　不同处理45d青贮过程中霉菌数变化　　　　　　　　　　　（10^5CFU/g）

处理/Treatment	青贮时间（d）/ Time							
	0	1	2	3	5	10	20	45
R7	2.65	1.05	0.52	0.32	0.18	0.09	0	0
Rg	2.53	1.05	0.51	0.50	0.27	0.12	0.11	0
R3	2.84	1.02	0.55	0.48	0.08	0.07	0	0
Re	2.56	1.24	0.89	0.49	0.33	0.08	0.01	0
R7+Rg	2.78	1.26	0.79	0.40	0.23	0.13	0.02	0
R7+R3	2.65	1.03	0.53	0.23	0.11	0.03	0	0
R7+Re	2.58	1.23	0.64	0.28	0.09	0.04	0.02	0
CK	2.71	1.65	1.56	1.01	0.96	0.85	0.85	0.71

　　由表2可以看出，乳酸菌数量呈现先增长后减少的趋势，各处理均在第2天达到最大值，而对照组乳酸菌数量开始时较少，第5天乳酸菌数才达到最多。与对照相比，处理组R7+R3在第2天活菌数最高，为9.05×10^8CFU/gFM，45d仍能维持在10^7CFU/gFM，说明R7+R3组合乳酸菌可以旺盛的繁殖，在苹果渣青贮的过程中发挥主导作用。由表3可以看出，在青贮发酵过程中，随着青贮时间延长，酵母菌数量呈逐渐减少趋势，处理R7和R7+R3在20d未检测到，可能是由于

果渣基质本身比较酸，再加上乳酸菌发酵过程产酸，使青贮环境不利于酵母菌的生存。由表4可以看出，霉菌数量呈现迅速减少的趋势，20d后几乎检测不到。处理R7+R3有害真菌数从最初的2.65×10^5CFU/gFM降到20d时未能检出，与CK相比对真菌的抑制率提高了32.5%。由此可以表明，添加乳酸菌的果渣青贮可在一定程度上抑制丝状真菌的繁殖，并使乳酸菌菌数在青贮后期维持在一定水平，从而使青贮饲料保持稳定状态。供试菌株的生长状况主要与青贮物料中的氧气、养分和pH等因素有关，同时也和添加菌自身的耐受性相关。在青贮过程中，乳酸菌一直处于优势生长，保证了青贮的顺利进行。

3.2 pH 变化

青贮要求在较短时间内青贮基质的pH迅速下降到4.0以下，这样才能有效抑制真菌及其他杂菌的生长，因此，测定青贮饲料的pH，是考察添加剂对青贮饲料品质影响的重要指标。优质青贮料的pH一般为3.4~3.8。青贮料的pH变化见表5。青贮结束后，试验各组的pH在3.1~3.2，可能是由于所用原料苹果渣本身pH较低的原因。进一步对比发现，添加乳酸菌的处理组能显著降低基质的pH，且青贮45d后处理R7+R3的pH最低，为3.03。

表5　不同处理45d青贮过程中pH变化

处理 /Treatment	青贮时间（d）/ Time							
	0	1	2	3	5	10	20	45
R7	3.51	3.45	3.37	3.28	3.15	3.09	3.06	3.06
Rg	3.59	3.51	3.43	3.42	3.32	3.29	3.25	3.2
R3	3.52	3.46	3.41	3.36	3.33	3.25	3.08	3.05
Re	3.54	3.49	3.43	3.36	3.33	3.31	3.3	3.21
R7+Rg	3.56	3.46	3.4	3.35	3.22	3.13	3.1	3.1
R7+R3	3.5	3.44	3.36	3.26	3.13	3.09	3.06	3.03
R7+Re	3.51	3.46	3.39	3.32	3.31	3.31	3.3	3.21
CK	3.56	3.5	3.45	3.44	3.41	3.4	3.35	3.23

3.3 有机酸含量变化

乳酸菌在发酵过程中会产生大量有机酸，使基质处于低pH的状态，可有效地抑制有害菌的繁殖，从而使青贮物料处于稳定状态，因此，有机酸的含量与组成比例是确定青贮饲料发酵特性和评价青贮品质的重要指标。有机酸中的乳酸、乙酸和丁酸的含量是评定青贮品质的可靠指标，优质的青贮料中含较多的乳酸，少量的乙酸，不含丁酸。有机酸含量变化见图1和表5。

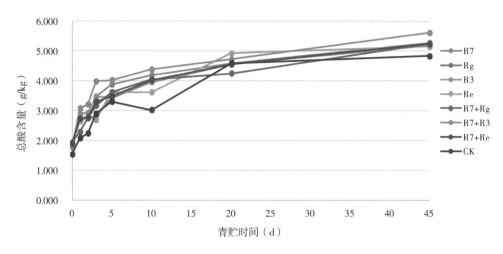

图 1　不同处理 45d 青贮过程中总酸含量变化

表 6　贮藏 45d 果渣青贮饲料有机酸含量变化

有机酸含量 Organic acids content（g/kg DM）	鲜果渣 Fresh apple pomace	处理45d后 Treatment							
		CK	R7	Rg	R3	Re	R7+Rg	R7+R3	R7+Re
总酸TA	0.82	1.63	1.83	1.85	1.83	1.74	1.82	1.86	1.84
乳酸LA	0.29	0.53	1.18	0.89	1.17	1.07	0.90	1.23	1.03
乙酸AA	0.53	0.82	0.63	0.95	0.66	0.67	0.73	0.63	0.81
丙酸PA	0	0.10	0.02	0.01	0	0	0.19	0	0
丁酸BA	0	0.28	0	0	0	0	0	0	0
乳酸/乙酸LA/AA	0.55	0.65	1.87	0.94	1.77	1.60	1.23	1.95	1.27

由图 1 可以看出，青贮过程中，基质总酸含量总体呈上升趋势，前期上升较快，后期逐渐变缓，发酵后总酸含量较初始明显增加，表明乳酸菌发酵后产生了大量有机酸，且各处理组总酸含量明显高于 CK 组。由表 6 可以得出，与鲜果渣相比，果渣青贮后乳酸含量大幅上升，但乙酸含量变化不明显，乳酸与乙酸的比值有明显的增加，单菌处理组 R7、Rg 和混菌处理组 R7+Rg 以及对照组都有少量丙酸产生，只有 CK 组产生了丁酸，且所占比例大，对果渣青贮饲料的品质产生了影响，同时也说明添加乳酸菌能有效降低基质中丁酸的含量，从而改善青贮饲料的品质。进一步分析发现，单菌处理组 R7 和混菌处理组 R7+R3 乳酸含量以及乳酸与乙酸比值明显高于其他组，处理组 R7+R3 在 45d 基质总酸含量最高，达到 1.86 g/kg DM，乳酸含量最高，为 1.23 g/kg DM，比对照组增加 74.07%，乳酸与乙酸比值为 1.95，比对照组增加 200.56%。因此，从有机酸的变化可以确定处理组 R7+R3 最优。

3.4　营养成分变化

表 7　添加乳酸菌对青贮饲料各营养指标的影响

处理 Treatment	干物质 DM（g/kg）	占干物质的质量分数DM（%）			
		可溶性碳水化合物 WSC	粗蛋白质CP（g/100g）	中性洗涤纤维 NDF	铵态氮/总氮 NH_4^+-N/TN
鲜果渣	299.5	4.17	8.36	50.5	7.69

（续表）

处理 Treatment	干物质 DM（g/kg）	占干物质的质量分数DM（%）			
		可溶性碳水化合物 WSC	粗蛋白质CP （g/100g）	中性洗涤纤维 NDF	铵态氮/总氮 NH₄⁺–N/TN
CK	284.9	2.79	8.86	55.4	15.38
R7	288.7	3.55	8.43	53.9	12.36
Rg	284.7	3.70	8.49	55.4	13.53
R3	285.1	3.40	9.14	53.7	11.27
Re	279.7	3.76	8.64	53.3	13.26
R7+Rg	285.2	3.28	8.73	53.3	12.15
R7+R3	294.3	3.81	9.28	52.5	11.02
R7+Re	279.2	2.98	8.52	54.7	12.84

从表7青贮45d后果渣饲料各营养成分的变化分析发现，与鲜果渣相比，添加乳酸菌的处理组可溶性碳水化合物均和干物质含量有所下降，而粗蛋白质、中性洗涤纤维、铵态氮与总氮的比值均有所上升。进一步分析其原因，在青贮过程中，添加的乳酸菌可以在果渣基质中大量繁殖，消耗了部分青贮原料中的可溶性碳水化合物，使干物质含量总体呈下降趋势，从而使粗蛋白质占干物质的含量有所上升。中性洗涤纤维的含量较初始值高，可能是由于乳酸菌的添加使苹果渣细胞壁的一些物质发生降解，残留了难以降解的组分。发酵的过程中产生的大量有机酸，尤其是乳酸，能降低原料的pH，使好氧腐败菌无法生存，有效抑制了蛋白质的分解。因此，添加乳酸菌的处理组铵态氮占总氮含量较对照组低。综合分析表7可以发现，处理组R7+R3干物质含量、可溶性碳水化合物和粗蛋白质含量较其他处理组高，而中性洗涤纤维、铵态氮与总氮比值较其他组低，由此可以判断处理组R7+R3营养物质保存较好，蛋白质分解较少。

3.4.1 铵态氮与粗蛋白质含量的变化 蛋白质是动物生长最关键的营养物，青贮饲料中蛋白质的含量直接关系到青贮饲料的营养品质。铵态氮（NH₄⁺N）与总氮的质量比反映了青贮饲料中蛋白质和氨基酸分解的程度，该值越大说明氨基酸和蛋白质分解越多，意味着青贮饲料质量不佳。

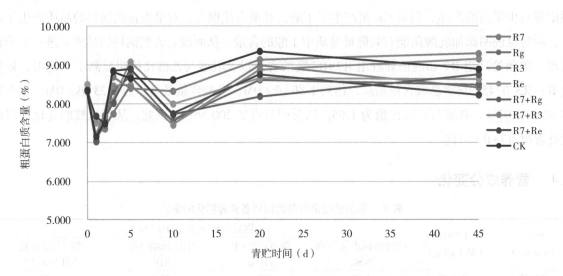

图2 不同处理45d青贮过程中粗蛋白质含量变化

由图 2 可以看出，青贮基质粗蛋白质含量呈先减少后缓慢增加的趋势，可能是因为前期经微生物发酵蛋白质有明显分解，从而导致粗蛋白质含量下降，但后期由于总的干物质含量在下降，与此同时蛋白质分解得到了较好的抑制，因此，粗蛋白质所占的比例总体上呈现上升趋势。与 CK 组相比单菌处理组 R7 和混菌处理组 R7+R3 粗蛋白质含量明显增加，青贮结束时处理 R7+R3 粗蛋白质含量最高，为 9.28g/100gDM。从青贮的时间看，青贮物料在第 1 天蛋白质大量分解，但从第 2 天开始逐渐上升，分析原因是由于从第 1 天以后乳酸菌大量繁殖抑制了残留的腐败菌对蛋白质的分解，与此同时，由于乳酸菌的繁殖消耗了少量的糖类，使干物质含量呈下降趋势，因此，粗蛋白质在第 2 天会上升。在第 20 天以后，变化趋于平缓，说明这个时候青贮进入稳定期。

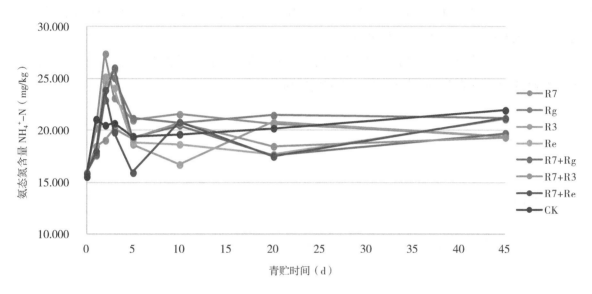

图 3　不同处理 45d 青贮过程中氨态氮含量变化

由图 3 可以看出，铵态氮含量呈现先增加后减少并逐渐趋于稳定的趋势。铵态氮是判定青贮饲料品质优劣的重要指标，其含量越高说明青贮饲料品质越差，反之则越好。从图中可以发现，在青贮第 2 天处理组 R7+R3 铵态氮含量明显低于对照组和其他处理组，在青贮第 45 天，除处理

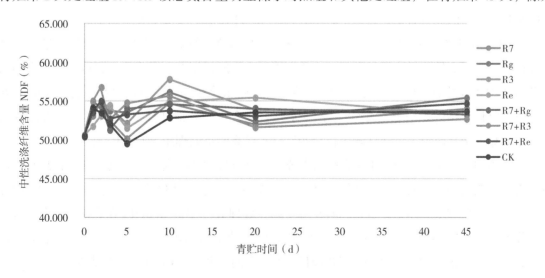

图 4　不同处理 45d 青贮过程中中性洗涤纤维含量变化

组 Rg 和处理组 Re 外各处理组铵态氮含量明显低于 CK 组。由表 8 可以看出，处理组 R3 和处理组 R7+R3 铵态氮与总氮比值较 CK 组低，降幅分别为 26.72% 和 28.35%，说明乳酸菌的添加可有效抑制铵态氮的产生，降低蛋白质的损失。

3.4.2 中性洗涤纤维含量的变化　常规饲粮中的中性洗涤纤维大多来自于粗饲料，一定量 NDF 对维持瘤胃正常的发酵功能具有重要意义，但过高的 NDF 则会对干物质采食量产生负效应。由图 4 可以看出，在青贮过程中，NDF 含量前期呈缓慢上升的趋势，第 2 天以后变化不是很明显，最终保持一定平衡，开始时 NDF 含量约为 50%，青贮完成时 NDF 含量在 53% 左右，在此过程中，总的来说 NDF 含量有了一定的增加，但是增加量不是很明显。分析其原因可能是由于乳酸菌的添加使苹果渣细胞壁的一些物质发生降解，残留了难以降解的组分，而 NDF 需要有特定酶类才能完全降解，本实验所添加的菌基本上无法降解 NDF，因此，中性洗涤纤维含量会出现少量的增加。青贮完成时处理 R7+R3 的 NDF 含量明显低于对照组。

3.4.3 可溶性碳水化合物和干物质含量的变化　在制作青贮饲料的过程中，适当的水分和可溶性碳水化合物的含量是保证乳酸菌正常生长繁殖的物质基础。

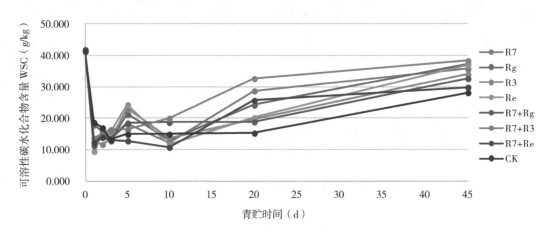

图 5　不同处理 45d 青贮过程中可溶性碳水化合物含量变化

由图 5 可以看出，青贮的第 1 天，由于发酵基质中的乳酸菌大量繁殖，消耗了基质中大量的可溶性碳水化合物，因此其含量迅速减少，除处理组 R3 外其他组在第 1 天降到了最低值，其后由于微生物活动受到抑制，可溶性碳水化合物呈平稳变化，青贮后期可溶性碳水化合物又呈现上升趋势，分析其原因可能是苹果渣原料中某些物质由于微生物的作用发生了降解，也可能是微生物前期在繁殖过程中生成的有机酸，使后期基质中的可溶性碳水化合物含量有所升高。青贮 45d 时处理组 Rg、处理组 Re 和处理组 R7+R3 可溶性碳水化合物含量较其他处理组高，CK 组可溶性碳水化合物含量明显低于其他组。可溶性碳水化合物保存率最高的是处理组 R7+R3，达 91.37%。

在研究不同干物质含量全株玉米青贮营养成分及有机酸比较时发现，干物质含量较高时，可明显改善青贮饲料的品质。且在干物质含量为 32%~35% 时，感官评价等级最高。由图 6 可以看出，与青贮前相比，所有处理组 DM 含量均有小幅下降，处理 R7、R3、R7+R3 在后期 DM 含量有小幅增加，分析原因可能是青贮前期一些有机物发生降解，后期乳酸菌代谢产物有了一定量的积累。在青贮 45d 时，处理组 R7+R3 的干物质含量仍能保持在较高的水平，与 CK 相比增幅为 3.29%。

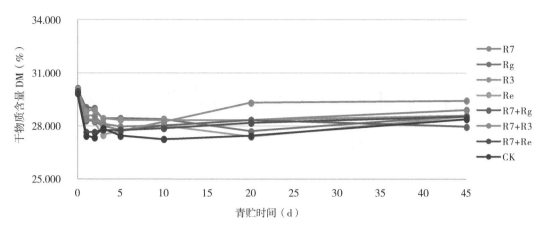

图6 不同处理 45d 青贮过程中干物质含量变化

4 结论与讨论

本试验以苹果渣为主要的青贮原料，人工添加乳酸菌，采用实验室小型罐式发酵，青贮后果渣呈黄褐色，具有苹果的酸香气味，质地柔软而湿润，拿到手上较松散，青贮感官品质较好。研究结果表明如下。

（1）与不添加乳酸菌的苹果渣自然青贮相比较，添加乳酸菌，能使青贮物料的 pH 迅速降低，乳酸含量明显提高，降低丁酸的生成量，抑制有害微生物，延长了饲料的贮存时间，同时也提高了饲料的安全性。

（2）通过单菌和混菌青贮试验发现，R7+R3 组合优于其他组合。由微生物活菌数的变化分析，处理组 R7+R3 乳酸菌数在青贮第 2 天可达到 9.05×10^8 CFU/gFM，且在青贮 45d 仍能保持 10^7 CFU/gFM 活菌数；有害真菌数从最初的 2.65×10^5 CFU/gFM 降到 20d 时未能检出，与 CK 相比抑菌率提高了 32.5%；果渣中的酵母菌随着青贮时间的延长逐渐减少。通过比较单菌青贮与混菌青贮的乳酸菌数量，可以看出试验所添加的供试微生物在混合状态下可以良好生长。

（3）由青贮后有机酸组分分析发现，处理组 R7+R3 在 45d 基质总酸含量最高，达到 1.86g/kgDM，乳酸含量最高，为 1.23g/kgDM，比对照组增加 74.07%，乳酸与乙酸比值为 1.95，比对照组增加 200.56%。

（4）由不同处理果渣青贮饲料进行养分指标分析发现，处理组 R7+R3 青贮后饲料的营养成分保存较好。青贮后混菌处理组 R7+R3 铵态氮与总氮比值最低，与 CK 相比降幅为 28.35%，说明乳酸菌的添加可有效抑制铵态氮的产生。与对照组相比，混菌处理组 R7+R3 中性洗涤纤维含量有明显减少，在一定程度上提高了饲料的转化率。处理组 R7+R3 干物质和粗蛋白质的含量明显高于其他组，分别为 294.3g/kg 和 9.28%；处理组 R7+R3 可溶性碳水化合物保存率最高，达 91.37%。

综上所述可以看出，适于苹果渣青贮的最优菌株配伍为 R7+R3，即植物乳杆菌与戊糖乳杆菌混合青贮苹果渣，可取得较好的效果，具备后续研究的潜能。

参考文献共 15 篇（略）

原文见文献 侯霞霞. 青贮用优良乳酸菌的筛选及苹果渣发酵试验研究 [D]. 西北农林科技大学，2014: 31–42.

微生物添加剂对苹果渣青贮效果的影响

肖健，来航线，薛泉宏，

（西北农林科技大学资源环境学院，陕西杨凌 712100）

摘要：将乳酸菌 R1 和 R16、酵母菌 M1 和 M5、蜡样芽孢杆菌 B2 配比添加到鲜苹果渣中进行青贮，制得的饲料颜色金黄、气味芳香、品质优良。结果显示，乳酸菌在第 30 天保持动态平衡，同时饲料的总酸含量也趋于稳定；M1 和 M5 在第 30 天以后转变为菌体蛋白；B2 在第 15 天以后保持动态稳定；说明饲料中微生物菌群在第 30 天后处于动态稳定。从苹果渣青贮饲料的养分变化可以看出，饲料中 CP、NDF 和 WSC 含量基本在第 30~50 天趋于动态稳定，说明该苹果渣青贮饲料在第 40~50 天就可以开封进行饲喂。

关键词：乳酸菌；苹果渣；青贮饲料

Effects of Microbial Additives for Apple Residue Silage

XIAO Jian, LAI Hang-xian, XUE Quan-hong

(College of Natural Resources and Environment, Northwest A&F University, Yang ling, Shaanxi 712100, China)

Abstract: With the addition of mixed R1、R16、M1、M5 and B2, the top quality of apple pomace ensilage was made, which had golden color and nice smelling. According to the quantity change of microbial, after 30 days fermentation, the lactobacillus kept dynamic balance and meanwhile the total acid content tended to be stable; M1 and M5 were transformed into bacterial protein; B2 kept dynamic balance after 15 days fermentation, all of which showed that the microbial community became stable in the apple pomace silage 30 days later. According to the ensilage nutrition change, the CP, NDF and WSC content tended to be stable after 30 to 50 days fermentation, which showed that the ensilage could be used in animal feeding.

Key words: lactic acid bacteria; apple residue; silage

基金项目："十一五"国家科技支撑计划项目（2007BAD89B16）。

作者简介：肖健（1984— ），男，甘肃省陇西县人，硕士，主要从事资源微生物学。

导师简介：来航线（1964— ），陕西礼泉人，副教授，博士生导师，主要从事微生物资源与利用研究。E-mail: laihangxian@163.com。

通过分析不同微生物复合配比进行苹果渣青贮试验的结果可以看出，植物乳杆菌及戊糖片球菌分别与产香酵母和蜡样芽孢杆菌配比青贮时，各类微生物均可以各自良好生长，同时发挥了其特定作用。

为了增加乳酸产量，迅速降低青贮料的pH，减少青贮果渣饲料养分损失，同时缩短青贮时间，将植物乳杆菌R1与戊糖片球菌R16配比；同时为了增强酵母菌对苹果渣青贮饲料粗蛋白质损失的弥补，将实验室现存的东方伊萨酵母M1与产香酵母M5配比；再将蜡样芽孢杆菌B2按一定比例与乳酸菌和酵母菌复合配比，用此微生物复合添加剂进行苹果渣青贮试验，研究该添加剂对青贮饲料的pH、总酸、粗蛋白质、氨态氮、粗纤维和可溶糖含量的影响。由此可以获得苹果渣青贮饲料主要养分的稳定时间及含量的资料，为青贮饲料的制作方法和及时的开封饲喂提供参考依据。

1 材料

1.1 青贮原料

新鲜苹果渣由陕西眉县恒兴果汁厂提供。

1.2 青贮微生物添加剂菌株组成

植物乳杆菌（*Lactobacillus plantarum*，R1）、戊糖片球菌（*Pediococcus pentosacous*，R16）、东方伊萨酵母（*Issatchenkia orientalis*，M1）、产香酵母（*Aroma-producing yeast*，M5）、蜡样芽孢杆菌（*Bacillus cereus*，B2）。

1.3 培养基

1.3.1 乳酸菌液体培养基 MRS培养基：蛋白胨10g，酵母膏5g，牛肉膏10g，葡萄糖20g，乙酸钠5g，柠檬酸二铵2g，吐温80 1.0mL，硫酸镁0.58g，硫酸锰0.05g，磷酸氢二钾2g，蒸馏水1 000mL。调pH6.2~6.4，121℃灭菌15min。

1.3.2 酵母菌液体培养基 YM培养基：酵母浸出物3g，麦芽浸出物3g，蛋白胨5g，葡萄糖10g，蒸馏水1 000mL。

1.3.3 蜡样芽孢杆菌液体培养基 细菌培养基：牛肉膏3g，蛋白胨10g，氯化钠5g，蒸馏水1 000mL。

2 方法

2.1 试验设计

本试验以100%鲜苹果渣作为青贮原料，植物乳杆菌和戊糖片球菌的添加量为10^7个/DM，东方伊萨酵母、产香酵母和蜡样芽孢杆菌的添加量均为10^6个/DM。在青贮的第0天、1天、2天、3天、5天、15天、30天、50天、70天、100天、130天、160天和190天分别取样，测定微生物数量、饲料pH、总酸、粗蛋白质、氨态氮、粗纤维和可溶糖含量。据此分析复合微生物添加剂对苹果渣青贮饲料各项指标的影响。

2.2 微生物数量测定

采用稀释平板分离法，乳酸菌和蜡样芽孢杆菌37℃恒温培养1~2d；酵母菌28℃培养3~4d。

2.3 青贮样品pH的测定

取蒸馏水浸提样品［V（水）∶V（青贮样品）=10∶1］，pH由DELTA-320pH计测定。

2.4 青贮物料养分指标测定

2.4.1 中性洗涤纤维（NDF）测定

（1）原理　采用范氏纤维测定法测定NDF含量，采用含有3%的十二烷基硫酸钠中性洗涤剂将苹果渣青贮饲料大部分的细胞物质溶解到洗涤剂中，主要是脂肪、糖、淀粉、蛋白质等中性洗涤溶解物被溶解到洗涤剂中，而不溶性的NDF，NDF的主要成分是则被保留，而不溶解的残渣物为中性洗涤纤维（NDF）。

（2）测定步骤　称取风干苹果渣饲料样品M_1 1.0g（精确到0.01）放入已称重的滤袋中，滤袋重量为M_2，同时以不加样品的空滤袋M_3作为对照。将样品均匀的铺展到封口的滤袋中，放入加有2L 3%的十二烷基硫酸钠中性洗涤液的消煮罐中进行消煮，同时在消煮罐中加入0.5g/50mL当量的无水亚硫酸和4.0mL α-淀粉酶。待消煮罐温度稳定在100℃时，定时消煮75min。消煮完成后排尽废液，再加入90~100℃的热蒸馏水2L，搅拌3~5min，排尽废液，重复洗涤2次以上。取出经蒸馏水洗涤的样品，用丙酮溶液浸泡2~3min，取出后风干样品，风干后在105℃烘箱中干燥2~4h，称重M_4，空白对照滤袋经同样操作后称重M_5。

（3）结果计算　NDF（%）=[（M4−M2）−（M5−M3）]/M1×100%

式中：M1为样品质量（g）；

M2为装样滤袋重量（g）；

M3为空白滤袋质量（g）；

M4为滤袋和样品消煮并干燥后的质量（g）；

M5为空白滤袋消煮并干燥后的质量（g）；

重复性：每个样品做两个平行。

2.4.2 其他指标测定　可溶性碳水化合物；粗蛋白质（CP）采用凯氏定氮法、氨态氮含量采用流动分析仪、总酸含量。

3 结果与分析

3.1 苹果渣青贮饲料微生物数量变化

乳酸菌的添加可以增加发酵过程中青贮料中乳酸菌的含量，使青贮原料的pH迅速降低，抑制腐败微生物的生长繁殖，提高青贮饲料的品质。酵母菌可以产生大量的芳香类物质，提高了饲料的适口性，增加了动物的采食量。具有微生态功能的蜡样芽孢杆菌可以在进入动物肠道后，发挥其特殊功能，增强动物的抗病能力。各类微生物在青贮果渣中的数量变动可以反应其活动强度，从而间接的表现出青贮饲料的发酵程度，具体结果见表1。

表 1　青贮饲料中各类微生物的数量

青贮时间（d） Time	微生物数量 Microbial quantity		
	乳酸菌 *Lactobacillus*（×10⁹）	酵母菌 Yeast（×10⁸）	蜡样芽孢杆菌 *Bacillus cereus*（×10⁵）
0	0.03	0.05	2.13
1	2.75	3.2	7.55
2	7.95	10.41	4.01
3	9.51	5.35	1.06
5	6.09	3.18	0.49
15	3.18	0.29	0.20
30	0.34	0.003	0.25
50	0.09	0	0.23
70	0.11	0	0.16
100	0.05	0	0.13
130	0.03	0	0.16
160	0.03	0	0.20
190	0.01	0	0.17

注："0"表示未从样品中分离出酵母菌

3.1.1　青贮过程中乳酸菌数量变化　在青贮过程中，乳酸菌的数量变化呈明显的先增长后降低再到保持动态稳定的趋势。在青贮原料密封后乳酸菌就开始活动，前期由于发酵基质中仍有一定的含氧量，因此增长缓慢。待酵母菌及其他好氧菌耗尽青贮基质中的残氧后，开始利用基质中丰富的养分迅速繁殖。从第 2 天开始乳酸菌数量有了明显增加，在第 4 天达到最高值，为 9.51×10^9 个 /g。从青贮第 5 天开始，由于青贮原料 pH 不断地降低，乳酸菌的生长也逐渐受到抑制，数量开始逐渐下降，从青贮第 30 天以后数量保持动态稳定，但最低数量仍在 10^7 个 /g 以上，乳酸菌的优势生长保证了青贮过程的顺利进行为制作品质良好的青贮饲料奠定了基础。

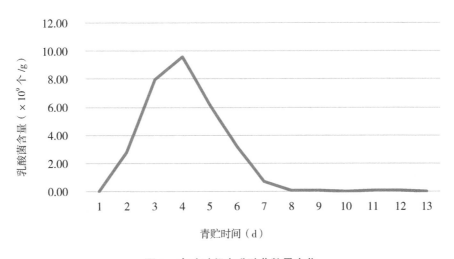

图 1　青贮过程中乳酸菌数量变化

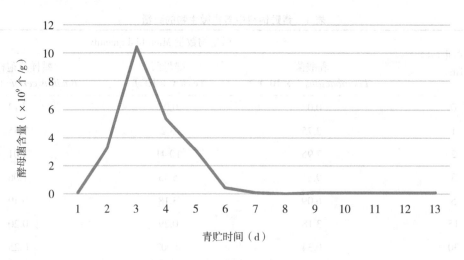

图2　青贮果渣酵母菌数量变化

3.1.2　青贮过程中酵母菌数量变化　在青贮过程中，酵母菌数量呈开始迅速增长，前中期具有一定数量，到后期无法测出的生长趋势。此次添加的东方伊萨酵母和产香酵母能够各自良好生长，总数量及存活时间优于单独添加产香酵母的微生物添加剂。青贮过程开始后，酵母菌首先利用基质丰富的营养及残存的氧气迅速繁殖，在青贮48h以后达到最大值，为1.041×10^9个/g，是初始添加量的200多倍。第3天以后，随着原料中残氧量的减少，以及乳酸菌迅速繁殖产酸导致基质pH不断降低，酵母菌数量迅速减少，转变为菌体饲料蛋白存在于饲料当中，于此同时，饲料中的CP含量逐渐增加。

3.1.3　青贮过程中蜡样芽孢杆菌数量变化　在青贮过程中，蜡样芽孢杆菌的数量先呈短暂增长，再降低，最后保持一定数量动态稳定的变化趋势。青贮过程开始后，蜡样芽孢杆菌利用基质的养分和残氧量数量有一定的增长，在青贮的24h后数量达到最高值，为7.55×10^5个/g，其后数量一直降低。随着原料氧气的耗尽及pH的不断降低，蜡样芽孢杆菌基本无法存活，但其芽孢具有较强的耐酸性，因此以芽孢的形式存在于青贮果渣中，最低数量保持在10^4个/g以上。动物在进食青贮饲料后，较大数量的蜡样芽孢杆菌进入动物肠道内，从而发挥其微生态作用。

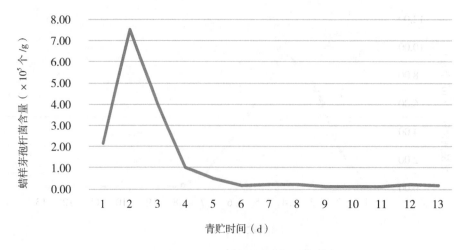

图3　青贮果渣蜡样芽孢杆菌数量变化

3.2 苹果渣青贮饲料主要指标变化

通过测定青贮饲料各主要指标，可以了解微生物添加剂对青贮原料养分的影响，获取养分基本稳定的时间及青贮饲料的保存时间等方面的数据，从而为青贮苹果渣饲料的制作和取喂提供一定的参考。各主要指标数据见表2。

表2 苹果渣青贮饲料指标结果

青贮时间（d）	指标					
	pH	总酸（g/kg）	中性洗涤纤维 NDF（%）	粗蛋白质 CP（%）	氨态氮 NH_4^+-N（mg/kg）	可溶性碳水化合物 WSC（g/kg）
0	4.77	1.02	42.67	3.88	18.56	62.35
1	4.62	1.41	45.46	3.76	15.79	18.47
2	4.55	1.41	46.46	3.73	17.81	21.72
3	4.52	1.66	46.64	3.26	16.72	10.85
5	4.39	3.07	44.35	3.38	23.29	22.48
15	4.31	3.26	44.34	3.27	21.58	18.44
30	4.33	3.56	46.49	3.26	19.55	14.47
50	4.31	3.77	47.51	3.31	18.88	14.39
70	4.23	3.34	48.09	3.37	25.09	14.88
100	4.15	3.55	47.95	3.54	25.21	24.09
130	4.14	3.86	46.61	3.49	30.78	19.25
160	4.12	4.05	46.64	3.58	30.46	24.09
190	4.13	4.03	46.77	3.61	31.39	19.25

3.2.1 苹果渣青贮饲料 pH 变化　在随着青贮时间的延长，果渣青贮饲料 pH 呈逐渐降低趋势，最后保持一定的平衡。原料初始 pH 为 4.77，经过 190d 的青贮，pH 降低到 4.19。苹果渣青贮饲料达到了一定的酸度，有害微生物无法大量存活，有益微生物的生长也受到了抑制，原料能够长期保存，原有营养也能够较好的保持。

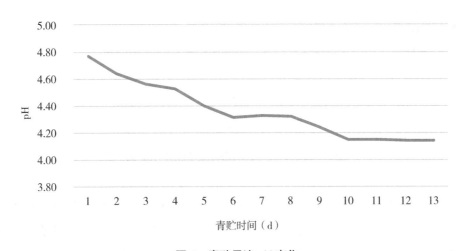

图4　青贮果渣 pH 变化

3.2.2 苹果渣青贮饲料总酸度变化 在青贮过程中，青贮果渣总酸度呈前期迅速上升，中后期缓慢迅速上升，最后保持稳定的变化趋势。在青贮的前 3d，基质总酸增加缓慢，第 5 天总酸含量有明显的增加。随着乳酸菌的活动，总酸缓慢积累，到第 160 天保持动态稳定。由此可以看出，青贮饲料的总酸含量在第 30 天基本保持稳定，饲料中微生物活动减弱，饲料进入了稳定保存阶段。

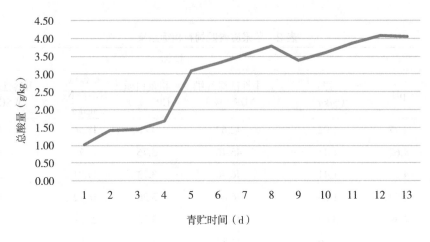

图 5　青贮果渣总酸度变化

3.2.3 苹果渣青贮饲料中性洗涤纤维（NDF）含量变化 在青贮过程中，青贮果渣中性洗涤纤维（NDF）呈先增长，后减少，再增长，最后降低并保持一定平衡。在此过程中，总的来说 NDF 含量有了一定的增加，但是增加量不太明显。这是由于添加乳酸菌使苹果渣细胞壁物质中一些物质的降解增加，剩下了难以降解的组分，同时本添加剂中的微生物基本无法利用 NDF，NDF 需要有特定酶类才能够被降解，所以 NDF 质量分数有所增加。

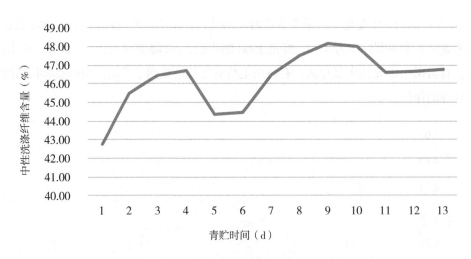

图 6　青贮果渣中性洗涤纤维（NDF）变化

3.2.4 苹果渣青贮饲料粗蛋白质（CP）含量变化 在青贮过程中，粗蛋白质（CP）含量呈先逐步降低并保持一段时间，再缓慢增长到最后保持动态稳定的变化趋势。从总含量来看，饲料中 CP 含量变化不太明显。在青贮第 3 天和第 30 天，CP 含量为最低，从第 30 天以后 CP 含量又略有增长，最终青贮饲料 CP 含量略高于原料 CP 含量。通常在自然青贮过程中，由于各种微生物对蛋白类物质的分解，饲料的 CP 含量呈持续下降趋势。在本试验中，从青贮第 30 天开始，青贮料中的 CP 含量呈缓慢上升趋势，说明在青贮原料中添加乳酸菌及酵母菌后，有效的抑制了其他微生物对饲料蛋白类物质的分解，同时酵母菌及其他微生物在青贮的中后期转化为菌体蛋白，弥补了蛋白质的损失从而提高饲料整体品质。

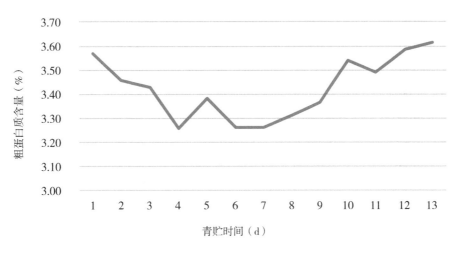

图 7　青贮果渣粗蛋白质（CP）变化

3.2.5　苹果渣青贮饲料铵态氮含量变化　在青贮过程中，铵态氮含量总的来说呈逐渐增长趋势，在中后期增长较明显，最后保持缓慢增长趋势。铵态氮是判定青贮饲料品质优劣的重要指标，其含量越高说明青贮饲料品质越差。本试验中，铵态氮在前 100d 缓慢增长，青贮 100d 以后增长较为迅速，说明随着青贮时间的延长，铵态氮积累量越来越大。通常在玉米青贮过程中，后期铵态氮的含量一般均在 2% 以上，说明 CP 损失极大，本研究中铵态氮的含量不足 0.5%，说明乳酸菌及酵母菌的添加有效抑制了铵态氮的产生。

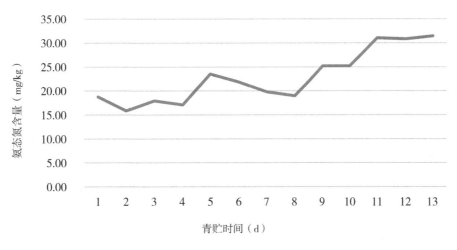

图 8　青贮果渣氨态氮含量变化

3.2.6　苹果渣青贮饲料可溶性碳水化合物含量（WSC）变化　本试验中，可溶性碳水化合物含量在青贮的第 1 天降低迅速，其后保持动态稳定。由于 WSC 是乳酸菌等微生物生长所必需的物质，在青贮前期乳酸菌迅速繁殖，消耗了苹果渣中大量的 WSC，乳酸菌增长量越大，WSC 降低越多。青贮第 3 天，乳酸菌数量达到最高值，与此同时，饲料 WSC 含量也降到了最低点。到了青贮后期，由于微生物活动受到抑制，WSC 含量相对前期略有增加并保存动态稳定。

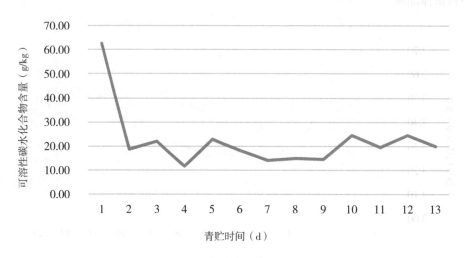

图 9　青贮果渣可溶性碳水化合物（WSC）含量变化

4　结论与讨论

（1）利用苹果渣作为单一青贮原料，使用合理的乳酸菌、酵母菌及蜡样芽孢杆菌配比的微生物复合添加剂，青贮能够取得成功，并生产出颜色金黄、气味芳香、动物适口性好的优质苹果渣青贮饲料。

（2）植物乳杆菌和戊糖片球菌混合添加后能够各自生长良好，同时可以有效的降低青贮原料的 pH，抑制有害微生物的生长繁殖，保证了青贮过程的顺利进行，有效的维持了苹果渣原有的养分。东方伊萨酵母和产香酵母能够各自良好生长，并且未对植物乳杆菌和戊糖片球菌的繁殖造成影响，提高了苹果渣青贮饲料蛋白质的含量，并且同时添加东方伊萨酵母和产香酵母的饲料品质优于单独添加产香酵母。蜡样芽孢杆菌始终保持一定的分出率，为其在后期于动物肠道中发挥作用奠定了基础。

（3）根据苹果渣青贮饲料所添加的微生物数量变动可以看出，乳酸菌在第 30 天数量保持动态平衡，饲料的总酸含量也趋于稳定；酵母菌在第 30 天以后转变为菌体蛋白；蜡样芽孢杆菌在第 15 天以后保持动态稳定；说明该苹果渣青贮饲料中的微生物在第 30 天以后活动受到抑制，饲料的微生物菌群处于动态稳定。根据苹果渣青贮饲料的养分变动可以看出，饲料中 CP、NDF 和 WSC 含量基本在第 30~50 天趋于动态稳定，说明该苹果渣青贮饲料在第 40~50 天就可以开封进行饲喂。

参考文献共 13 篇（略）

原文见文献 肖健．微生物添加剂对苹果渣青贮效果影响及动物喂养研究 [D]．西北农林科技大学，2010：22-29．

三

非粮饲料原料的微生物饲料化技术

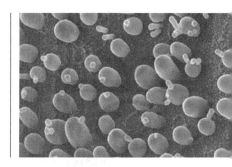

添加苹果渣对纤维素酶活性及蛋白质含量的影响

辛健康[1]，薛泉宏[1]，来航线[1]，岳田利[2]，常显波[1]

（1.西北农林科技大学资源环境学院，陕西杨凌 712100；

2.西北农林科技大学食品科学与工程学院，陕西杨凌 712100）

摘要： 本文通过单菌固态发酵试验，研究了苹果渣对纤维素酶活和蛋白质含量的影响。结果表明，发酵基质中加入苹果渣能提高产物中蛋白质含量，但降低了纤维素酶活。在小麦秸秆粉培养基中添加不同含量的苹果渣，经烟曲霉 UF2 与黑曲霉 UA8 发酵后，产物中蛋白含量较未发酵平均增长率分别为 136% 和 143%，平均蛋白质含量分别为 71.6g/kg 和 74.0g/kg。相同条件下，产物中 FPA 酶活较未发酵平均降低 61.15% 和 65.25%。利用苹果渣发酵生产蛋白饲料是一种解决苹果渣资源浪费的可行途径。

关键词： 苹果渣；蛋白质；纤维素酶；小麦秸秆粉

Effect of Apple Pomace on Cellulase Activity and Protein Content in Fermentation Product

XIN Jian-Kang[1], XUE Quan-Hong[1], LAI Hang-Xian[1], YUE Tian-Li[2], CHANG Xian-Bo[1]

(1. College of Natural Resources and Environment, Northwest A&F University, Yangling, Shaanxi 712100, China;

2. College of Food Science and Engineering, Northwest A&F University, Yangling, Shaanxi 712100, China)

Abstract: This article studied the effect of apple pomace on cellulase activity and protein content through single strain solid-state fermentation experiment. The results showed that the fermentation substrate added apple pomace could increase the protein content in the product, but decreased the activity of cellulase. After fermenting of *Aspergillus fumigatus* UF2 and *Aspergillus niger* UA8 in the substrate of wheat straw powder and apple pomace, the average growth rates of protein in fermented products were 136% and 143%, and the average protein content were 71.6g/kg and 74.0g/kg. Using apple residue to produce protein feed may be a feasible way to solve the waste of apple pomace resources.

Key words: apple pomace; protein; cellulase; wheat straw powder

第一作者：辛健康（1975— ），男，陕西西安人，硕士，主要从事微生物学研究。

通信作者：薛泉宏，教授，博士生导师，从事土壤微生物教学与研究工作。E-mail: xueqhong@ public.xa.sn。

纤维素是葡葡糖通过 $\beta-1$，4 糖苷键结合而成的高分子聚合物，是植物细胞壁的主要构成物质之一，占植物秸秆干重的 1/3~1/2，是地球上最丰富的多糖类物质。我国每年秸秆产量达 7.0×10^8t，由于直接利用率较低，致使大量秸秆被焚烧，严重污染环境又造成资源的极大浪费。苹果渣是果汁厂的加工副产品，酸度高，水分多易腐败变质，不仅浪费了宝贵的资原，同时造成了环境污染。因此，秸秆和苹果渣的综合利用是一个极其重大的课题。秸秆和苹果渣的利用途径很多，能否将两者以一定比例配合起来发酵生产纤维素酶是一个值得探索的课题，但目前未见相关报道。本研究重点探索在秸秆粉中添加不同比例苹果渣对黑曲霉和烟曲霉纤维素酶活性及纯蛋白含量的影响，旨在探索利用苹果渣作为添加剂生产纤维素酶的可行性。

1 材料和方法

1.1 材料

1.1.1 菌种　UA8 和 UF2 是本课题组用黑曲霉和烟曲通过紫外线诱变选育出的纤维素酶高产突变株，由西北农林科技大学资环学院微生物教研组保存。

1.1.2 培养基 UA8 和 UF2 活化及孢子制备培养基：PDA 固体培养基；营养液（g/L）：NH_4NO_3 4.3，$MgSO_4\cdot 7H_2O$ 0.3，KH_2PO_4 4.3，$CaCl_2$ 0.3，微最元素（mg/L）：$FeSO_4\cdot 7H_2O$ 1.6，$MnSO_4\cdot H_2O$ 1.6.$ZnSO_4\cdot 7H_2O$ 1.4。

l.1.3 原料　小麦秸秆取自陕西杨凌张家岗村，烘干粉碎至 60 目；苹果渣由乾县海升果汁厂提供，120℃烘干粉碎至 60 目；混合物料将小麦秸秆粉和麸皮质量比）按 7：3 混匀。

1.2 方法

1.2.1 UA8（黑曲霉）和 UF2（烟曲霉）孢子悬液的制备　将 28℃培养好的 UA8 和 UF2 斜面菌种用无菌水制成菌悬液，接入装有 50mL 孢子制备培养基的三角瓶中，培养 3d。向三角瓶中加入 400mL 无菌水其中含 0.5g/L 吐温和数粒玻璃珠），摇动，用纱布过滤制成孢子悬液 UA8 浓度为 $2.14\times10^9CFU/mL$，UF2 浓度 $1.79\times10^9CFU/mL$）。

1.2.2 试验方案　本试验的发酵原料由苹果渣和小麦秸秆粉及苹果渣与混合物料按不同比例混合而成，设 CK 不接菌）和接菌 UF2、UA8）发酵两个处理，具体方案见表 1、表 2。

1.2.3 纤维素酶固态发酵　向罐头瓶中装 15g 干料，按干料：营养液质量比）=1∶3.5 加入 52.5mL 营养液，湿热灭菌，冷却后按 1.2.2 方案向各处理中接入 5mL 孢子悬液。28℃培养 3d。

1.2.4 酶液的制备　发酵结束后，将酶曲于 45℃低温烘干粉碎，按四分法取干酶曲 1.000g。按曲霉重量的 15 倍加入浸提液 0.05mol/L pH 为 4.8 的柠檬酸－柠檬酸钠缓冲液，45% 浸提 1h，过滤得粗酶液，测定纤维素酶活力。

1.2.5 酶活力的测定　纤维素酶活力的单位为 IU/g，即 1g 干曲 1min 内转化底物生成的 1μmol 葡萄糖数。滤纸酶活（FPA）及羧甲基纤维素酶活 CMC）分别按王泌、赵学慧（1990）和高培基（1985）测定。

1.2.6 发酵产物中纯蛋白质测定　将烘干样品粉碎，过 60 目筛，称取样品 0.500g 于小三角瓶中，加蒸馏水 10mL，加饱和 $CaCl_2$ 1mL，10% K_2HPO_4 2mL 出现白色絮凝物，加热至微沸后保持 15min，用小漏斗过滤，再加 50mL 蒸馏水洗涤滤纸上的样品至无 NH_4^+，将滤纸上的过滤物打成小包放入消煮管中烘干，加 13mL 浓 H_2SO_4，3g 混合催化剂，以小漏斗盖住消煮管口，120℃碳化 24h，按开氏法定氮，以 $N \times 6.25$ 换算成蛋白质含量。每处理重复 3 次。

2 结果与讨论

2.1 苹果渣与小麦秸秆粉不同配比纤维素酶活性

纤维素酶包括内切葡聚糖酶（或称羧甲基纤维素酶）、纤维二糖水解酶（或称微晶纤维素酶或滤纸酶）和 β – 葡萄糖苷酶 3 个主要组分。每一组分酶活力的高低都会影响纤维素酶对纤维素的降解。

表 1　不同苹果渣与小麦秸秆粉配比的纤维素酶活性　　　　　　　　　（IU/g）

项目	处理 苹果渣∶小麦秸秆粉	UF2 CMC	ΔCMC（%）	FPA	ΔFPA（%）	UA8 CMC	ΔCMC（%）	FPA	ΔFPA（%）
1	5∶0	6.06	−95.6	0	−100	6.47	−89.6	0.85	−82.4
2	4∶1	8.28	−94.0	1.32	−64.0	33.52	−46.0	1.01	−79.1
3	3∶2	26.49	−80.3	1.85	−49.6	21.93	−64.7	1.92	−60.3
4	2∶3	37.09	−73.1	2.49	−32.2	51.50	−17.0	2.51	−48.1
5	1∶4	141.87	3.1	2.85	−22.3	54.76	−11.7	6.08	25.7
6	0∶5	137.66		3.67		62.05		4.84	
峰值		141.87		3.67		62.05		6.08	

注：ΔCMC%= $\frac{苹果渣秸秆粉不同配比酶活（No1\sim5）-纯秸秆粉酶活（N06）}{纯秸秆粉酶活（N06）}$ ×100；ΔFPA% 计算与之类似，表 2 中 ΔCMC% 和 ΔFPA% 计算与之相同

从表 1 看出，在苹果渣和小麦秸秆粉的不同配比中，UF2 的 CMC 和 FPA 酶活性分别变化在 6.06~141.87IU/g 和 0~3.67IU/g，添加苹果渣使 CMC 和 FPA 酶活性较纯秸秆粉降低分别为 73.1%~95.6% 和 22.3%~100%，苹果渣加入量愈多，CMC 和 FPA 酶活性降幅愈大，其相关系数分别为 0.904*（显著水平）和 0.982**（极显著水平）。纯苹果渣较纯秸秆粉的 CMC 和 FPA 酶活性分别降低 95.6% 和 100%。苹果渣对 UA8 的 CMC 和 FPA 酶活性影响与 UF2 相同。由此可知，苹果渣不能用作纤维素酶生产的添加原料。

2.2 苹果渣与混合料不同配比纤维素酶活性

表 2　不同苹果渣与混合料的配比纤维素酶活　　　　　　　　　（IU/g）

项目	处理 苹果渣∶小麦秸秆粉	UF2 CMC	ΔCMC（%）	FPA	ΔFPA（%）	UA8 CMC	ΔCMC（%）	FPA	ΔFPA（%）
1	5∶0	4.72	−93.8	0	−100	6.00	−83.8	0.62	−70.3
2	4∶1	13.40	−82.3	0.54	−83.0	6.77	−81.7	0.99	−52.6
3	3∶2	22.41	−70.3	0.94	−70.4	30.01	−19.0	0.97	−53.6
4	2∶3	46.39	−38.6	1.91	39.9	29.74	−19.7	2.47	18.2

（续表）

项目	处理	UF2				UA8			
	苹果渣：小麦秸秆粉	CMC	ΔCMC（%）	FPA	ΔFPA（%）	CMC	ΔCMC（%）	FPA	ΔFPA（%）
5	1：4	54.74	−27.5	2.89	9.1	29.21	−21.2	2.23	6.7
6	0：5	75.55		3.18		37.05		2.09	
峰值		75.55		3.18		37.05		2.47	

从表2知，向混合料中加入苹果渣能显著降低 CMC 和 FPA 酶活性。如 UF2 的 CMC 和 FPA 酶活性随苹果渣加入量增大分别降低 27.5%~93.8% 和 9.1%~100%，两种酶组分活性的降低幅度与苹果渣加入量呈正相关（CMC 和 FPA 酶活相关系数分别为均呈极显著水平），纯苹果 0.984** 和 0.987** 渣的 CMC 和 FPA 酶活性较纯混合料分别降低 93.8% 和 100%。UA8 与之类似。由表 1 和表 2 综合分析可知，在利用苹果渣生产纤维素酶中，苹果渣加入量越多，纤维素酶活性越低。纤维素酶是诱导型酶，在烟曲霉和黑曲霉生长过程中加入含有大量还原糖的苹果渣作为碳源，阻遏了纤维素酶合成，导致发酵产物中纤维素酶活性降低。

2.3 苹果渣与小麦秸秆粉不同配比蛋白质含量

表 3　苹果渣与小麦秸秆粉不同配比发酵产物蛋白含量 　　　　　　（g/kg）

项目	处理	CK（未发酵）	UF2			UA8		
	苹果渣：小麦秸秆粉		发酵后	Δ	Δ（%）	发酵后	Δ	Δ（%）
1	5：0	27.5	73.1	45.6	166	54.4	26.9	98
2	4：1	28.6	76.3	47.7	166	85.6	57.0	199
3	3：2	30.0	86.9	56.9	189	86.3	56.3	186
4	2：3	30.9	70.6	39.7	128	80.6	49.7	161
5	1：4	32.0	66.3	34.3	107	76.3	44.3	138
6	0：5	33.1	56.3	23.2	70	60.6	27.5	83
峰值		30.4	71.6	41.2	136	74.0	43.6	143

注：Δ = 发酵产物蛋白质含量 − 对照处理（未发酵）蛋白质含量；

$$\Delta = \frac{发酵产物蛋白质含量 − 对照处理（未发酵）蛋白质含量}{对照处理（未发酵）蛋白质含量} \times 100；表 4 \Delta 和 \Delta\% 计算与之相同$$

从表 3 看出，在苹果渣和小麦秸秆粉不同配比物料中分别接入 UF2 与 UA8 发酵，UF2 和 UA8 处理与对照相比，发酵产物中蛋白质含量分别增加了 70%~189% 和 83%~199%，其平均增长率分别为 136% 和 143%，平均蛋白质含量分别为 71.6g/kg 和 74.0g/kg。在 UF2 中，纯秸秆粉发酵（No.6）与秸秆粉和苹果渣混合发酵（No.1~No.5）纯蛋白量增幅分别为 70% 和 107%~189%，向秸秆粉中加入苹果渣后纯蛋白增幅约为单一秸秆粉发酵的 2 倍。UA8 与之类似。另外，在 UF2 处理中，蛋白质最高值出现在 No.3 中，此时蛋白质比对照提高 189%，达 86.9g/kg。在 UA8 处理中，蛋白质含量最高峰也出现在 No.3 中，其蛋白比对照提高 186%；而在 No.2 中，蛋白质含量为85.6g/kg，较对照提高 199%。由此可知，加入苹果渣不能提高纤维素酶活性，但却可以大幅度提高发酵产物中蛋白质含量，故利用苹果渣发酵生产饲料蛋白是一条可行途径。

2.4 苹果渣与混合料不同配比蛋白质含量

表4 苹果渣与小麦秸秆粉不同配比发酵产物蛋白含量 （g/kg）

项目	处理 苹果渣：混合料	CK （未发酵）	UF2			UA8		
			发酵后	Δ	Δ（%）	发酵后	Δ	Δ（%）
1	5：0	27.5	65.6	38.1	139	30.6	3.1	11
2	4：1	34.6	91.9	57.3	166	39.4	4.8	14
3	3：2	41.6	98.8	57.2	1 379	43.8	2.2	5
4	2：3	48.6	102.5	53.9	1 118	65.6	17.0	35
5	1：4	55.7	101.9	46.2	837	75.0	19.3	35
6	0：5	62.7	86.9	24.2	38	71.9	9.2	14
峰值		45.1	91.7	46.6	103	54.4	9.3	21

从表4可知，在苹果渣和混合料不同配比物料中分别接入UF2和UA8发酵，UF2和UA8发酵产物中蛋白质含量较对照（未发酵）处理分别提高了38%~166%和5%~35%，其平均增长率分别为103%和21%。在UF2中，纯混合料与混合料和苹果渣混合发（No.6）和83%~166%酵纯蛋白增率分别为38%（No.1~No.5），向混合料中加入苹果渣后纯蛋白增幅为单一混合料发酵的2~4倍。UA8与之类似。另外，在UF2处理中，蛋白含量峰值出现在NO4处理中，蛋白质高达102.5g/kg。而UA8的各处理中，蛋白质含量最高值出现在NO5中，较对照提高了35%。由表3、表4综合分析可知，烟曲霉和黑曲霉利用了培养基中的营养物质，合成了大量菌体蛋白，蛋白质含量明显增加。

3 结论

3.1 利用固态发酵生产纤维素酶时，加入苹果渣可显著降低纤维素酶活性，酶活的降低幅度与苹果渣的加入量呈显著正相关；纯秸秆粉及秸秆粉与麸皮混合物料均有相同规律。

3.2 在纤维素酶固态发酵中，发酵产物中蛋白质较对照明显提高，故利用苹果渣发酵生产蛋白饲料是一种解决苹果渣资源浪费的可行途径。

3.3 纤维素酶是一种诱导型酶，培养基中含有大量可溶性糖类物质时会阻遏纤维素酶合成。苹果渣含有大量可溶性还原性糖，加入苹果渣显著降低了纤维素酶的活性，故苹果渣不能用作纤维素酶生产的添加料。在实验条件下，烟曲霉的纤维素酶活性高于黑曲霉。

参考文献共4篇（略）

原文发表于《饲料工业》，2003，24（7）：13-15.

发酵剂及玉米浆对苹果渣发酵饲料
氨基酸含量及种类的影响

陈姣姣，来航线，马军妮，薛泉宏

（西北农林科技大学资源环境学院，陕西杨凌　712100）

摘要： 研究旨在探讨发酵剂及玉米浆对苹果渣发酵饲料氨基酸含量及种类的影响。以白地霉＋黑曲霉、酵母＋黑曲霉为复合发酵剂、苹果渣为主料进行固态发酵；采用氨基酸分析仪测定发酵产物中的氨基酸总量及水溶性氨基酸含量。结果表明如下。

① 2 种复合发酵剂均能较大幅度提高苹果渣发酵产物氨基酸总量及水溶性氨基酸含量。以苹果渣为主料及以苹果渣＋玉米浆为原料，以酵母菌＋黑曲霉为发酵剂，发酵产物氨基酸总量较对照组分别增加 83.1％ 及 83.2％；以白地霉＋黑曲霉为复合发酵剂时，发酵产物的水溶性氨基酸总量较原料对照组分别增加 181.5％、305.0％；接种酵母菌＋黑曲霉复合发酵剂时，发酵产物中的水溶性氨基酸总量较原料对照组分别增加 215.1％、272.0％。

② 接种白地霉＋黑曲霉复合发酵剂时，添加玉米浆可使发酵产物必需氨基酸含量增加 11.8％~32.4％。苹果渣接种复合发酵剂进行固态发酵对发酵产物氨基酸总量及水溶性氨基酸含量均有较大幅度的促进作用。

关键词： 苹果渣；氨基酸；发酵饲料

The Effect of Fermentation Agents and Corn Steep
Liquor on Amino Acids Contents and Varieties in
Apple Pomace Fermented Feed

CHEN Jiao-jiao, LAI Hang-xian, MA Jun-ni, XUE Quan-hong

(1.College of Natural Resources and Environment, Northwest A&F University, Yang ling, Shaanxi 712100, China)

Abstract: This experiment aimed to determine the effect of fermentation agents and corn steep

基金项目：国家科技支撑计划项目（2012BAD14B11）资助。

第一作者：陈姣姣，硕士，研究方向为微生物资源利用。

通信作者：薛泉宏，教授，博士生导师。

liquor on amino acids contents and varieties in apple pomace fermented feed. Using *Geotrichum candidum+Aspergillus niger* and Yeast+*Aspergillus niger* as complex microbial agents, the main material of apple pomace was used in solid-state fermentation; The contents of amino acids and water-soluble amino acids in fermentation products were measured by amino acid analyzer. The results showed that, The results showed that: ① The two mixed-strains fermentation agents could significantly increased the contents of the total amino acids and water-soluble amino acids to the fermentation products of apple pomace. When apple pomace as based materials and apple pomace+corn steep liquor as the raw materials in Yeast+*Aspergillus niger*, the total contents amino acids of fermentation products were enhanced by 83.1%, 83.2%, respectively, compared with the blank samples ; In *Geotrichum candidum+Aspergillus niger* mixed-strains fermentation agent, the contents water-soluble amino acids of fermentation products were enhanced 181.5%, 305.0%, compared with the control; When inoculated Yeast+*Aspergillus niger* complex agent, the total contents water-soluble amino acids of fermentation products were increased by 215.1%, 272.0%, compared with the blank samples. ② When inoculated *Geotrichum candidum+Aspergillus niger* mixed-strains fermentation agent, the corn steep liquor can make the contents essential amino acids increase by 11.8%~32.4%. These results indicated that the fermentation products of apple pomace have significantly promoted the amino acids and water-soluble amino acids by the mixed- strains solid- state fermentation. and the corn steep liquor.

Key words: apple pomace; amino acid; fermented feed

随着我国畜牧业和饲料工业的发展，饲料原料匮乏及成本不断增加已成为制约养殖业发展的重要因素。我国是苹果生产大国，每年因苹果汁加工产生苹果渣 300 多万 t。利用苹果渣作饲料可以有效解决饲料原料不足，但苹果渣中蛋白质、脂肪含量低，苹果酸、单宁、果胶及其他碳水化合物含量高，直接饲喂易引起胃内酸度过大，造成肠道微生态平衡失调，影响摄食量和消化利用率。通过发酵提高发酵产物蛋白质含量可以改善发酵饲料的营养品质。近年国内研究者对苹果渣发酵工艺进行了较多研究，但重点集中在发酵对饲料蛋白质含量的影响，对发酵引起的氨基酸含量及种类变化关注不多，影响了对苹果渣发酵饲料的营养评价。本文重点研究发酵剂及玉米浆对苹果渣发酵产物氨基酸种类及含量的影响，旨在为苹果渣发酵饲料营养品质评价提供参考。

1 材料与方法

1.1 材料

1.1.1 供试菌种及复合发酵剂 黑曲霉 UA8（*Aspergillas niger*）、白地霉 B1410（*Geotrichum candidum*）及酵母菌（*Yeast*）均由西北农林科技大学资源环境学院微生物资源研究室提供。

发酵剂：2 种复合发酵剂分别为白地霉 + 黑曲霉（*Geotrichum candidum+Aspergillus niger*，缩写为 GcAn）及酵母菌 + 黑曲霉（*Yeast+Aspergillus niger*，缩写为 YAn）组合。

1.1.2 培养基 菌种活化培养基：黑曲霉 UA8 活化及孢子悬液制备为 PDA 固体培养基及麸皮培养基；白地霉 B1410、酵母菌活化及液体菌种制备用 PDA 固体培养基及 PDA 液体培养基，参考程丽娟等方法。

苹果渣固态发酵原料：烘干苹果渣由陕西眉县恒兴果汁有限公司提供。玉米浆由商惠酒精有限公司提供。尿素从市场购买。原料 A 按苹果渣∶尿素 =19∶1 的质量比配制；原料 B 按苹果渣∶玉米浆干粉∶尿素 =17∶2∶1 的质量比配制。

1.2 方法

1.2.1 菌悬液制备 黑曲霉 UA8 孢子悬液制备采用贺克勇法，白地霉 B1410 及酵母菌悬液制备采用任雅萍法。血球计数法测得 UA8 孢子悬液、B1410 及酵母菌悬液浓度分别为 4.32×10^8 CFU/mL、4.09×10^8 CFU/mL 和 4.50×10^8 CFU/mL。将上述 UA8 孢子悬液与 B1410 细胞悬液及 UA8 孢子悬液与酵母菌悬液分别按 1∶1 体积比混合，组成两种复合发酵剂菌悬液。

1.2.2 方案 试验共设 4 个处理：原料 A+GcAn，原料 B+GcA，原料 A+YAn，原料 B+YAn，每处理重复 3 次。以未发酵苹果渣原料为对照组（CK）。

1.2.3 固态发酵 称取 A、B 发酵原料各 50.0g 装入 650mL 组培瓶中，按干原料∶水 =1∶2 加 100mL 自来水，不灭菌；按 1.2.2 方案分别接入复合发酵剂 GcAn 或 YAn 复合悬液 6mL，充分混匀，28℃培养 72h，40℃烘干，粉碎过筛备用。

1.2.4 氨基酸含量测定 发酵产物中氨基酸总量测定：称取 1.2.3 过程制备的发酵产物 1.000g 放入水解管中，加 6mol/l 盐酸 10mL，3~4 滴新蒸馏苯酚，110℃水解 22h，冷却、过滤、定容。吸取滤液 1mL 于 5mL 容量瓶，40℃真空干燥，残留物用 1mL 去离子水溶解，再干燥，反复进行两次，最后蒸干，用 1mL pH 为 2.2 的缓冲液溶解备用。水溶性氨基酸测定：称取 1.2.3 过程制备样品 1.500g 于小三角瓶中，加 5% 三氯乙酸 50mL，加盖小漏斗在水浴锅上沸浴，维持 15min，充分摇匀过滤，收集滤液备用。以上样品中氨基酸含量均用 L-8900 氨基酸分析仪测定。

1.2.5 结果计算 氨基酸发酵增率（△f）、玉米浆氨基酸增率（△B）采用下式计算：

$$\triangle f (\%) = (C_f - C_{ck})/C_{ck} \times 100$$
$$\triangle B (\%) = (C_B - C_A)/C_A \times 100$$

式中，C_{ck} 为未发酵苹果渣氨基酸总量（g/kg）或水溶性氨基酸含量（mg/kg）；C_f 为原料发酵产物氨基酸总量（g/kg）或水溶性氨基酸含量（mg/kg）；C_A 为原料 A 发酵产物氨基酸总量（g/kg）或水溶性氨基酸含量（mg/kg）；C_B 为原料 B 发酵产物氨基酸总量（g/kg）或水溶性氨基酸含量（mg/kg）。

2 结果与分析

2.1 发酵产物氨基酸总量及影响因素

2.1.1 发酵剂 由表 1 可知，接种复合发酵剂 GcAn、YAn 后其发酵产物的氨基酸含量大幅度增加。原料 A 发酵物的氨基酸总量为 49.48g/kg、66.54g/kg；基本氨基酸含量为 26.43g/kg、40.64g/kg；必需氨基酸含量的增加幅度分别为 34.9%~191.3%、46.3%~197.1%；基本氨基酸（除 GcAn 谷氨酸外）增幅分别为 30.8%~95.4%、48.4%~125.2%。蛋氨酸分别增加 191.3%、197.1%，精氨酸分别增加 73.6%、102.9%。在原料 B 中，接种发酵剂 GcAn、YAn 发酵产物的氨基酸总量增加 86.2%、83.2%，必需氨基酸增加 78.2%、70.7% 及基本氨基酸增加 91.7%、92.0%，除谷氨酸、胱氨酸、丙氨酸及蛋氨酸外，其他氨基酸增率大致相同。由表中数据可知，在原料 A 中发酵剂 YAn 效果优于 GcAn，而在原料 B 中两种发酵剂无明显差异。

表1 苹果渣发酵产物氨基酸总量

项目	苹果渣（CK）	发酵产物							
		白地霉+黑曲霉（GcAn）				酵母+黑曲霉（YAn）			
		原料（B）（苹果渣+尿素+玉米浆）		原料（A）（苹果渣+尿素）		原料（B）（苹果渣+尿素+玉米浆）		原料（A）（苹果渣+尿素）	
	含量（g/kg）	含量（g/kg）	$\triangle$f（%）	含量（g/kg）	$\triangle$f（%）	含量（g/kg）	$\triangle$f（%）	含量（g/kg）	$\triangle$f（%）
基本氨基酸									
谷氨酸	5.73	12.85	124.2	1.10	−80.8	12.60	119.8	12.91	125.2
胱氨酸	0.18	0.34	90.5	0.30	68.6	0.41	131.8	0.37	109.5
丙氨酸	2.41	4.58	90.0	4.71	95.4	5.03	108.6	4.90	103.1
脯氨酸	4.01	7.44	85.4	6.33	57.7	7.51	87.1	6.65	65.7
甘氨酸	2.08	3.85	84.4	3.34	60.1	3.66	75.5	3.67	76.0
天门冬氨酸	3.80	6.80	78.9	5.97	57.1	6.61	73.9	6.80	79.0
丝氨酸	1.85	3.26	76.5	2.87	55.2	3.29	77.6	3.28	77.6
酪氨酸	1.38	2.01	45.3	1.81	30.8	2.08	50.1	2.05	48.4
合计	21.45	41.13	91.7	26.43	23.2	41.18	92.0	40.64	89.5
平均值	2.68	5.14	–	3.30	–	5.15	–	5.08	–
必需氨基酸									
蛋氨酸	0.23	0.90	283.8	0.68	191.3	0.06	−75.0	0.70	197.1
精氨酸	1.89	3.69	95.8	3.27	73.6	3.65	93.8	3.82	102.9
苯丙氨酸	1.58	2.96	87.6	2.57	62.6	2.84	79.8	2.90	83.9
苏氨酸	1.67	3.03	81.8	2.63	58.0	3.03	81.8	2.97	78.1
组氨酸	0.71	1.28	79.5	1.09	53.3	1.32	85.5	1.25	74.6
异亮氨酸	1.59	2.79	75.6	2.41	51.9	2.73	71.6	2.74	72.6
缬氨酸	1.99	3.31	65.9	2.96	48.4	3.29	64.8	3.35	68.1
亮氨酸	3.10	5.27	70.1	4.55	46.9	5.11	64.9	5.05	62.9
赖氨酸	2.13	3.30	54.9	2.87	34.9	3.38	58.9	3.12	46.3
合计	14.89	26.53	78.2	23.04	54.7	25.41	70.7	25.9	73.9
平均值	1.65	2.95	–	2.56	–	2.82	–	2.88	–
总合计	36.34	67.66	86.2	49.48	36.2	66.59	83.2	66.54	83.1

2.1.2　玉米浆（表2）　从表2中的△B数值看出，在GcAn接菌处理中，加入玉米浆对发酵产物中氨基酸总量影响较大。加玉米浆后，发酵产物的必需氨基酸增加11.8%~32.4%；除丙氨酸外，基本氨基酸增加11.0%~1 068.2%，其中谷氨酸含量较未加玉米浆对照组增加1 068.2%。在接种YAn处理中，加入玉米浆对发酵产物中氨基酸总量影响不大，有5种必需氨基酸及3种基本氨基酸含量减少，其中蛋氨酸含量下降91.4%，其余氨基酸下降0.3%~4.5%。试验结果说明玉米浆对GcAn影响较大，而YAn不受其影响。

表2 玉米浆对发酵产物氨基酸总量的影响　　　　　（△B，%）

项目	酵母菌+黑曲霉（YAn）	白地霉+黑曲霉（GcAn）
基本氨基酸		
谷氨酸	−2.4	1 068.2
胱氨酸	10.8	13.3
丙氨酸	2.7	−23
脯氨酸	12.9	17.5
甘氨酸	−0.3	15.3
天门冬氨酸	−2.8	13.9
丝氨酸	0.3	13.6
酪氨酸	1.5	11.0
必需氨基酸		
蛋氨酸	−91.4	32.4
精氨酸	−4.5	12.8
苯丙氨酸	−2.1	15.2
苏氨酸	2.0	15.2
组氨酸	5.6	17.4
异亮氨酸	−0.4	15.8
缬氨酸	−1.8	11.8
亮氨酸	1.2	15.8
赖氨酸	8.3	15.0

2.2 水溶性氨基酸含量及影响因素

2.2.1 发酵剂（表3）

表3 苹果渣发酵产物水溶性氨基酸含量

项目	苹果渣（CK）含量（mg/kg）	白地霉+黑曲霉（GcAn）原料（B）（苹果渣+尿素+玉米浆）含量（mg/kg）	△f（%）	白地霉+黑曲霉 原料（A）（苹果渣+尿素）含量（g/kg）	△f（%）	酵母+黑曲霉（YAn）原料（B）（苹果渣+尿素+玉米浆）含量（mg/kg）	△f（%）	酵母+黑曲霉 原料（A）（苹果渣+尿素）含量（mg/kg）	△f（%）
基本氨基酸									
天门氨酸	0	0	–	0	–	0	–	0	–
丙氨酸	0	954.29	–	530.33	–	816.23	–	729.82	
酪氨酸	0	171.11	–	211.87	–	130.66	–	153.37	–
胱氨酸	0	17.63	–	14.34	–	0.00	–	0	–
丝氨酸	0	1.63	–	0.99	–	2.68	–	1.75	–
谷氨酸	30.23	540.49	1 688.1	494.23	1 535.1	846.14	2 699.3	710.29	2 249.9
甘氨酸	99.83	129.10	29.3	149.85	50.1	84.45	−15.4	56.02	−43.9
脯氨酸	446.10	302.10	−32.3	–	0	–	0	–	
合计	576.16	2 116.35	267.3	1 401.62	143.3	1 880.17	226.3	1 651.25	186.6
平均值	72.02	264.54	–	175.20	–	235.02	206.41	–	

（续表）

项目	苹果渣（CK）含量（mg/kg）	发酵产物							
		白地霉+黑曲霉（GcAn）				酵母+黑曲霉（YAn）			
		原料（B）（苹果渣+尿素+玉米浆）		原料（A）（苹果渣+尿素）		原料（B）（苹果渣+尿素+玉米浆）		原料（A）（苹果渣+尿素）	
		含量（mg/kg）	$\triangle f$（%）	含量（g/kg）	$\triangle f$（%）	含量（mg/kg）	$\triangle f$（%）	含量（mg/kg）	$\triangle f$（%）
必需氨基酸									
蛋氨酸	0	0	–	0	–	0	–	4.51	–
苏氨酸	0	208.86	–	53.98	–	181.14	–	109.10	–
异亮氨酸	0	22.30	–	36.23	–	34.83	–	26.83	–
组氨酸	2.57	0	–	0	–	0	–	0	–
亮氨酸	5.71	68.33	1 096.6	88.39	1 447.8	46.98	722.8	54.78	859.2
缬氨酸	11.98	84.15	602.4	81.18	577.7	72.08	501.7	55.24	361.1
赖氨酸	6.88	22.28	224.0	42.68	520.	713.90	102.2	14.84	115.9
精氨酸	22.4	45.18	101.6	29.01	29.5	130.93	484.2	74.80	233.8
苯丙氨酸	15.71	30.10	91.6	72.24	359.8	26.15	66.4	29.64	88.7
合计	65.26	481.2	637.4	403.	7 518.6	506.0	1 675.4	369.74	466.6
平均值	7.25	53.47	–	44.86	–	56.22	–	41.08	–
总合计	641.42	2 597.55	305.0	1 805.33	181.5	2 386.19	272.0	2 020.99	215.1

从表3可知，苹果渣经固态发酵后水溶性氨基酸种类变化很大。8种在苹果渣原料中未检出的氨基酸，有7种在发酵产物中检出。在发酵后新增加的7种氨基酸中，3种必需氨基酸分别为异亮氨酸、苏氨酸及蛋氨酸；4种基本氨基酸分别为丙氨酸、酪氨酸、胱氨酸及丝氨酸。另外，与发酵原料苹果渣相比，发酵后水溶性组氨酸消失。在接种GcAn发酵剂时，原料A、B发酵产物的水溶性氨基酸总量较原料（对照组）分别增加181.5%、305.0%，水溶性必需氨基酸较原料对照分别增加518.6%、637.4%，水溶性基本氨基酸较原料对照组分别增加143.3%、267.3%，其中，基本氨基酸中的谷氨酸及必需氨基酸中的亮氨酸增幅最大，分别为1 535.1%、1 688.1%及1 447.8%、1 096.6%。接种YAn发酵剂时，原料A、B发酵产物中的水溶性氨基酸总量较原料（对照组）分别增加215.1%、272.0%，水溶性必需氨基酸量较原料对照组分别增加466.6%、675.4%，其中有7种（酪氨酸、甘氨酸、异亮氨酸、亮氨酸、缬氨酸、赖氨酸、苯丙氨酸）、10种氨基酸（丙氨酸、酪氨酸、胱氨酸、甘氨酸、脯氨酸、苏氨酸、亮氨酸、缬氨酸、赖氨酸、苯丙氨酸）含量低于GcAn接种处理。由此可知，除天门冬氨酸、脯氨酸和组氨酸外，2种发酵剂均可增加苹果渣中所余14种水溶性氨基酸的含量，其中，水溶性谷氨酸、亮氨酸、缬氨酸的含量增加尤为明显。单从水溶性氨基酸含量的角度考虑，以原料A、B为发酵基质进行发酵时，接种GcAn复合发酵剂时效果较好。

2.2.2　玉米浆（表4）

由表4可知，加入玉米浆后可使发酵产物中的水溶性氨基酸含量出现不同变化，而种类无变化。如接种YAn发酵剂时，水溶性必需氨基酸及水溶性基本氨基酸总含量均增加，除去5种末检出氨基酸，其余12种氨基酸，8种水溶性氨基酸含量增加，其中4种必需氨基酸增加29.8%~75.0%；4种水溶性氨基酸含量减少，其中3种必需氨基酸减少6.3%~14.2%。在接种发酵剂 GcAn 时，也有类似趋势。说明玉米浆的加入使水溶性氨基酸总量略有增加，对各种水溶性氨基酸的含量影响不一，对水溶性氨基酸的种类无影响。

表4　玉米浆对发酵产物水溶性氨基酸含量的影响　（△B，%）

项目	酵母菌+黑曲霉（YAn）	白地霉+黑曲霉（GcAn）
基本氨基酸		
天门氨酸	0	0
丙氨酸	11.8	79.9
酪氨酸	−14.8	−19.2
胱氨酸	0	22.9
丝氨酸	53.1	64.6
谷氨酸	19.1	9.4
甘氨酸	50.7	−13.8
脯氨酸	0	0
合计	13.9	51.0
必需氨基酸		
蛋氨酸	0	0
苏氨酸	66.0	286.9
异亮氨酸	29.8	−38.4
组氨酸	0	0
亮氨酸	−14.2	−22.7
缬氨酸	30.5	3.7
赖氨酸	−6.3	−47.8
精氨酸	75.0	55.7
苯丙氨酸	−11.8	−58.3
合计	36.9	19.2

3　结论与讨论

本研究表明，采用2种复合发酵剂均能显著提高苹果渣发酵产物的氨基酸总量及水溶性氨基酸含量，增加某些水溶性氨基酸种类，改善苹果渣发酵饲料的营养品质。其中蛋氨酸、精氨酸、亮氨酸及缬氨酸等动物必需氨基酸或水溶性必需氨基酸含量增加对营养品质的改善意义更大。两种发酵剂的发酵产物在氨基酸总量上无明显差异。本研究采用酵母、白地霉与黑曲霉组成的复合发酵剂对苹果渣进行混菌发酵。发酵剂中的黑曲霉主要用于产生纤维素酶、果胶酶、糖化酶及等水解酶，将苹果渣中的大分子碳水化合物水解为小分子糖类供酵母菌生长，以合成单细胞蛋白；酵母菌及白地霉主要用于利用水解产生的小分子糖类及加入的尿素氮合成单细胞蛋白质。即复合发酵剂利用黑曲霉与酵母菌或白地霉共同作用将底物中的非蛋白氮转化为菌体蛋白。此外，黑曲霉还能合成蛋白酶，将苹果渣中的植物性蛋白质及发酵产物中的部分单细胞蛋白水解为氨基酸，增加水溶性氨基酸种类及含量。因此，发酵产物中的氨基酸总量与微生物菌体的生长及单细胞蛋白质数量有关，其中的水溶性氨基酸含量与发酵产物中植物性蛋白质及微生物蛋白质水解有关。在不同的发酵剂组合中，水溶性氨基酸种类及含量差异很大，其含量取决于植物及菌体蛋白质的酶解量与水解释放的氨基酸被微生物利用的程度。试验方案中向发酵原料中加入玉米浆的目的是改善发酵原料中微生物的营养条件，促进微生物的生长繁殖，特别是提高产酶真菌生长及胞外酶的合成与分泌，促进对苹果渣中大分子碳水化合物水解及单细胞蛋白质的合成，提高发酵产物中单细胞蛋白数量、动物必需氨基酸数量及水溶性氨基酸含量。玉米浆发酵产物的氨基酸总量及水溶性氨基酸总量在接种两种发酵剂时均增加，其中接种白地霉+黑曲霉发酵剂时9种必需氨基酸总量的增幅达到11.8%~32.4%，即加入玉米浆对发酵产物的品质提高作用显著，但也应注意到，少数氨基酸含量减少。苹果渣发酵饲料的氨基酸含量虽有报道，但对发酵产物中的水溶性氨基酸变化缺乏研究，不同发酵剂及原料组成对发酵产物中氨基酸含量的影响亦不清楚。本研究将为苹果渣发酵饲料的营养评价提供较为系统的氨基酸资料。

参考文献共 8 篇（略）

原文发表于《饲料工业》，2014，35（6）：42-46.

氮素及原料配比对苹果渣发酵饲料纯蛋白质含量和氨基酸组成的影响

贺克勇[1]，薛泉宏[2]，来航线[2]，岳田利[3]

（1.西北农林科技大学机械与电子工程学院，陕西杨凌，712100

2.西北农林科技大学资源环境学院，陕西杨凌，712100

3.西北农林科技大学食品科学与工程学院，陕西杨凌，712100）

摘要： 本文通过复菌固态发酵试验，研究了氮素及原料配比对苹果渣发酵饲料纯蛋白含量和氨基酸组成的影响。结果表明，利用苹果渣固态发酵生产饲料蛋白时：发酵原料配比影响发酵产物中纯蛋白质的含量，苹果渣∶配料 A=6∶4 为较佳组合；加入 N 素能显著提高发酵产物中纯蛋白质的含量，提高发酵产物的得率，同时提高苹果渣发酵产物中 10 种动物必需氨基酸含量；且氮源 B 效果更佳，最适 N 素添加量为 20 g/kg。在最适发酵条件下，产物中蛋白质含量、饲料得率和必需氨基酸含量分别增加到 273.5 g/kg、73.6% 和 100.6 g/kg。添加适宜含量的氮素和苹果渣，能改善蛋白质的品质，平衡氨基酸组成，提高饲料蛋白质的利用率。

关键词： 苹果渣；蛋白质；氨基酸；氮素

The Effect of Nitrogen and Raw Material Ratio on Pure Protein Content and Amino Acid Composition in Apple Pomace Fermented Feed

HE Ke-yong[1], XUE Quan-hong[2], LAI Hang-xian[2], YUE Tian-Li[3]

（1. College of Mechanical and Electronic Engineering, Northwest A&F University, Yangling, Shaanxi 712100, China;

2. College of Natural Resources and Environment, Northwest A&F University, Yangling, Shaanxi 712100, China;

3. College of Food Science and Engineering, Northwest A&F University, Yangling, Shaanxi 712100, China）

Abstract: This article studied the effect of nitrogen and apple pomace on amino acid composition and

基金项目：国家科技攻关项目（2001BA901A19）。

第一作者：贺克勇（1972—），男，陕西渭南人，助理研究员，主要从事农业微生物研究。

通信作者：岳田利（1965—），男，教授，博士生导师，主要从事食品生物技术及食品安全控制研究。

pure protein content through combinative strains solid-state fermentation experiment. The results showed that raw material ratio affected the pure protein content in apple pomace fermented protein feed, and best combination rate of apple pomace and other ingredients was six to four. Nitrogen significantly improved the content of pure protein in fermentation, increased the fermentation yield, and raised 10 kinds of animal essential amino acids. The fermentation effect of nitrogen source B was better, and the optimum addition of N was 20 g/kg. Under the optimized conditions, protein content, feed output rate and the content of amino acid increased to 273.5 g/kg, 73.6% and 100.6 g/kg. Adding suitable content of nitrogen and apple cinder could improve the quality of protein, balance the composition of amino acids and increase the utilization of feed protein.

Key words: apple pomace; protein; amino acid; nitrogen

我国是世界苹果的主产国之一，年产苹果约 2 000 万 t，苹果加工每年排出苹果渣约 100 万 t。鲜苹果渣含水量高（70%~82%），含有大量可溶性营养物质，为微生物滋生提供了有利条件，故苹果渣废弃时极易腐烂发臭，严重污染环境。目前，我国除少量苹果渣被用作饲料外，绝大部分被遗弃。苹果渣的主要成分是不溶性碳水化合物（果胶、有机酸、纤维素和半纤维素等），属于中能量低蛋白质粗饲料。向苹果渣中添加合适的氮源，经微生物发酵可将其转化为单细胞蛋白，从而提高其营养价值。近年国内研究者对苹果渣的化学成分、喂养效果及发酵技术进行了初步研究，但在氮素及原料配比对苹果渣混菌发酵产物纯蛋白含量及发酵产品得率方面研究不多。本文重点研究混菌发酵中氮素和发酵原料配比对发酵产物蛋白质含量、氨基酸组成及产品得率的影响，旨在为苹果渣发酵饲料生产提供科学的依据。

1 材料与方法

1.1 材料

1.1.1 供试菌种 UA8 是本课题组用黑曲霉通过紫外线诱变选育出的纤维素酶高产突变株，Y_{12} 为选育出的高效饲料酵母菌，菌种均由西北农林科技大学资源环境学院微生物资源研究室保存。

1.1.2 培养基 UA8 活化及孢子制备培养基为 PDA 固体培养基；酵母菌液体菌种培养基为 PDA 液体培养基；固态发酵原料：苹果渣，由乾县海升果汁厂提供，在自然条件下风干，粉碎过 0.4mm 筛（40 目）备用；配料 A 及配料 B。无机氮源：氮源 A，氮源 B。

1.2 方法

1.2.1 UA8 孢子悬液制备 将 28℃条件下培养好的 UA8 斜面菌种用无菌水制成菌悬液，接入装有 50mL PDA 固体培养基的三角瓶中，培养 3d。向三角瓶中加入 100mL 无菌水（其中含 0.5g/L 吐温与数粒玻璃珠），摇动制成孢子悬液，UA8 细胞悬液浓度为 4.0×10^8 CFU/mL。

1.2.2 酵母菌液体菌种制备 按无菌操作法向 100mL 灭菌 PDA 液体培养基中接入少量酵母菌 Y_{12}，28℃下培养 3d，细胞悬液浓度为 4.0×10^8 CFU/mL。

1.2.3 固态发酵 称取 10g 发酵原料（原料组成见表 1）装入罐头瓶中，加氮处理：分别按 20g/kg、40g/kg 及 60g/kg 的纯氮量加入氮源 A 和氮源 B，然后向其中加入 25mL 水，121℃湿热灭菌 30min，冷却后，接入 2.5mL Y$_{12}$ 酵母悬液和 2.5mL UA8 孢子悬液。CK 为不接菌处理，无 N 为不加 N 接菌处理。28℃条件下培养 3d，80℃烘干备用。

表 1　发酵原料组成（质量比）

原料配比	处理编号							
	1	2	3	4	5	6	7	8
果渣	10	8	6	4	2	0	8	6
配料A	0	2	4	6	8	10	2	4
配料B	0	0	0	0	0	0	2	2

1.2.4　发酵产物得率测定　将发酵产物在 80℃烘干，称重，按"产物得率（%）=（发酵产物干重/原料干重）×100%"计算发酵产物得率。

1.2.5　纯蛋白质测定　称样品 0.500 0g 于小三角瓶中，加蒸馏水 10mL，在电炉上加热至微沸，维持 15min，加饱和 CaCl$_2$ 1mL、100g/L K$_2$HPO$_4$ 2mL，待出现白色絮凝物后，充分摇匀过滤，再用 10mL 蒸馏水洗涤滤纸上的样品，直至洗出液无 NH$_4^+$（用钠氏试剂检验）。将滤纸连同过滤物放入大试管中，100℃下烘干，加 13mL 浓 H$_2$SO$_4$ 和 3.0g 的混合催化剂（K$_2$SO$_4$：CuSO$_4$=10：1 质量比）120℃碳化 12h，消煮，定容至 100mL，吸取 25mL 用凯氏半微量法定氮中，再乘系数 6.25 换算为纯蛋白。

1.2.6　氨基酸测定　将样品放在 6mol/L HCl 溶液中 110℃水解 22h，用 121MB 型氨基酸分析仪测定发酵产物中氨基酸含量。

2　结果与讨论

2.1　发酵产物纯蛋白质含量

2.1.1　原料配比对发酵产物纯蛋白含量的影响　由表 2 看出，发酵原料配比不同，发酵产物的蛋白质含量差异明显。在处理 1~6 中，随配料 A 用量增加，发酵产物的纯蛋白含量呈递增趋势：无 N 对照处理的纯蛋白含量由 57.3g/kg 增至 341.8g/kg，平均值为 200.8g/kg；加 20g/kg 纯氮时，加氮源 A 和氮源 B 处理发酵产物的纯蛋白的含量分别由 87.6g/kg 增至 331.8g/kg 和 90.5g/kg 增至 403.9g/kg，其平均值分别为 234.6g/kg 和 273.5g/kg；加 40g/kg 及 60g/kg N 量时（氮源 A 个别处理例外）也表现出类似的增长趋势。观察不同培养的生长情况，发现随配料 A 用量增加，菌体生长繁殖速度加快。由此可知，添加配料 A 可以缩短培养时间，并能增加纯蛋白含量。但配料 A 的用量不宜过高。试验表明，当配料 A 的含量超过 40% 后，纯蛋白的增加幅度降低。考虑到成本和本发酵的主要目的是解决苹果渣的资源化问题，确定固体发酵苹果渣培养基中配料 A 的含量控制在 40% 以下，即原料配比中苹果渣：配料 A=6：4 为较佳组合。

2.1.2　N 素种类及 N 素加入量对发酵产物纯蛋白含量的影响

2.1.2.1　N 素种类

由表 2 看出，在等氮量条件下，加入氮源 A 和氮源 B 时发酵产物中纯蛋白质含量存在一定差别。当加 N 量为 20g/kg 纯氮时，氮源 A 和氮源 B 处理平均纯蛋白含量分别为 234.6g/kg 和 273.5g/kg，比无 N 处理（200.8g/kg）增加 24.7% 和 43.4%，增幅 −2.9%~52.9% 和 18.2%~69.0%，较未接菌对照（171.5g/kg）增加49.0%和75.2%，增幅达1.1%~124.0%和23.0%~131.0%；当加N量为40g/kg、60g/kg纯氮时，也呈现出相同趋势，由此可知，加入氮源B发酵产物中纯蛋白质含量增幅远高于加入氮源A处理。除处理1（纯果渣）在60g/kg N量下，氮源A对发酵产物中的蛋白质含量的增幅高于氮源B外，在其他处理中加氮源B处理的纯蛋白质含量均高于氮源A。虽然两者均可以提高发酵产物中的蛋白质含量，作为苹果渣发酵的N源添加，但氮源B效果更佳。

表2 不同处理发酵产物中纯蛋白质含量（g/kg）及其增率（%）

处理编号	不接菌CK			接菌处理								
				加N处理								
		蛋白质含量（g/kg）	无N处理（%）	蛋白质含量（g/kg）			对不接菌CK增幅（%）			对无N处理增幅（%）		
				氮素的加入量（g/kg）								
				20	40	60	20	40	60	20	40	60
				加氮源A								
1	39.1	57.3	46.5	87.6	102.2	193.9	124.0	161.0	396.0	52.9	82.2	238.0
2	114.0	130.9	14.8	163.2	158.6	118.7	43.0	39.0	4.1	24.7	21.2	-9.3
3	168.0	188.9	11.9	224.6	209.7	121.6	33.7	24.8	-28.0	18.9	11.0	-36.0
4	197.0	266.5	35.3	278.2	235.5	242.2	41.2	19.5	22.9	4.4	-12.0	-9.1
5	256.9	292.9	14.0	311.4	301.2	274.6	21.2	17.2	6.9	6.3	2.8	-6.2
6	328.1	341.8	4.2	331.8	341.6	344.1	1.1	4.1	4.9	-2.9	0	0
7	112.2	141.8	26.4	207.6	175.5	186.3	85.0	56.4	66.0	46.4	23.7	31.4
8	156.4	186.0	18.9	272.7	244.4	229.0	42.6	56.3	46.4	46.6	31.4	23.1
平均	171.5	200.8	21.5	234.6	221.1	213.8	49.0	45.3	64.9	24.7	17.7	29.0
C.V%	49.2	50.5		23.6	32.7	19.2						
				加氮源B								
1				90.5	110.2	103.1	131.0	182.0	164.0	57.9	92.0	79.9
2				208.2	168.7	162.6	83.0	48.0	42.6	59.1	28.9	24.2
3				260.2	254	261.9	54.9	51.2	55.9	37.7	34.5	38.6
4				319.0	305.4	263.4	61.9	55.0	33.7	19.7	14.6	-1.2
5				370.4	321.5	336.9	44.2	25.1	31.0	26.5	9.8	15.0
6				403.9	366.5	370.7	23.0	11.7	13.0	18.2	7.2	8.4
7				239.7	211.9	205.7	114.0	88.9	83.0	69.0	49.4	45.1
8				296.1	266.6	247.9	89.3	70.5	58.5	59.2	43.3	33.3
平均				273.5	250.6	249.7	75.2	66.6	60.2	43.4	35.0	30.4
C.V%				33.7	31.4	24.9						

注：对不接菌CK的增幅（%）=（接菌处理－不接菌处理）/不接菌处理×100%；对无N处理的增幅（%）=（接菌处理－无N处理）/无N处理×100%

2.1.2.2 N素加入量

由表2看出，不同加N量处理对发酵产物中纯蛋白质含量影响不同。当加N量为20g/kg、40g/kg及60g/kg时，加入氮源A和氮源B的平均纯蛋白分别为234.6/kg、221.lg/kg及213.8g/kg和273.5g/kg、250.6g/kg及249.7g/kg，较无N处理（200.8g/kg）分别增加24.7%、17.7%及29.0%和43.4%、35.0%及30.4%；当加N量大于20g/kg时，N的加入量会导致大部分处理发酵产物中纯蛋白含量和增幅的降低。

由表2看出，在不加N处理中，处理1~8在不接菌及接菌条件下的变异系数（C.V%）分别为49.2%和50.5%；在加入氮源A时，处理1~8发酵产物中的纯蛋白质含量的变异系数在加N量

20g/kg、40g/kg 及 60g/kg 时分别为 23.6%、32.7% 及 19.2%，平均值 25.2%；加入氮源 B 时的情况与氮源 A 类似，变异系数平均值为 30.0%，由此可知，不同原料组合中，不加 N 处理发酵产物中蛋白质含量取决于原料蛋白质含量；加入 N 素发酵产物中纯蛋白含量的平均变异系数下降，即不同原料配比发酵产物中的纯蛋白质含量受原料组成的影响大幅度减少，其原因在于发酵产物中形成了较多的微生物细胞蛋白。除处理 1（纯果渣）外，其余处理纯 N 加入量超过 20g/kg，发酵产物中蛋白质含量减少。因此，在用苹果渣发酵生产饲料蛋白时，不同的发酵原料需要的 N 量不同，N 的加入量不宜过大，以 20g/kg 为宜。

2.2 N 对发酵产物得率的影响

发酵产物得率用于评价生产原料通过发酵转化为发酵产品的效率。从表 3 可知，加 N 能提高发酵产物得率。在 8 个不同处理中，加 N 处理发酵产物的得率均高于无 N 处理，且随加 N 量的增加，发酵产物的得率也逐步增加。如当加 N 量分别为 20g/kg、40g/kg 及 60g/kg 时，氮源 A 处理发酵产物的平均得率分别为 78.3%、90.4% 及 98.6%，较无 N 对照平均得率（67.6%）增 5.0%~25.1%、23.9%~48.8% 及 33.5%~53.6%，平均增幅为 16.0%、34.0% 及 46.4%；氮源 B 处理发酵产物的平均得率为 73.6%、79.9% 及 86.2%，较无 N 对照平均得率（67.6%）增加 4.4%~16.6%、7.9%~29.4% 及 18.4%~43.6%，平均增幅分别为 9.0%、18.3% 及 27.7%；氮源 A 处理对发酵产物回收率的提高幅度影响高于氮源 B。

固态发酵产物回收率低的原因在于是微生物生长需消耗一定量的碳源和能源所致。原料中 C/N 适度时，C、N 按微生物的生理需求比例同步同化，未造成碳源的无效浪费，产品回收率高。C/N 过大易造成碳源的无效浪费，降低发酵产品得率。加入无机 N 调整了 C/N，从而减少了碳的无效损失，使发酵产物得率提高。

表 3　不同处理发酵产物得率　　　　　　　　　　　　　　　（%）

| 处理编号 | 无N处理 | 加N处理（氮素的加入量）（g/kg） | | | | | | | | | | | |
| | | 氮源A | | | | | | 氮源B | | | | | |
		20	Δ%	40	Δ%	60	Δ%	20	Δ%	40	Δ%	60	Δ%
1	67.5	70.9	5.0	83.6	23.9	99.9	48.0	70.5	4.4	72.5	7.9	79.9	18.4
2	64.8	78.0	20.4	89.0	37.3	98.0	51.2	73.0	12.7	76.9	18.7	82.1	26.7
3	68.3	79.0	15.7	92.8	35.9	94.8	38.8	71.5	4.7	75.3	10.2	84.3	23.4
4	63.7	79.7	25.1	94.8	48.8	100	57.0	74.3	16.6	82.4	29.4	91.5	43.6
5	72.3	85.0	17.6	91.3	26.3	100	38.3	78.7	8.8	88.2	22.0	93.7	29.6
6	74.9	83.8	11.9	97.1	29.6	100	33.5	82.3	9.9	90.5	20.8	95.2	27.1
7	63.8	74.5	16.8	87.2	36.7	98.0	53.6	65.9	3.3	77.4	21.3	83.6	31.0
8	65.3	75.5	15.6	87.1	33.4	98.5	50.8	72.9	11.6	75.8	16.1	79.7	22.1
平均	67.6	78.3	16.0	90.4	34.0	98.6	46.4	73.6	9.0	79.9	18.3	86.2	27.7

注：Δ%＝［（加 N 处理－无 N 处理）/ 无 N 处理］× 100%

2.3 发酵产物氨基酸组成

加入 N 素能提高混菌发酵产物的蛋白质含量，同时改变发酵产物中各种氨基酸的组成比例及含量，由表 4 可知，苹果渣原料发酵产物的氨基酸含量较未发酵对照提高 53.3%~ 115.4%，氨基酸总量由对照的 132.3g/kg 提高到 230.3g/kg，增率达 73.7%，同时，动物 10 种必需氨基酸的含量由 56.1g/kg 增加到 100.6g/kg，增加了 79.3%。不同动物也有各自特有的必需氨基酸，对饲料中不同氨基酸需求量不同。本试验所得发酵产物中对鸡、鹌鹑特有的必需氨基酸甘氨酸（Gly）和丝氨酸（Ser）的增率达到 67.6% 和 81.8%。幼猪生长特需的必需氨基酸精氨酸（Arg）的增率高达 100.0%。反刍动物机体同样不能合成某些必需氨基酸，但瘤胃微生物能合成机体所需的全部氨基酸。对高产奶牛而言，瘤胃合成的某些氨基酸量不能满足需要。据报道，瘤胃微生物合成的蛋氨酸较少，蛋氨酸是反刍动物的主要限制氨基酸。本发酵产物中赖氨酸（Lys）和蛋氨酸（Met）增率分别为 105.6% 和 92.0%，这两种氨基酸一般是猪禽饲料的第一或第二限制氨基酸，同时也是目前能用于添加的饲用合成氨基酸。添加这两种氨基酸，能改善饲料的蛋白质品质，提高利用率，降低饲料粗蛋白需求量 1%~2%。由此可见，苹果渣发酵不仅可提高蛋白质的含量，而且可以改善蛋白质的品质，平衡氨基酸组成。

表 4　发酵产物氨基酸含量　（g/kg）

氨基酸	发酵原料（A）	发酵原料（B）	B-A	增率（%）	氨基酸	发酵原料（A）	发酵原料（B）	B-A	增率（%）
苏氨酸	6.7	12.2	5.5	82.1	天冬氨酸	11.7	20.9	9.2	78.6
胱氨酸	1.5	2.3	0.8	53.3	丝氨酸	6.6	12.2	5.5	82.1
缬氨酸	7.7	12.8	5.1	66.2	谷氨酸	26.5	41.8	15.3	57.7
蛋氨酸	2.5	4.8	2.3	92.0	脯氨酸	9.2	14.3	5.1	55.4
异亮氨酸	6.5	11.1	4.6	70.8	甘氨酸	7.1	11.9	4.8	67.6
亮氨酸	11.2	19.6	8.4	75.0	丙氨酸	7.3	12.7	5.4	74.0
酪氨酸	3.9	8.4	4.5	115.4	精氨酸	7.8	15.6	7.8	100.0
苯丙氨酸	6.6	11.2	4.5	69.7					
赖氨酸	5.4	11.1	5.7	105.6					
组氨酸	4.1	7.1	3.0	73.2					
动物必需氨基酸	56.1	100.6	44.5	79.3	氨基酸总含量	132.3	229.8	97.5	73.7

注：表中前 10 种氨基酸为动物的必需氨基酸

3　结论

以上结果表明，利用苹果渣固态发酵生产饲料蛋白时：发酵原料配比影响发酵产物中纯蛋白质的含量，苹果渣：配料 A=6：4 为较佳组合；加入 N 素能显著提高发酵产物中纯蛋白质的含量，氮源 A 和氮源 B 均可作为苹果渣发酵的 N 源添加剂，但氮源 B 效果更佳；N 素加入不宜过高，以 20g/kg 纯 N 量为宜；加 N 处理可以提高发酵产物的得率，减少发酵原料中碳能源物质的无效消耗；氮源 A 对发酵产物得率的影响高于氮源 B；加 N 发酵可提高苹果渣发酵产物中 10 种动物必需氨基酸含量，改善蛋白质的品质，平衡氨基酸组成，提高饲料蛋白质的质量和利用率。

参考文献共 13 篇（略）

原文发表于《饲料工业》，2004，25（8）：34-37.

氮素及混菌发酵对苹果渣发酵饲料纯蛋白含量和氨基酸组成的影响

任雅萍[1]，郭俏[2]，来航线[2]，薛泉宏[2]

（1. 西北农林科技大学生命科学学院，陕西杨凌 712100；2. 西北农林科技大学资源环境学院，陕西杨凌 712100）

摘要：采用固态发酵法研究原料中氮素及发酵剂组成对苹果渣发酵产物中纯蛋白质含量与氨基酸组成的影响。结果表明：① 接菌及原料中添加油渣均能显著提高苹果渣发酵产物中纯蛋白质含量，在酵母菌与黑曲霉的混菌发酵中，添加油渣处理纯蛋白含量的发酵增率和接菌增率分别为 428.3% 和 55.8%。② 原料灭菌发酵相比于自然发酵能明显提高发酵产物中蛋白质含量，原料 A（苹果渣 + 尿素）和原料 B（苹果渣 + 尿素 + 油渣）的灭菌增率分别为 1.2%~36.4% 和 4.5%~13.8%。③ 加入氮素及混菌发酵可增加发酵产物中各种氨基酸的含量及组成比例，且酵母菌 Y+ 黑曲霉 H 混菌发酵效果优于酵母菌 Y+ 米曲霉 M。

关键词：苹果渣；发酵饲料；单细胞蛋白；氨基酸

Study on the Effect of Nitrogen and Microbial Inoculums on Pure Protein Content and Amino Acid Composition in Apple Pomace's Fermentation Feedstuff

REN Ya-ping[1], GUO Qiao[2], LAI Hang-xian[2], XUE Quan-hong[2]

(1. College of Life Science, Northwest A&F University, Yangling, Shaanxi 712100, China;

2. College of Natural Resources and Environment, Northwest A&F University, Yangling, Shaanxi 712100, China)

Abstract: The study was conducted to investigate the effect of nitrogen and microbial inoculums on pure protein content and amino acid composition in apple pomace's solid-state fermentation feedstuff. The result showed that: ① Adding microbial inoculums and oil foot to apple pomace could increase pure protein content in fermentation product were higher than those of pure apple pomace fermentation product.

基金项目：陕西省科技统筹创新工程（2015KTTSNY03-06）；国家科技支撑计划项目（2012BAD14B11）资助。

第一作者：任雅萍，硕士，研究方向为微生物资源利用。

通信作者：薛泉宏，教授，博士生导师。

When fermentated with *Yeast* (Y) and *Aspergillus niger* (H), the increment rate of pure protein content in the fermentation product of apple pomace and oil was 428.3% compared with the blank control (unfermented sample) and the increment rate was 55.8% compared with the fermentation product without microbial inoculum. ② Sterilization of material signficantly improved the content of pure protein in fermentation product. Compared with fermentation product of non-sterilized material, the increment rate of fermentation product of sterilized material A and sterilized material B was 1.2%~36.4% and 4.5%~13.8% respectively. ③ Adding oil foot or mixed-strain fermentation improved the content and the composition ratio of various amino acid, and fermentation with *Yeast* (Y) and *Aspergillus niger* (H) had a better effect than that with *Yeast* (Y) +*Aspergillus oryzae* (M).

Key words: apple pomace; fermentation feedstuff; single cell protein; amimo acid

我国年产苹果2 000万t以上，苹果汁加工产业每年排出近300万t苹果渣。将苹果渣作饲料可以有效解决饲料原料不足，但由于其蛋白质含量偏低，影响其他成分的有效利用，且直接饲喂易引起胃内酸度过大，影响摄食量和消化利用率。苹果渣中含有大量纤维素、半纤维素及果胶等不溶性碳水化合物，向苹果渣中添加适量无机氮经微生物发酵可将其转化为单细胞蛋白质，提高苹果渣的营养价值。为提高苹果渣发酵产物中的纯蛋白质含量，已在发酵菌种选育及发酵原料配比等方面进行了诸多研究，并对发酵产物中的中性洗涤纤维、活性肽及游离氨基酸等成分进行了较为系统的研究。本研究在前期研究基础上，对原料不灭菌处理以及单菌和混菌发酵对苹果渣发酵产物中氨基酸组成及含量的影响进行研究，旨在为苹果渣发酵饲料发酵工艺优化及产品营养品质评价提供科学依据。

1 材料与方法

1.1 材料

菌种：酵母菌（*Yeast*）、黑曲霉A8（*Aspergillus niger* A8）及米曲霉（*Aspergillus oryzae*）由西北农林科技大学资源环境学院微生物资源研究室提供。

主料：烘干苹果渣，由陕西乾县海升果汁厂提供。

发酵干原料：A为干苹果渣。

表1　苹果渣发酵饲料得率　　　　　　　　　　　　　　　　（%）

项目	不灭菌		灭菌	
	苹果渣+尿素（A）	苹果渣+尿素+油渣（B）	苹果渣+尿素（A）	苹果渣+尿素+油渣（B）
不接菌（C）	85.26	80.68	80.08	76.28
酵母菌（Y）	78.56	77.08	71.88	71.08
黑曲霉（H）	75.60	62.56	66.52	61.32
米曲霉（M）	77.36	71.68	71.68	62.24
（Y+H）	67.88	61.20	57.12	52.43
（Y+M）	71.48	68.32	62.52	51.82

由表1看出：① 灭菌处理的发酵产物得率低于不灭菌处理，这是因为灭菌处理条件下微生物

的生长状况优于不灭菌处理，微生物生长繁殖较快，发酵产物中菌体数目多，消耗的碳源、能源物质多，故发酵产物得率较低。② 原料 B 发酵产物得率低于原料 A，这是因为原料 B 中添加了油渣，为接入菌的生长提供了丰富的营养条件，微生物生长繁殖快，消耗了较多的碳源和能源。③ 混菌发酵产物得率明显偏低，是因为混菌发酵时多菌体系中的黑曲霉分泌的纤维素酶、蛋白酶及果胶酶等水解酶促进了苹果渣中的碳水化合物与加入油渣中的蛋白质的水解，产生较多的小分子糖类及氨基酸，微生物生长状况优于单菌发酵体系，微生物生长繁殖快，使发酵产物中的菌体数目增多，消耗的碳源、能源物质相应增加，故发酵产物的得率降低。米曲霉产蛋白酶、淀粉酶等水解酶的能力强，也产生类似黑曲霉的作用。

2.2 发酵产物纯蛋白含量

表2 自然发酵产物纯蛋白质含量及其增率

项目	苹果渣+尿素（A）			苹果渣+尿素+油渣（B）			B/A
	$\overline{X} \pm S$（g/kg）	△f（%）	△i（%）	$\overline{X} \pm S$（g/kg）	△f（%）	△i（%）	
不接菌（C）	112.18 ± 29.43[a]	219.7	–	118.97 ± 15.20[a]	239.0	–	1.1
酵母菌（Y）	124.74 ± 36.68[ab]	255.5	11.2	128.64 ± 36.11[ab]	266.6	8.1	1.0
黑曲霉（H）	135.54 ± 11.76[ab]	286.3	20.8	155.93 ± 14.65[b]	344.4	31.1	1.2
米曲霉（M）	131.67 ± 13.72[b]	275.2	17.4	153.76 ± 25.06[b]	338.2	29.2	1.2
（Y+H）	141.63 ± 35.76[bc]	303.6	26.3	185.38 ± 16.77[c]	428.3	55.8	1.3
（Y+M）	135.14 ± 20.56[c]	285.1	20.5	167.19 ± 5.96[b]	376.5	40.5	1.2

注：① 同列数据肩标标不同小写字母者表示差异显著（$P<0.05$）；下表同。

② 未发酵纯苹果渣原料纯蛋白质含量为 35.09g/kg；下表同

自然发酵：由表2看出，在自然发酵条件下，原料 A 不接种发酵剂，仅靠原料及空气中的微生物自然接种，就可以使苹果渣的纯蛋白质含量由 35.09g/kg 提高到 112.18g/kg，发酵增率△f 为 219.7%；接种酵母菌 + 黑曲霉、黑曲霉、酵母菌 + 米曲霉及米曲霉后，发酵产物中纯蛋白质含量较未发酵纯果渣分别提高 303.6%、286.3%、285.1% 及 275.2%；与不接种对照处理相比，发酵剂接种引起的纯蛋白质含量增率△i 为 11.2%~26.3%。原料 B 与之类似，特别是在接种酵母菌 + 黑曲霉时，纯蛋白质含量的发酵增率△f 及接菌增率△i 分别为 428.3% 及 55.8%。

表3 灭菌发酵产物纯蛋白质含量及其增率

项目	苹果渣+尿素（A）				苹果渣+尿素+油渣（B）				B/A
	$\overline{X} \pm S$（g/kg）	△f（%）	△i（%）	△s（%）	$\overline{X} \pm S$（g/kg）	△f（%）	△i（%）	△s（%）	
不接菌（C）	113.48 ± 13.44[a]	223.4	–	1.2	124.31 ± 8.82[a]	254.3	–	4.5	1.1
酵母菌（Y）	129.65 ± 29.38[a]	269.5	14.2	3.9	146.40 ± 31.22[a]	317.2	17.8	13.8	1.1
黑曲霉（H）	161.98 ± 24.85[ab]	361.6	42.7	19.5	172.82 ± 13.47[b]	392.5	39.0	10.8	1.1
米曲霉（M）	159.39 ± 17.21[ab]	354.2	40.5	21.1	164.59 ± 13.86[c]	369.1	32.4	7.0	1.0
（Y+H）	193.17 ± 15.98[ab]	450.5	70.2	36.4	194.04 ± 15.68[c]	453.0	56.1	4.7	1.0
（Y+M）	167.18 ± 19.60[b]	376.4	47.3	23.7	186.24 ± 19.65[c]	430.7	49.8	11.4	1.1

灭菌发酵：由表3看出，在灭菌发酵中，发酵能显著增加产物中纯蛋白质含量。在原料A中，发酵导致的纯蛋白质含量增率△f为223.4%~450.5%，其中不接菌处理纯蛋白质增率△f为223.4%，与固态发酵期间曲霉孢子落入并生长有关。接菌处理能大幅提高发酵产物纯蛋白质含量，向苹果渣接种各供试菌株发酵所得纯蛋白质含量为129.65~193.17g/kg，接菌导致的纯蛋白含量增率△i为14.2%~70.2%，其中接种酵母菌＋黑曲霉时纯蛋白质含量较对照增加70.2%。在原料B中，发酵产物中蛋白质含量为124.31~194.04g/kg，纯蛋白质含量的增率△f为254.3%~453.0%；与不接菌对照相比，接菌导致的纯蛋白质增率△i为17.8%~56.1.0%。

2.3 原料灭菌及添加油渣对发酵产物中纯蛋白质含量的影响

由表3中灭菌增率△s可以看出，灭菌条件下发酵产物纯蛋白质含量均明显大于自然发酵产物纯蛋白含量，原料A和原料B的灭菌增率△s分别为1.2%~36.4%和4.5%~13.8%，说明灭菌处理能显著提高发酵产物纯蛋白质含量。

由表2、表3看出，在自然及灭菌条件下，原料B与原料A发酵产物纯蛋白质含量存在一定差异。在自然发酵中，原料B中纯蛋白质含量是原料A的1.2倍左右，灭菌发酵与之类似。此外，在自然发酵中，原料B、原料A的发酵增率△f分别为239.0%~428.3%、219.7%~303.6%，即原料B的发酵增率高于原料A，表明原料中添加油渣有助于提高发酵产物中的纯蛋白质含量及发酵增率。在灭菌发酵中，也呈现出类似趋势。

2.4 发酵产物氨基酸组成

加入氮素及混菌自然发酵条件下，固态发酵不仅可以提高苹果渣的蛋白质含量，同时还可以增加发酵产物中各种氨基酸的含量，改变氨基酸的组成比例，且酵母菌＋黑曲霉混菌发酵效果优于酵母菌＋米曲霉的混菌接入。由表4看出，果渣发酵饲料接种酵母菌＋米曲霉和酵母菌＋黑曲霉后的氨基酸总含量为68.1g/kg和81.3g/kg，与未发酵对照37.3g/kg相比较，分别增加了82.2%和117.4%；与此同时，动物9种必需氨基酸总含量也由16.7g/kg分别增至28.8g/kg和34.9g/kg，增率分别为72.3%和108.7%。

表4 苹果渣发酵单细胞蛋白饲料中氨基酸含量及其增率

氨基酸		未发酵果渣（CK）(g/kg)	酵母菌+黑曲霉（Y+H）		酵母菌+米曲霉	
			含量（g/kg）	△f（%）	含量（g/kg）	△f（%）
基本氨基酸	天冬氨酸（Asp）	3.92	8.38	113.8	7.27	85.5
	胱氨酸（Cys）	0.87	1.52	74.7	1.48	70.1
	丝氨酸（Ser）	1.23	2.57	108.9	2.17	76.4
	谷氨酸（Glu）	5.88	12.38	110.5	11.28	91.8
	脯氨酸（Pro）	4.09	7.88	92.7	6.52	59.4
	甘氨酸（Gly）	2.07	5.07	144.9	4.05	95.7
	丙氨酸（Ala）	2.12	5.37	153.3	4.34	104.7
	酪氨酸（Try）	0.49	3.20	553.1	2.23	355.1
合计		20.7	46.4		39.3	

（续表）

氨基酸		未发酵果渣（CK）（g/kg）	酵母菌+黑曲霉（Y+H）		酵母菌+米曲霉	
			含量（g/kg）	△f（%）	含量（g/kg）	△f（%）
禽畜必需氨基酸	苏氨酸（Thr）	1.40	3.23	130.7	2.60	85.7
	缬氨酸（Val）	2.70	5.28	95.6	4.39	62.6
	蛋氨酸（Met）	0.29	0.99	241.4	0.81	179.3
	异亮氨酸（Ile）	1.95	4.17	113.8	3.48	78.5
	亮氨酸（Leu）	3.63	7.56	108.3	6.29	73.3
	苯丙氨酸（Phe）	1.78	4.17	134.3	3.49	96.1
	赖氨酸（Lys）	2.00	3.65	82.5	2.90	45.0
	组氨酸（His）	0.92	1.71	85.9	1.40	52.2
	精氨酸（Arg）	2.04	4.12	102.0	3.43	68.1
	合计	16.7	34.9	108.7	28.8	72.3
总计		37.4	81.3	117.4	68.1	82.2

注：表中畜禽必需氨基酸总量为除色氨酸（TRP）以外的9种氨基酸总和

由表4看出，通过酵母菌+米曲霉和酵母菌+黑曲霉混菌发酵的果渣蛋白饲料中，精氨酸（Arg）含量高达3.43g/kg和4.12g/kg；缬氨酸（Val）、异亮氨酸（Ile）含量高达4.39g/kg、3.48g/kg和5.28g/kg、4.17g/kg；甘氨酸（Gly）含量达到4.05g/kg和5.07g/kg，丝氨酸（Ser）含量达到2.17g/kg和2.57g/kg；蛋氨酸含量增加到0.81g/kg和0.99g/kg。

3　结语

采用2种复合发酵剂：酵母菌+米曲霉和酵母菌+黑曲霉混菌发酵不仅能够显著提高发酵产物中的纯蛋白质含量，减少原料中碳源的无效消耗，而且提高了发酵饲料中禽畜9种必需氨基酸的含量，增加动物必需氨基酸可改善苹果渣发酵饲料的营养品质。不同畜禽都有各自特有的必需氨基酸，因此，对饲料中各种氨基酸需求量也不尽相同。如赖氨酸（Lys）是猪饲料的第一限制性氨基酸，和蛋氨酸都是目前用于添加的饲用合成氨基酸。因此发酵后动物必需氨基酸含量增加对营养品质的改善意义更大，可平衡饲料中的氨基酸组成，提高利用率。即苹果渣发酵单细胞蛋白饲料不仅能够提高蛋白质含量，还可以改善其蛋白品质。

参考文献共9篇（略）

原文发表于《饲料工业》，2017（1）：58-61.

苹果渣发酵饲料活性物质含量及影响因素研究

任雅萍[1]，薛泉宏[2]，来航线[2]

（1.西北农林科技大学生命科学学院，陕西杨凌　712100；

2.西北农林科技大学资源环境学院，陕西杨凌　712100）

摘要：研究供试发酵剂、原料组成及灭菌方式对苹果渣发酵单细胞蛋白饲料中游离氨基酸、活性肽及水溶性蛋白质含量的影响，为果渣发酵饲料品质研究提供新的科学依据。以未发酵纯果渣原料作为对照组，设发酵剂、灭菌方式及原料组成3个因素，采用固态发酵及比色法对发酵产物进行品质分析。结果表明：接菌、灭菌及添加油渣处理后发酵产物游离氨基酸含量为10.19~17.96g/kg，较对照组增加87.7%~230.8%；生物活性肽含量为0.71~0.96g/kg，较对照组增加255.0%~380.0%；水溶性蛋白质含量为7.89~14.87g/kg，较对照组增加279.3%~614.9%。采用混菌发酵，在原料中添加油渣和氮素及灭菌处理对提高苹果渣发酵饲料游离氨基酸、生物活性肽以及水溶性蛋白质含量有显著作用（P<0.05）。

关键词：苹果渣；发酵饲料；游离氨基酸；生物活性肽；水溶性蛋白质

The Influence Factors on Contents of Active Substance in Apple Pomace Fermentation Feed

Ren Yaping[1], Xue Quan-hong[2], Lai Hang-xian[2]

(1. College of Life Science, Northwest A&F University, Yangling, Shaanxi 712100, China;

2. College of Natural Resources and Environment, Northwest A&F University, Yangling, Shaanxi 712100, China)

Abstract: In this experiment, solid state fermentation and colorimetric spectroscopy were used in order to acquire an optimal combination of the texted starter cultures, ingredients and sterilization manners, which would affect the total free amino acid, bioactive peptides and water-soluble protein contents of apple pomace fermentation feed. Pure apple pomace without fermentation was used as the control, 3 factors of texted starter cultures, ingredients and sterilization manners were assigned containing 24 treatments with

基金项目："十一五"国家科技支撑计划项目（2007BAD89B16）；杨凌农业高新技术产业示范区农业推广专项（YLTG2005-8）。

第一作者：任雅萍，硕士，研究方向为微生物资源利用。

通信作者：薛泉宏，教授，博士生导师。

three replicates. The results showed that, the contents of the total free amino acid, bioactive peptides and water-soluble protein of the inoculum samples reached 10.19~17.96, 0.64~0.96 and 5.94~14.87 g/kg, respectively, which were enhanced by 87.7%~230.8%, 178.3%~317.4%, 185.6% ~614.9%, separately,compared with blank samples. The total free amino acid, bioactive peptides and water -soluble protein contents of apple pomace fermentation feed have been obviously improved by the sterilization, mixed microorganisms fermentation treament, combined with addition of oil foot and nitrogen in raw material.

Key words: apple pomace; fermented feed; free amino acid (FAA); bioactive peptides; water -soluble protein

我国是世界上最大的苹果生产国,年产苹果 2 000 万 t 以上,苹果汁加工中每年排出苹果渣近 300 万 t,废弃时造成严重的资源浪费和环境污染。作为动物饲料,其蛋白质含量偏低,影响了其他成分的利用。因此采用特定工艺,通过微生物发酵提高苹果渣中蛋白质含量,将苹果渣转化为营养丰富的蛋白质饲料,是解决苹果渣出路的重要途径之一。在利用苹果渣发酵生产饲料蛋白的发酵工艺以及在提高果渣发酵产物的蛋白质含量等方面已进行了一些研究。但单细胞蛋白发酵产物中除蛋白外还有多种酶、活性肽、游离氨基酸等对动物营养具有重要作用的活性成分,这方面的相关研究较少。本文以苹果渣为原料,重点探索接菌、加氮及灭菌处理对其发酵蛋白饲料中几种活性物质的影响,旨在为苹果渣单细胞蛋白发酵饲料营养评价提供参考依据。

1 材料与方法

1.1 材料

1.1.1 菌种 酵母菌(*Yeast*)、黑曲霉 A8(*Aspergillus niger* A8)及米曲霉(*Aspergillus oryzae*)由西北农林科技大学资源环境学院微生物资源研究室提供。

1.1.2 原料 干苹果渣(自然条件下风干),由乾县海升果汁厂提供。发酵混合原料组成:原料 A(苹果渣:尿素 =19:1)、原料 B(苹果渣:油渣粉:尿素 =17:2:1);发酵原料制备:干混合原料:自来水 = 1:2。

1.1.3 培养基 PDA 固体培养基。

1.2 方法

1.2.1 酵母菌悬液制备 向 250mL 三角瓶中装入 50mL PDA 培养基灭菌,待冷凝后将活化好的酵母菌悬液 1mL 接入该瓶中,用金属刮铲涂匀后于 28℃下培养 3d,向瓶中加 100mL 无菌水制得菌悬液,经血球计数板测定,其活菌数为 4.0×10^9 CFU/mL。

1.2.2 黑曲霉 A8 及米曲霉孢子悬液制备按方法 1.2.1 将活化好的黑曲霉 A8 及米曲霉接入装有 PDA 培养基的三角瓶,于 28℃下培养 5d,向瓶中加 100mL 无菌水制得孢子悬液,经血球计数板测定,其孢子数分别为 8.7×10^8 CFU/mL、1.1×10^9 CFU/mL。

1.2.3 固态发酵

1.2.3.1 方案设计 本试验设发酵剂、灭菌方式及原料组成 3 个因素。发酵剂设不接菌(CK)、单接酵母菌（Y）、单接黑曲霉（H）、单接米曲霉（M）、酵母菌＋黑曲霉（Y+H）、酵母菌＋米曲霉（Y+M）6个处理。灭菌方式设自然发酵（CK，原料不灭菌）和灭菌发酵（原料121℃灭菌30min）2个处理。原料组成：设原料A（苹果渣＋氮素）和原料B（苹果渣＋氮素＋油渣）2种类型。试验共24个处理，每处理重复3次，以未发酵纯果渣原料作为对照组。

1.2.3.2　试验方法　按照1.1.2中的比例配制发酵原料，然后分别称取48.5g发酵原料于150mL组培瓶中，121℃下灭菌30min，冷却至室温，接入发酵剂（单菌接种量为5mL，混菌各2.5mL），用灭菌竹签搅匀，28℃下培养72h，发酵结束后将样品在45℃下鼓风烘干并粉碎备用。

1.2.4　发酵产物中活性物质测定

1.2.4.1　游离氨基酸含量测定　称样品1.000g于小三角瓶中，加蒸馏水20mL，加盖小漏斗在水浴锅上沸浴，维持15min；加饱和$CaCl_2$ 2mL，100g/L KH_2PO_4 4mL，待出现白色絮凝物后，充分摇匀过滤，取滤液0.5mL定容至50mL，采用茚三酮比色法测定样品中游离氨基酸含量。

1.2.4.2　活性肽含量测定　将1.2.4.1中的提取液稀释适当倍数，采用考马斯亮蓝比色法测定样品中活性肽含量。

1.2.4.3　水溶性蛋白质含量测定　称样品0.500g于小三角瓶中，加蒸馏水10mL，加盖小漏斗后在水浴锅上沸浴，维持15min，充分摇匀后过滤，将滤液稀释适宜倍数后，采用考马斯亮蓝比色法测定其水溶性蛋白质的含量。

1.3　结果计算

游离氨基酸发酵增率（$\triangle f$）、接菌增率（$\triangle i$）和灭菌增率（$\triangle s$）采用下式计算：

$$\triangle f\,(\,\triangle i,\ \triangle s\,)\,(\,\%\,)=\frac{Ci-C_{ck}}{C_{ck}}\times100$$

式中：C_{ck}—分别表示未发酵、未接菌及未灭菌游离氨基酸含量（g/kg）；

C_i—分别为发酵、接菌和灭菌处理后游离氨基酸含量（g/kg）。

活性肽及水溶性蛋白质的发酵增率、接菌增率及灭菌增率计算同游离氨基酸。

2　结果与分析

2.1　发酵产物游离氨基酸含量

2.1.1　自然发酵（表1）

表1　自然发酵产物游离氨基酸含量及其增率

处理	苹果渣+氮素（A）			苹果渣+氮素+油渣（B）			B/A
	$\bar{x}\pm S$（g/kg）	$\triangle f$（%）	$\triangle i$（%）	$\bar{x}\pm S$（g/kg）	$\triangle f$（%）	$\triangle i$（%）	
不接菌（CK）	5.81 ± 0.13^a	7.0	—	6.32 ± 0.48^a	16.4	—	1.1
酵母菌（Y）	6.63 ± 0.48^{ab}	22.1	14.1	6.75 ± 0.01^{ab}	24.3	6.8	1.0
黑曲霉（H）	8.87 ± 0.03^{abc}	63.4	52.7	9.17 ± 0.03^{bc}	68.9	45.1	1.0
米曲霉（M）	6.32 ± 0.82^{abc}	16.4	8.8	6.41 ± 0.95^c	18.0	1.4	1.0
酵母菌+黑曲霉（Y+H）	6.33 ± 0.01^{bc}	16.6	9.0	9.62 ± 0.67^c	77.2	52.2	1.5
酵母菌+米曲霉（Y+M）	7.51 ± 0.56^c	38.3	29.3	12.29 ± 0.43^c	126.3	94.5	1.6

注：①同列数据肩标不同小写字母者表示差异显著（$P<0.05$），下表同；②未发酵纯果渣原料游离氨基酸含量为5.43g/kg

由表 1 可以看出，在自然发酵条件下，原料 A 不接种发酵剂，单靠原料及空气中微生物自然接种，苹果渣的游离氨基酸含量仅由 5.43g/kg 提高到 5.81g/kg，发酵增率⊿f 仅为 7.0%，而接种黑曲霉、酵母菌 + 米曲霉、酵母菌、酵母菌 + 黑曲霉及米曲霉后，发酵产物中游离氨基酸含量较未发酵纯果渣原料有提高，其发酵增率⊿f 分别为 63.4%、38.3%、22.1%、16.6% 及 16.4%；与不接种相比，接种引起的游离氨基酸增率⊿i 为 8.8%~52.7%。原料 B 与之类似，特别是在接种酵母菌加米曲霉时，游离氨基酸含量的发酵增率⊿f 及接种增率⊿i 分别为 126.3% 及 94.5%，即原料中加入油渣能大幅度提高酵母菌 + 米曲霉发酵产物中游离氨基酸含量。

2.1.2 灭菌发酵（表 2）

表 2 灭菌发酵产物游离氨基酸含量及其增率

处理	苹果渣+氮素（A）				苹果渣+氮素+油渣（B）				B/A
	$\bar{x} \pm S$（g/kg）	⊿f（%）	⊿i（%）	⊿s（%）	$\bar{x} \pm S$（g/kg）	⊿f（%）	⊿i（%）	⊿s（%）	
不接菌（CK）	7.31 ± 0.48[a]	34.6	–	25.8	10.06 ± 0.48[a]	85.3	–	59.2	1.4
酵母菌（Y）	14.28 ± 0.21[ab]	163.0	95.3	115.4	10.19 ± 0.14[ab]	87.7	1.3	51.0	0.7
黑曲霉（H）	10.80 ± 0.22[ab]	98.9	47.7	21.8	17.96 ± 0.69[ab]	230.8	78.5	95.9	1.7
米曲霉（M）	13.19 ± 0.13[ab]	142.9	80.4	108.7	15.31 ± 0.781[b]	182.0	52.2	138.9	1.2
酵母菌+黑曲霉（Y+H）	10.27 ± 0.78[ab]	89.1	40.5	62.2	14.16 ± 0.01[c]	160.8	40.8	47.2	1.4
酵母菌+米曲霉（Y+M）	14.54 ± 0.141[b]	167.8	98.9	93.6	12.32 ± 0.89[c]	126.9	22.5	0.2	0.8

注：未发酵纯果渣原料游离氨基酸含量为 5.43g/kg。

由表 2 可以看出，在灭菌条件下，发酵能大幅提高发酵产物游离氨基酸含量。在原料 A 中，向苹果渣接种各供试菌株所得发酵产物游离氨基酸含量为 7.31~14.54g/kg，发酵引起的游离氨基酸增率⊿f 为 89.1%~167.8%，其中不接菌处理游离氨基酸的增率⊿f 为 34.6%，与固态发酵期间黑曲霉孢子落入并生长有关（样品烘干处理时在 CK 中发现有黑曲霉生长）。在不同发酵剂处理中，接菌引起的游离氨基酸增率⊿i 为 40.5%~98.9%，其中接种酵母菌 + 米曲霉时游离氨基酸含量较对照增加 98.9%，增幅明显。在原料 B 中，发酵产物中游离氨基酸含量高达 10.06~17.96g/kg，与未发酵原料相比，发酵增率⊿f 为 85.3%~230.8%，接菌引起的游离氨基酸增率⊿i 为 1.3%~78.5%，以黑曲霉接种处理接菌增率最高。

2.1.3 原料灭菌及添加油渣对发酵产物中游离氨基酸含量的影响

由表 1、表 2 比较及表 2 中的灭菌增率⊿s 可以看出，在灭菌条件下，发酵产物游离氨基酸含量均明显大于未灭菌自然发酵。在原料 A 中，自然发酵与灭菌发酵产物的游离氨基酸含量分别为 5.81~8.87g/kg 与 7.31~14.54g/kg，其灭菌增率⊿s 为 21.8%~115.4%，灭菌处理增幅明显，说明原料灭菌能显著提高发酵产物游离氨基酸含量，原料 B 与原料 A 类似。

此外，由表 1、表 2 可以看出，在自然发酵的酵母菌 + 黑曲霉及酵母菌 + 米曲霉处理中，原料 B 发酵产物的游离氨基酸含量分别是原料 A 的 1.5 倍及 1.6 倍；在灭菌发酵中，单接黑曲霉、酵母菌 + 黑曲霉混接处理的游离氨基酸含量及发酵增率⊿f 也呈现 B 原料高于 A 原料的趋势。结果表明，向原料中添加油渣有助于提高发酵产物中的游离氨基酸含量及发酵增率。

2.2 发酵产物活性肽含量

2.2.1 自然发酵（表3）

表3 自然发酵产物活性肽含量及其增率

组别	苹果渣+氮素（A）			苹果渣+氮素+油渣（B）			B/A
	$\bar{x} \pm S$（g/kg）	△f（%）	△i（%）	$\bar{x} \pm S$（g/kg）	△f（%）	△i（%）	
不接菌（CK）	0.30 ± 0.01^a	50.0	–	0.37 ± 0.04^a	85.0	–	1.2
酵母菌（Y）	0.39 ± 0.02^{ab}	95.0	30.0	0.44 ± 0.07^a	120.0	18.9	1.1
黑曲霉（H）	0.49 ± 0.03^{ab}	145.0	63.3	0.50 ± 0.041^b	150.0	35.1	1.0
米曲霉（M）	0.42 ± 0.02^{ab}	110.0	40.0	0.47 ± 0.031^b	135.0	27.0	1.1
酵母菌+黑曲霉（Y+H）	0.50 ± 0.04^{ab}	150.0	66.7	0.53 ± 0.01^b	165.0	43.2	1.1
酵母菌+米曲霉（Y+M）	0.59 ± 0.05^b	195.0	96.7	0.64 ± 0.021^b	220.0	73.0	1.1

注：未发酵纯果渣原料活性肽含量为0.20 g/kg

由表3可以看出，原料A在不灭菌和不接种发酵剂的自然条件下，靠原料、空气及原料中的微生物自然接种，可以使苹果渣的活性肽含量由0.20g/kg增加到0.30g/kg，发酵增率△f为50.0%；接种酵母菌+米曲霉、酵母菌+黑曲霉、黑曲霉、米曲霉及酵母菌后，发酵产物中活性肽含量的发酵增率△f分别为195.0%、150.0%、145.0%、110.0%及95.0%；与不接种对照处理相比，接种引起的活性肽增率△i为30.0%~96.7%。原料B与之类似，特别是在接种酵母菌+米曲霉时，活性肽含量的发酵增率△f及接种增率△i分别为220.0%及73.0%，增幅明显。

2.2.2 灭菌发酵（表4）

表4 在灭菌条件下发酵产物活性肽含量及其增率

组别	苹果渣+氮素（A）				苹果渣+氮素+油渣（B）				B/A
	$\bar{x} \pm S$（g/kg）	△f（%）	△i（%）	△s（%）	$\bar{x} \pm S$（g/kg）	△f（%）	△i（%）	△s（%）	
不接菌（CK）	0.41 ± 0.03^a	105.0	–	36.7	0.57 ± 0.13^a	185.0	–	54.1	1.4
酵母菌（Y）	0.64 ± 0.02^{ab}	220.0	56.1	64.1	0.79 ± 0.02^{ab}	295.0	38.6	79.5	1.2
黑曲霉（H）	0.80 ± 0.11^{bc}	300.0	95.1	63.3	0.83 ± 0.14^{ab}	315.0	45.6	66.0	1.0
米曲霉（M）	0.69 ± 0.05^{bc}	245.0	68.3	64.3	0.71 ± 0.07^{ab}	255.0	24.6	51.1	1.0
酵母菌+黑曲霉（Y+H）	0.82 ± 0.02^{bc}	310.0	100.0	64.0	0.96 ± 0.22^{ab}	380.0	68.4	81.1	1.2
酵母菌+米曲霉（Y+M）	0.75 ± 0.00^c	275.0	82.9	27.1	0.80 ± 0.081^b	300.0	40.4	25.0	1.1

注：未发酵纯果渣原料活性肽含量为0.20g/kg

由表4看出，在灭菌发酵中，接菌处理能大幅提高发酵产物活性肽含量。在原料A中，向苹果渣接种各供试菌株发酵产物中活性肽含量为0.64~0.82g/kg，米曲霉、黑曲霉、米曲霉+酵母菌及黑曲霉+酵母菌处理与不接菌对照活性肽差异显著；发酵引起的活性肽增率△f为105.0%~310.0%，其中不接菌处理活性肽的增率△f为105.0%；在不同发酵剂处理中，接菌导致的活性肽增率△i为56.1%~100.0%，其中接种酵母菌+黑曲霉混菌时活性肽含量较对照增加100.0%，增幅明显。在原料B中，发酵产物中活性肽含量高达0.57~0.96g/kg，发酵导致的增率△f为185.0%~380.0%，接菌引起的活性肽增率△i为38.6%~68.4%。

2.2.3 原料灭菌及添加油渣对发酵产物中活性肽含量的影响 由表 4 中灭菌增率△s 可以看出，在灭菌条件下发酵产物活性肽的含量均明显大于自然发酵产物活性肽含量，原料 A 和原料 B 灭菌增率△s 分别为 27.1%~64.3% 和 25.0%~81.1%，说明灭菌能显著提高发酵产物活性肽含量。由表 3、表 4 可以看出，在未灭菌条件及灭菌条件下，原料 B 发酵产物活性肽含量与原料 A 差异不大，原料 B 的发酵增率略高于原料 A。由此可见，原料中添加油渣对提高发酵产物活性肽含量及发酵增率有一定影响。

2.3 发酵产物水溶性蛋白质含量

2.3.1 自然发酵（表 5） 由表 5 可以看出，在自然发酵条件下，原料 A 不接种发酵剂，仅靠原料及空气中的微生物自然接种，就可以使苹果渣的水溶性蛋白质含量由 2.08g/kg 提高到 2.54g/kg，增率△f 为 22.1%；接种酵母菌 + 米曲霉、米曲霉、酵母菌 + 黑曲霉及黑曲霉后，发酵产物中水溶性蛋白质含量较未发酵纯果渣分别提高 172.6%、151.4%、119.2% 及 57.2%；与不接种对照处理相比，除接种酵母菌后水溶性蛋白质含量较对照下降 1.6% 外，其余发酵剂接种引起的水溶性蛋白质增率△i 为 28.7%~123.2%。原料 B 与之类似，特别是在接种米曲霉（M）时，水溶性蛋白质含量的发酵增率△f 及接菌增率△i 分别为 230.3% 及 161.2%，增幅明显。

表 5 自然发酵产物水溶性蛋白质含量及其增率

处理	苹果渣+氮素（A）			苹果渣+氮素+油渣（B）			B/A
	$\bar{x} \pm S$（g/kg）	△f（%）	△i（%）	$\bar{x} \pm S$（g/kg）	△f（%）	△i（%）	
不接菌（CK）	2.54 ± 0.50[a]	22.1	–	2.63 ± 0.32[a]	26.4	–	1.0
酵母菌（Y）	2.50 ± 0.15[ab]	20.2	-1.6	3.58 ± 0.31[ab]	72.1	36.1	1.4
黑曲霉（H）	3.27 ± 0.04[ab]	57.2	28.7	3.51 ± 0.531[b]	68.8	33.5	1.1
米曲霉（M）	5.23 ± 0.22[ab]	151.4	105.9	6.87 ± 0.41[b]	230.3	161.2	1.3
酵母菌+黑曲霉（Y+H）	4.56 ± 0.60[ab]	119.2	79.5	5.40 ± 0.03[b]	159.6	105.3	1.2
酵母菌+米曲霉（Y+M）	5.67 ± 0.41[b]	172.6	123.2	5.93 ± 0.34[b]	185.1	125.5	1.0

注：未发酵纯果渣原料水溶性蛋白质含量为 2.08g/kg

2.3.2 灭菌发酵（表 6） 由表 6 可以看出，在灭菌发酵中，发酵能显著增加产物中水溶蛋白含量。在原料 A 中，发酵导致的水溶性蛋白质增率△f 为 130.3%~569.2%，其中不接菌。

表 6 灭菌发酵产物水溶性蛋白质含量及其增率

组别	苹果渣+氮素（A）				苹果渣+氮素+油渣（B）				B/A
	$\bar{x} \pm S$（g/kg）	△f（%）	△i（%）	△s（%）	$\bar{x} \pm S$（g/kg）	△f（%）	△i（%）	△s（%）	
不接菌（CK）	4.79 ± 0.06[a]	130.3	–	88.6	4.85 ± 0.05[a]	133.2	–	84.4	1.0
酵母菌（Y）	5.94 ± 0.41[b]	185.6	24.0	137.6	7.89 ± 0.14[b]	279.3	62.7	120.4	1.3
黑曲霉（H）	10.80 ± 0.10[c]	419.2	125.5	230.3	14.87 ± 0.50[b]	614.9	206.6	323.6	1.4
米曲霉（M）	9.46 ± 0.37[d]	354.8	97.5	80.9	10.61 ± 0.49[c]	410.1	118.8	54.4	1.1
酵母菌+黑曲霉（Y+H）	8.63 ± 0.32[e]	314.9	80.2	89.3	13.58 ± 0.16[d]	552.9	180.0	151.5	1.6
酵母菌+米曲霉（Y+M）	13.92 ± 0.69[f]	569.2	190.6	145.5	12.29 ± 0.09[d]	490.9	153.4	107.3	0.9

注：未发酵纯果渣原料水溶性蛋白质含量为 2.08g/kg

处理水溶性蛋白质的增率△f为130.3%，与固态发酵期间曲霉孢子落入并生长有关。接菌处理能大幅提高发酵产物水溶性蛋白质含量，向苹果渣接种各供试菌株发酵所得水溶性蛋白质含量为5.94~13.92g/kg，与不接菌对照组差异显著（$P<0.05$），接菌导致的水溶性蛋白质增率△i为24.0%~190.6%，其中接种酵母菌＋米曲霉时水溶性蛋白质含量含量较对照增加190.6%，增幅明显。在原料B中，发酵产物中水溶性蛋白质含量为4.85~14.87g/kg，增率△f为133.2%~614.9%；与不接菌对照组相比，接菌导致的水溶性蛋白质增率△i为62.7%~206.6%，差异显著（$P<0.05$）。

2.3.3　原料灭菌及添加油渣对发酵产物中水溶性蛋白质含量的影响　由表6中灭菌增率△s可以看出，在灭菌条件下发酵产物水溶性蛋白质的含量均明显大于自然发酵产物水溶性蛋白质含量，原料A和原料B的灭菌增率△s分别为80.9%~230.3%和54.4%~323.6%，增幅明显，说明灭菌处理能显著提高发酵产物水溶性蛋白质含量。由表5、表6可以看出，在自然及灭菌条件下，原料B与原料A发酵产物水溶性蛋白质含量存在一定差异。在自然发酵中，单接酵母菌、米曲霉时，原料B中水溶性蛋白质含量是原料A的1.4倍、1.3倍，灭菌发酵与之类似。此外，灭菌发酵中原料B、原料A的发酵增率△f分别为133.2%~614.9%、130.3%~569.2%，即原料B的发酵增率高于原料A，表明原料中添加油渣有助于提高发酵产物中的水溶性蛋白质含量及发酵增率。

3　结论与讨论

本研究发现，以苹果渣为主要原料进行固态发酵可以显著提高发酵产物中水溶性蛋白质、游离氨基酸及活性肽含量；发酵产物中上述活性成分含量高低与发酵中微生物作用、原料组成、供试菌株种类及灭菌处理等因素密切相关。目前，动物蛋白质营养研究已经由粗蛋白营养研究、氨基酸营养研究发展至肽营养研究阶段。已有研究表明，在动物对蛋白质的吸收与利用过程中，游离氨基酸是最直接的吸收形式，肽（尤其是小肽）也起到十分重要的作用。施用晖等报道，在蛋鸡日粮中添加0.3%的大分子酪蛋白肽后，提高了蛋鸡的产蛋率和饲料转换效率；许金新等报道，通过肽与游离氨基酸吸收部位的互补，可达到氨基酸的最优摄取，小肽作为生理调节物在动物的消化代谢中起着非常重要的作用。单体氨基酸能够取代完整蛋白的数量是有限的，直接吸收较大分子肽也是必要的，因而可通过游离氨基酸及肽类的添加来提高蛋白质的吸收利用率。目前，苹果渣发酵蛋白饲料研究的重点是提高发酵产物中蛋白质含量，而对发酵饲料中游离氨基酸研究很少，尚无关于发酵饲料中活性肽的研究报道。本文重点研究了以苹果渣为原料发酵所得发酵饲料中水溶性蛋白质、活性肽及游离氨基酸含量及影响因素，其结果可为果渣发酵饲料工艺设计及品质评价研究提供新的科学依据。文中提及的"水溶性蛋白质"是指发酵产物沸水提取时，滤液中用考马斯亮蓝法测定的蛋白质含量；"活性肽"则指水溶性蛋白质提取液加入沉淀剂，沉淀大分子真蛋白后滤液中残留的小分子肽。鉴于目前尚无水溶性蛋白及活性肽的标准测定方法，本研究暂将上述方法的测定结果定义为发酵产物水溶性蛋白质及活性肽含量，其可行性有待进一步研究确定。

参考文献共11篇（略）

原文发表于《饲料工业》，2011，32（12）：35-39.

马铃薯渣单细胞蛋白发酵饲料活性物质含量
及影响因素研究

任雅萍[1]，薛泉宏[2]，方尚瑜[1]，来航线[2]

（1.西北农林科技大学生命科学学院，陕西杨凌　712100；

2.西北农林科技大学资源环境学院，陕西杨凌　712100）

摘要：研究供试发酵剂、原料组成及灭菌方式对马铃薯渣发酵单细胞蛋白饲料中游离氨基酸，活性肽及水溶性蛋白质含量的影响，为薯渣发酵饲料品质研究提供新的科学依据。以未发酵纯薯渣原料作为对照，设发酵剂、灭菌方式及原料组成3个因素，采用固态发酵及比色法对发酵产物进行品质分析。结果表明，发酵产物游离氨基酸含量为 3.29~11.77g/kg，较对照原料增加 68.7%~503.6%；生物活性肽含量为 0.84~2.72g/kg，较对照原料增加 366.7%~1411.1%；水溶性蛋白质含量为 3.28~7.68g/kg，较对照原料增加 120.1%~415.4%。采用混菌发酵、在原料中添加油渣和氮素及灭菌处理对提高马铃薯渣发酵饲料游离氨基酸、生物活性肽以及水溶性蛋白质含量有显著影响。

关键词：马铃薯渣；发酵饲料；游离氨基酸；生物活性肽；水溶性蛋白质

Study on the Content of Active Substance in Single Cell Protein Feed Fermentation of Potato Residue and Its Influence Factors

REN Ya-ping[1], XUE Quan-hong[2], FANG Shang-yu[1], LAI Hang-xian[2]

(1.College of Life Science, Northwest A&F University, Yangling, Shaanxi 712100, China;

2. College of Natural Resources and Environment, Northwest A&F University, Yangling, Shaanxi 712100, China)

Abstract: In order to provide new scientific basis for the research on the quality of fermented feed from potato residue, this paper research the effect of fermentation agent, raw material composition and sterilization methods on the content of free amino acids, effect of bioactive peptides and water soluble

---

基金项目："十一五"国家科技支撑计划项目（2007BAD89B16）资助。

第一作者：任雅萍（1985—），女，陕西澄城人，研究方向为微生物资源与利用。

通信作者：薛泉宏（1957—），男，陕西白水人，教授，博士生导师，主要从事放线菌资源研究。E-mail: xueqhong@public.xa.sn.cn。

protein in potato residue fermented single cell protein feed. With the raw materials control of not fermented potato residue, the experiment set 3 factors of fermentation agent, sterilization method and raw material compositions, and the fermented production quality were analisied by solid state fermentation and colorimetry. The results showed that the content of free amino acid, bioactive peptide and water soluble protein in fermentation product were 3.29~11.77g/kg, 0.84~2.72g/kg and 3.28~7.68g/kg, and increased 68.7%~503.6%, 366.7%~1 411.1%, 120.1%~ 415.4%, respedtively, compared with the control of raw materials. Complex fermentation, adding oil residue and nitrogen in raw materials and sterilizing had significant effect on the content of free amino acid, bioactive peptide and water soluble protein in potato residue fermented feed.

Key words: potato residue; fermented feed; free amino acid; bioactive peptides; water soluble protein

马铃薯渣含有大量纤维素、果胶及少量蛋白质等可利用成分，向马铃薯渣中添加合适的氮源，经微生物发酵可将其中的碳水化合物转化为单细胞蛋白，提高其营养价值。单细胞蛋白生产周期短、不受季节和气候影响，发酵产物中除蛋白质外还有多种酶、维生素及活性肽等对动物营养具有重要作用的活性成分，但目前国内外尚未对马铃薯渣单细胞蛋白发酵饲料中的活性成分进行研究，有关研究主要集中在提高薯渣发酵产物的蛋白质含量上。本文以马铃薯渣为原料，重点探索接菌、加氮及灭菌处理对马铃薯渣发酵蛋白饲料中游离氨基酸、活性肽及水溶性蛋白质含量的影响，旨在为马铃薯渣单细胞蛋白发酵饲料营养评价提供科学依据。

1 材料与方法

1.1 材料

1.1.1 菌种 酵母菌（*Yeast*）、黑曲霉 A8（*Aspergillusniger* A8）及米曲霉（*Aspergillusoryzae*）由西北农林科技大学资源环境学院微生物资源研究室提供。

1.1.2 原料 马铃薯渣：由甘肃农科院提供，自然条件下风干；油渣粉；尿素。发酵混合原料组成：原料 A：干薯渣：尿素 =19：1；原料 B：干薯渣：油渣粉：尿素 =17：2：1；发酵原料制备：原料 A（B）：自来水 =1：1.5。

1.1.3 培养基 PDA 固体培养基。

1.2 方法

1.2.1 酵母菌悬液制备 向 250mL 三角瓶中装入 50mL PDA 培养基灭菌，待冷凝后将活化好的酵母菌悬液 1mL 接入该瓶中，用金属刮铲涂匀后于 28℃下培养 3d，向瓶中加 100mL 无菌水制得菌悬液，经血球计数板测定，其活菌数为 3.3×10^7 CFU/mL。

1.2.2 黑曲霉 A8 及米曲霉孢子悬液制备 向 250mL 三角瓶中装入 50mL PDA 培养基灭菌，待冷凝后将活化好的黑曲霉 A8 及米曲霉接入装有 PDA 培养基的三角瓶，于 28℃下培养 5d，向瓶中加 100mL 无菌水制得孢子悬液，经血球计数板测定，其孢子数分别为 6.2×10^7 CFU/mL、5.7×10^7 CFU/mL。

1.2.3 固态发酵

1.2.3.1 方案 本试验设发酵剂、灭菌方式及原料组成 3 个因素。发酵剂设不接菌（CK）、单接酵母菌（Y）、单接黑曲霉（H）、单接米曲霉（M）、酵母菌 + 黑曲霉（YH）、酵母菌 + 米曲霉（YM）6 个处理。灭菌方式设不灭菌（CK）和灭菌两个处理；原料组成：设原料 A（薯渣 + 氮素）和原料 B（薯渣 + 氮素 + 油渣）两种类型。试验共 24 个处理，每处理重复 3 次，以未发酵纯薯渣原料作为对照。

1.2.3.2　方法　按照 1.1.2 中的比例配制发酵原料，然后分别称取 48.5g 发酵原料于 150mL 组培瓶中，盖上瓶盖，121℃下灭菌 30min，冷却至室温，接入发酵剂（单菌接种量为 5mL，混菌各 2.5mL），用灭菌竹签搅匀，28℃下培养 72h，发酵结束后将样品在 45℃下鼓风烘干并粉碎备用。

1.2.4　发酵产物中活性物质测定

1.2.4.1　游离氨基酸含量测定：称样品 1.000g 于小三角瓶中，加蒸馏水 20mL，加盖小漏斗在水浴锅上沸浴，维持 15min；加饱和 $CaCl_2$ 2mL，100g/L KH_2PO_4 4mL，待出现白色絮凝物后，充分摇匀过滤，取滤液 0.5mL 定容至 50mL，采用茚三酮比色法测定样品中游离氨基酸含量。

1.2.4.2　活性肽含量测定：将 1.2.4.1 中的提取液稀释适当倍数，采用考马斯亮蓝比色法测定样品中活性肽含量。

1.2.4.3　水溶性蛋白质含量测定：称样品 0.500g 于小三角瓶中，加蒸馏水 10mL，加盖小漏斗后在水浴锅上沸浴，维持 15min，充分摇匀后过滤，将滤液稀释适宜倍数后，采用考马斯亮蓝比色法测定其水溶性蛋白质的含量。

1.3　结果计算

$$发酵增率 \triangle f（\%）= \frac{发酵产物游离氨基酸含量 - 未发酵原料游离氨基酸含量}{未发酵原料游离氨基酸含量} \times 100$$

$$发酵增率 \triangle i（\%）= \frac{接菌处理发酵产物游离氨基酸含量 - 未接菌对照游离氨基酸含量}{未接菌对照游离氨基酸含量} \times 100$$

$$灭菌增率 \triangle s（\%）= \frac{灭菌处理发酵产物游离氨基酸含量 - 未灭菌处理发酵产物游离氨基酸含量}{未灭菌处理发酵产物游离氨基酸含量} \times 100$$

活性肽及水溶性蛋白质含量增率计算与之相同。

2　结果与分析

2.1　不同处理发酵产物游离氨基酸含量

2.1.1　原料未灭菌直接发酵时发酵产物　由表 1 可以看出，在原料不灭菌的自然发酵条件下，原料 A 即使不接种发酵剂，单靠原料及空气中的微生物自然接种，就可以使马铃薯渣的游离氨基酸含量由 1.95g/kg 提高到 2.76g/kg，增率为 41.6%；接种黑曲霉（H）、酵母菌（Y）、酵母菌 + 黑曲霉（YH）、米曲霉（M）和酵母菌 + 米曲霉（YM）后，发酵产物中游离氨基酸含量较未发酵纯薯渣分别提高 89.2%、78.5%、49.7%、48.7% 和 25.6%，接种引起的游离氨基酸增率为 5.1%~33.7%，接种酵母菌 + 米曲霉后游离氨基酸含量较对照下降 11.2%，这可能与米曲霉及酵母菌对游离氨基酸的大量利用有关。原料 B 与之类似，特别是在接种黑曲霉时，游离氨基酸含量较不接种对照提高 113.5%，与黑曲霉具有形成、分泌蛋白酶的能力有关。

表 1　未灭菌条件下发酵产物游离氨基酸含量及其增率　　　　　　　　（g/kg；%）

处理	薯渣+氮素（A）			薯渣+氮素+油渣（B）			B/A
	$\bar{x}\pm S$（g/kg）	△f（%）	△i（%）	$\bar{x}\pm S$（g/kg）	△f（%）	△i（%）	
不接菌（CK）	2.76 ± 0.07d	41.6	–	2.97 ± 0.18e	52.3	–	1.1
酵母菌（Y）	3.48 ± 0.061b	78.5	26.1	5.47 ± 0.40b	180.5	84.2	1.6
黑曲霉（H）	3.69 ± 0.54a	89.2	33.7	6.34 ± 0.41a	225.1	113.5	1.7
米曲霉（M）	2.90 ± 0.00c	48.7	5.1	3.27 ± 0.17d	67.7	10.1	1.1
酵+黑（YH）	2.92 ± 0.03c	49.7	5.8	3.51 ± 0.21c	80.0	18.2	1.2
酵+米（YM）	2.45 ± 0.19e	25.6	–11.2	2.78 ± 0.10f	42.6	–6.4	1.1

注：①同列数据后标不同小写字母者表示差异显著（$P<0.05$）。下表同；②未发酵纯薯渣原料游离氨基酸含量为 1.95g/kg

表 2　灭菌条件下发酵产物游离氨基酸含量及其增率　　　　　　　　（g/kg；%）

处理	薯渣+氮素（A）				薯渣+氮素+油渣（B）				B/A
	$\bar{x}\pm S$（g/kg）	△f（%）	△i（%）	△s（%）	$\bar{x}\pm S$（g/kg）	△f（%）	△i（%）	△s（%）	
不接菌（CK）	3.93 ± 0.19e	101.5	42.4	–	7.07 ± 0.16e	262.6	–	138.1	1.8
酵母菌（Y）	4.11 ± 0.25d	110.8	4.5	18.1	7.76 ± 0.13d	298.0	9.7	41.9	1.9
黑曲霉（H）	9.48 ± 0.45a	386.2	141.2	156.9	11.77 ± 0.32a	503.6	66.5	85.7	1.2
米曲霉（M）	5.33 ± 1.08b	173.3	35.6	83.8	9.79 ± 0.74b	402.1	38.5	199.4	1.8
酵+黑（YH）	5.08 ± 1.05c	160.5	29.3	74.0	7.90 ± 0.25c	305.1	11.7	125.1	1.6
酵+米（YM）	3.29 ± 0.11f	68.7	–16.3	34.3	9.68 ± 0.16b	396.4	37.0	248.2	2.9

注：未发酵纯薯渣原料游离氨基酸含量为 1.95g/kg

2.1.2　原料灭菌后接种发酵产物　由表 2 可以看出，在灭菌原料发酵中，接菌也可大幅提高发酵产物游离氨基酸含量。在原料 A 中，向马铃薯渣接种各供试菌株发酵所得游离氨基酸含量为 3.29~9.48g/kg，差异显著；发酵导致的游离氨基酸增率为 68.7%~386.2%，其中不接菌处理游离氨基酸的增率为 101.5%，与固态发酵期间黑曲霉孢子落入并生长有关（样品烘干处理时在 CK 中发现有黑曲霉生长）；在不同发酵剂处理中，接菌导致的游离氨基酸增率为 –16.3%~141.2%，其中酵母菌 + 米曲霉处理的游离氨基酸含量低于对照 CK，接种黑曲霉时游离氨基酸含量较对照增加 141.2%，增幅明显。

在原料 B 中，发酵产物中游离氨基酸含量高达 7.07~11.77g/kg，较对照的增率为 262.6%~503.6%，接菌导致的游离氨基酸增率为 9.7%~66.5%，且仍以黑曲霉引起的增率最高。

2.1.3　原料灭菌及添加油渣对发酵产物中游离氨基酸含量的影响　由表 2 中灭菌增率 △s 可以看出，在灭菌条件下，发酵产物游离氨基酸含量均明显大于未灭菌处理原料 A 和原料 B 的灭菌增率分别为 18.1%~156.9% 和 41.9%~248.2%，增幅明显，说明原料灭菌能显著提高发酵产物游离氨基酸含量。即用马铃薯渣发酵生产单细胞蛋白饲料时，应采取灭菌处理，以杀死薯渣中的杂菌，使接入菌生长繁殖不受影响，同时，灭菌后的薯渣在营养上更有利于微生物的吸收利用和菌体繁殖，从而提高单细胞蛋白产量。但灭菌会增加生产成本，在工业生产中是否采用灭菌工艺，应根据效益核算结果确定。由表1、表2可以看出，在不灭菌条件及灭菌条件下，原料B发酵产物游离氨基酸含量分别是A原料的1.1~1.7倍及1.2~2.9倍，且发酵增率普遍高于原料A，说明原料中添加油渣有助于提高发酵产物中的游离氨基酸含量及发酵增率。

2.2 不同处理发酵产物活性肽含量

2.2.1　原料不灭菌直接发酵时发酵产物　由表3可以看出，在原料不灭菌的自然发酵条件下，原料A即使不接种发酵剂，单靠原料及空气中的微生物自然接种，就可以使马铃薯渣的活性肽含量由0.18g/kg增加到0.24g/kg，增率为33.3%；接种米曲霉（M）、酵母菌+米曲霉（YM）、酵母菌（Y）、黑曲霉（H）及酵母菌+黑曲霉（YH）后，发酵产物中活性肽含量较未发酵纯薯渣分别提高161.1%、144.4%、111.1%、72.2%及50.0%，接种引起的活性肽增率为12.5%~95.8%。原料B与之类似，特别是在接种黑曲霉时，活性肽含量较不接种对照提高100.0%，增幅明显，黑曲霉强大的产酶能力能降解薯渣中的纤维素和半纤维素，使其转化成利于消化吸收的低分子糖、小肽和氨基酸。

表3　未灭菌条件下发酵产物活性肽含量及其增率　　　　　　　　　　（g/kg；%）

处理	薯渣+氮素（A）			薯渣+氮素+油渣（B）			B/A
	$\bar{x} \pm S$（g/kg）	△f（%）	△i（%）	$\bar{x} \pm S$（g/kg）	△f（%）	△i（%）	
不接菌（CK）	0.24 ± 0.08a	33.3	–	0.71 ± 0.02e	294.4	–	3.0
酵母菌（Y）	0.38 ± 0.02a	111.1	58.3	0.85 ± 0.00d	372.2	19.7	2.2
黑曲霉（H）	0.31 ± 0.09a	72.2	29.2	1.42 ± 0.00a	688.9	100.0	4.6
米曲霉（M）	0.47 ± 0.00a	161.1	95.8	0.73 ± 0.06e	305.6	2.8	1.6
酵+黑（YH）	0.27 ± 0.03a	50.0	12.5	0.93 ± 0.06c	416.7	31.0	3.4
酵+米（YM）	0.44 ± 0.08a	144.4	83.3	1.11 ± 0.24b	516.7	56.3	2.5

注：未发酵纯薯渣原料活性肽含量为0.18g/kg

表4　灭菌条件下发酵产物活性肽含量及其增率　　　　　　　　　　（g/kg；%）

处理	薯渣+氮素（A）				薯渣+氮素+油渣（B）				B/A
	$\bar{x} \pm S$（g/kg）	△f（%）	△i（%）	△s（%）	$\bar{x} \pm S$（g/kg）	△f（%）	△i（%）	△s（%）	
不接菌（CK）	0.49 ± 0.26d	172.2	–	104.2	1.31 ± 0.20e	627.8	–	84.5	2.7
酵母菌（Y）	1.04 ± 0.22b	477.8	112.2	173.7	2.13 ± 0.05b	1 083.3	62.6	150.6	2.0
黑曲霉（H）	1.00 ± 0.11c	455.6	104.1	222.6	1.64 ± 0.15c	811.1	25.2	15.5	1.6
米曲霉（M）	0.84 ± 0.07d	366.7	71.4	78.7	1.42 ± 0.22d	688.9	8.4	94.5	1.7
酵+黑（YH）	1.34 ± 0.17a	644.4	173.5	396.3	2.72 ± 0.69a	1 411.1	107.6	192.5	2.0
酵+米（YM）	0.99 ± 0.07b	450.0	102.0	125.0	1.70 ± 0.04c	844.4	29.8	53.2	1.7

注：未发酵纯薯渣原料活性肽含量为0.18g/kg

2.2.2 原料灭菌后接种发酵时发酵产物 由表4看出，在灭菌原料发酵中，接菌处理能大幅提高发酵产物活性肽含量，在原料A中，向马铃薯渣接种各供试菌株发酵所得活性肽含量为0.84~1.34g/kg，差异显著；发酵导致的活性肽增率为366.7%~644.4%，其中不接菌处理活性肽的增率为172.2%，在不同发酵剂处理中，接菌导致的活性肽增率为71.4%~173.5%，其中接种酵母菌+黑曲霉（YH）混菌时活性肽含量较对照增加173.5%，增幅明显。在原料B中，发酵产物中活性肽含量高达1.31~2.72g/kg，发酵导致的增率△f为627.8%~1411.1%，接菌导致的活性肽增率△i为8.4%~107.6%。

2.2.3 原料灭菌及添加油渣对发酵产物中活性肽含量的影响 由表4中灭菌增率△s可以看出，灭菌条件下发酵产物活性肽的含量均明显大于未灭菌条件下发酵产物活性肽含量，原料A和原料B灭菌增率分别为78.7%~396.3%和15.4%~150.6%，说明灭菌能显著提高发酵产物活性肽含量。由表3、表4可以看出，在未灭菌条件及灭菌条件下，原料B发酵产物活性肽含量均大于原料A，且活性肽含量分别是A原料的1.6~3.4倍及1.7~2.7倍，发酵增率也普遍高于原料A。由此可见，原料中添加油渣有助于提高发酵产物活性肽含量及发酵增率。

2.3 不同处理发酵产物水溶性蛋白质含量

2.3.1 原料不灭菌直接发酵时发酵产物 由表5可以看出，在原料不灭菌的自然发酵条件下，原料A即使不接种发酵剂，单靠原料及空气中的微生物自然接种，就可以使马铃薯渣的水溶性蛋白质含量由1.49g/kg提高到2.31g/kg，增率为55.1%；接种酵母菌（Y）、酵母菌+米曲霉（YM）、米曲霉（M）、及黑曲霉（H）后，发酵产物中水溶性蛋白质含量较未发酵纯薯渣分别提高118.1%、114.8%、112.8%、96.0%和29.5%，接种引起的水溶性蛋白质增率为−16.5%~40.7%，其中接种黑曲霉后水溶性蛋白质含量较对照下降16.5%。原料B与之类似，特别是在接种酵母菌+黑曲霉（YH）时，水溶性蛋白质含量较不接种对照提高406.1%，增幅明显。

表5 未灭菌条件下发酵产物水溶性蛋白质含量及其增率 （g/kg；%）

处理	薯渣+氮素（A）			薯渣+氮素+油渣（B）			B/A
	$\bar{x} \pm S$（g/kg）	△f（%）	△i（%）	$\bar{x} \pm S$（g/kg）	△f（%）	△i（%）	
不接菌（CK）	2.31±0.07d	55.1	–	4.55±0.08f	205.4	–	2.0
酵母菌（Y）	3.25±0.03a	118.1	40.7	5.16±0.04d	246.3	13.4	1.6
黑曲霉（H）	1.93±0.09e	29.5	−16.5	5.73±0.15b	284.6	26.0	3.0
米曲霉（M）	2.92±0.00c	96.0	26.4	4.64±0.03e	211.4	2.0	1.6
酵+黑（YH）	3.20±0.09ab	114.8	38.5	7.54±0.09a	406.1	65.7	2.4
酵+米（YM）	3.17±0.08b	112.8	37.2	5.63±0.0lc	277.9	23.7	1.8

注：未发酵纯薯渣原料水溶性蛋白质含量为1.49g/kg

表6　灭菌条件下发酵产物水溶性蛋白质含量及其增率　　　　　　　　　（g/kg；%）

处理	薯渣+氮素（A）				薯渣+氮素+油渣（B）				B/A
	$\bar{x} \pm S$（g/kg）	△f（%）	△i（%）	△s（%）	$\bar{x} \pm S$（g/kg）	△f（%）	△i（%）	△s（%）	
不接菌（CK）	2.78±0.17d	86.6	–	20.4	5.17±0.11d	247.0	–	13.6	1.9
酵母菌（Y）	3.78±0.01a	153.7	36.0	16.3	6.78±0.04c	355.0	31.1	31.4	1.8
黑曲霉（H）	3.28±0.13c	120.1	18.0	70.0	6.82±0.01c	357.7	31.9	19.0	2.1
米曲霉（M）	3.33±0.05c	123.5	19.8	14.0	7.21±0.00b	383.9	39.5	55.4	2.2
酵+黑（YH）	3.69±0.04b	147.7	32.7	15.3	7.68±0.08a	415.4	48.6	1.9	2.1
酵+米（YM）	3.31±0.01c	122.2	19.1	4.4	7.20±0.01b	383.2	39.3	27.9	2.2

注：未发酵纯薯渣原料水溶性蛋白质含量为1.49g/kg

2.3.2　原料灭菌后接种发酵时发酵产物　由表6可以看出，在灭菌原料发酵中，接菌处理能大幅提高发酵产物水溶性蛋白质含量，在原料A中，向马铃薯渣接种各供试菌株发酵所得水溶性蛋白质含量为3.28~3.78g/kg，差异显著；发酵导致的水溶性蛋白质增率为120.1%~153.7%，其中不接菌处理水溶性蛋白质的增率为86.6%，与固态发酵期间黑曲霉孢子落入并生长有关；在不同发酵剂处理中，接菌导致的水溶性蛋白质增率为18.0%~36.0%，其中接种酵母菌时含量较对照增加36.0%，增幅明显。在原料B中，发酵产物中水溶性蛋白质含量高达5.17~7.68g/kg，较对照的增率为247.0%~415.4%，接菌导致的水溶性蛋白质增率为31.1%~48.6%。

2.3.3　原料灭菌及添加油渣对发酵产物中水溶性　蛋白质含量的影响由表6中灭菌增率△s%可以看出，灭菌条件下发酵产物水溶性蛋白质的含量均明显大于不灭菌条件下发酵产物水溶性蛋白质含量，原料A和原料B的灭菌增率分别为4.4%~70.0%和1.9%~55.4%，增幅明显，说明灭菌处理能显著提高发酵产物水溶性蛋白质含量。由表5、表6可以看出，在未灭菌及灭菌条件下，原料B发酵产物水溶性蛋白质含量分别是原料A发酵产物的1.6~3.0倍及1.8~2.2倍，且B原料发酵增率普遍高于原料A，说明原料中添加油渣有助于提高发酵产物中的水溶性蛋白质含量及发酵增率；在未灭菌及灭菌条件下，原料B发酵产物水溶性蛋白质含量分别是原料A发酵产物的1.6~3.0倍及1.8~2.2倍，且B原料发酵增率普遍高于原料A，说明原料中添加油渣有助于提高发酵产物中的水溶性蛋白质含量及发酵增率。

3　结论

本研究表明，以马铃薯渣为主要原料进行固态发酵可以显著提高发酵产物中水溶性蛋白质、游离氨基酸及活性肽含量；发酵产物中上述活性成分含量高低与发酵过程、原料组成、供试菌株种类及灭菌处理等密切相关。

4　讨论

目前，动物蛋白质营养研究已从粗蛋白质营养研究、氨基酸营养研究发展到肽营养研究阶段。已有研究表明，在动物对蛋白质的吸收与利用过程中，游离氨基酸是最直接的吸收形式，肽尤其是小肽也起了十分重要的作用。施用晖等（1996）报道，在蛋鸡日粮中添加0.3%的大分子酪蛋白肽后，提高了蛋鸡的产蛋率和饲料转换效率；许金新等（2003）报道，通过肽与游离氨基酸吸收部位的互补，可达到氨基酸的最优摄取，小肽作为生理调节物在动物的消化代谢中起着非常重要的作用。单体氨基酸能够取代完整蛋白的数量是有限的，直接吸收较大分子的肽也是非常必要的，因而可通过游离氨基酸及肽类的添加来优化蛋白水平。此外，马铃薯发酵蛋白饲料的研究主要集中在提高蛋白质含量阶段，而有关蛋白饲料中游离氨基酸研究很少，尚无关于发酵饲料中活性肽的研究报道。

本试验重点研究了以马铃薯渣为原料发酵所得单细胞蛋白饲料中水溶性蛋白质、游离氨基酸及活性肽含量及影响因素，其结果将为薯渣发酵饲料品质研究提供新的科学证据。

本文所谓的"水溶性蛋白质"是指发酵产物沸水提取时滤液中用考马斯亮蓝法测定的蛋白质含量，"活性肽"则指水溶性蛋白质提取液加入沉淀剂沉淀大分子真蛋白后滤液中残留的小分子肽。鉴于目前尚无水溶性蛋白及活性肽的标准测定方法，本研究暂以文中方法。

参考文献共 2 篇（略）

原文发表于《饲料广角》，2011（4）：40-44.

苹果渣发酵饲料中性洗涤纤维含量及
影响因素研究

陈姣姣，来航线，马军妮，薛泉宏

（西北农林科技大学资源环境学院，陕西杨凌 712100）

摘要：试验探讨发酵对苹果渣发酵饲料中性洗涤纤维含量的影响。以白地霉、产朊假丝酵母、酵母及黑曲霉为供试菌种，以苹果渣为主料进行固态发酵；采用国标提出的中性洗涤纤维分析方法测定中性洗涤纤维含量。结果表明：① 苹果渣发酵饲料中含有大量中性洗涤纤维（NDF），不加玉米浆时，不灭菌发酵产物的 NDF 为 436.16~538.83g/kg，可用作饲料生产的 NDF 原料。② 加入发酵剂进行固态发酵可降低 NDF 含量。发酵产物 NDF 含量较苹果渣原料略有降低，但不同发酵剂处理产物的 NDF 含量差异不大，仅单接黑曲霉处理发酵产物 NDF 含量降幅较大。③ 加入玉米浆、灭菌对发酵产物 NDF 含量有一定降低作用。④ 用国标中性洗涤纤维测定方法所得发酵饲料 NDF 含量测值偏高，其 NDF 中残留蛋白质含量高达 30.70~53.32g/kg。苹果渣发酵饲料中的 NDF 含量较高，可用作饲料生产 NDF 原料；国标中性洗涤纤维测定方法不适合苹果渣发酵饲料中 NDF 含量测定，应对该方法进行改进，增加酶解除去发酵产物中蛋白质的措施。

关键词：苹果渣；发酵饲料；中性洗涤纤维

Influence Factors on the Neutral Detergent Fiber Contents
in Apple Pomace Fermented Feed

CHEN Jiao-jiao, LAI Hang-xian, MA Jun-ni, XUE Quan-hong

(College of Natural Resources and Environment, Northwest A&F University, Yangling, Shaanxi 712100, China)

Abstract: To explore the effect of fermentation on the neutral detergent fiber contents of fermented feed with apple pomace. Use *Geotrichum candidum, Candida utilis, Yeast, Aspergillus niger* as the tested strains, apple pomace as the main material for solid-state fermentation; The neutral detergent fiber contents

基金项目：国家科技支撑计划项目（2012BAD14B11）资助。

第一作者：陈姣姣，硕士，主要从事微生物资源利用研究。

通信作者：薛泉宏，教授，博士生导师。

were measured by the national standard method. The results showed that, ① Fermented feedstuff of pomace contain large amounts of the neutral detergent fiber (NDF). The NDF contents of fermentation products without corn syrup and non-sterilization were 436.16~538.8 g/kg, which can be used as feedstuff of NDF materials. ② The strains can decrease the contents of NDF in the solidstate fermentation. The NDF contents of fermentation product less slightly decreased than the raw materials, but had no difference in different strains treatments and were larger decline with aspergillus niger alone. ③ The corn syrup and sterilization had certain decreasing effect on the NDF contents of fermentation products. ④ The NDF contents were relative high by the national standard method, including the protein contents were as high as 30.70~53.32 g/kg. The NDF contents of apple pomace fermented feed is relatively high, so that can be used as material of NDF for feedstuff; The national standard method were not suitable in fermented apple pomace for the NDF contents, which should been improved to optimize methods that add to the enzyme to dissolve the protein of the fermented production.

Key words: apple pomace; fermented feed; neutral detergent fiber

目前我国普遍采用的养殖模式为高能精饲料喂养。精饲料中蛋白质等主要成分对畜禽养殖的重要性不言而喻，但饲料中的纤维成分对维持畜禽营养及健康必不可少。研究表明，精饲料日粮中性洗涤纤维（NDF）过低，导致奶牛物质代谢障碍，乳脂率下降及易出现亚急性瘤胃酸中毒，引发母猪便秘及胃溃疡等问题。

适当提高 NDF 水平可弥补精饲料不足，达到促进瘤胃发酵，提高纤维消化率，改善母猪繁殖性能等效果。NDF 主要通过影响干物质采食量、瘤胃发酵内环境及营养成分消化率等达到维持畜禽健康的目的。NDF 是国内外公认的评价饲料营养价值的重要指标之一。苹果渣是果汁加工副产品，主要由果皮、果核和残留果肉组成，富含碳水化合物及矿物质等多种营养物质，是重要的饲料原料，但苹果渣中蛋白质含量很低。

现有研究重点集中在提高苹果渣发酵饲料的蛋白质含量的发酵工艺优化，而对其中的 NDF 研究甚少。本文重点研究苹果渣固态发酵对其发酵产物中 NDF 的影响，旨在为 NDF 饲料原料开发及苹果渣发酵饲料营养品质综合评价提供科学依据。

1　材料与方法

1.1　材料

供试菌种：黑曲霉 UA8（*Asper-gillasniger*，缩写为 An）、白地霉 B1410（*Geotrichum candidum*，缩写为 Gc）、产朊假丝酵母 C1314（*Candi-dautilis*，缩写为 Cu）及酵母菌（*Yeast*，缩写为 Y）均由西北农林科技大学资源环境学院微生物资源研究室保存。培养基：黑曲霉 UA8 活化及孢子悬液制备分别用 PDA 固体培养基及麸皮培养基；白地霉 B1410、产朊假丝酵母 C1314、酵母菌活化及液体菌种制备分别用 PDA 固体培养基及 PDA 液体培养基。

发酵原料：烘干苹果渣（陕西眉县恒兴果汁有限公司提供），玉米浆（商惠酒精厂提供），尿素在市场购买。原料 A 为苹果渣：尿素 =19：1；原料 B 为苹果渣：玉米浆干粉：尿素 =17：2：1。

1.2 方法

发酵液制备：4 株供试菌种经 PDA 固体斜面活化后，用无菌水制成菌悬液，将白地霉、产朊假丝酵母及酵母菌悬液接入 PDA 液体培养基中，28℃，120r/min 培养 72h，通过血球计数法测定细胞悬液浓度，再用无菌水稀释至 4.09×10^8 CFU/mL、2.78×10^8 CFU/mL、4.50×10^8 CFU/mL；黑曲霉接入麸皮固体培养基 28℃培养 72h，待孢子大量形成后加入无菌水制备孢子悬液，用无菌纱布过滤后加无菌水调节孢子量为 4.32×10^8 CFU/mL。

方案：设发酵剂、灭菌及原料 3 个因素。发酵剂共 8 种：黑曲霉（An）、白地霉（Gc）、产朊假丝酵母（Cu）、酵母（Y）单菌发酵剂 4 种；白地霉 + 产朊假丝酵母（GcCu）、白地霉 + 黑曲霉（GcAn）、产朊假丝酵母 + 黑曲霉（CuAn）及酵母 + 黑曲霉（YAn）混菌发酵剂 4 种。灭菌：设 120℃，30min 湿热灭菌和不灭菌自然发酵 2 种处理。原料设 A（不添加玉米浆干粉）和 B（10% 玉米浆干粉）2 个处理。以未接菌处理作为对照，以烘干纯苹果渣作为发酵原料对照，每处理重复 3 瓶。

固态发酵：称取原料 A、B 各 50.000g，按料水比 1∶2 加水拌匀，加入到 600mL 组培瓶中，不灭菌处理直接接入发酵剂（单菌接种量为 6mL，混菌各 3mL），灭菌处理经 120℃，30min 湿热灭菌，待冷却后按同样接种量接入发酵剂。接种后充分混匀，28℃培养 72h，40℃烘干粉碎备用。

NDF 测定：准确称取固态发酵烘干粉碎样品 0.500g，加入 100mL 中性洗涤剂及 2~3 滴正辛醇，盖上玻璃漏斗，快速煮沸并持续保持微沸 1h。样品消煮完毕趁热过滤，先用热水冲洗至洗液中无泡沫，抽干后用丙酮冲洗至滤液无色，再用乙醚冲洗 2 次，最后将玻璃沙漏斗和剩余物放入 105℃烘箱烘干至恒重。

中性洗涤纤维及发酵产物中残留蛋白质测定：称取 NDF 测定烘干剩余物 0.200g 于小三角瓶中，常规凯氏法消煮，半微量法定氮，再乘以系数 6.25 换算为纯蛋白质。用相同方法测定发酵产物中蛋白质含量。结果计算：NDF 发酵增率（Δf）、接菌增率（Δi）、灭菌增率（Δs）、玉米浆增率（Δr）用下式计算：

$$\Delta f\,(\%) = \frac{C_f - C_o}{C_o} \times 100 \qquad\qquad 式（1）$$

$$\Delta i\,(\%) = \frac{C_i - C_{ck}}{C_{ck}} \times 100 \qquad\qquad 式（2）$$

$$\Delta s\,(\%) = \frac{C_s - C_n}{C_n} \times 100 \qquad\qquad 式（3）$$

$$\Delta r\,(\%) = \frac{C_b - C_a}{C_a} \times 100 \qquad\qquad 式（4）$$

式（1）中，C_o、C_f 分别表示苹果渣原料、发酵产物 NDF 含量；式（2）中，C_{ck}、C_i 分别表示未接菌、接菌发酵后 NDF 含量；式（3）中，C_n、C_s 分别表示未灭菌、灭菌发酵产物 NDF 含量。式（4）中，C_a、C_b 分别表示原料 A、B 发酵产物 NDF 含量。以上公式中 NDF 单位均为 g/kg。

1.3 数据分析

采用 SAS 软件中的 ANOVA 程序对数据进行方差分析。

2 结果与分析

2.1 不同发酵剂发酵产物的 NDF（表 1、表 2）

表 1 自然发酵产物 NDF 含量

项目	苹果渣+氮素（A）			苹果渣+氮素+油渣（B）		
	x̄±S（g/kg）	△f（%）	△i（%）	x̄±S（g/kg）	△f（%）	△i（%）
不接菌（CK）	451.87±25.56[b]	−8.6	−	450.14±22.94ab	−9.0	−
黑曲霉（An）	436.16±2.95[b]	−11.8	−3.5	444.37±6.76[a]	−10.2	−1.3
产朊假丝酵母（Cu）	538.83±27.75[a]	8.9	19.2	477.07±27.76ab	−3.5	6.0
白地霉（Gc）	499.96±26.91ab	1.1	10.6	462.00±17.09ab	−6.6	2.6
酵母（Y）	507.92±51.27ab	2.7	12.4	496.73±13.8[a]	0.4	10.3
GcCu	444.26±12.83[b]	−10.2	−17	491.72±39.08[a]	−0.6	9.2
CuAn	462.00±38.16[b]	−6.6	2.2	488.64±20.83ab	−1.2	8.6
GcAn	493.03±16.44ab	−0.3	9.1	464.31±54.1ab	−6.1	3.1
YAn	463.72±24.68[b]	−6.2	2.6	480.04±7.04ab	−2.9	6.6

注：未发酵纯苹果渣原料 NDF 含量为 494.61g/kg。同列数据肩标字母相同表示差异不显著（$P>0.05$），字母不同表示差异显著（$P<0.05$）。下表同。

表 2 灭菌发酵产物 NDF 含量

项目	苹果渣+氮素（A）			苹果渣+氮素+油渣（B）		
	x̄±S（g/kg）	△f（%）	△i（%）	x̄±S（g/kg）	△f（%）	△i（%）
不接菌（CK）	446.60±19.28ab	−9.7	−	472.59±74.01[a]	−4.5	−
黑曲霉（An）	397.61±23.86[b]	−19.6	−11.0	414.67±12.86[a]	−16.2	−12.3
产朊假丝酵母（Cu）	451.10±19.04ab	−8.8	1.0	463.61±40.55[a]	−6.3	−1.9
白地霉（Gc）	448.50±22.18ab	−9.3	0.4	463.38±16.47[a]	−6.3	−2.0
酵母（Y）	496.67±18.48ab	0.4	11.2	469.02±9.52[a]	−5.2	−0.8
GcCu	435.33±21.57[b]	−12.0	−2.5	518.00±28.84[a]	4.7	9.6
CuAn	482.41±6.78ab	−2.5	8.0	466.27±18.97[a]	−5.7	−1.3
GcAn	472.76±9.09[a]	−4.4	5.9	433.76±29.2[a]	−12.3	−8.2
YAn	444.00±12.17ab	−10.2	−0.6	439.87±24.95[a]	−11.1	−6.9

由表 1 可知，在未灭菌自然发酵条件下，苹果渣发酵产物具有较高的 NDF 含量。在原料 A 中，发酵产物的 NDF 含量为 436.16~538.83g/kg，单菌发酵剂产朊假丝酵母、白地霉、酵母及混菌发酵剂黑曲霉+白地霉发酵产物的 NDF 含量为 493.03~538.83g/kg，高于其余单菌及混合发酵剂（436.16~462.00g/kg）（$P<0.05$）；单菌黑曲霉 An 及其他混菌发酵可使产物中的 NDF 下降 11.8% 及 0.3%~10.2%。在原料 B 中，发酵产物的 NDF 为 444.37~496.73g/kg，不同发酵剂发酵产物的

NDF 含量均无显著差异（$P>0.05$），且较纯苹果渣原料的 NDF 下降 0.6%~10.6%（酵母菌除外）；在所有接种剂中，两种原料均以单接黑曲霉 An 处理发酵产物中的 NDF 含量最低。

由表 2 看出，采用灭菌发酵模式时，发酵产物中的 NDF 含量及在发酵中的变化与自然发酵类似。在原料 B 中，发酵产物中的 DNF 为 414.67~518.00g/kg，除接种 GcCu 外，其余发酵剂及对照处理的发酵增率 Δf 及接菌增率 Δi 均降低，且各发酵剂之间无差异显著（$P>0.05$）。在原料 A 中，发酵产物中的 DNF 为 397.61~496.67g/kg，除 An 外，其余发酵剂处理的 NDF 均无显著差异。以单接 An 处理发酵产物中的 NDF 含量降低幅度最大，原料 A、B 的 NDF 较不接菌对照分别降低 11.0%、12.3%。

在表 1、表 2 中，发酵增率 Δf 表示发酵产物与发酵原料纯苹果渣的差异，接菌增率 Δi 表示接入发酵剂与不接发酵剂时发酵产物中的 NDF 的差异。从表 1、表 2 看出，与苹果渣原料相比，在发酵过程中部分 NDF 分解，导致发酵产物中的 NDF 含量降低；与不接菌相比，接种不同发酵剂时 NDF 含量略有差异，但大部分差异未达到显著水平。

2.2　灭菌对 NDF 含量的影响

表 3　灭菌及玉米浆对 NDF 含量的影响

项目	灭菌增率Δs（%）		玉米浆增率Δr（%）	
	苹果渣+尿素（A）	苹果渣+尿素+玉米浆（B）	自然发酵	灭菌发酵
不接菌（CK）	-1.2	5.0	-0.4	5.8
黑曲霉（An）	-8.8	-6.7	-11.0	4.3
产朊假丝酵母（Cu）	-16.3	-2.8	-11.5	2.8
白地霉（Gc）	-10.3	0.3	-7.6	3.3
酵母（Y）	-2.2	-5.6	-22	-5.6
GcCu	-2.0	5.3	10.7	19.0
CuAn	4.4	-4.6	5.8	-3.3
GcAn	-4.1	-6.6	-5.8	-8.2
YAn	-4.2	-8.4	3.5	-0.9

由表 3 Δs 看出，灭菌可降低发酵产物中的 NDF 含量。在原料 A 中，除接种发酵剂 CuAn 的 NDF 较未灭菌处理略有增加（4.4%）外，其余发酵剂接种处理 NDF 含量较未灭菌处理降低 1.2%~16.3%；在原料 B 中，除 CK、接种剂 GcCu 及 Gc 的灭菌增率略有增加外，其余接种处理的降幅为 2.8%~8.4%。

2.3　玉米浆对 NDF 的影响

由表 3 Δr 可知，玉米浆对发酵产物中的 NDF 的影响与接菌、灭菌处理有密切的关系。在自然发酵条件下，单接菌处理添加玉米浆发酵产物中的 NDF 含量降低，混菌发酵大部分处理 NDF 含量增加（CuAn 除外）。在灭菌条件下，混菌发酵处理添加玉米浆发酵产物中的 NDF 含量降低（GcCu 除外），单接菌则相反。因此，在添加玉米浆时，应均衡考虑其他条件。

2.4 中性洗涤纤维中的残留蛋白质

蛋白质是由氨基酸构成的高分子物质，仅在酸、碱或蛋白酶的作用下发生水解反应。本试验采用国标提出的中性洗涤纤维分析方法缺少除去蛋白质的处理措施，由此推测，用该方法获得的中性洗涤纤维中会含有较多的残留蛋白质。表4测定结果证实，由4种代表性发酵产物处理得到的中性洗涤纤维中确实含有较多蛋白质。

表4　灭菌处理原料B发酵产物及其中性洗涤纤维中蛋白质含量

项目	样品		蛋白质残留率（%）
	发酵产物（g/kg）	蛋白质含量（g/kg）	
不接菌（CK）	97.70 ± 2.28^a	30.70 ± 1.21^a	31.4
黑曲霉（An）	143.85 ± 4.30^a	53.32 ± 3.32^d	37.1
酵母（Y）	128.08 ± 7.83^b	48.71 ± 4.39^b	38.0
YAn	130.55 ± 0.19^b	52.21 ± 3.19^b	40.0

从表4可知，由灭菌处理原料B及其发酵产物所得中性洗涤纤维中的残留蛋白质含量为30.70~53.32g/kg，且接菌处理蛋白质残留率高于不接菌对照。

3　讨论

本试验采用白地霉、产朊假丝酵母、酵母及黑曲霉组成的8种发酵剂进行苹果渣固态发酵。供试菌种对发酵原料NDF有两种影响，其一，发酵初期细胞呼吸和菌体的生长繁殖导致可溶性、碳水化合物被分解利用，残留物为难以降解的组分，NDF质量分数增加；其二，发酵过程中由于纤维素酶等水解酶作用NDF含量降低，菌体蛋白形成，蛋白质含量提高。黑曲霉生长繁殖过程中合成的大量胞外纤维素复合酶，将纤维素分解为小分子糖类，可达到大幅度降低NDF含量的作用。白地霉、产朊假丝酵母及酵母菌主要作用是将底物中的非蛋白氮及黑曲霉糖化的小分子糖类转化为菌体蛋白，以达到提高蛋白质及降低NDF含量的效果。但这些菌种不产纤维素酶，故对NDF含量的降低幅度很小。苹果渣原料中加入玉米浆为微生物提供了丰富的营养条件。在灭菌发酵条件下，黑曲霉与酵母便形成了互利共生关系，酵母菌消耗黑曲霉酶解产生的简单糖用于自身的生长繁殖，同时，简单糖的利用降低了小分子糖对黑曲霉纤维素酶合成代谢的反馈抑制作用，促进了菌体生长和产酶代谢，提高了纤维素酶活性，促进了中性洗涤纤维水解，导致NDF下降。

经灭菌处理原料熟化，有利于灭菌处理中接入菌快速生长及水解酶类合成，促进了发酵产物中大分子碳水化合物水解。因此，灭菌处理下的发酵产物NDF含量低于自然发酵。采用国标中性洗涤纤维分析方法对发酵产物进行分析，发现经该方法处理后的中性洗涤纤维中的蛋白质残留量达到30.70~53.32g/kg，远高于被认为是饲粮纤维的细胞壁镶嵌蛋白或细胞壁蛋白的含量。推测残渣中的蛋白质可能是中性洗涤剂不能溶解的大分子蛋白及微生物细胞蛋白。故采用国标法测定结果会高估发酵饲料中NDF含量。建议对该法进行改进研究，增加蛋白质的水解过程，消除残留蛋白质对测值的影响，以准确反映发酵饲料中的NDF含量。

4 结论

苹果渣发酵饲料中的 NDF 含量较高,可作为 NDF 原料用于饲料生产;发酵对苹果渣原料中的
NDF 有降低作用;采用国标提出的中性洗涤纤维测定方法测定苹果渣发酵产物中的 NDF 含量时,
所得 NDF 测值偏高,其中的残留蛋白质较高。应对该方法进行改进研究,增加蛋白质酶解措施。

参考文献共 14 篇(略)

原文发表于《饲料工业》,2015,36(3):16-20.

原料及发酵剂对苹果渣发酵饲料酵母菌活菌数及纯蛋白质含量的影响

郭志英，郭俏，来航线，薛泉宏

（西北农林科技大学资源环境学院，陕西杨凌 712100）

摘要：采用固态发酵法研究了原料及发酵剂组成对苹果渣发酵产物中酵母菌活菌数与纯蛋白质含量的影响。结果表明：① 在苹果渣中添加油渣或豆粕均可提高发酵产物中酵母菌活菌数和纯蛋白质含量，其中添加油渣效果优于豆粕。在酵母菌与黑曲霉的混菌发酵中，苹果渣 + 油渣处理的纯蛋白含量较苹果渣对照提高 40.1%，酵母菌为 1.88×10^{10} CFU/g。② 采用混合发酵剂时，发酵产物中的酵母菌数量均高于酵母菌单独接种，且适当加大酵母菌接种量（*Candida utilis*：*Aspergillas niger*=10：1）能大幅度提高发酵产物中酵母菌活菌数和纯蛋白质含量。③ 苹果渣发酵产物中酵母菌活菌数与纯蛋白质含量的变化趋势相同，即能提高纯蛋白含量的工艺措施对酵母菌活菌数有同样的增加作用。

关键词：苹果渣；发酵饲料；单细胞蛋白；黑曲霉；酵母菌

Study on the Effect of Material and Microbe Composition on Pure Protein Content and Viable Yeast Cunts in Apple Pomace's Fermentation Feedstuff

GUO Zhi-ying, GUO Qiao, LAI Hang-xian, XUE Quan-hong

(College of Natural Resources and Environment, Northwest A&F University, Yangling, Shaanxi 712100, China)

Abstract: The study was conducted to investigate the effect of material and microbe composition on pure protein content and viable yeast counts in apple pomace's solid-state fermentation feedstuff. The result showed that: ① When adding oil foot or legumin to apple pomace, pure protein content and viable yeast counts in fermentation product were higher than those of pure apple pomace respectively,and adding oil foot had a

基金项目：国家科技支撑计划项目（2012BAD14B11）资助。

第一作者：郭志英（1982—），女，山西祁县人，研究方向为农业微生物学。

通信作者：薛泉宏（1957—），男，陕西白水人，教授，博士生导师，主要从事放线菌资源研究，E-mail: xueqhong@public.xa.sn.cn。

better effect; When fermentated with yeast (*Candida utilis*, Cu) and *Aspergillus niger* (UA8), the increment rate of pure protein content in the fermentation product of apple pomace and oil was 40.1% compared with that in the fermentation product of apple pomace, and the viable yeast counts was $1.88×10^{10}$ CFU/g. ② Both pure protein content and viable yeast counts in fermentation product inoculated with mixed-strains were higher than those in fermentation product inoculated with single-strain respectively. Additionally, appropriate increase in proportion of yeast Cu to UA8(Cu∶UA8=10∶1) could raise the protein content of fermentation product and viable yeast counts. ③ The pure protein content and viable yeast counts in apple pomace's fermentation feedstuff showed a similar tendency, and the fermentation technology that could increase pure protein content of fermentation product had the same effect on the viable yeast counts.

Key words: apple pomace; fermentation feedstuff; single cell protein; *Aspergillus niger*; *Yeast*

我国为苹果生产大国，年产量近 2 000 万 t，苹果汁加工中每年排出鲜苹果渣 100 多万 t。目前仅有少部分果渣被用于发酵饲料生产，其余部分直接烘干用作饲料原料。苹果渣含水量约 80%，其干物质中蛋白质含量仅 3%~5%，直接作饲料营养价值较低。但苹果渣中含有少量可溶糖、维生素及矿质元素，大量果胶质、纤维素及半纤维素等高分子碳水化合物等营养成分，是微生物的良好营养基质。采用特定工艺通过微生物发酵可提高苹果渣中蛋白质含量，将苹果渣转化为营养丰富的蛋白质饲料，对缓解我国饲料蛋白资源缺乏，促进畜牧业发展具有重要意义。近年已有较多以苹果渣为原料生产蛋白饲料的发酵工艺研究，其目的是提高发酵产物中的蛋白质含量，而其中对发酵产物中酵母菌活菌数的关注不多。酵母菌体及其代谢产物具有多种促生抗病功能，因此发酵饲料中的酵母菌活菌数量也是影响发酵饲料营养品质的重要因素之一，目前对发酵产物中酵母菌活菌数量的研究不多。本文重点研究原料及发酵剂菌种组成对发酵产物中酵母菌活菌数及纯蛋白质含量的影响，旨在为苹果渣发酵饲料生产工艺优化及发酵产物营养品质综合评价提供科学依据。

1 材料与方法

1.1 材料

原料：苹果渣，由陕西乾县海升果汁厂提供。豆粕，市场购买。

菌种：黑曲霉 UA8（*Aspergillus niger*）、产朊假丝酵母 C1314（*Candida utilis*，缩写为 Cu）由西北农林科技大学资源环境学院微生物资源研究室提供。

菌种活化培养基：PDA 固体培养基。

1.2 方法

UA8 孢子悬液制备：将活化好的 UA8 斜面管制成菌悬液，接入装有 50mL PDA 固体培养基的三角瓶中培养 3d，向三角瓶中加 100mL 无菌水（含 0.5g/L 吐温与石英砂）用无菌刮铲刮取孢子，摇匀，血球板测得悬液的孢子数为 $3.7×10^8$ 个 /mL。

酵母菌 Cu 菌悬液制备：将活化好的 Cu 斜面管中加入少量无菌水制得菌悬液，转移到 100mL 无菌水瓶中（含 0.5g/L 的吐温与石英砂），摇匀，血球板测得菌悬液活菌数为 $3.9×10^8$ 个 /mL。

方案与操作：试验设 A、B 两个方案，以探索不同处理对发酵产物纯蛋白质含量及酵母菌数的影响。A. 原料影响：设 3 种发酵原料：苹果渣；苹果渣：油渣为 7∶3；苹果渣：豆粕为 7∶3。

方法：向组培瓶中分别加入上述原料各 15.00g，4g/L 硫酸铵溶液 40mL，4 层纱布包扎后，121℃灭菌 40min，冷却后接入菌悬液：单菌发酵接入 5mL Cu 菌悬液或 UA8 孢子悬液，混菌发酵接入 2.5mL Cu 菌悬液和 2.5mL UA8 孢子悬液，用无菌竹签充分搅匀，包扎后 28℃培养 3d，稀释平皿涂抹法测定发酵产物的酵母菌活菌数；同时用烘干法测定，40℃鼓风干燥后测定发酵产物含水量和纯蛋白质含量，酵母菌数测定结果及纯蛋白质含量均用干基表示。B. 混合发酵剂组成比例影响：设 4 种发酵剂组成，4 种原料比例。发酵剂酵母菌黑曲霉为分别为 0∶0；1∶1；10∶1；100∶1。

原料：苹果渣油渣组成比例分别为 10∶0；7∶3；8∶2；9∶1。方法：向组培瓶中分别加入上述干原料各 15.00g，4g/L 硫酸铵溶液 40mL，灭菌冷却后接入混合菌悬液 5mL（按不同比例先制得混合菌悬液），具体方法同方案 A。上述所有处理均重复 3 次，测定结果用平均值表示。

发酵产物纯蛋白质含量测定：将烘干样品粉碎，过筛，称取 0.300 0g 于小三角瓶中，加蒸馏水 10mL，在电炉上加热至微沸，维持 15min，加饱和的氯化钙 1mL，200g/L 磷酸氢二钾 1mL，待出现白色絮凝物后，充分摇匀过滤，再用 10mL 蒸馏水洗涤滤纸上的样品，直至洗出液无铵离子（用钠氏试剂检验），将滤纸连同滤物放入消煮管中，100℃烘干后各加入 8mL 浓硫酸，以小漏斗盖住消煮管口，120℃碳化 12h 后，用浓硫酸 - 过氧化氢法消煮完成后，选择适宜的稀释度用靛酚蓝比色法测定氮的含量，乘以系数 6.25 换算成蛋白质含量。

发酵产物含水量测定：采用烘干称重法测定。

发酵产物活菌数测定：采用稀释平板涂抹法测数。

结果计算：接入发酵剂处理较对照 CK 纯蛋白质增率用 △ck 表示；加入辅料（油渣或豆粕）处理较纯苹果渣对照纯蛋白质增率用 △ap 表示，分别用式（1）、式（2）计算。

$$\triangle ck（\%）=\frac{（接菌纯蛋白质含量 - 不接菌 CK 纯蛋白质含量）}{接菌纯蛋白质含量} \times 100 \qquad 式（1）$$

$$\triangle ap（\%）=\frac{（加辅料处理纯蛋白质含量 - 纯苹果渣纯蛋白质含量）}{接菌纯蛋白质含量} \times 100 \qquad 式（2）$$

2 结果与分析

2.1 原料组成及发酵剂对发酵产物酵母菌活菌数及纯蛋白质含量的影响（表 1）

2.1.1 原料组成 从表 1 看出，不同原料组成发酵产物酵母菌活菌数不同。混接 Cu+UA8 处理中，不同原料组成发酵产物酵母菌活菌数（10^8CFU/g）按苹果渣 + 油渣（188.1）>苹果渣 + 豆粕（145.0）>苹果渣（11.8）排列。由此可知，原料组成为苹果渣 + 油渣时，发酵产物中酵母菌活菌数为纯苹果渣的 16 倍。

表 1 原料及发酵剂组成对发酵产物中酵母菌活菌数与纯蛋白质含量的影响

发酵剂	纯蛋白质含量							酵母菌活菌数（10^8CFU/g）		
	苹果渣		苹果渣：油渣（7∶3）			苹果渣：豆粕（7∶3）				
	测值（g/kg）	△ck（%）	测值（g/kg）	△ck（%）	△ap（%）	测值（g/kg）	△ck（%）	△ap（%）	苹果渣	苹果渣：油渣（7∶3）	苹果渣：豆粕（7∶3）
CK	181.2	–	253.0	–	39.6	215.4	–	18.9	0	0	0

（续表）

| 发酵剂 | 纯蛋白质含量 | | | | | | | | 酵母菌活菌数（10^8CFU/g） | | |
| | 苹果渣 | | 苹果渣:油渣（7:3） | | | 苹果渣:豆粕（7:3） | | | 苹果渣 | 苹果渣:油渣（7:3） | 苹果渣:豆粕（7:3） |
	测值（g/kg）	△ck（%）	测值（g/kg）	△ck（%）	△ap（%）	测值（g/kg）	△ck（%）	△ap（%）			
Cu	212.9	17.3	312.5	23.5	46.8	256.4	19.0	20.4	2.3	3.6	1.2
UA8	242.9	33.8	320.3	26.6	31.9	258.1	19.8	6.3	0	0	0
Cu+UA8	246.9	36.0	345.8	37.8	40.1	271.7	26.1	10.0	11.8	188.1	145.0

从表1还可看出，不同原料组成发酵产物蛋白质含量不同。混接 Cu+UA8 处理中，不同原料组成发酵产物蛋白质含量（g/kg）排序为：苹果渣 + 油渣（345.8）＞苹果渣 + 豆粕（271.7）＞苹果渣（246.9），苹果渣 + 油渣、苹果渣 + 豆粕处理的纯蛋白含量分别较苹果渣对照提高 40.1%、10.0%；单接 Cu 与 UA8 时，纯蛋白质含量分别较苹果渣对照提高 46.8%、20.4% 与 31.9%、6.3%，即加入辅料油渣处理的纯蛋白质增率大于加入辅料豆粕。

2.1.2 发酵剂　从表1看出，不同发酵剂处理发酵产物中的酵母菌活菌数不同。原料组成为苹果渣 + 油渣时，Cu+UA8 混菌接种处理发酵产物中的酵母菌活菌数为 188.1 × 10^8 个 /g，而单接 Cu 处理中的酵母菌仅为 3.6 × 10^8 个 /g，混接处理中的酵母菌数为单接的 52 倍；在苹果渣 + 豆粕处理中，Cu+UA8 混菌接种处理发酵产物中的酵母菌活菌数为单接 Cu 处理的 121 倍。在纯苹果渣中亦有类似趋势。即混菌发酵剂处理发酵产物中的酵母菌活菌数远高于酵母菌单独接种。

从表1看出，不同发酵剂接种处理发酵产物中的纯蛋白质含量不同。原料组成为苹果渣 + 油渣时，发酵产物中的蛋白质含量（g/kg）按混接 Cu+UA8（345.8）＞单接 UA8（320.3）＞单接 Cu（312.5）排列；其他两种原料组成蛋白质含量排序与之类似。由此可知，混接 Cu+UA8 处理发酵产物中的纯蛋白质含量较高，在苹果渣、苹果渣 + 油渣及苹果渣 + 豆粕原料中，混菌接种较不接菌对照纯蛋白质含量分别提高 36.0%、37.8% 及 26.1%。

2.2　发酵剂及原料配比对发酵产物中的酵母菌活菌数及纯蛋白质含量的影响（表2）

表2　原料组成及混接比例（Cu：A8）对发酵产物中酵母菌活菌数及纯蛋白质含量的影响

酵母菌:黑曲霉		苹果渣：油渣										
		纯蛋白质含量							酵母菌活菌数（10^8CFU/g）			
		10:0	9:1		8:2		7:3		10:0	9:1	8:2	7:3
		测值（g/kg）	测值（g/kg）	△ap（%）	测值（g/kg）	△ap（%）	测值（g/kg）	△ap（%）				
0:0（CK）		142.0	217.1	52.9	240.2	69.2	256.4	80.6	0	0	0	0
1:1	测值	177.5	283.5	59.7	278.3	56.8	284.3	60.2	1.9	301	92	36
	△ck（%）	24.9	30.6		15.9		10.9					
10:1	测值	194.8	281.7	44.6	309.6	58.9	291.5	49.6	101.1	529	154	409
	△ck（%）	37.1	29.7		26.4		14.5					
100:1	测值	185.0	226.5	22.4	254.6	37.6	350.4	89.4	19.2	376	124	34
	△ck（%）	30.2	4.3		6.0		36.6					

2.2.1 原料配比 从表2看出，苹果渣与油渣配比不同时，发酵产物中的酵母菌活菌数不同。Cu与UA8按1∶1比例混接时，不同原料配比发酵产物中的酵母菌Cu活菌数（10^6个/g）按苹果渣∶油渣9∶1（301）>8∶2（92）>7∶3（36）>单纯苹果渣（1.9）排列。Cu与UA8按10∶1；100∶1混接时，Cu的菌数排序与之类似。添加油渣后酵母菌活菌数明显高于单纯苹果渣发酵，其中苹果渣与油渣比例为9∶1时酵母菌活菌数较多。由此可知，适当添加少量油渣量可使发酵产物中的酵母菌活菌数大幅度增加。

从表2看出，不同原料配比发酵产物中的纯蛋白质含量不同。Cu与UA8按10∶1比例混接时，不同原料配比发酵产物中的纯蛋白质含量（g/kg）按苹果渣∶油渣8∶2（309.6）>7∶3（291.5）>9∶1（281.7）>100纯苹果渣（194.8）排列；Cu与UA8混接比例为1∶1和100∶1时，蛋白质含量排序与之大致相似。由此可看出，添加油渣后发酵产物中的纯蛋白质含量大幅度增加，但不同配比之间差异不大。

2.2.2 发酵剂菌种组成比例 从表2看出，发酵剂菌种组成比例不同，发酵产物中的酵母菌活菌数也不同。原料组成为单纯苹果渣时，不同混接比例下，发酵产物中的酵母菌Cu活菌数（10^6个/g）按Cu∶UA8混接比例10∶1（101.1）>100∶1（19.2）>1∶1（1.9）排列；添加油渣后亦表现为混接比例10∶1时发酵产物中的酵母菌活菌数较多。由此可知，适当加大酵母菌的接种量（Cu∶UA8=10∶1）能提高发酵产物中的酵母菌活菌数。

从表2还可看出，发酵剂菌种组成不同时发酵产物中的纯蛋白质含量不同。原料为纯苹果渣时，混合发酵剂中菌种混合比例不同，发酵产物中的纯蛋白质含量（g/kg）差异不大，如Cu∶UA8为1∶1；10∶1及100∶1时，发酵产物中的纯蛋白质含量（g/kg）分别为177.5、194.8及185.0，较不接菌对照分别提高24.9%、37.1%及30.2%，表现为Cu∶UA8为10∶1时效果最好；在添加油渣后原料配比为8∶2，Cu∶UA8为1∶1；10∶1及100∶1时，发酵产物中的纯蛋白质含量分别较不接菌对照提高15.9%、26.4%及6.0%，亦表现出Cu∶UA8为10∶1时纯蛋白质增幅最大。

3 讨论

本研究结果表明，在苹果渣与油渣或者豆粕的不同原料组合中，混接处理的发酵产物中的酵母菌细胞数及纯蛋白质含量均高于单接酵母菌处理。其原因在于黑曲霉UA8产生的纤维素酶、蛋白酶及果胶酶等水解酶类可将苹果渣中的纤维素、果胶等碳水化合物及蛋白质水解为小分子糖及氨基酸等，为酵母菌的生长提供充足的碳能源、氮源及生长因子等，促进了酵母菌大量繁殖，进而导致发酵产物中的酵母菌活菌数及菌体蛋白质大幅度提高。混合菌剂中，当黑曲霉所占比例过高（Cu∶UA8=1∶1）或过低Cu∶UA8=100∶1）时，或因混菌发酵体系中黑曲霉大量生长，通过营养及空间竞争抑制酵母菌繁殖，或因接入的黑曲霉量过少，影响苹果渣中大分子碳水化合物水解为小分子糖类，造成营养不足，均可导致发酵产物中的酵母菌数量较少。

另外，本研究结果表明，以同样的比例向苹果渣中加入油渣及豆粕时，添加油渣处理的酵母菌数与纯蛋白质含量均高于豆粕，其原因与油渣中植物蛋白质含量较高，在黑曲霉产生的多种水解酶作用下形成的小分子氨基酸类物质，对酵母菌生长繁殖更为有利，所形成的酵母菌细胞及菌体蛋白均多有关。目前，对苹果渣发酵饲料的研究主要集中于提高发酵饲料中蛋白质含量的工艺优化及氨基酸变化，但对发酵产物中的酵母菌活细胞数关注不多，进而影响了对发酵产物营养价值的综合评价。酵母菌细胞中含有丰富的多种营养成分及 B 族维生素等活性成分，对动物具有直接营养作用，能促进肠道微生物繁殖并增强其活性，稳定胃肠道微生物区系，具有强化营养，提高免疫力和抗病促生功能；酵母菌细胞壁中大量存在的 β – 葡聚糖和甘露寡糖具有多种免疫功能。因此，发酵产物中的酵母菌细胞数量也是发酵产物营养品质的重要指标之一，该指标可反映发酵过程中酵母菌的繁殖量及其各种活性代谢产物累积量。本研究还发现，苹果渣发酵产物中的酵母菌活菌数与纯蛋白质含量具有相同的变化趋势，即能提高纯蛋白含量的工艺措施对酵母菌活菌数有同样的增加作用。该结果将为苹果渣固态发酵工艺优化提供重要的实验依据，并为发酵产物营养品质综合评价提供科学依据。

4　结论

在苹果渣中添加油渣和豆粕，采用酵母菌与黑曲霉混合发酵均能显著同步提高发酵产物中的酵母菌活菌数及纯蛋白质含量。其中添加油渣处理效果优于豆粕，且苹果渣与油渣比例为 9：1 时，发酵产物中的酵母菌活菌数及纯蛋白质含量均较高；采用混合发酵剂时，发酵产物中的酵母菌数量均高于酵母菌单独接种，且适当加大酵母菌接种量能大幅度提高发酵产物中的酵母菌活菌数和纯蛋白质含量，当酵母：菌黑曲霉为 10：1 比例时，发酵产物中的酵母菌活菌数及纯蛋白质含量均最高。

参考文献共 12 篇（略）

原文发表于《饲料工业》，2015，36（11）：40–43.

发酵条件对苹果渣发酵饲料中
4种水解酶活性的影响

任雅萍[1]，郭俏[2]，来航线[2]，陈姣姣[2]，薛泉宏[2]

(1.西北农林科技大学生命科学学院，陕西杨凌 712100；

2.西北农林科技大学资源环境学院，陕西杨凌 712100）

摘要：【目的】研究发酵菌种、原料组成及发酵原料灭菌处理对苹果渣发酵饲料中4种重要水解酶（蛋白酶、纤维素酶、果胶酶及植酸酶）活性的影响。【方法】以酵母菌（*Yeast*）、黑曲霉A8（*Aspergillus niger* A8）和米曲霉（*Aspergillus oryzae*）为发酵菌剂，通过单一菌种及双菌混合接种方法，分别对2种原料（原料A为苹果渣+尿素，原料B为苹果渣+尿素+油渣粉）在自然发酵（原料不灭菌）和灭菌发酵（原料121℃灭菌30min）条件下进行固态发酵，利用比色法测定发酵产物中的蛋白酶、纤维素酶、果胶酶及植酸酶4种水解酶的活性。【结果】发酵可大幅度提高发酵产物中影响饲料消化利用率的4种重要水解酶活性，且混合发酵剂对发酵产物中4种水解酶活性的提高作用优于单菌发酵，添加油渣粉和原料灭菌处理有助于提高发酵产物中4种水解酶的活性。在灭菌和添加油渣粉工艺条件下，在发酵产物中：蛋白酶活性58.85~368.43U，发酵增率67.7%~949.6%，接菌增率109.4%~526.0%，灭菌增率22.2%~118.6%；纤维素酶活性3 617.53~6 278.22U，发酵增率13.8%~97.6%，接菌增率2.3%~73.5%，灭菌增率8.3%~63.9%；果胶酶活性203.20~358.47U，发酵增率34.5%~137.4%，接菌增率26.4%~76.4%，灭菌增率为17.1%~64.8%；植酸酶活性19.45~54.96U，发酵增率336.1%~1 132.3%，接菌增率41.4%~182.6%，灭菌增率1.2%~92.0%。【结论】混菌发酵、添加油渣粉以及发酵原料灭菌处理对提高苹果渣发酵饲料中的蛋白酶、纤维素酶、果胶酶及植酸酶活性均有显著作用。

关键词：苹果渣；固态发酵；蛋白酶活性；纤维素酶活性；果胶酶活性；植酸酶活性

基金项目：陕西省科技统筹创新工程项目（2015KTTSNY03-06）；国家科技支撑计划项目（2012BAD14B11）。

第一作者：任雅萍（1985—），女，陕西澄城人，硕士，研究方向为微生物资源与利用。

E-mail: renyaping19850618@163.com。

通信作者：薛泉宏（1957— ），男，陕西白水人，教授，主要从事微生物资源利用研究。

E-mail: xuequanhong@163.com。

Effect of Fermention Conditions on the Four Hydrolases in Apple Pomace Fermented Feed

REN Ya-ping[1], GUO Qiao[2], LAI Hang-xian[2], CHEN Jiao-jiao[2], XUE Quan-hong[2]

(1.College of Life Sciences, Northwest A&F University, Yangling, Shaanxi 712100, China;

2.College of Natural Resources and Environment, Northwest A&F University, Yangling, Shaanxi 712100, China)

Abstract: 【Objective】The study investigated the effects of microbial inoculums, auxiliary materials and sterilization of material on activities of 4 important hydrolases (protease, cellulose, pectinase and phytase) in fermentation product of apple pomace. 【Method】Apple pomace with different auxiliary materials (urea or urea and oil residue) was fermented with three fungal species, yeast, *Aspergillus niger* A8 and *Aspergillus oryzae*. The effects of microbial inoculums (single-strain fermentation and mixed-strains fermentation), auxiliary materials and sterilization of material on activities of 4 important hydrolases (protease, cellulose, pectinase and phytase) were analyzed by colorimetric spectroscopy. 【Result】The activities of the 4 hydrolases were increased significantly in fermentation product of apple pomace. The activities of all 4 hydrolases in mixed-strains fermentation product were much higher than in the single-strain fermentation product. Adding oil residues and sterilization significantly improved the activities of protease, cellulose, pectinase and phytase. In the fermentation product of sterilized material containing oil residues, the activities of protease, cellulose, pectinase and phytase reached 58.85~368.43 U, 3 617.53~6 278.22 U, 203.20~358.47 U, and 19.45~54.96 U, respectively. The fermentation rates were increased by 67.7%~949.6%, 13.8%~97.6%, 34.5%~137.4%, and 336.1%~1 132.3%, the activities with microbial inoculation were increased by 109.4%~526.0%, 2.3%~73.5%, 26.4%~76.4%, and 41.4%~182.6%, and the activities in fermentation product of sterilized material were 22.2%~118.6%, 8.3%~63.9%, 17.1%~64.8%, and 1.2%~92.0%, respectively. 【Conclusion】Mixed-strains fermentation, auxiliary materials (oil residues) and sterilization of material significantly improved activities of protease, cellulose, pectinase and phytase in fermentation product of apple pomace.

Key words: apple pomace; fermented feed; protease activity; cellulose activity; pectinase activity; phytase activity

我国是世界上苹果产量最多的国家之一，年产量在 2 000 万 t 以上，每年由果汁加工而产生的苹果渣达 120 万 t。苹果渣含水量约 80%，其干物质中蛋白质含量仅占 3%~5%，直接用作饲料营养价值较低，提高苹果渣的营养品质已成为其作为饲料资源开发利用的关键。采用特定工艺通过微生物发酵提高苹果渣发酵产物的蛋白质含量及其营养价值，是苹果渣合理利用的重要途径之一。在苹果渣发酵饲料中，除蛋白质以外，发酵产生的蛋白酶、纤维素酶等水解酶类对动物营养也具有重要作用。已有研究表明，发酵饲料中存在的水解酶类可大幅度提高营养物质的消化利用率，促进家畜生长,增强动物免疫力。因此,在关注苹果渣发酵饲料中蛋白质品质及其发酵工艺优化的同时,进一步研究不同发酵工艺处理对果渣发酵饲料水解酶活性的影响,对苹果渣发酵饲料的品质评价也具有重要的意义。目前关于利用苹果渣发酵生产蛋白饲料的发酵工艺已有较多研究,但对苹果渣单细胞蛋白发酵饲料中的水解酶研究不多。张高波等探索了酵母菌与霉菌不同接种菌剂组合对苹果渣发酵饲料中蛋白酶和纤维素酶活性的影响,但对苹果渣固态发酵饲料中的果胶酶及植酸酶活性尚无报道,且关于发酵原料中辅料添加及原料灭菌处理对苹果渣发酵饲料中水解酶活性的影响尚无系统研究。本研究以苹果渣为原料,以酵母菌和2株霉菌(黑曲霉A8和米曲霉)为发酵剂,系统研究了发酵剂、原料组成及原料灭菌方式等3种因素不同组合处理对苹果渣发酵饲料中的蛋白酶、纤维素酶、果胶酶及植酸酶活性的影响,旨在为苹果渣发酵饲料品质评价及生产工艺优化提供科学依据。

1 材料与方法

1.1 材料

菌种:酵母菌(Yeast)、黑曲霉A8(Aspergillus niger A8)及米曲霉(Aspergillus oryzae),均由西北农林科技大学资源环境学院微生物资源研究室提供。

原料:干苹果渣(自然条件下风干),由陕西乾县海升果汁厂提供。油渣粉(油菜籽榨油后所余残渣粉碎而成),市场采购。发酵干原料:原料A为干苹果渣和尿素按质量比19∶1混合;原料B为干苹果渣、油渣粉和尿素按质量比17∶2∶1混合。

发酵湿原料:由发酵干原料与自来水按质量比1∶2混合。

培养基:马铃薯葡萄糖琼脂(PDA)培养基,其中含100g马铃薯,10g葡萄糖,7.5g琼脂,500mL水,121℃灭菌20min。

1.2 方法

1.2.1 发酵剂制备 向250mL三角瓶中装入50mL PDA灭菌培养基,待冷凝后将活化好的酵母菌悬液1mL接入该瓶中,用金属刮铲涂匀后于28℃下培养3d;向瓶中加100mL无菌水制得菌悬液。经血球计数板测定,其活菌数为$4.0×10^9$个/mL。按相同方法制备黑曲霉A8及米曲霉孢子悬液,于28℃下培养5d,所得孢子数分别为$8.7×10^8$CFU/mL和$1.1×10^9$CFU/mL。

1.2.2 固态发酵设计 设发酵剂、灭菌方式及原料组成3个因素,发酵剂设不接菌(CK1)、单接酵母菌(Y)、单接黑曲霉A8(H)、单接米曲霉(M)、酵母菌+黑曲霉A8(YH)、酵母菌+米曲霉(YM)6个处理;灭菌方式设自然发酵(原料不灭菌)和灭菌发酵(原料121℃灭菌30min)2个处理;原料组成设原料A(苹果渣+尿素)和原料B(苹果渣+尿素+油渣粉)2种类型。试验共24个处理,每处理重复3次,以未发酵纯苹果渣原料作为对照(CK)。

1.2.3 试验步骤 按照1.1节中的比例配制发酵原料,然后分别称取50.0g发酵湿原料于250mL组培瓶中,121℃下灭菌30min,冷却至室温,接入发酵剂(单菌接种量为5mL,混菌各2.5mL),用灭菌竹签搅匀,28℃下培养72h,发酵结束后将样品在45℃下鼓风烘干并粉碎备用。自然发酵中原料不灭菌直接接种。

1.3 发酵产物中水解酶活性的测定

1.3.1 蛋白酶 称烘干样品 1.000g 于三角瓶中，加 pH 为 7.2 磷酸缓冲液 20mL，40℃水浴保温 60min，过滤后选择适宜稀释倍数采用福林法测定蛋白酶活性。将 1.0g 发酵产物在 40℃下每 1min 水解干酪素产生 1μg 酪氨酸的酶活定义为 1 个蛋白酶活性单位，用 1U 表示。

1.3.2 纤维素 酶称烘干样品 0.500g 于三角瓶中，加蒸馏水 20mL，40℃水浴保温 45min，过滤后选择合适稀释倍数以羧甲基纤维素钠（CMC）为底物，用 DNS（3，5- 二硝基水杨酸）法测定还原糖含量，计算纤维素酶活性。将在 pH 为 5.0、40℃下每 1.0g 发酵产物在 1min 内水解 CMC 生成 1μg 葡萄糖的酶活性定义为 1 个纤维素酶活性（CMC 酶活）单位，用 1U 表示。

1.3.3 果胶酶 称烘干样品 0.500g 于三角瓶中，加 pH 为 4.8 乙酸 – 乙酸钠缓冲液 20mL，48℃水浴 45min，过滤后选择合适稀释倍数用 DNS（3，5- 二硝基水杨酸）法测定果胶酶的活性。将 1.0g 发酵产物在 48℃、pH 为 4.8 的条件下 1h 内水解果胶底物转化成 1mgD- 半乳糖醛酸的果胶酶活性定义为 1 个果胶酶活性单位，用 1U 表示。

1.3.4 植酸酶 称烘干样品 0.500g 于三角瓶中，加 pH 为 5.5 乙酸 – 乙酸钠缓冲液 20mL，37℃水浴 30min，过滤后选择合适的稀释倍数用偏钒酸铵法测定植酸酶活性。将 1.0g 发酵产物在植酸钠浓度为 5mmol/L、温度 37℃、pH 为 5.5 条件下反应 1min，从植酸钠中释放 1μmol 无机磷的植酸酶活性定义为 1 个植酸酶活性单位，用 1U 表示。

1.4 数据处理

以未发酵原料为对照，由发酵引起蛋白酶活性的增率称为发酵增率（Δf）；以未接菌处理为对照，由接菌引起蛋白酶活性的增率称为接菌增率（Δi）；以原料未灭菌处理为对照，由原料灭菌引起蛋白酶活性的增率称为灭菌增率（Δs）；蛋白酶活性的发酵增率（Δf）、接菌增率（Δi）和灭菌增率（Δs）均采用下式计算：

$$\Delta f/\Delta i/\Delta s = \frac{C_i - C_{CK}}{C_{CK}} \times 100\%$$

式中：C_{CK} 分别表示未发酵、未接菌及未灭菌处理的蛋白酶活性（U）；C_i 分别为发酵、接菌和灭菌处理的蛋白酶活性（U）。纤维素酶、果胶酶及植酸酶酶活性增率的计算与蛋白酶相同。

2 结果与分析

2.1 不同处理对苹果渣发酵产物中蛋白酶活性的影响

2.1.1 自然发酵 不同菌剂及辅料对未灭菌原料发酵产物中蛋白酶活性的影响结果见表 1。

表 1　不同菌剂及辅料对未灭菌原料发酵产物中蛋白酶活性的影响

处理	苹果渣+尿素（A）			苹果渣+尿素+油渣（B）			原种B活性/原种A活性
	活性（U）	Δf（%）	Δi（%）	活性（U）	Δf（%）	Δi（%）	
CK1	42.10 ± 1.84 a	19.9	–	48.15 ± 7.29 a	37.2	–	1.1
Y	59.03 ± 2.43 a	68.2	40.2	68.58 ± 1.19 b	95.4	42.4	1.2
H	95.18 ± 6.25 b	171.2	126.1	136.65 ± 5.96 b	286.5	181.7	1.4
M	75.93 ± 2.98 b	116.3	80.3	99.55 ± 1.11 c	183.6	106.7	1.3
YH	132.90 ± 2.71 bc	278.6	215.7	168.50 ± 6.43 c	380.1	294.9	1.3
YM	106.58 ± 1.79 c	203.6	153.1	140.80 ± 5.95 c	301.1	192.4	1.3

注：未发酵纯苹果渣的蛋白酶活性为 35.10U；同列数据后标不同小写字母者表示差异显著（$P<0.05$）

　　下表同由表 1 可以看出，在自然发酵条件下，原料 A 不接种发酵剂，单靠原料及空气中微生物自然接种，发酵产物的蛋白酶活性由未发酵纯苹果渣的 35.10U 提高到 42.10U，发酵增率（Δf）为 19.9%，而接种酵母菌＋黑曲霉 A8、酵母菌＋米曲霉、黑曲霉 A8、米曲霉及酵母菌后，发酵产物中的蛋白酶活性较未发酵纯果渣原料显著提高，其发酵增率（Δf）分别为 278.6%，203.6%，171.2%，116.3% 及 68.2%；与不接发酵剂的原料 A 相比，接种发酵剂处理的蛋白酶活性接种增率（Δi）为 40.2%~215.7%。原料 B 与之类似，特别是在接种酵母菌＋黑曲霉 A8 时，蛋白酶活性的发酵增率（Δf）及接菌增率（Δi）分别为 380.1% 及 249.9%，即原料中加入油渣粉能大幅度提高酵母菌＋黑曲霉 A8 发酵产物中的蛋白酶活性。

2.1.2　灭菌发酵　由表 2 可知，在灭菌条件下，发酵能大幅提高发酵产物的蛋白酶活性。在原料 A 中，发酵产物的蛋白酶活性为 55.70~246.05U，发酵增率（Δf）为 58.7%~601.0%。在不同发酵剂处理中，蛋白酶活性的接菌增率（Δi）为 57.5%~341.7%，其中接种酵母菌＋黑曲霉 A8 时蛋白酶活性较不接菌（CK1）增加 341.7%。在原料 B 中，发酵产物中的蛋白酶活性高达 58.85~368.43U，蛋白酶活性的发酵增率（Δf）为 67.7%~949.6%，接菌增率（Δi）为 109.4%~526.0%，且以酵母菌＋黑曲霉 A8 接种处理的接菌增率最高（526.0%）。

表 2　不同菌剂及辅料对灭菌原料发酵产物中蛋白酶活性的影响

处理	苹果渣+尿素（A）				苹果渣+尿素+油渣（B）				原种B活性/原种A活性
	活性（U）	Δf（%）	Δi（%）	Δs（%）	活性（U）	Δf（%）	Δi（%）	Δs（%）	
CK1	55.70 ± 5.06a	58.7	–	32.3	58.85 ± 1.70a	67.7	–	22.2	1.1
Y	87.73 ± 2.98a	149.9	57.5	48.6	123.25 ± 9.72a	251.1	109.4	79.7	1.4
H	187.05 ± 2.84ab	432.9	235.8	96.5	223.03 ± 5.95ab	535.4	279.0	64.4	1.2
M	165.40 ± 4.02be	371.2	196.9	117.8	175.88 ± 4.71be	401.1	198.9	76.7	1.1
YH	246.05 ± 2.74c	601.0	341.7	85.1	368.43 ± 2.78be	949.6	526.0	118.6	1.5
YM	203.88 ± 4.44c	480.8	266.0	91.3	235.53 ± 6.19c	571.0	300.2	67.3	1.2

注：未发酵纯苹果渣的蛋白酶活性为 35.10U

2.1.3　原料　灭菌及添加油渣粉对发酵产物中蛋白酶活性的影响　比较表 1 和表 2 并结合表 2

中的灭菌增率（Δs）可以看出，在灭菌条件下，发酵产物中的蛋白酶活性均明显大于未灭菌的自然发酵。在原料 A 中，自然发酵与灭菌发酵产物中的蛋白酶活性分别为 42.10~132.90U 与 55.70~246.05U，其灭菌增率（Δs）为 32.3%~117.8%，灭菌处理发酵产物中的蛋白酶活性增幅明显，说明原料灭菌能显著提高发酵产物中的蛋白酶活性，且原料 B 与原料 A 类似。由表 1 和表 2 可以看出，无论原料是否灭菌，同一发酵处理中，原料 B 发酵产物中的蛋白酶活性及其发酵增率（Δf）均明显高于原料 A 的。上述分析表明，向原料中添加油渣粉有助于提高发酵产物中的蛋白酶活性及发酵增率。

2.2 不同处理对苹果渣发酵产物中纤维素酶活性的影响

2.2.1 自然发酵 不同菌剂及辅料对未灭菌原料发酵产物中的纤维素酶活性的影响见表 3。

表 3 不同菌剂及辅料对未灭菌原料的发酵产物中纤维素酶活性的影响

| 处理 | 苹果渣+尿素（A） | | | 苹果渣+尿素+油渣（B） | | | 原种B活性/原种A活性 |
	活性（U）	Δf（%）	Δi（%）	活性（U）	Δf（%）	Δi（%）	
CK1	3 314.82 ± 57.62a	4.3	–	3 319.75 ± 59.87a	4.5	–	1.0
Y	3 322.65 ± 89.81ab	4.6	0.2	3 417.6 ± 120.73ab	7.5	2.9	1.0
H	3 403.19 ± 44.44ab	7.1	2.7	3 741.98 ± 157.13ab	17.8	12.7	1.1
M	3 374.07 ± 53.42ab	6.2	1.8	3 428.40 ± 104.76ab	7.9	3.3	1.0
YH	3 485.40 ± 19.60b	9.7	5.1	3 829.63 ± 31.43b	20.5	15.4	1.1
YM	3 428.70 ± 47.14b	7.9	3.4	3 493.46 ± 83.81b	9.9	5.2	1.0

注：未发酵纯苹果渣的纤维素酶活性为 3 177.78U

由表 3 可以看出，原料 A 在不灭菌和不接种发酵剂的自然条件下，靠原料及空气中微生物自然接种，可以使发酵产物中的纤维素酶活性由未发酵纯苹果渣的 3 177.78U 增加到 3 314.82U，发酵增率（Δf）为 4.3%；接种酵母菌 + 黑曲霉 A8、酵母菌 + 米曲霉、黑曲霉 A8、米曲霉及酵母菌后，发酵产物中的纤维素酶活性的发酵增率（Δf）分别为 9.7%，7.9%，7.1%，6.2% 及 4.6%；与不接种对照处理相比，纤维素酶活性的接菌增率（Δi）为 0.2%~5.1%。

原料 B 与之类似，特别是在接种酵母菌 + 黑曲霉 A8 时，纤维素酶活性的发酵增率（Δf）及接菌增率（Δi）分别为 20.5% 和 15.4%。

2.2.2 灭菌发酵 由表 4 看出，在灭菌发酵中，接菌处理能大幅提高发酵产物中的纤维素酶活性。在原料 A 中，发酵产物中的纤维素酶活性为 3 465.43~5 695.56U，黑曲霉 A8+ 酵母菌、黑曲霉 A8、米曲霉 + 酵母菌及米曲霉处理与不接菌对照的纤维素酶活性差异显著；纤维素酶活性的发酵增率（Δf）为 9.1%~79.2%，其中不接菌处理纤维素酶活性的发酵增率（Δf）为 9.1%；在不同发酵剂处理中，纤维素酶活性的接菌增率（Δi）为 1.1%~64.4%，其中接种酵母菌 + 黑曲霉 A8 混菌时纤维素酶活性较对照增加 64.4%，增幅明显。在原料 B 中，发酵产物中的纤维素酶活性高达 3 617.53~6 278.22U，发酵增率（Δf）为 13.8%~97.6%，纤维素酶活性的接菌增率（Δi）为 2.3%~73.5%。

表4　不同菌剂及辅料对灭菌原料发酵产物中纤维素酶活性的影响

处理	苹果渣+尿素（A）				苹果渣+尿素+油渣（B）				原种B活性/原种A活性
	活性（U）	Δf（%）	Δi（%）	Δs（%）	活性（U）	Δf（%）	Δi（%）	Δs（%）	
CK1	3 465.43 ± 59.87a	9.1	–	4.5	3 617.53 ± 94.28a	13.8	–	9.0	1.0
Y	3 503.70 ± 47.14a	10.3	1.1	5.4	3 700.00 ± 57.62b	16.4	2.3	8.3	1.1
H	4 551.85 ± 141.42b	43.2	31.4	33.8	5 262.96 ± 240.94c	65.6	45.5	40.6	1.2
M	3 759.26 ± 41.90b	18.3	8.5	11.4	4 013.58 ± 130.95c	26.3	10.9	17.1	1.1
YH	5 695.56 ± 225.23b	79.2	64.4	63.4	6 278.22 ± 120.47c	97.6	73.5	63.9	1.1
YM	3 929.63 ± 74.20b	23.7	13.4	14.6	4 380.64 ± 83.81c	37.9	21.1	25.4	1.1

注：未发酵纯苹果渣的纤维素酶活性为 3 177.78U

2.2.3　原料灭菌及添加油渣粉对发酵产物中的纤维素酶活性的影响　由表4灭菌增率（Δs）可知，灭菌条件下发酵产物中的纤维素酶活性均明显大于自然发酵，原料A、原料B的灭菌增率（Δs）分别为4.5%~63.4% 和8.3%~63.9%，说明灭菌能提高发酵产物中的纤维素酶活性。结合表3、表4可以看出，在未灭菌及灭菌条件下，原料B发酵产物中的纤维素酶活性均明显高于原料A，原料B的发酵增率也明显高于原料A。由此可见，原料中添加油渣粉对提高发酵产物中的纤维素酶活性及发酵增率有一定促进作用。

2.3　不同处理对苹果渣发酵产物中果胶酶活性的影响

2.3.1　自然发酵　不同菌剂及辅料对未灭菌原料发酵产物中的果胶酶活性的影响见表5。

表5　不同菌剂及辅料对未灭菌原料发酵产物中果胶酶活性的影响

处理	苹果渣+尿素（A）			苹果渣+尿素+油渣（B）			原种B活性/原种A活性
	活性（U）	Δf（%）	Δi（%）	活性（U）	Δf（%）	Δi（%）	
CK1	160.16 ± 2.02a	6.0	–	173.51 ± 12.48a	14.9	–	1.1
Y	174.89 ± 4.96ab	15.8	9.2	183.37 ± 9.02a	21.4	5.7	1.0
H	180.86 ± 6.07bc	19.8	12.9	198.12 ± 3.31a	31.2	14.2	1.1
M	184.09 ± 15.77bc	21.9	14.9	218.70 ± 18.63a	44.8	26.0	1.2
YH	187.06 ± 20.24bc	23.9	16.8	209.58 ± 11.57a	38.8	20.8	1.1
YM	97.35 ± 4.05C	30.7	23.2	222.52±12.14a	47.3	28.2	1.1

注：未发酵纯苹果渣的果胶酶活性为 151.03U

由表5可知，在自然发酵条件下，原料A不接种发酵剂而仅靠原料及空气中的微生物自然接种，就可以使苹果渣的果胶酶活性由未发酵纯苹果渣的151.03U提高到160.16U，即自然发酵条件下果胶酶活性的发酵增率（Δf）为6.0%；接种酵母菌 + 米曲霉、酵母菌 + 黑曲霉A8、米曲霉及黑曲霉A8后，发酵产物中的果胶酶活性较未发酵纯果渣分别提高30.7%，23.9%，21.9%和19.8%；与不接种对照处理相比，果胶酶活性的接菌增率（Δi）为9.2%~23.2%。原料B与之类似，特别是在接种酵母菌 + 米曲霉时，果胶酶活性的发酵增率（Δf）及接菌增率（Δi）分别为47.3%和28.2%。

2.3.2　灭菌发酵　由表6可以看出，在灭菌发酵中，发酵能显著增加产物中的果胶酶活性。在原料 A 中，果胶酶活性的发酵增率（Δf）为 27.1%~120.6%，其中不接菌处理果胶酶活性的发酵增率（Δf）为 27.1%。接菌处理能大幅提高发酵产物中的果胶酶活性，向苹果渣中接种各供试菌株发酵所得果胶酶活性为 235.12~333.21U，且接种黑曲霉 A8、米曲霉、黑曲霉 A8+ 酵母菌和米曲霉 + 酵母菌均与不接菌对照差异显著（$P<0.05$），果胶酶活性的接菌增率（Δi）为 22.5%~73.6%，其中接种酵母菌 + 米曲霉时果胶酶活性较对照增加 73.6%。在原料 B 中，发酵产物中的果胶酶活性为 203.20~358.47U，其发酵增率（Δf）为 34.5%~137.4%；与不接菌对照相比，果胶酶活性的接菌增率（Δi）为 26.4%~76.4%。

表 6　不同菌剂及辅料对灭菌原料发酵产物中果胶酶活性的影响

| 处理 | 苹果渣+尿素（A） | | | | 苹果渣+尿素+油渣（B） | | | | 原种B活性/原种A活性 |
	活性（U）	Δf（%）	Δi（%）	Δs（%）	活性（U）	Δf（%）	Δi（%）	Δs（%）	
CK1	191.98 ± 13.53a	27.1	–	19.9	203.20 ± 16.28a	34.5	–	17.1	1.1
Y	235.12 ± 10.32a	55.7	22.5	34.4	256.79 ± 5.96a	70.0	26.4	40.0	1.1
H	287.40 ± 11.57b	90.3	49.7	58.9	326.53 ± 2.86a	116.2	60.7	64.8	1.1
M	307.44 ± 10.12c	103.6	60.1	67.0	343.70 ± 14.41a	127.6	69.1	57.2	1.1
YH	303.15 ± 11.92d	100.7	57.9	62.1	333.21 ± 28.34b	120.6	64.0	59.0	1.1
YM	333.21 ± 8.59d	120.6	73.6	68.8	358.47 ± 26.60b	137.4	76.4	61.1	1.1

注：未发酵纯苹果渣果胶酶活性为 151.03U

2.3.3　原料灭菌及添加油渣粉对发酵产物中的果胶酶活性的影响　由表 6 中的灭菌增率（Δs）可以看出，灭菌条件下发酵产物中的果胶酶活性均明显大于自然发酵，原料 A 和原料 B 的灭菌增率（Δs）分别为 19.9%~68.8% 和 17.1%~64.8%，说明灭菌处理能提高发酵产物中的果胶酶活性。结合表 5、表 6 可知，在自然及灭菌条件下，原料 B 发酵产物中果胶酶活性均明显高于原料 A 发酵产物。在自然发酵中，单接米曲霉时原料 B 中的果胶酶活性是原料 A 的 1.2 倍；原料 A、原料 B 的发酵增率（Δf）分别为 6.0%~120.6% 和 14.9%~137.4%，即原料 B 的发酵增率明显高于原料 A，表明原料中添加油渣粉有助于提高发酵产物中的果胶酶活性及其发酵增率。

2.4　不同处理对苹果渣发酵产物中植酸酶活性的影响

2.4.1　自然发酵　不同菌剂及辅料对未灭菌原料的发酵产物中植酸酶活性的影响见表 7。

表 7　不同菌剂及辅料对未灭菌原料发酵产物中植酸酶活性的影响

| 处理 | 苹果渣+尿素（A） | | | 苹果渣+尿素+油渣（B） | | | 原种B活性/原种A活性 |
	活性（U）	Δf（%）	Δi（%）	活性（U）	Δf（%）	Δi（%）	
CK1	8.42 ± 1.72a	88.8	–	10.13 ± 1.68a	127.1	–	1.2
Y	16.34 ± 2.67ab	266.4	94.1	19.32 ± 1.18b	333.2	90.7	1.2
H	22.93 ± 4.46ab	414.1	172.3	32.41 ± 4.58b	626.7	219.9	1.4
M	25.93 ± 8.59ab	481.4	208.0	36.46 ± 5.27b	717.5	259.9	1.4
YH	23.66 ± 1.24ab	430.5	181.0	34.03 ± 2.43C	663.0	235.9	1.4
YM	28.36 ± 0.81b	535.9	236.8	40.11 ± 6.08c	799.3	296.0	1.4

注：未发酵纯苹果渣的植酸酶活性为 4.46U

由表 7 可以看出，原料 A 在不灭菌和不接种发酵剂的自然条件下，靠原料及空气中的微生物自然接种，可以使苹果渣的植酸酶活性由未发酵纯苹果渣的 4.46U 增加到 8.42U，发酵增率（Δf）为 88.8%；接种酵母菌 + 米曲霉、米曲霉、酵母菌 + 黑曲霉 A8、黑曲霉 A8 及酵母菌后，发酵产物中植酸酶活性的发酵增率（Δf）分别为 535.9%，481.4%，430.5%，414.1% 和 266.4%；与不接种对照处理相比，植酸酶活性的接菌增率（Δi）为 94.1%~236.8%。原料 B 与之类似，特别是在接种酵母菌 + 米曲霉时，植酸酶活性的发酵增率（Δf）及接种增率（Δi）分别为 799.3% 和 296.0%。

2.4.2 灭菌发酵　由表 8 可知，在灭菌发酵中，接菌处理能大幅提高发酵产物中的植酸酶活性。在原料 A 中，向苹果渣中接种各供试菌株，发酵产物中的植酸酶活性为 13.37~36.85U，且米曲霉 + 酵母菌、米曲霉和黑曲霉 A8+ 酵母菌处理均与不接菌对照植酸酶活性差异显著；植酸酶活性的发酵增率（Δf）为 199.8%~726.2%，其中不接菌处理条件下植酸酶活性的发酵增率（Δf）为 199.8%；在不同发酵剂处理中，植酸酶活性的接菌增率（Δi）为 58.6%~175.6%，其中接种酵母菌 + 米曲霉混菌时植酸酶活性较对照增加 175.6%，增幅明显。在原料 B 中，发酵产物中的植酸酶活性高达 19.45~54.96U，发酵增率（Δf）为 336.1%~1 132.3%，植酸酶活性的接菌增率（Δi）为 41.4%~182.6%。

表 8　不同菌剂及油渣粉对灭菌原料发酵产物中植酸酶活性的影响

处理	苹果渣 + 尿素（A）				苹果渣 + 尿素 + 油渣（B）				原种 B 活性/原种 A 活性
	活性（U）	Δf（%）	Δi（%）	Δs（%）	活性（U）	Δf（%）	Δi（%）	Δs（%）	
CK1	13.37 ± 3.71 a	199.8	–	58.8	19.45 ± 0.41 a	336.1	–	92.0	1.5
Y	21.20 ± 1.15 a	375.3	58.6	29.7	27.50 ± 8.02 a	516.6	41.4	42.3	1.3
H	30.39 ± 3.44 ab	581.4	127.3	32.5	32.01 ± 8.12 b	617.7	64.6	−1.2	1.1
M	34.44 ± 2.43 b	672.2	157.6	32.8	50.89 ± 9.02 b	1 041.0	161.6	39.6	1.5
YH	30.71 ± 5.27 b	588.6	129.7	29.8	34.43 ± 3.07 b	672.0	77.0	1.2	1.1
YM	36.85 ± 4.88 b	726.2	175.6	29.9	54.96 ± 0.63 c	1 132.3	182.6	37.0	1.5

注：未发酵纯苹果渣植酸酶活性为 4.46U

2.4.3　原料灭菌及添加油渣粉对发酵产物中植酸酶活性的影响　由表 8 中的灭菌增率（Δs）可以看出，除黑曲霉 A8 处理以外，灭菌条件下发酵产物中的植酸酶活性均明显大于自然发酵，原料 A 和原料 B 的灭菌增率（Δs）分别为 29.7%~58.8% 和 −1.2%~92.0%，说明灭菌能提高发酵产物中的植酸酶活性。结合表 7、表 8 可知，在未灭菌及灭菌条件下，原料 B 发酵产物中的植酸酶活性明显高于原料 A。在自然发酵中，单接黑曲霉 A8、米曲霉及酵母菌 + 黑曲霉 A8、酵母菌 + 米曲霉混接，原料 B 发酵产物中的植酸酶活性均为原料 A 的 1.4 倍；在灭菌发酵中，单接米曲霉、酵母菌 + 米曲霉混接处理的植酸酶活性也均为原料 A 的 1.5 倍。此外，原料 A、原料 B 的发酵增率（Δf）分别为 88.8%~726.2% 和 127.1%~1 132.3%，即原料 B 的发酵增率高于原料 A，表明原料中添加油渣粉有助于提高发酵产物中的植酸酶活性及发酵增率。

3 讨论与结论

酶是一种由活细胞产生的具有生物催化能力的蛋白质，在动物体内消化与新陈代谢过程中发挥着重要作用。自 1975 年美国饲料工业首次将酶制剂作为添加剂应用于配合饲料中并取得显著效果后，饲用酶制剂日益受到养殖业的重视。外源加入的饲用蛋白酶可增强动物消化道酶系作用，降解蛋白质成为易被吸收的氨基酸等小分子物质；纤维素酶和果胶酶通过破坏植物细胞壁，将纤维素、半纤维素及果胶等大分子分解成易被消化吸收的小分子糖类，同时释放出植物细胞内的淀粉及蛋白质等，使其充分水解为小分子后被吸收利用；植酸酶催化植酸盐水解，释放出游离态的无机磷酸盐和肌醇，提高饲料中磷和肌醇等养分的利用率。大量试验表明，将复合酶添加到不同动物的基础日粮中，均可显著提高其生产性能。

本研究发现，黑曲霉 A8 和米曲霉分别与酵母菌混合接种处理苹果渣，其发酵产物中 4 种水解酶活性均高于 2 种霉菌单独接种，其主要原因在于酵母菌通过利用 2 种霉菌水解酶水解形成的小分子糖等产物，解除了这些小分子糖对纤维素酶等水解酶合成的阻遏作用，促进了水解酶的大量合成。供试发酵菌种中，黑曲霉 A8 具有很强的纤维素酶、果胶酶、糖化酶、植酸酶及蛋白酶等水解酶的合成能力，米曲霉合成蛋白酶及淀粉酶的能力也很强，而酵母菌则不具备对上述水解酶的合成能力。在固态发酵过程中，黑曲霉 A8 分泌到固态基质中的纤维素酶可水解发酵原料中的纤维素生成葡萄糖，葡萄糖等小分子糖的大量累积可阻遏纤维素酶的进一步合成，导致酶活性降低。而酵母菌则可利用这些葡萄糖，消除或减弱葡萄糖对纤维素酶合成的阻遏作用，促进纤维素酶的合成，从而提高发酵产物中的纤维素酶活性。其他 3 种酶合成也有类似作用。

此外，本研究还发现，发酵原料灭菌处理可明显提高发酵产物中 4 种水解酶的活性，其原因之一是灭菌处理使发酵原料充分熟化，原因之二是灭菌处理消除了发酵原料中杂菌对接入菌生长的竞争影响，这两种效应均有利于接入菌的大量生长繁殖，进而增加了接入菌合成的水解酶量，提高了发酵产物中 4 种水解酶的活性。以苹果渣为主料，通过固态发酵生产出具有较高蛋白质及动物必需氨基酸含量且含有多种水解酶的发酵饲料，是苹果渣高效利用的重要途径之一，但目前的研究主要集中在提高发酵饲料中蛋白质含量的工艺优化及氨基酸变化方面，对发酵饲料中多种具有重要作用的水解酶活性的关注较少，更缺乏深入研究。

本研究系统探讨了不同发酵剂、辅料及灭菌与否对苹果渣固态发酵产物中的蛋白酶、纤维素酶、果胶酶及植酸酶酶活性的影响，结果表明，以供试发酵剂进行固态发酵获得的苹果渣发酵产物中含多种活性较高的水解酶系，所得产物用于饲料原料时不仅可为动物提供优质蛋白质和多种动物必需氨基酸，还可提供多种水解酶系，兼有复合酶制剂的部分功能。因此，不能将苹果渣发酵产物单纯视为单细胞蛋白质原料，而是兼备优质蛋白质及复合酶制剂多种功能的饲料原料。若将该发酵产物以一定比例添加到饲料中，在发酵产物及其中复合水解酶的共同作用下，动物饲料中的一些抗营养因子将被破坏，饲料的消化利用率得到提高，对加快动物生长速度、提高免疫力及健康水平均有重要的促进作用，本研究结果将为苹果渣发酵饲料品质评价及发酵工艺优化提供新的科学依据。

参考文献共 37 篇（略）

原文发表于《西北农林科技大学学报（自然科学版）》，2016，44（7）：193–201.

马铃薯渣发酵饲料 4 种水解酶活性研究

任雅萍[1]，郭俏[2]，来航线[2]，陈姣姣[2]，薛泉宏[2]

（1. 西北农林科技大学生命科学学院，陕西杨凌 712100；2. 西北农林科技大学资源环境学院，陕西杨凌 712100）

摘要：采用固态发酵工艺与酶活性测定法研究发酵菌种、原料组成及原料灭菌处理对马铃薯渣发酵饲料中与动物饲料消化率密切相关的 4 种重要水解酶活性的影响。结果表明：向马铃薯渣中接入酵母菌（Yeast）、黑曲霉 A8（Aspergillus niger A8）及米曲霉（Aspergillus oryzae）发酵剂能大幅度提高发酵产物中的蛋白酶、纤维素酶、果胶酶及植酸酶活性。加入尿素及油渣，进行原料灭菌处理也有类似效果：① 发酵产物中的蛋白酶活性为 184.20~564.90U，发酵增率为 191.7%~794.5%，接菌增率为 68.9%~206.7%，灭菌增率为 9.4%~45.2%；② 纤维素酶活性为 3 455.56~5 978.15U，发酵增率为 4.7%~81.1%，接菌增率为 36.7%~73.0%，灭菌增率为 1.7%~61.0%；③ 果胶酶活性为 248.76~613.7U，发酵增率为 19.5%~194.8%，接菌增率为 10.2%~146.7%，灭菌增率为 7.5%~71.1%；④ 植酸酶活性为 23.63~107.08U，发酵增率为 67.7%~949.6%，接菌增率为 109.4%~526.0%。除酵母菌接种的植酸酶外，其余 4 种水解酶接菌与不接菌的差异均达到显著水平（$P<0.05$）。单接米曲霉处理发酵产物中的蛋白酶活性明显高于其他处理；单接黑曲霉及黑曲霉与酵母菌混接处理发酵产物中的植酸酶活性均高于其他处理。

关键词：马铃薯渣；发酵饲料；蛋白酶活性；纤维素酶活性；果胶酶活性；植酸酶活性

Study on the Activity of Four Kinds of Hydrolases in Potato Slag Fermented Feed

REN Ya-ping[1], GUO Qiao[2], LAI Hang-xian[2], CHEN Jiao-jiao[2], XUE Quan-hong[2]

(1. College of Life Science, Northwest A&F University, Yangling, Shaanxi 712100, China;

2. College of Natural Resources and Environment, Northwest A&F University, Yangling, Shaanxi 712100, China)

Abstract: The study was conducted to investigate the effect of microbial inoculums, auxiliary materials and sterilization of material on the activity of four kinds of important hydrolases in solid-state

基金项目：国家科技支撑计划项目（2012BAD14B11）；陕西省科技统筹创新工程（2015KTTSNY03–06）。
第一作者：任雅萍，女，硕士研究生，研究方向为微生物资源利用。E-mail: renyaping19850618@163.com。
通信作者：薛泉宏，教授，博士生导师，从事微生物资源利用研究。E-mail: xuequanhong@163.com。

fermentation product of potato slag with state fermentation and enzyme activity assay. The result showed that the activity of four kinds of hydrolases in the fermented potato slag increased significantly when added with microbial inoculums (*Yeast*, *Aspergillus niger* A 8 and *Aspergillus oryzae*). Addition of oil foot and sterilization of material had a similar effect. In the fermentation product of sterilized material which contained oil foot especially, the activity of protease, cellulose, pectinase and phytase reached 184.20~564.90 U, 3 455.56~5 978.15 U, 248.76~613.74 U, and 23.63~107.08 U, respectively. Compared with the blank control (unfermented sample), the increment rate of the activily of protease, cellulose, pectinase and phytase in the fermented potato slag were 191.7%~794.5%, 4.7%~81.1%, 19.5%~194.8% and 129.6%~940.6 %, respectively, Compared with the fermentation product without inoculation, the increment rate of the activity of proiease, cellulose, pectinase and phytase in the fermented potato slag with microbial inoculation were 68.9%~206.7%, 36.7%~73.0%, 10.2%~146.7% and 109.4%~526.0%, respectively. The difference between the inoculation and non-inoculation treatments was significant except for the phytase activity in inoculation trearment with yeast($P<0.05$). Compared with the fermentation product of unsterilized material, the increment rate of, the activity of protease, cellulose, pectinasc and phytase in the fermentation product of sterilized material were 9.4%~45.2%, 1.7%~61.0%, 7.5%~71.1% and 22.2%~118.6%, respectively. The highest protease activity was detected in the fermentation of potato slag inoculated with *A. niger*, and the activity of phytase were much higher in the fermentation product inoculated with *A. oryzae* or *Yeast* and *A. oryzae*, than in other samples.

Key words: potato slag; fermented feed; protease activity; cellulose activity; pectinase activity; phytase acttivity

马铃薯是重要的粮食蔬菜兼用作物，全世界用于鲜食的马铃薯不到总产量的1/2，其余主要用于淀粉加工。随着马铃薯淀粉加工业规模扩大，其加工副产品马铃薯渣的产出量也在快速增加。马铃薯渣含有大量纤维素、果胶及少量蛋白质等可利用成分，且含水量高，极易受微生物污染引起腐败变质，造成资源浪费和环境污染。以马铃薯渣为原料，通过微生物发酵可生产蛋白饲料、酶制剂及有机酸等。目前，薯渣利用研究较多集中于提高薯渣发酵饲料中的蛋白质含量，主要通过向马铃薯渣中添加合适氮源，经微生物发酵将其中的大分子碳水化合物水解，进而转化为单细胞蛋白，提高其营养价值。马铃薯渣发酵产物中除蛋白质外，还有多种生物酶及活性肽等对动物营养具有重要作用的活性成分，其中水解酶可大幅度提高饲料中营养物质的消化利用率，增强动物免疫力，达到防病效果。但目前尚无关于马铃薯发酵饲料中的蛋白酶、纤维素酶、果胶酶及植酸酶等重要水解酶活性研究报道。因此，在关注马铃薯渣发酵饲料中的蛋白质含量与品质工艺优化的同时，应深入研究不同工艺处理对马铃薯渣发酵饲料中重要水解酶活性的影响。本试验在前期工作的基础上，重点研究接菌、加氮及原料灭菌处理对马铃薯渣发酵饲料中的蛋白酶、纤维素酶、果胶酶及植酸酶4种水解酶活性的影响，旨在为马铃薯渣发酵饲料的发酵工艺优化及其营养评价提供科学依据。

1 材料与方法

1.1 材料

菌种：酵母菌（*Yeast*）、黑曲霉 A8（*Aspergillus niger* A8）及米曲霉（*Aspergillus oryzae*）由西北农林科技大学资源环境学院微生物资源研究室提供。原料：马铃薯渣由甘肃农科院提供，自然条件下风干；油渣粉（油菜籽饼粉）；尿素。发酵干原料：A 为 m（干薯渣）：m（尿素）=19：1；B 为 m（干薯渣）：m（油渣粉）：m（尿素）=17：2：1。发酵湿原料：m（发酵干原料）：m（自来水）=1：1.5。培养基：PDA 固体培养基。

1.2 方法

发酵剂制备：将活化好的酵母菌悬液 1mL 均匀涂布于 50mL PDA 固体培养基（250mL 三角瓶）上，28℃下培养 3d 后加 100mL 无菌水制得菌悬液，经血球计数板测定，其活菌数为 7.0×10^9 个 /mL。按相同方法制备黑曲霉 A8 及米曲霉孢子悬液，于 28℃下培养 5d，所得孢子数分别为 2.3×10^9 CFU/mL 和 1.7×10^9 CFU/mL。固态发酵：设发酵剂、灭菌方式及原料组成 3 个因素。发酵剂设不接菌（CK）、单接酵母菌（Y）、单接黑曲霉（H）、单接米曲霉（M）、酵母菌 + 黑曲霉（YH）、酵母菌 + 米曲霉（YM）6 个处理。

灭菌方式设自然发酵（CK，原料不灭菌）和灭菌发酵（原料 121℃灭菌 30min）2 个处理。原料组成：设原料 A（薯渣 + 尿素）和原料 B（薯渣 + 尿素 + 油渣）2 种类型。试验共 24 个处理，每处理重复 3 次，以未发酵纯薯渣原料作为对照。

步骤：按照"1.1"中的比例配制发酵原料；称取 50.0g 发酵湿原料于 150mL 组培瓶中，盖上瓶盖，121℃下灭菌 30min，冷却至室温后接入发酵剂并搅匀（单菌接种量为每瓶 5mL，混菌每瓶各 2.5mL），28℃培养 72h，发酵结束后将样品在 45℃下鼓风烘干并粉碎；自然发酵中原料不灭菌直接接种发酵。

发酵产物中水解酶活性测定：蛋白酶采用国标法 GB/T 28715—2012（福林法）测定，纤维素酶采用 DNS（3，5- 二硝基水杨酸）法测定，果胶酶的活性采用 DNS（3，5- 二硝基水杨酸）法测定，植酸酶活性采用国标法 GB/T 18634—2009（偏钒酸铵法）测定。蛋白酶：烘干样品 1.000g 于三角瓶中，加 pH 为 7.2 磷酸缓冲液 20mL，40℃水浴保温 60min，过滤后选择适宜稀释倍数测定蛋白酶活性。将 1.0g 发酵产物在 40℃下每 1min 水解干酪素产生 1μg 酪氨酸的酶活性定义为 1 个蛋白酶活性单位，用 1U 表示。纤维素酶：称烘干样品 0.500g 于三角瓶中，加蒸馏水 20mL，40℃水浴保温 45min，过滤后选择合适的稀释倍数以羧甲基纤维素钠（CMC）为底物测定还原糖含量，计算纤维素酶活性。将在 pH 为 5.0，40℃下，每 1.0g 发酵产物在 1min 内水解 CMC 生成 1μg 葡萄糖的酶活性定义为 1 个纤维素酶活性（CMC 酶活）单位，用 1U 表示。果胶酶：称烘干样品 0.500g 于三角瓶中，加 pH 为 4.8 乙酸 - 乙酸钠缓冲液 20mL，48℃水浴 45min，过滤后选择合适的稀释倍数测定果胶酶的活性。将 1.0g 发酵产物在 48℃、pH 为 4.8 的条件下，1h 内水解果胶底物转化成 1mg D- 半乳糖醛酸的酶活性定义为 1 个果胶酶活性单位，用 1U 表示。

植酸酶：称烘干样品 0.500g 于三角瓶中，加 pH 为 5.5 乙酸 - 乙酸钠缓冲液 20mL，37℃水浴 30min，过滤后选择合适的稀释倍数测定植酸酶活性。将 1.0g 发酵产物在植酸钠浓度为 5mmol/L，温度37℃、pH为5.50的条件下，每1min从植酸钠中通过酶解释放1μmol无机磷的酶活性定义为1个植酸酶活性单位，用1U表示。结果计算：蛋白酶活性发酵增率（Δf）、接菌增率（Δi）和灭菌增率（Δs）采用下式计算：

$$\Delta f\,(\Delta i,\ \Delta s)=(C_i-C_{ck})/C_{ck}\times100\%$$

式中：C_{ck}表示未发酵对照（或未接菌及未灭菌）处理发酵产物中的蛋白酶活性（U）；C_i为发酵（或接菌及灭菌）处理发酵产物中的蛋白酶活性（U）。纤维素酶、果胶酶及植酸酶活性增率计算同蛋白酶。

数据处理：采用Microsoft Excel 2003进行统计分析，计算平均值和标准差。采用SPSS 17.0软件对表中数据进行单因子方差分析，并用Duncan's新复极差法进行差异显著性检验。

2 结果与分析

2.1 蛋白酶活性变化

自然发酵：由表1可知，在自然发酵条件下，原料A不接种发酵剂，仅靠原料及空气中的微生物自然接种，就可以使马铃薯渣的蛋白酶活性由63.15U提高到不接菌的73.68U，发酵增率（Δf）为16.7%；接种米曲霉、酵母菌+米曲霉、酵母菌+黑曲霉及黑曲霉后，发酵产物中的蛋白酶活性较未发酵纯薯渣分别提高100.0%、83.4%、41.3%及33.3%；与不接种处理相比，接种引起的蛋白酶活性接菌增率（Δi）为4.8%~100.0%。原料B与之类似，特别是在接种米曲霉时，蛋白酶活性的Δf和Δi分别为657.0%和183.9%。

灭菌发酵：由表2可知，在原料A灭菌发酵中，接菌处理能大幅提高发酵产物中的蛋白酶活性，向马铃薯渣接种各供试菌株发酵所得产物的蛋白酶活性为90.80~12.10U，发酵引起的蛋白酶活性Δf为43.8%~204.2%，接菌引起的蛋白酶活性Δi为2.9%~111.6%，与不接菌差异显著（$P<0.05$），其中单接米曲霉时蛋白酶活性较对照增加111.6%。在原料B中，发酵产物中的蛋白酶活性为184.20~564.90U，较薯渣原料的Δf为191.7%~794.5%；与不接菌相比，接菌引起的蛋白酶活性Δi为68.9%~206.7%（$P<0.05$）。

表1 不同菌剂及辅料对未灭菌原料发酵产物中蛋白酶活性的影响

处理	薯渣+尿素（A）			薯渣+尿素+油渣（B）			B/A
	$\bar{x}\pm s$（U）	Δf（%）	Δi（%）	$\bar{x}\pm s$（U）	Δf（%）	Δi（%）	
不接菌（CK）	73.68 ± 2.08 a	16.7	–	168.43 ± 2.98 a	166.7	–	2.3
酵母菌（Y）	77.20 ± 1.22 ab	22.2	4.8	273.68 ± 2.08 a	333.4	62.5	3.5
黑曲霉（H）	84.20 ± 1.93 bc	33.3	14.3	329.83 ± 5.96 a	422.3	95.8	3.9
米曲霉（M）	126.33 ± 2.91 bc	100.0	71.5	478.08 ± 2.98 a	657.0	183.9	3.8
（Y+H）	89.20 ± 4.37 bc	41.3	21.1	437.73 ± 1.49 b	593.2	159.9	4.9
（Y+M）	115.80 ± 1.79 c	83.4	100.0	443.43 ± 5.95 c	602.2	163.3	3.8

注：同列数据后不同小写字母表示差异显著（$P<0.05$）。未发酵纯马铃薯渣蛋白酶活性为63.15U。下表同

原料灭菌及添加油渣对发酵产物中的蛋白酶活性的影响：由表2可知，原料A和原料B的灭菌增率（Δs）分别为20.8%~53.4%和9.4%~45.2%，说明灭菌处理能显著提高发酵产物中的蛋白酶活性。由表1、表2可知，在自然发酵中，接种酵母菌+黑曲霉和单接黑曲霉时，原料B中

蛋白酶活性是原料 A 的 4.9 倍和 3.9 倍，灭菌发酵与之类似。此外，原料 B、原料 A 的 Δf 分别为 16.7%~204.2%、166.7%~794.5%，即原料 B 的发酵增率高于原料 A，表明原料中添加油渣有助于提高发酵产物中蛋白酶活性及 Δf。

表 2　不同菌剂及辅料对灭菌原料发酵产物中蛋白酶活性的影响

处理	薯渣+尿素（A）				薯渣+尿素+油渣（B）				B/A
	$\bar{x} \pm s$（U）	Δf（%）	Δi（%）	Δs（%）	$\bar{x} \pm s$（U）	Δf（%）	Δi（%）	Δs（%）	
不接菌（CK）	90.80 ± 3.07 a	43.8	–	23.2	184.20 ± 3.02 a	191.7	–	9.4	2.0
酵母菌（Y）	93.43 ± 2.02 b	47.9	2.9	21.0	311.18 ± 6.07 b	392.8	68.9	13.7	3.3
黑曲霉（H）	101.75 ± 7.94 b	61.1	12.1	20.8	478.95 ± 17.86 c	658.4	160.0	45.2	4.7
米曲霉（M）	192.10 ± 2.32 b	204.2	111.6	52.1	564.90 ± 9.32 c	794.5	206.7	18.2	2.9
（Y+H）	136.85 ± 5.95 b	116.7	50.7	53.4	510.53 ± 27.87 c	708.4	177.2	16.6	3.7
（Y+M）	147.38 ± 2.14 b	133.4	62.3	27.3	536.85 ± 6.19 c	750.1	191.4	21.1	3.6

2.2　纤维素酶活性变化

自然发酵：由表 3 可知，在原料 A 不灭菌的自然发酵条件下，原料及空气中接入的微生物可使马铃薯渣的纤维素酶活性由 3 301.48U 增加到对照的 3 323.95U，Δf 为 0.7%；接种酵母菌 + 黑曲霉、酵母菌 + 米曲霉、黑曲霉、米曲霉及酵母菌后，发酵产物中纤维素酶活性较未发酵纯薯渣分别提高 4.8%、4.2%、4.0%、2.8% 和 1.3%，接种引起的纤维素酶活性 Δi 为 0.6%~4.1%，但仅黑曲霉及米曲霉与酵母菌混合接种的纤维素酶活性与对照的差异达到显著水平（$P<0.05$）。

原料 B 与之类似，特别是在接种酵母菌 + 米曲霉时，发酵产物中的纤维素酶活性与对照的差异达到显著水平（$P<0.05$）。

灭菌发酵：由表 4 可知，在灭菌发酵中，原料 A 接种各供试菌株发酵所得纤维素酶活性为 3 385.19~5 703.70U，发酵引起的纤维素酶活性 Δf 为 2.5%~72.8%，接菌引起的纤维素酶活性 Δi 为 33.0%~68.5%，但仅米曲霉、酵母菌 + 米曲霉及酵母菌 + 黑曲霉处理纤维素酶活性与对照的差异达到显著水平（$P<0.05$），表明混合接菌处理能大幅度提高发酵产物中的纤维素酶活性。其中接种酵母菌 + 黑曲霉混菌时纤维素酶活性较对照增加 68.5%。在原料 B 中，发酵产物中纤维素酶活性高达 3 455.56~5 978.15U，发酵引起的 Δf 为 4.7%~81.1%，接菌引起的纤维素酶活性 Δi 为 36.7%~73.0%。原料灭菌及添加油渣对发酵产物中纤维素酶活性的影响：由表 4 可知，原料 A 和原料 B 灭菌增率 Δf 分别为 1.8%~64.9% 和 1.7%~61.0%，说明灭菌能显著提高发酵产物中的纤维素酶活性。

由表 3、表 4 可知，在自然条件及灭菌条件下，原料 B 发酵产物中的纤维素酶活性均略大于原料 A，发酵增率也略高于原料 A，表明原料中添加油渣对提高发酵产物中的纤维素酶活性影响不大。

表3 不同菌剂及辅料对未灭菌原料的发酵产物中纤维素酶活性的影响

处理	薯渣+尿素（A）			薯渣+尿素+油渣（B）		
	x̄±s（U）	Δf（%）	Δi（%）	x̄±s（U）	Δf（%）	Δi（%）
不接菌（CK）	3 323.95±5.24 a	0.7	–	3 396.30±14.81 a	2.9	–
酵母菌（Y）	3 344.44±19.60 a	1.3	0.6	3 412.96±15.72 ab	3.4	0.5
黑曲霉（H）	3 433.02±20.95 a	4.0	3.33	574.11±18.24 ab	8.3	5.2
米曲霉（M）	3 392.59±5.24 a	2.8	2.1	3 511.11±47.14 ab	6.3	3.4
（YH）	3 458.64±36.54 b	4.8	4.13	858.33±8.55 ab	16.9	13.6
（YM）	3 440.74±5.72 b	4.2	3.5	3 759.26±10.48 b	13.9	10.7

注：未发酵纯马铃薯渣纤维素酶活性为3 301.48U。表4同

表4 不同菌剂及辅料对灭菌原料的发酵产物中纤维素酶活性的影响

处理	薯渣+尿素（A）				薯渣+尿素+油渣（B）			
	x̄±s（U）	Δf（%）	Δi（%）	Δs（%）	x̄±s（U）	Δf（%）	Δi（%）	Δs（%）
不接菌（CK）	3 385.19±41.90a	2.5	–	1.8	3 455.56±15.71a	4.7	–	1.7
酵母菌（Y）	4 503.70±47.14a	36.4	33.0	34.7	4 722.22±54.99b	43.0	36.7	38.4
黑曲霉（H）	5 522.22±73.33a	67.3	63.1	60.9	5 753.09±79.21c	74.3	66.5	61.0
米曲霉（M）	5 514.82±36.14b	67.0	62.9	62.6	5 540.74±57.62d	67.8	60.3	57.8
（Y+H）	5 703.70±36.66b	72.8	68.5	64.9	5 978.15±16.24de	81.1	73.0	54.9
（Y+M）	5 569.14±30.84b	68.7	64.5	61.9	5 797.41±42.40e	75.6	67.8	54.2

2.3 果胶酶活性变化

自然发酵：由表5可知，在原料A不灭菌的自然发酵条件下，不接菌处理马铃薯渣发酵产物中的果胶酶活性为215.84U，与马铃薯渣的果胶酶活性208.21U相比，Δf为3.7%；接种酵母菌+黑曲霉、黑曲霉、酵母菌+米曲霉、米曲霉及酵母菌后，发酵产物中的果胶酶活性较未发酵纯薯渣分别提高38.2%、31.6%、29.1%、16.5%和8.5%，接种引起的果胶酶活性增率Δi为4.6%~33.3%。在原料B中，发酵产物中的果胶酶活性为226.34~358.78U，发酵引起的增率Δf为8.7%~72.3%，接菌引起的果胶酶活性增率Δi为12.6%~58.5%。

灭菌发酵：由表6可知，在灭菌原料发酵中，原料A接种供试菌株发酵所得果胶酶活性为225.86~475.95U，除酵母菌外，其余接菌处理与对照的差异显著（$P<0.05$），发酵引起的果胶酶活性Δf为8.5%~128.6%，其中不接菌处理果胶酶活性的Δf为8.5%，接菌引起的果胶酶活性Δi为10.1%~110.7%，其中接种酵母菌+黑曲霉时活性较对照增加110.7%（$P<0.05$）。在原料B的发酵产物中，果胶酶活性为248.76~613.74U，较马铃薯渣的发酵Δf为19.5%~194.8%，接菌引起的果胶酶活性Δi为10.2%~146.7%（$P<0.05$），表明接菌处理能大幅度提高发酵产物中果胶酶活性。原料灭菌及添加油渣对发酵产物中果胶酶活性的影响：由表6可知，原料A和原料B的灭菌增率分别为4.6%~65.4%和7.5%~71.1%，增幅明显，说明灭菌处理能显著提高发酵产物中果胶酶活性。

由表5、表6可知，在自然及灭菌条件下，原料B发酵产物中果胶酶活性分别是原料A发酵产物的1.0~1.2倍和1.1~1.3倍，即2种原料所得产物中的果胶酶活性差别不大。此外，原料B、原

料 A 的发酵 Δf 分别为 3.7%~128.6%、8.7%~194.8%，即原料 B 的发酵增率略高于原料 A，表明原料中添加油渣有助于提高发酵产物中果胶酶活性及发酵增率。

表 5　不同菌剂及辅料对未灭菌原料的发酵产物中果胶酶活性的影响

处理	薯渣+尿素（A）			薯渣+尿素+油渣（B）			B/A
	$\bar{x}\pm s$（U）	Δf（%）	Δi（%）	$\bar{x}\pm s$（U）	Δf（%）	Δi（%）	
不接菌（CK）	215.84 ± 4.05 a	3.7	–	226.34 ± 10.12 a	8.7	–	1.0
酵母菌（Y）	225.86 ± 6.07 ab	8.5	4.6	254.96 ± 4.73 b	22.5	12.6	1.1
黑曲霉（H）	274.01 ± 10.12 ab	31.6	27.0	326.91 ± 5.96 bc	57.0	44.4	1.2
米曲霉（M）	242.56 ± 12.91 ab	16.5	12.4	281.75 ± 5.96 cd	35.3	24.5	1.2
（Y+H）	287.82 ± 4.37 b	38.2	33.3	358.78 ± 8.10 cd	72.3	58.5	1.2
（Y+M）	268.76 ± 8.75 b	29.1	24.5	299.67 ± 14.41 d	43.9	32.4	1.1

注：未发酵纯马铃薯渣果胶酶活性为 208.21U。表 6 同

表 6　不同菌剂及辅料对灭菌原料的发酵产物中果胶酶活性的影响

处理	薯渣+尿素（A）				薯渣+尿素+油渣（B）				B/A
	$\bar{x}\pm s$（U）	Δf（%）	Δi（%）	Δs（%）	$\bar{x}\pm s$（U）	Δf（%）	Δi（%）	Δs（%）	
不接菌（CK）	225.86 ± 6.07a	8.5	–	4.6	248.76 ± 9.02a	19.5	–	9.9	1.1
酵母菌（Y）	248.72 ± 2.02a	19.5	10.1	10.1	274.05 ± 6.07b	31.6	10.2	7.5	1.1
黑曲霉（H）	357.46 ± 26.31b	71.7	58.3	30.5	440.19 ± 2.96c	111.4	77.0	34.7	1.2
米曲霉（M）	329.24 ± 34.71b	58.1	45.8	35.7	387.42 ± 34.71dc	86.1	55.7	37.5	1.2
（Y+H）	475.95 ± 18.77b	128.6	110.7	65.4	613.74 ± 18.78dc	194.8	146.7	71.1	1.3
（Y+M）	353.05 ± 12.14b	69.6	56.3	31.4	408.69 ± 16.19d	96.3	64.3	36.4	1.2

2.4　植酸酶活性变化

自然发酵：由表 7 可知，在原料 A 不灭菌的自然发酵条件下，不接菌处理马铃薯渣发酵产物中的植酸酶活性为 13.78U，与马铃薯渣的植酸酶活性 10.29U 相比，发酵 Δf 为 33.9%；而接种酵母菌 + 黑曲霉、黑曲霉、酵母菌 + 米曲霉、米曲霉及酵母菌后，发酵产物中植酸酶活性较未发酵纯薯渣原料显著提高，其发酵 Δf 分别为 137.6%、132.0%、129.3%、128.5% 和 81.1%；与不接种相比，接种引起的植酸酶活性 Δi 为 35.3%~77.4%。料 B 与之类似，特别是在接种酵母菌 + 黑曲霉时，植酸酶活性发酵 Δf 及接种 Δi 分别为 262.5% 及 104.6%，即原料中加入油渣能大幅度提高酵母菌 + 黑曲霉发酵产物中植酸酶活性。

表 7　不同菌剂及辅料对未灭菌原料的发酵产物中植酸酶活性的影响

处理	薯渣+尿素（A）			薯渣+尿素+油渣（B）			B/A
	$\bar{x}\pm s$（U）	Δf（%）	Δi（%）	$\bar{x}\pm s$（U）	Δf（%）	Δi（%）	
不接菌（CK）	13.78±4.68a	33.9	–	18.23 ± 1.71a	77.2	–	1.3
酵母菌（Y）	18.64 ± 2.86b	81.1	35.3	20.26 ± 0.57a	96.9	11.1	1.1

（续表）

处理	薯渣+尿素（A）			薯渣+尿素+油渣（B）			B/A
	x̄±s（U）	Δf（%）	Δi（%）	x̄±s（U）	Δf（%）	Δi（%）	
黑曲霉（H）	23.87±9.39b	132.0	73.2	35.16±5.16a	241.7	92.9	1.5
米曲霉（M）	23.51±1.53b	128.5	70.6	34.57±1.72a	236.0	89.6	1.5
（Y+H）	24.45±2.58b	137.6	77.4	37.30±3.44ab	262.5	104.6	1.5
（Y+M）	23.60±3.27b	129.3	71.3	35.93±5.27b	249.2	97.1	1.5

注：未发酵纯马铃薯渣植酸酶活性为10.29U。表8同

灭菌发酵：由表8可知，在灭菌条件下，原料A接种供试菌株所得发酵产物中植酸酶活性为22.82~84.39U，发酵引起的植酸酶活性Δf为121.8%~720.1%，除酵母菌外，其余接菌处理与对照的差异显著（$P<0.05$），表明接入供试菌进行固态发酵能大幅提高发酵产物中植酸酶活性。在不同发酵剂处理中，接菌引起的植酸酶活性Δi为24.0%~358.4%，其中单接黑曲霉时植酸酶活性较对照增加358.4%（$P<0.05$）。在原料B中，发酵产物中植酸酶活性高达23.63~107.08U，与未发酵原料相比，发酵Δf为129.6%~940.6%，接菌引起的植酸酶活性Δi为20.0%~353.2%，以黑曲霉接种处理接菌增率最高（$P<0.05$）。

原料灭菌及添加油渣对发酵产物中植酸酶活性的影响：由表7、表8可知，在原料A中，自然发酵与灭菌发酵产物中的植酸酶活性分别为13.78~24.45U与18.41~84.39U，其灭菌Δs为22.4%~253.5%，灭菌处理增幅明显，说明原料灭菌能显著提高发酵产物中植酸酶活性，原料B与原料A类似。

此外，由表7、表8可知，在自然发酵的黑曲霉、米曲霉、酵母菌＋黑曲霉及酵母菌＋米曲霉处理中，原料B发酵产物中的植酸酶活性为原料A的1.5倍；在灭菌发酵中，植酸酶活性及发酵增率Δf也呈现B原料高于A原料的趋势，表明向原料中添加油渣有助于提高发酵产物中的植酸酶活性及发酵增率。

表8 不同菌剂及辅料对灭菌原料的发酵产物中植酸酶活性的影响

处理	薯渣+尿素（A）				薯渣+尿素+油渣（B）				B/A
	x̄±s（U）	Δf（%）	Δi（%）	Δs（%）	x̄±s（U）	Δf（%）	Δi（%）	Δs（%）	
不接菌（CK）	18.41±2.43a	78.9	–	33.6	23.63±2.03a	129.6	–	29.6	1.3
酵母菌（Y）	22.82±1.15a	121.8	24.0	22.4	28.36±3.07a	175.6	20.0	10.0	1.2
黑曲霉（H）	84.39±15.37b	720.1	358.4	253.5	107.08±2.29b	940.6	353.2	204.6	1.3
米曲霉（M）	47.68±11.65bc	363.4	159.0	102.8	58.21±8.43c	465.7	146.3	68.4	1.2
（Y+H）	80.22±2.43c	679.6	335.7	228.1	94.92±10.89dc	822.4	301.7	154.5	1.2
（Y+M）	49.17±4.05c	377.8	167.1	108.3	66.85±5.73d	549.7	182.9	86.1	1.4

3 讨论

利用微生物发酵技术可大幅度提高马铃薯渣发酵产物中的蛋白质含量及营养价值。有关马铃薯渣发酵的研究主要集中在蛋白质含量的提高工艺上。例如通过优良发酵菌株筛选提高蛋白质含量，

氮源比例与添加方式及原料预处理对蛋白质含量的影响等，而对发酵饲料中的水解酶活性缺乏应有的关注。在马铃薯渣发酵饲料中，除含有蛋白质等营养成分外，发酵产物中同时存在多种水解酶，对提高饲料消化利用率及畜禽免疫力，降低死亡率有重要作用。但目前尚无马铃薯渣发酵饲料中水解酶类的研究报道。本试验对不同处理条件下马铃薯发酵饲料中与饲料消化率及动物营养密切相关的4种重要水解酶活性及其影响因素进行较为系统的研究，其结果将为马铃薯渣发酵产物的营养品质评价及发酵工艺优化提供新的依据。

本试验发现，黑曲霉、米曲霉单独接种或与酵母菌混合接种处理均能显著提高马铃薯渣发酵产物中4种重要水解酶活性。其原因在于黑曲霉具有很强的合成纤维素酶、果胶酶、植酸酶及蛋白酶等水解酶的能力，是上述酶制剂的常用生产菌。米曲霉也具有蛋白酶、淀粉酶等水解酶合成能力。黑曲霉所产的纤维素酶可将发酵原料中的纤维素水解生成葡萄糖供接入菌利用。马铃薯渣干物质中含有大量纤维素、半纤维素、果胶、植酸及蛋白质等，辅料油渣粉系油菜籽榨油后的残渣，其中含有丰富的蛋白质等成分，这些成分可作为4种水解酶合成的诱导剂，用上述原料进行的固态发酵类似真菌酶制剂的发酵过程，从而使所得产物具有较强的酶活性。另外，本研究发现，单接米曲霉处理发酵产物中的蛋白酶活性高于其他接种处理，其原因在于米曲霉是重要的蛋白酶产生菌，是酿造工业中酱油和豆酱类食品的发酵用菌，具有很强的将植物蛋白水解成氨基酸的能力。

本试验结果还表明，发酵原料灭菌处理后可明显提高发酵产物中的4种水解酶的活性，其原因之一是灭菌处理使发酵原料充分熟化，其原因之二是灭菌处理消除了发酵原料中杂菌对接入菌生长的竞争影响，这2种效应均有利于接入菌大量生长繁殖，菌体量增加的同时也促进了接入菌对水解酶的合成量，进而提高了发酵产物中的4种水解酶活性。另外，从本研究所得结果发现，不接菌对照灭菌后4种水解酶活性较不灭菌对照亦有提高，可能与固态物料较液体灭菌难度大及灭菌不彻底有关。但除不加油渣处理的蛋白酶及植酸酶活性增幅较大外，其余处理增幅不大，可视为试验误差。

马铃薯渣发酵产物中除了含有丰富的蛋白质、氨基酸等营养成分外，在发酵中还产生了多种活性较强的水解酶。本研究测定了马铃薯渣发酵饲料中的4种与饲料成分及其消化利用密切相关的水解酶。由结果可知，以马铃薯渣发酵饲料作为饲料原料时，具有营养及酶制剂双重功能。向饲料中添加马铃薯渣发酵产物，对提高饲料消化利用率，促进畜禽生长有重要作用。应进一步对其作用效果及机制进行深入研究，并在生产中予以推广应用。

参考文献共 14 篇（略）

原文发表于《西北农业学报》，2016，25（5）：750–757.

高产纤维素酶菌株固态发酵产酶条件优化

汤莉，薛泉宏，来航线

（西北农林科技大学资源环境学院，陕西杨凌 712100）

摘要：研究旨在探讨影响真菌产酶因素，优化高产纤维素酶菌株固态发酵产酶条件。以 A8、F2 作为供试菌株，以麦秸和麸皮为主要原料，进行固态发酵；采用比色法测定菌株产酶活性。结果表明：培养基组成对酶活有一定影响，菌株在稻草与麸比例分别为 7：3 和 6：4 时达最大酶活；采用油渣做为氮源，虽酶活稍次于无机氮源，菌体生长迅速；1g/L 吐温 −80、NaAc 和维生素 C 对产酶有一定的促进作用。水料比、发酵时间对菌株三种酶组分活力影响最大，最适发酵条件为水料比 3，发酵时间 4d，油渣 3%，KH_2PO_4 1.5%，在最适条件下菌株 A8、F2 的 FPA、CMCA、BGA 三种酶活分别为 7.34 IU/g、23.23 IU/g、45.46 IU/g；4.71 IU/g、14.66 IU/g、19.13 IU/g。

关键词：纤维素酶；固态发酵

Optimization of Enzyme Production Conditions in Solid Fermentation with High Yield Cellulase Strain

TANG Li, XUE Quan-hong, LAI Hang-xian

(College of Natural Resources and Environment, Northwest A &F University, Yang ling , Shaanxi 712100, China)

Abstract: This study aimed to explore the factors affecting the enzyme production of fungi and optimize the solid-state fermentation conditions of high yield cellulase strains. The solid state fermentation experitment was taken with the main raw materials of wheat straw and bran, and the tested strains were *Trichoderma viride* T9 and *Aspergillus niger* A8. The enzyme activity was measured by by colorimetric method. The results showed that medium composition affectd the cellulase activity, and the optimal combination rate of rice straw and bran were 7 to 3 and 6 to 4.

The cellulase activity of oilcakes fermentation is lower than that of inorganic nitrogen, but mycelium grew faster. Twain-80, NaAc and Vc had a certain promoting effect on the production of enzymes, and the most important factors were fermentation and the ratio of water to substrate. The FPA, CMCA and BGA enzyme activity of *Trichoderma viride* T9 were 7.34 IU/g, 23.23 IU/g and 45.46 IU/g, and the enzyme

作者简介：汤 莉（1970— ），女，黑龙江省密山县人，硕士，主要从事微生物学研究。

导师简介：薛泉宏，教授，博士生导师，从事土壤微生物教学与研究工作。Email: xueqhong@ public.xa.sn。

activity of *Aspergillus niger* A8 were 4.71IU/g, 14.66IU/g and 19.13IU/g, when frementated under the optimum conditions of 3 times ratio of water to material, fermenting four days, three percent of oilcakes, and 1.5 percent of KH_2PO_4.

Key words: cellulase; solid-state fermentation

　　一般认为，纤维素酶是一种诱导酶（Mandels，1977）。在营养源之外，添加适当的诱导剂可以促进酶的生成，从而提高纤维素酶的产量（王泉林，997），在含有麸皮的基本培养基中，经培养24h后，添加适量滤纸粉或纤维素粉能诱导纤维素酶的生成（Wisiman，1975）。Reese（1971）等人认为，在用纤维素作为碳源培养真菌时，纤维素酶的真正诱导剂是纤维素的可溶性水解产物，尤其是纤维二糖。朱雨生等（1978）认为槐糖对拟康氏木霉洗涤菌丝体的纤维素酶形成强有力的诱导作用。但其诱导形成除需要槐糖外，还需要：① 诱导剂；② 营养盐；③ 适宜的温度，pH 和氧气；④ 菌丝体细胞活跃的代谢。拟康氏木霉纤维素酶的形成需要有氮、磷、铁和锰等元素的无机盐参加。其中，氮的影响最大，缺氮后补加铵盐可使纤维素酶的合成达到对照水平，这说明拟康氏木霉纤维素酶的诱导形成可能是酶蛋白新合成的结果。菌丝体正常生长和活跃代谢是纤维素酶诱导形成的另一必须条件。在营养不良和条件不利（如高温）情况下生长的菌丝体产酶量低，因此，本文本文旨在优化霉菌产酶培养基的组成成分和培养条件，为饲用纤维素粗酶制剂生产提供优良工艺条件。

1　材料与方法

1.1　材料

1.1.1　供试菌种　绿色木霉T9（*Trichoderma viride* T9）和黑曲霉A8（*Aspergillus niger* A8）由西北农林科技大学资源环境学院微生物教研室保存，其余菌株均从西北农林科技大学农作一站腐烂秸秆和牛粪中分离获得。

1.1.2　培养基

　　① 斜面培养基：PDA 培养基、察氏培养基、牛肉膏蛋白胨培养基及高氏 1 号培养基。

　　② Ⅰ号固态产酶培养基：秸秆粉 2.0g，麸皮 1.0g，加 Mandels 营养液 12mL，在 121℃灭菌 30min。

　　③ Ⅱ号固态产酶培养基：秸秆粉 7.0g，麸皮 3.0g，$(NH_4)_2SO_4$ 0.3g，KH_2PO_4 0.3g，水 30mL，121℃灭菌 30min。

　　④ Ⅲ号固态产酶培养基：麦秆粉 + 麸皮 2g，氮源 0.04g，KH_2PO_4 0.06g，水料比为 5。

　　⑤ Ⅳ号固态产酶培养基：麦秆粉 1.4g，麸皮 0.6g，油渣 0.06g，KH_2PO_4 0.03g，水料比 5。

　　⑥ Ⅴ号固态产酶培养基：麦秆粉 1.2g，麸皮 0.8g，油渣 0.1g，KH_2PO_4 0.02g，水料比为 5。

　　⑦ Mandels 营养液：$(NH_4)_2SO_4$ 1.4g/L，$MgSO_4 \cdot 7HO_2$ 0.3g/L，KH_2PO_4 2.0g/L，$CaCl_2$ 0.3g/L，尿素 0.3g/L，微量元素：$FeSO_4 \cdot 7H_2O$ 5.0mL/L，$MnSO_4 \cdot H_2O$ 1.6mL/L，$ZnSO_4 \cdot 7H_2O$ 1.4mL/L，$CoCl_2$ 2.0mL/L。

　　⑧微晶纤维素双层平板：底层为 PDA 平板，上层为微晶纤维素 1g，去氧胆酸发钠 0.15g，琼脂 2g，水 100mL。

1.1.3 发酵原料 玉米秆、小麦和稻草采自农作一站，自然风干后粉碎过 1mm 筛；麸皮、豆粕等均粉碎过 1mm 筛。

1.2 方法

1.2.1 酶液制备 发酵结束后及时将湿酶曲于 40℃干燥后粉碎，按四分法取样，按酶曲重量的 10 倍加入浸提液（0.05M pH 为 4.8 的柠檬酸－柠檬酸钠缓冲液中加入 1g/L 吐温 –80），45℃浸提 1.0h，过滤得粗酶液。测定酶活时，取相应的缓冲液稀释适当倍数。

1.2.2 酶活力测定 纤维素酶活力单位，采用国际单位（IU），即在 1min 内使底物生成 1μmol 葡萄糖所需的酶量定义为 1IU（本文所测酶活除注明外，均为二次重复的平均值）。

① 滤纸酶活力（FPA）测定：将新华定量滤纸条（1cm×6cm）卷成筒状放入试管中，加入 1.0mL 0.05M pH 为 4.8 柠檬酸－柠檬酸钠缓冲溶液和 0.5mL 适当稀释的酶液，50℃保温 1h，采用 DNS 法测定还原糖的生成量。

② 羧甲基纤维素酶活力（CMCA）测定：反应体系为 1.0mL 1%CMC-Na 溶液，0.5mL 稀释酶液，50℃保温 0.5h，采用 DNS 法测定还原糖生成量。进行产纤维素酶菌株的初筛时采用氰化盐—碘量法测定还原糖生成量。

③ β - 葡萄糖苷酶活力（BGA）测定：反应体系为 1.0% 水杨素溶液 1mL，酶液 0.5mL，50℃保温 0.5h，DNS 法测定还原糖生成量。

④ 蛋白酶活力测定：福林—酚法。

⑤ 淀粉酶活力测定：反应体系为 1% 可溶性淀粉（溶于 0.02M，pH 为 4.8 缓冲液）2mL，酶液 0.5mL，DNS 法测定麦芽糖生成量。酶活力定义为 1g 干曲 1min 内转化底物生成的麦芽糖毫克数。

2 结果与分析

2.1 培养基组成对酶活性的影响

采用Ⅲ号固态发酵培养基为基础培养基，在接种方法、接种量和培养温度相同的条件下进行单因子试验。

2.1.1 麸皮比例 碳源是构成菌体细胞物质和代谢产物的主要成分，同时也是能量的来源。由于纤维素酶是诱导酶，因此必须在培养基中供给纤维素，以诱导纤维素酶合成。但在纤维素酶大量合成之前，必须保证菌体细胞增殖对易同化碳源的需求。由于麸皮中不仅含有丰富的易同化碳源和有机氮源，还含有 B 族维生素等营养物质，故在麦秆中加入一定量麸皮将促进纤维素酶的合成。为此，比较了麦秆与麸皮不同配比对三种纤维素酶组分活力的影响（表 1）。

表 1 麦秆与麸皮比例对供试菌产纤维素酶系活性的影响 （IU/g）

麦秆：麸皮	A8菌株			F2菌株		
	FPA	CMCA	BGA	FPA	CMCA	BGA
10：0	3.66	11.43	33.17	2.36	6.89	2.63
9：1	4.83	16.04	38.04	2.43	8.48	2.93
8：2	5.41	17.50	40.96	2.49	8.48	5.65

（续表）

麦秆：麸皮	A8菌株			F2菌株		
	FPA	CMCA	BGA	FPA	CMCA	BGA
7：3	5.54	18.37	43.33	3.05	9.29	8.78
6：4	5.21	12.82	41.70	3.49	11.39	16.09
5：5	4.98	12.03	38.71	2.09	7.68	12.09
4：6	4.26	10.26	33.91	1.37	3.76	5.44

同一菌株三种酶组分的活性随麸皮用量不同而异，且酶活力随麸皮用量增加呈规律性变化。如A8菌株，随着麸皮比例不断提高，FPA、CMCA 和 BGA 均呈上升趋势，在麦秆与麸皮比例达7：3时，三种酶活力均达最高值，麸皮用量继续增加，三种酶活力反而逐渐降低。可能是因为麸皮含量较多时，还原糖增加，对纤维素酶的分泌产生抑制作用，只有当菌体利用完速效碳源后才能产生纤维素酶。另外，由于麸皮量增加，培养基的通气程度及散热性变差，可能是造成酶活下降的原因之一。麸皮用量对 F2 三种酶活性的影响与 A8 类似，所不同的是麦秆与麸皮比例为 6：4 时三种酶活力最高。可见，不同菌株的最适麦秆与麸皮比例不同。

2.1.2　氮源　氮是组成蛋白质和核酸的主要元素。酶的本质是蛋白质，微生物的生长代谢也离不开氮源。氮源种类对产酶有较大的影响。本试验选择可用于工业化生产的无机氮源 [$(NH_4)_2SO_4$、NH_4NO_3] 和有机氮源（尿素、豆粕粉、油渣）。培养基中氮源物总量为 2%，两种氮源混合者各占总量的 50%。

由表 2 可知，无机氮源效果优于有机氮源，原因可能在于有机氮源所提供的纯氮量较少。尿素对纤维素酶三组分不利的原因可能是尿素分解时产生大量游离氨，导致 pH 升高，对菌体有一定毒害作用。混合氮源效果略差于无机氮源和有机氮源，其原因尚待进一步研究。以油渣作氮源，A8 菌株的 BGA 较高；其 CMCA 稍低于以 NH_4NO_3 作氮源的处理；对 F2 菌株的 FPA 而言，油渣作氮源效果最好，NH_4NO_3、$(NH_4)_2SO_4$ 次之，而 A8 菌株的 FPA 在以 NH_4NO_3 作氮源时效果最好，$(NH_4)_2SO_4$、油渣稍次。虽然油渣对某些酶活的影响效果并不是最好的，但从菌体发酵培养过程来看，添加油渣时菌丝体生长迅速、旺盛，不易被杂菌污染。综合以上试验结果，可采用油渣作为A8 和 F2 菌株的发酵氮源，以代替Ⅲ号固态产酶培养基中的 $(NH_4)_2SO_4$。

表 2　不同氮源对供试菌产纤维素酶系活性的影响　　　　　　　　（IU/g）

氮源	A8菌株			F2菌株		
	FPA	CMCA	BGA	FPA	CMCA	BGA
CK	4.51	17.23	35.74	3.53	10.24	18.19
$(NH_4)_2SO_4$	7.61	21.23	40.47	4.19	10.71	18.48
NH_4NO_3	8.54	22.52	39.15	4.38	13.72	18.94
尿素	1.67	7.49	20.48	3.37	2.11	18.39
豆粕粉	4.71	18.21	26.33	3.18	10.64	19.46
油渣	6.78	21.64	40.93	4.46	12.02	19.64
$(NH_4)_2SO_4$+油渣	5.17	14.37	37.52	4.43	11.11	19.76
$(NH_4)_2SO_4$+豆粕粉	5.59	19.55	32.3	3.29	11.45	20.34
NH_4NO_3+油渣粉	5.54	22.11	28.04	3.43	13.22	28.63

2.1.3 表面活化剂 微生物的细胞膜对于细胞内外物质的运输具有高度选择性。细胞内的代谢产物常以很高的浓度累积着，并自然地通过反馈阻遏限制了它们的进一步合成。表面活性剂可改善细胞膜的通透性，促进纤维素酶的分泌和合成，因此可提高产酶量。本试验在Ⅲ号固态发酵产酶培养基中分别加入1%吐温-80、1%油酸钠和1%SDS，测定A8和F2菌株三种酶活力（表3）。

表3 表面活性剂对供试菌产纤维素酶系活性的影响 （IU/g）

处理	A8菌株			F2菌株		
	FPA	CMCA	BGA	FPA	CMCA	BGA
CK	5.17	22.55	41.94	3.87	13.27	15.56
1%吐温-80	6.16	23.43	47.79	3.93	16.28	19.87
1%油酸钠	5.05	19.72	40.48	3.61	4.54	8.38
1%SDS	4.69	14.87	37.56	3.49	4.39	8.46

固态培养基中加入1%吐温-80，A8菌株的FPA提高19.1%，CMCA提高3.9%，BGA较对照提高13.9%；F2菌株的FPA提高1.6%，CMCA提高22.7%，BGA提高27.7%。1%油酸钠和1%SDS对酶活性有一定程度的抑制作用。

进一步确定吐温-80最佳浓度的试验结果见表4。A8和F2菌株的三种酶活力皆在吐温-80浓度为1g/L时达峰值。继续提高吐温-80浓度，三种酶皆受到抑制，活力呈下降趋势。浓度越高，抑制程度越大。这是因为少量的表面活性剂与细胞膜结合并插入质膜，造成膜蛋白与类脂分子分离，在膜上开孔，从而透性增大，促进酶的分泌。但浓度过高，使细胞膜严重缺损，细胞无法维持自身正常的生理代谢活动，因而影响酶的合成与分泌。

表4 吐温-80对供试菌产纤维素酶系活性的影响 （IU/g）

吐温-80浓度（g/L）	A8菌株			F2菌株		
	FPA	CMCA	BGA	FPA	CMCA	BGA
0.0	5.17	21.34	38.14	2.78	10.72	15.75
0.5	6.29	23.04	43.41	3.87	14.07	16.93
1.0	7.14	25.57	47.69	4.49	16.36	19.67
5.0	6.49	24.18	45.19	3.94	14.90	17.05
10.0	6.16	22.43	42.79	3.90	11.09	14.87
15.0	4.15	19.84	36.21	2.14	7.66	10.53
20.0	2.85	16.28	23.41	1.44	4.11	7.90

2.1.4 金属离子和生长促进剂 菌体在生长繁殖和合成目的产物的过程中，需要某些无机盐和微量元素作为其生理活性物质的组成成分，如酶的辅基或激活剂，或作为生理活性物质合成时的调节物。有些物质能够刺激菌体合成目的产物，尽管这些化合物的作用机理不甚清楚，但对某些产物的合成是必需的，或可大大提高其产量。为此，在参考前人试验研究结果的基础上，试验了部分金属离子和生长促进剂对A8和F2菌株产酶的影响。结果见表5。

表5　NaAc、维生素C、Mg²⁺、Fe²⁺、Mn²⁺对供试菌纤维素酶系活性的影响　（IU/g）

处理	浓度（g/L）	A8菌株			F2菌株		
		FPA	CMCA	BGA	FPA	CMCA	BGA
CK		5.79	23.40	33.78	3.11	11.81	13.89
CaCl₂	5	4.22	10.37	30.94	2.96	9.33	11.41
FeSO₄·4H₂O	1	5.57	22.98	33.46	2.97	10.16	11.37
	3	5.51	23.78	33.15	2.78	8.72	8.23
MgSO₄·7H₂O	1	5.73	24.20	34.16	3.02	12.02	13.86
	3	5.77	24.12	34.07	2.97	11.86	12.72
MnSO₄·H₂O	0.1	5.83	22.84	33.67	3.14	11.72	13.74
	1	5.61	23.71	33.15	3.06	10.62	11.28
NaAc	1	5.89	24.78	34.39	3.93	12.41	13.78
维生素C	1	6.07	24.29	37.78	4.61	14.28	16.15

在Ⅲ号固态产酶培养基中分别添加Ca、Fe、Mg和Mn的二价盐类，对两菌株纤维素酶组分活力未表现出明显影响；而添加生长促进剂如1g/L的NaAc或维生素C具有一定正效应。

2.2　固态发酵条件正交试验

采用Ⅲ号固态发酵基础培养基，在接种方法、接种量及培养温度相同的条件下，采用L9（3⁴）方案进行4因素3水平正交试验：水料比、发酵时间、油渣及KH₂PO₄添加量为4个因素，分别取3个水平，对菌株A8和F2的固态发酵条件进行优化（表6）。

表6　A8和F2菌株正交试验方案

因素	水平		
	1	2	3
A 水∶料	3	5	7
B 发酵时间（d）	3	4	5
C 油渣粉（%）	1	3	5
D KH₂PO₄（%）	0.5	1.0	1.5

从表7-9结果看出。A因素（水料比）对A8和F2菌株三种酶活力影响最大。从试验过程中观察到，加水量过低，发酵中后期培养基表面干化严重，供试菌生长差，致使酶活降低；加水量过大，培养基湿度大，易结块，发酵中夹心现象严重，产酶量亦低。在试验中，水料比为3，A8和F2菌株酶活最大。除A8菌株CMCA外，B因素（发酵时间）的影响位于其次，以B2（发酵时间为4d）最佳。C、D因素对不同酶组分的影响表现出一定差异。分别以A8菌株的FPA，F2菌株的CMCA为主要指标，并兼顾其他两种酶活力，获得A8和F2两菌株优化发酵条件分别为：水料比为3，发酵时间4d，油渣3%，KH₂PO₄ 1.5%和水料比3，发酵时间4d，油渣5%，KH₂PO₄ 1%。

表7　A8和F2菌株正交试验结果　　　　　　　　　　（IU/g）

试验序号	试验因素				A8菌株 $\bar{X}$			F2菌株 $\bar{X}$		
	A	B	C	D	FPA	CMCA	BGA	FPA	CMCA	BGA
1	1	1	1	1	5.76	24.43	40.74	3.46	12.64	16.20
2	1	2	2	2	7.34	23.23	45.46	4.71	14.66	19.13
3	1	3	3	3	5.95	21.53	34.45	4.57	13.52	13.47
4	2	1	2	3	3.21	15.93	34.43	1.67	5.59	13.37
5	2	2	3	1	3.62	16.99	38.23	2.80	8.29	15.58
6	2	3	1	2	3.56	14.47	28.14	2.48	7.10	11.57
7	3	1	3	2	1.70	13.46	34.45	0.60	3.97	13.49
8	3	2	1	3	3.72	15.43	28.15	1.07	3.02	11.58
9	3	3	2	1	2.96	15.36	26.26	0.95	2.33	10.63

表8　A8菌株正交试验结果的极差分析　　　　　　　　　（IU/g）

水平	FPA				CMCA				BGA			
	A	B	C	D	A	B	C	D	A	B	C	D
$\bar{X}_1$	6.35	3.56	4.35	4.11	23.06	17.94	18.11	18.93	40.22	36.54	32.34	35.08
$\bar{X}_2$	3.46	4.89	4.50	4.20	15.80	18.55	18.17	17.05	33.60	37.28	35.38	36.02
$\bar{X}_3$	2.79	4.16	3.76	4.29	14.75	17.12	17.33	17.63	29.62	29.62	35.71	32.34
R	3.56	1.33	0.74	0.18	8.31	1.43	0.84	1.88	10.60	7.66	3.37	3.68

表9　F2菌株正交试验结果的极差分析　　　　　　　　　（IU/g）

水平	FPA				CMCA				BGA			
	A	B	C	D	A	B	C	D	A	B	C	D
$\bar{X}_1$	4.25	1.91	2.34	2.40	13.61	7.40	7.59	7.75	16.27	14.35	13.12	14.14
$\bar{X}_2$	2.32	2.86	2.44	2.60	6.99	8.66	7.53	8.58	13.51	15.43	14.38	14.73
$\bar{X}_3$	0.87	2.67	2.66	2.44	3.11	7.65	8.59	7.38	11.90	11.89	14.18	12.81
R	3.38	0.95	0.32	0.20	10.50	1.26	1.06	1.20	4.37	3.54	1.26	1.92

3　结论与讨论

培养基组成对纤维素酶活性有一定影响。A8和F2菌株在稻草与麸比例分别为7∶3和6∶4时达最大酶活；采用油渣做为氮源，虽酶活稍次于无机氮源，菌体生长迅速；1g/L吐温-80、NaAc和维生素C对产酶有一定的促进作用。

试菌株固态发酵条件正交试验表明，水料比、发酵时间对菌株三种酶组分活力影响最大，供试菌株A8和F2的最优固态发酵条件分别为：水料比3，发酵时间4d，油渣3%，KH_2PO_4 1.5%和水料比3，发酵时间4d，油渣5%，KH_2PO_4 1%。

参考文献共11篇（略）

原文见文献 汤莉.纤维素酶产生菌选育、固态发酵条件及性质研究[D].西北农林科技大学，2001:41-47.

四

微生态制剂及生物活性饲料发酵工艺研究

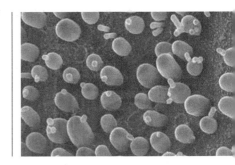

高产纤维素酶菌株的筛选及其产酶条件研究

封晔，来航线，郑真

（西北农林科技大学资源环境学院，陕西杨凌　712100）

摘要：为了得到高产纤维素酶菌株和确定其最优生产发酵工艺，采用比色法对供试的 Z1、Z2、Z3、W2、W5、FG10、FG209、H8 和 A8 等 9 株真菌进行筛选，对筛选出的高产纤维素酶菌株进行初步鉴定，并对其最佳产酶条件进行了研究。结果表明，FG10 和 FG20 为高产纤维素酶菌株；FG10 的最适产酶条件为豆粕 0.3g/kg，pH 为 4.8，35℃培养 48h；FG20 的最适产酶条件为油渣 0.2g/kg，pH 为 4.4，35℃培养 48h；2 株菌均属曲霉属，其中菌株 FG10 为烟曲霉，菌株 FG20 为米曲霉。

关键词：纤维素酶；菌株筛选；产酶条件；曲霉属

Reseach on Screening and Culture Conditions of A Hign Cellulose Producing Strain

FENG Ye, LAI Hang-xian, ZHENG Zhen

(College of Natural Resources and Environment, Northwest A&F University, Yangling, Shaanxi 712100, China)

Abstract: To find the strains with high cellulose and ascertain the best ferment conditions, isolated strains from 9 strains fungi were screened by colorimetry and the optimal producing conditions were studied and the screened strains with high cellulose were preliminarily identified. The results showed that FG10 and FG20 were high cellulose-producing strains. The optimum nitrogen source for FG10 was 0.3 g/kg bean pulp, pH 4.8, temperature was 35℃, and culture time 48 h ;the optimum nitrogen source for FG20 was 0.2g /kg fat residue, pH 4.4, temperature 35℃, and culture time 48 h. Both two strains were identified as *Aspergillus*, in which FG10 was *Aspergillus fumigatus*, and FG20 was *Aspergillusoryzae*.

Key word: cellulose; filtration of strains; fermentation condition; *Aspergillus*

基金项目：陕西省科技攻关项目（2003K03-G2-02）；杨凌示范区农业推广专项（YLTG2005-8）。

第一作者：封晔（1981— ），女，甘肃兰州人，在读硕士，主要从事微生物资源与利用研究。E-mail: fengye198108@yahoo.com.cn。

通信作者：来航线（1964— ），男，陕西礼泉人，副教授，硕士生导师，主要从事微生物资源利用和微生物生态研究。

纤维素酶在充分利用农作物秸秆等农副产品废弃物，降解秸秆中的纤维素，开发新能源方面具有巨大的应用潜力（刘颖，2006），其已广泛应用于食品、动物饲料、洗涤等工业生产中。目前，用于纤维素酶生产的菌株多为木霉、青霉及曲霉等，但其产生的酶普遍存在活力较低的问题。筛选高效纤维素分解菌，确定纤维素酶的固态发酵工艺，是利用秸秆纤维素的关键。有研究证明（宋素芳，2003），通过高效纤维素分解菌发酵秸秆及其他含纤维素的农副产品下脚料，生产纤维素酶作为饲料添加剂，可提高饲料利用率和粗饲料的营养价值，降低饲料成本，在促进动物生长、减少粪便排放、改善生态环境和动物疾病防治等方面均有明显效果，具有很好的经济效益和环保意义。敖维平和关铜等均详细论述了纤维素酶在畜禽生产中的显著效果。因此，筛选高产纤维素酶产生菌、确定其产酶发酵工艺，对纤维素酶生产具有重要意义。本试验对高产纤维素酶菌株进行了筛选，并对其产酶条件进行了研究，以期为纤维素酶的工业化生产提供必要的理论依据。

1 材料与方法

1.1 材料

1.1.1 供试菌株 Z1、Z2、Z3、W2、W5、FG10 和 FG20 菌株由西北农林科技大学资源环境学院微生物生态实验室保存；H8 和 A8 菌株为西北农林科技大学资源环境学院微生物资源实验室保存。

1.1.2 培养基 活化培养基为 PDA 培养基；基础固体发酵培养基组成为：麦草粉 7g，麸皮 3g，Mandels 营养液 30mL，吐温 0.3mL。

1.2 高产纤维素酶菌株的筛选

测定 1.1.1 中 9 株供试菌的纤维素酶活性和蛋白酶活性，筛选高产纤维素酶菌株作为下一步供试菌株。

1.3 氮源、培养基 pH 和培养温度对纤维素酶活性的影响

1.3.1 氮源 在基础固体发酵培养基成分不变、初始 pH 为 7.0、培养温度为 28℃ 的条件下，研究无机氮源（NH_4NO_3、$(NH_4)_2SO_4$）和有机氮源（油渣、豆粕）及其混合物对高产纤维素酶菌株酶活性的影响。培养基中氮源物质添加量为 0.2g/kg，2 种氮源混合物中每种氮源各占总量的 50%。

1.3.2 培养基 pH 在基础固体发酵培养基成分不变、培养温度为 28℃ 的条件下，测定培养基 pH 分别为 3.8，4.4，4.8，5.4，6.2，6.7 和 7.0 时纤维素酶的活力，研究培养基 pH 对纤维素酶活性的影响。

1.3.3 培养温度 在基础固体发酵培养基成分不变、初始 pH 为 7.0，培养温度分别为 28℃，35℃，40℃，45℃，50℃，55℃，60℃ 和 70℃ 的条件下培养 72h，测定纤维素酶活力，研究培养温度对纤维素酶活性的影响。

1.4 高产纤维素酶菌株固态发酵条件的确定

在上述单因素试验基础上，采用 $L_9(3_4)$ 正交试验的方法，研究氮源、温度、培养时间、pH 为 4.0 个因素对菌株生长的影响，确定其发酵条件。每因素各取 3 个水平（表 1）。

表1　菌株 FG10 和 FG20 固态发酵条件的 $L_9(3_4)$ 正交试验设计方案

菌号	水平	因素		B pH	C温度（℃）	D时间（h）
		氮源				
		种类	含量（g/kg）			
FG10	1	豆粕	0.2	3.8	35	48
	2	豆粕	0.3	4.8	40	72
	3	豆粕	0.4	6.2	45	96
FG20	1	油渣	0.2	3.8	35	48
	2	油渣	0.3	4.4	40	72
	3	油渣	0.4	6.2	45	96

1.5　菌株鉴定

通过观察菌株的形态特征和培养特征，依据《真菌鉴定手册》进行初步鉴定。

1.6　酶活性的测定

1.6.1　酶液的制备　将发酵后的酶曲称重烘干，取一定量的纤维素酶曲，加入 10 倍质量的蒸馏水，搅拌，于 40℃水浴中保温 45min，用脱脂棉过滤入离心管，3 000r/min 离心 5min，取上清液备用。

1.6.2　酶活性的测定　参考文献（程丽娟等，2000），采用 DNS 比色法测定滤纸（FPA）酶活性和羧甲基纤维素（CMC）酶活性，采用福林法测定蛋白酶酶活性。

2　结果与分析

2.1　高产纤维素酶菌株的筛选

结果见表2。

表2　9株供试菌株的纤维素酶和蛋白酶活性　　　　　　　　　　　　　　　$[\mu g/(g \cdot min)]$

酶	菌号								
	FG20	W5	W5	A8	FG10	H8	Z2	Z3	Z1
纤维素酶	5 512.3	5 740.7	5 888.9	2 456.8	5 699.1	2 601.9	4 263.9	5 398.1	4 716.1
蛋白酶	599.2	582.1	91.0	99.3	618.3	108.3	343.0	600.7	422.0

由表2可知，菌株 FG10 和 FG20 的纤维素酶活性和蛋白酶活性均较高，故确定 FG10 和 FG20 为高产纤维素酶菌株。

2.2　培养条件对菌株纤维素酶活性的影响

2.2.1　氮源　由表3可知，以豆粕作为氮源时，菌株 FG10 的 CMC 和 FPA 酶活性均较高，分别为 3 055.6μg/（g·min）和 527.4μg/（g·min），表明菌株 FG10 对豆粕的利用效果优于无机氮源，从而确定 FG10 的最适产酶氮源为豆粕。菌株 FG20 对有机氮源的利用也优于无机氮源，以油渣作为氮源时，其 CMC 和 FPA 酶活性均较高，分别为 3 246.9μg/（g·min）和 600.0μg/（g·min），即 FG20 的最适产酶氮源为油渣。

表3　氮源对菌株 CMC 和 FPA 酶活性的影响　　　　　　　　　[μg/（g·min）]

氮源	CMC		FPA	
	FG10	FG20	FG10	FG20
NH₄NO₃	2 308.6	2 523.1	391.1	453.3
(NH₄)₂SO₄	2 379.6	2 814.8	483.7	473.3
油渣	2 080.2	3 246.9	444.4	600
豆粕	3 055.6	537.1	527.4	374.8
NH₄NO₃+油渣	1 916.7	2 731.5	345.9	506.7
(NH₄)₂SO₄+油渣	1 802.5	3 000	388.1	505.2
NH₄NO₃+豆粕	1 787.1	2 703.7	360.7	234.1
(NH₄)₂SO₄+豆粕	1 870.4	2 768.5	340	540.7

2.2.2　pH　表4表明，在酸性条件下，菌株 FG10 和 FG20 的酶活性均较高。其中 FG10 在 pH 为 3.8 的环境中 CMC 酶活性最高，可以达到 1 454.2μg/（g·min），FPA 酶活性最高可达 2 528 μg/（g·min）；而在 pH 为 4.4 的环境中，FG20 的 CMC 酶活性最高，可以达到 1 131.6μg/（g·min），FPA 酶活性可达 1 186.4μg/（g·min）。由此可知，菌株 FG10 的最适产酶 pH 为 3.8，FG20 的最适产酶 pH 是 4.4。

表4　pH 对菌株 CMC 酶和 FPA 酶活性的影响　　　　　　　　[μg/（g·min）]

pH	CMC		FPA	
	FG10	FG20	FG10	FG20
3.8	1 454.2	1 070.2	2528	1 454.2
4.4	1 186.4	1 131.6	570.7	1 186.4
4.8	1 130.7	789.5	1 573.3	1 130.7
5.4	170.7	83.3	652.4	170.7
6.2	1 400.9	978.1	1 416.9	1 400.9
6.7	823.1	596.5	1 863.1	823.1
7.2	759.1	491.2	1 868.4	759.1

2.2.3　温度　由表5可知，在 35~50℃时，菌株 FG10 和 FG20 的酶活性均较高；50℃以后，CMC 和 FPA 酶活性随着温度的升高逐渐降低，其中在 45℃时 FG10 的 CMC 和 FPA 酶活性均最高，分别为 4611.1 和 1518.5μg/（g·min）；在 35℃时 FG20 的 CMC 和 FPA 酶活性均最高，分别为 5338.9 和 1448.9μg/（g·min）。所以菌株 FG10 和 FG20 的最适产酶温度分别是 45℃和 35℃。

表 5　温度对菌株 CMC 酶活性的影响　　　　　　　　　　[μg/（g·min）]

| 温度/℃ | CMC | | FPA | |
	FG10	FG20	FG10	FG20
28	2 533.3	2 722.2	376.3	1 000
35	4 105.6	5 338.9	1 414.8	1 448.9
40	4 194.4	4 738.9	1 400	1 208.9
45	4 611.1	4 961.1	1 518.5	133.3
50	3 600	2 025.9	1 537.8	1 312.5
55	216.7	94.4	312.6	371.9
60	137	85.2	303.7	297.8
70	144.4	50	293.3	284.4

2.3　高产纤维素酶菌株固态发酵条件的正交试验结果

由表 6 可知，菌株 FG10 按级差（R）大小，各指标下各因素的主次顺序分别为：CMC 酶活性 C>B>D>A；FPA 酶活性 C>D>B>A；蛋白酶 C>A>D>B。根据各水平下 K_1、K_2、K_3 确定各因素的最优水平组合为：CMC 酶活性 $C_1B_2D_2A_2$；FPA 酶活性 $C_1D_1B_1A_2$；蛋白酶 $C_1A_3D_1B_2$。由此可知，温度对 CMC 和 FPA 酶活性的影响最大，其次为 pH 和时间，氮源的影响最小；温度对蛋白酶酶活性影响最大，其次为氮源和时间，pH 影响最小。通过综合分析认为，菌株 FG10 的最佳产纤维素酶条件是：培养基含豆粕 0.3g/kg、培养基 pH 为 3.8~4.8、培养温度为 35℃、培养时间为 48~72h，在此条件下菌株 FG10 的 CMC 酶活性可达到约 7 000μg/（g·min）；最佳产蛋白酶的条件是培养基含豆粕 0.4g/kg、培养基 pH 为 4.8、培养温度为 35℃、培养时间为 48h，在此条件下其蛋白酶的活性可达约 1 800μg/（g·min）。

由表 7 可知，菌株 FG20 按级差（R）大小，各指标下各因素的主次顺序分别为：CMC 酶活性 C>A>D>B；FPA 酶活性 C>D>A>B；蛋白酶 C>B>A>D。根据各水平下 K_1、K_2、K_3 确定各因素的最优水平组合为：CMC 酶活性 $C_1A_3D_1B_2$；FPA 酶活性 $C_1D_1A_3B_2$；蛋白酶 $C_1B_2A_2D_1$。由此可知，温度对 CMC 和 FPA 酶活性的影响最大，其次为氮源和时间，pH 的影响最小；温度对蛋白酶活性影响最大，其次为 pH 和氮源，时间影响最小。通过综合分析认为，FG20 的最佳产纤维素酶条件是培养基含油渣 0.2g/kg、培养基 pH 为 4.4、培养温度为 35℃、培养时间为 48h，在此条件下菌株 FG20 的 CMC 酶活性可达约 8 000μg/（g·min）；最佳产蛋白酶的条件是：培养基含油渣 0.3g/kg、培养基 pH 为 4.4、培养温度为 35℃、培养时间为 48h，在此条件下其 CMC 酶活性可达约 1 300μg/（g·min）。

表 6　菌株 FG10 固态发酵条件的 $L_9（3_4）$ 正交试验结果

| 编号 | A 豆粕（g/kg） | B pH | C 温度（℃） | D时间（h） | 酶活性[μg/（g·min）] | | |
					CMC	FPA	蛋白酶
1	1（0.2）	1（3.8）	1（35）	1（48）	7 000.0	3 504.2	1 788.7
2	1（0.2）	2（4.8）	2（40）	2（72）	6 427.1	1 650.0	1 133.7
3	1（0.2）	3（6.2）	3（45）	3（96）	2 065.9	1 220.8	603.4

（续表）

编号		A 豆粕（g/kg）	B pH	C 温度（℃）	D时间（h）	酶活性[μg/（g·min）] CMC	FPA	蛋白酶
4		2（0.3）	1（3.8）	2（40）	3（96）	4 932.3	2 197.9	905.9
5		2（0.3）	2（4.8）	3（45）	1（48）	4 843.8	2 197.2	1 275.8
6		2（0.3）	3（6.2）	1（35）	2（72）	5 923.6	2 236.1	1 145.7
7		3（0.4）	1（3.8）	3（45）	2（72）	4 255.2	1 737.5	1 256.5
8		3（0.4）	2（4.8）	1（35）	3（96）	6 218.8	2 595.8	1 847.4
9		3（0.4）	3（6.2）	2（40）	1（48）	4 463.5	2 060.4	1 417.8
CMC	K_1	5 164.3	5 395.8	6 380.8	5 435.8			
	K_2	5 233.2	5 829.9	5 274.3	5 535.3	61 506.9		
	K_3	4 979.2	4 151.0	3 721.6	4 405.7			
	K_4	254	1 678.9	2 659.2	1 129.6			
FPA	K_1	2 125.0	2 479.9	2 778.7	2 587.3			
	K_2	2 210.4	2 147.7	1 969.4	1 874.5	25 866.5		
	K_3	2 131.2	1 893.1	1 718.5	2 004.8			
	K_4	85.4	640.8	1 060.2	712.8			
蛋白酶	K_1	1 175.3	1 317.0	1 593.9	1 494.1			
	K_2	1 109.1	1 419.0	1 152.5	1 178.6	15 166.4		
	K_3	1 507.2	1 055.6	1 045.2	1 118.9			
	K_4	398.1	363.4	548.7	375.2			

表 7　菌株 FG20 固态发酵条件的 $L_9（3_4）$ 正交试验结果

编号		A 油渣（g/kg）	B pH	C 温度（℃）	D时间（h）	酶活性[μg/（g·min）] CMC	FPA	蛋白酶
1		1（0.2）	1（3.8）	1（35）	1（48）	7947.9	3975.0	1285.5
2		1（0.2）	2（4.4）	2（40）	2（72）	6364.6	1645.8	1057.9
3		1（0.2）	3（6.2）	3（45）	3（96）	5286.5	1279.2	747.4
4		2（0.3）	1（3.8）	2（40）	3（96）	5243.1	1452.1	1077.8
5		2（0.3）	2（4.4）	3（45）	1（48）	5041.7	2309.7	950.0
6		2（0.3）	3（6.2）	1（35）	2（72）	7588.5	3245.8	1248.6
7		3（0.4）	1（3.8）	3（45）	2（72）	4906.3	1916.7	765.7
8		3（0.4）	2（4.4）	1（35）	3（96）	7526.0	3718.8	1240.7
9		3（0.4）	3（6.2）	2（40）	1（48）	6020.8	2766.7	1020.7
CMC	K_1	6 533.0	6 032.4	7 687.5	6 336.8			
	K_2	5 957.8	6 310.8	5 876.2	6 286.8	74 567.3		
	K_3	6 151.0	6 298.6	5 078.2	6 018.5			
	K_4	575.2	278.4	2 609.3	318.3			

（续表）

编号		A 油渣（g/kg）	B pH	C 温度（℃）	D时间（h）	酶活性[μg/（g·min）]		
						CMC	FPA	蛋白酶
FPA	K₁	2 300.0	2 447.9	3 646.5	3 017.1			
	K₂	2 335.9	2 558.1	1 954.9	2 269.4		29 746.3	
	K₃	2 800.7	2 430.6	1 835.2	2 150.0			
	K₄	500.7	127.5	1 811.3	867.1			
蛋白酶	K₁	1 030.3	1 043.0	1 258.3	1 085.4			
	K₂	1 092.1	1 082.9	1 052.1	1 024.0			12 461.2
	K₃	1 009.0	941.0	821.0	1 022.0			
	K₄	83.1	141.9	437.3	63.4			

2.4 菌株FG10和FG20的鉴定

由显微镜下观察可知，菌株FG10菌丝无隔，形成分生孢子梗，孢子梗散生，顶端膨大，有辐射状排列的小梗，基部有厚膜足细胞，分生孢子串生，为绿色单孢。其在培养基中的培养特征为菌丝发达，呈疏松的棉絮状，白色；菌落扁平，气生菌丝发达，基内菌丝缺乏，产绿色孢子。初步鉴定菌株FG10为烟曲霉，其形态及培养特征见图1。

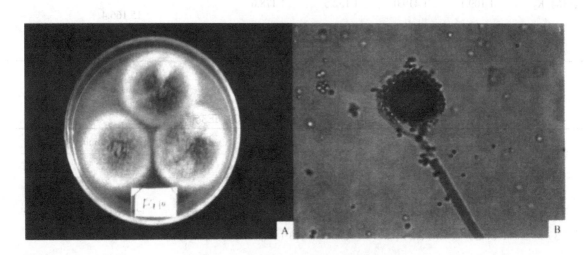

A. 皿内培养特征；B. 显微形态

图1 菌株FG10的培养特征及光学显微镜检图

菌株FG20形态及培养特征见图2。由图2可知，FG20菌丝无隔，单细胞多核，形成分生孢子梗，顶端膨大成球形，分生孢子为淡绿色单孢。FG20在培养基中的培养特征为菌丝不发达，白色，菌落扁平，气生菌丝不发达，基内菌丝发达，产淡绿色孢子。初步鉴定菌株FG20为米曲霉。

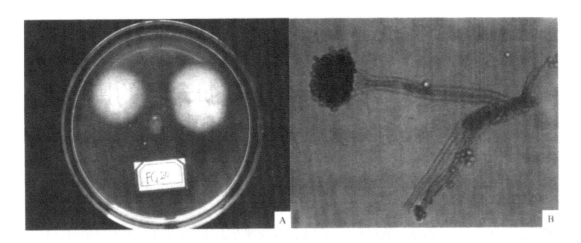

A. 皿内培养特征；B. 显微形态

图2　菌株FG20的培养特征及光学显微镜检图

3　结论与讨论

（1）本试验通过测定纤维素酶和蛋白酶的活性，确定FG10和FG20为高产纤维素酶菌株。

（2）菌株FG10的最佳产纤维素酶条件是：氮源（豆粕）0.3g/kg、pH为3.8~4.8、35℃培养48~72h；最佳产蛋白酶的条件是：氮源（豆粕）0.4g/kg、pH为4.8、35℃培养48h。综合考虑，菌株FG10的最适产酶条件为：氮源（豆粕）0.3g/kg、pH为4.8、35℃培养48h。

（3）FG20的最佳产纤维素酶条件是：氮源（油渣）0.2g/kg、pH为4.4、35℃培养48h；最佳产蛋白酶的条件是氮源（油渣）0.3g/kg、pH为4.4、35℃培养48h。综合考虑，FG20的最适产酶条件为：氮源（油渣）0.2g/kg、pH为4.4、35℃培养48h。

（4）通过初步鉴定得出，两株菌均属曲霉属，FG10为烟曲霉，FG20为米曲霉。

参考文献共10篇（略）

原文发表于《西北农林科技大学学报（自然科学版）》，2007，35（10）：133-138.

不同预处理对苹果渣还原糖含量的影响

杨保伟[1]，盛敏[2]，来航线[3]，岳田利[1]，乔正良[3]

（西北农林科技大学 1. 食品科学与工程学院，2. 生命科学学院，3. 资源环境学院，陕西杨凌　712100）

摘要：研究了高温、酸解、酶解和菌解等不同预处理方法对苹果渣中还原糖含量的影响。结果表明，高温对苹果渣中还原糖含量的影响不大，且对其有很好的灭菌作用；酸解、酶解和菌解后的苹果渣中，还原糖含量均显著增加；酸解时，当 pH=1，T=121℃，20~60min 时，还原糖含量随酸解时间的延长变化不明显；3 种供试纤维素酶中，3[#] 酶的降解效果最好；21 株供试菌中，FG03 的降解效果最好，FG07，FG10 和 FG11 的降解效果次之。

关键词：苹果渣；高温处理；酸解；酶解；菌解；还原糖

Effect of Different Treatments on Reducing Sugar Content in Apple Pomace

YANG Bao-wei[1], SHENG Min[2], LAI Hang-xian[3], YUE Tian-lia, QIAO Zheng-liang[2]

(1. College of Food Science and Engineering, 2. College of Life Science,

3. College of Natural Resources and Environment,Northwest A& F University, Yangling, Shaanxi 712100, Chnia)

Abstract: The effect of different treatments including high temperature, acid,cellulose and fungi on reducing sugar content in apple pomace were studied. The results showed that: high temperature killed all microbiology in apple pomace, but did not affect the content of reducing sugar; The degradation by acid,cellulose and fungi significantly increased the content of reducing sugar; When apple pomace were degraded at pH= 1 and T= 121℃ by acid, the content of reducing sugar in apple pomace did not increase significantly with time(the range of time from 20 to 60 minute); Among three kinds of cellulose, 3[#] was the best; Among 21 treated fungi, FG03 was the best, three fungi (FG07, FG10, FG11) were next.

Key words: apple pomace; high temperature treatment; acid degradation; cellulase degradation; fungi degradation; reducing sugar

基金项目：国家科技攻关计划项目（2001BA901A19）。

第一作者：杨保伟（1974—），男，陕西商洛人，在读博士，主要从事食品微生物研究。

通信作者：来航线（1964—），男，陕西礼泉人，副教授，主要从事农业微生物及发酵工程研究。

E-mail: laihangxian@163.com。

我国是苹果生产大国，苹果产量的逐年增加促进了果汁加工业的迅速发展，同时也产生了越来越多的苹果渣。目前，苹果渣主要用于生产果渣饲料、酒精及酒精饮料、柠檬酸、酶、低聚糖、膳食纤维、果胶、香精、色素和食用菌栽培等，虽有一定程度的综合利用，但总体而言，其利用率仍非常低（为10%~25%），大部分（约70%）被当作垃圾处理，既浪费了资源，又污染了环境。在以苹果渣为主要原料直接进行发酵生产时，因其还原糖含量较低，且由于来源、批次不同，其中的营养物质，特别是在微生物生长时被作为碳源和能量来源的还原糖含量不同，给实际生产带来极大不便。为了给微生物提供足够的碳源，苹果渣一般在使用前必须经过预处理，使其还原糖含量升高。预处理的方法因生产目的不同而异。马艳萍等先将苹果渣酶解后，再用其生产酒精；宋安东等向灭菌苹果渣中添加蔗糖，使其糖达到一定含量后，再接种发酵；李文哲等采用酶解苹果渣的方法生产柠檬酸。在苹果渣综合利用的研究中，现有资料报道的苹果渣预处理的方法和结论均各不相同，且对各种常用的预处理方法也没有一个系统的研究。为此，本试验对苹果渣的高温、酸解、酶解和菌解等预处理方法进行了系统研究，并分析了预处理后苹果渣中还原糖含量的变化，为苹果渣综合利用，特别是将苹果渣中的还原糖成分作为底物进行生物转化，提供了理论依据。

1 材料和方法

1.1 材料

1.1.1 苹果渣 由陕西海升果业发展股份有限公司提供鲜渣，常温晾晒后粉碎过筛（60目），干渣还原糖含量为10.72g/kg，水分含量为3.9g/kg。

1.1.2 菌种 产绿青霉（FG01）、黑曲霉（FG02）、毛霉（FG03）、白地霉（FG04）、根霉（FG05）、未鉴定（FG06）、曲霉（FG07）、产紫青霉（FG08）、未鉴定（FG09）、黑曲霉（FG10）和毛霉（FG11）等从发酵后的猪粪、牛粪中分离得到；木霉（FG12）、未鉴定（FG13）、未鉴定（FG14）、黑曲霉（FG15）、黑曲霉（FG16）、黑曲霉（FG17）和黄绿青霉（FG18）等为从林地土壤中分离得到；根霉（FG19）由西北农林科技大学资源环境学院微生物教研组菌种室提供；烟曲霉（FG20）和黑曲霉UA8（FG21）由西北农林科技大学资源环境学院微生物教研组薛泉宏教授提供。

1.1.3 纤维素酶（薛泉宏，2000） 共3种，分别为：1# 纤维素酶，滤纸酶活［μg/（g·min·℃）］为351，最适作用pH为4.8，购自山东正元畜牧有限公司；2# 纤维素酶，滤纸酶活为628，最适作用pH为4.8，购自辽宁星河生物技术有限公司；3# 纤维素酶，滤纸酶活为351，最适作用pH为4.8，购自江门市生物技术研究中心。

1.1.4 营养液组成 营养液组成及各成分含量参见文献（汤莉，2001）。

1.2 方法

1.2.1 孢子悬液的制备（司美茹，2002） 向斜面培养成熟的菌种中加入适量的无菌吐温水（吐温含量0.5mL/L），用接种环轻轻刮取斜面孢子后，将孢子悬液倒入另一无菌试管中，振荡，使孢子充分分散，调整孢子浓度为 3×10^6 个/L备用。

1.2.2 苹果渣的高温处理 称取干苹果渣10g装入三角瓶后，加入30mL蒸馏水搅拌均匀、封口，放置一段时间使苹果渣充分吸水润涨，然后将苹果渣进行高温预处理，处理温度（℃）和时间（min）分别为：100，40；100，60；100，80；114，40；114，60；114，80；121，40；121，60 和 121，80。称取处理后苹果渣各 1g，加蒸馏水浸提，浸提液定容到 100mL 备用。

1.2.3　苹果渣的酸解　称取干苹果渣 10g 装入三角瓶中，加入足量的蒸馏水，使果渣充分吸水后用 6mol/L HCl 调整 pH 为 1，121℃分别酸解 20min，40min，60min，称取酸解后苹果渣各 1g 加蒸馏水浸提，浸提液定容到 100mL 备用。

1.2.4　苹果渣酶解　称取苹果渣 10g，加入适量蒸馏水，搅拌均匀后调整苹果渣的 pH 为 4.8。分别称取 1#，2#，3# 纤维素酶各 0.25g 和 0.5g，加入上述苹果渣中，搅拌均匀，在 45℃酶解 12h 后，称取酶解物各 1g 用蒸馏水浸提过滤，滤液（即酶解液）定容至 100mL 备用。

1.2.5　苹果渣菌解（司美茹，2002）　称取苹果渣 20g 装入罐头瓶中，加入 40mL 营养液搅匀，121℃灭菌 60min 后，分别接入 FG01~FG21 号菌株（共 21 株菌）的孢子悬液，孢子浓度为 3×10^6 个 /mL，每瓶接种 2mL，搅拌均匀。28℃分别培养 72h，96h，培养后取样。样品烘干粉碎后，称取 1g 进行浸提，过滤，滤液定容至 100mL 备用。

1.2.6　对照试验　称取苹果渣 10g，装入三角瓶中，加蒸馏水适量，使其充分吸水润胀。称取润胀后的苹果渣 1g，加蒸馏水浸提，过滤，滤液定容至 100mL，测还原糖含量，测 2 次，分别为 CK_1 和 CK_2。

1.2.7　还原糖含量的测定（张龙翔，1981）　采用 3，5- 二硝基水杨酸比色定糖法测定各预处理样品中还原糖的含量。还原糖含量变化率 =（处理还原糖含量 –CK 还原糖含量）/CK 还原糖含量 ×100%

2　结果与分析

2.1　高温处理对苹果渣还原糖含量的影响

高温处理后苹果渣中还原糖的含量见表 1。

表 1　高温处理对苹果渣还原糖含量的影响

处理		还原糖量	还原糖含量变化率
温度（℃）	时间（min）		
CK_1		10.72	
100	40	10.10	−5.78
	60	10.25	−4.38
	80	11.46	+6.90
114	40	10.69	−4.10
	60	10.72	0
	80	10.94	2.05
121	40	10.58	−1.31
	60	10.28	−4.10
	80	9.44	−11.94

由表 1 可知，不同高温处理对苹果渣中还原糖含量影响不大。与 CK 相比，当处理温度（℃）和时间（min）分别为 100，40；100，60；114，40；121，40；121，60；121，80 时，样品中还原糖含量均有不同程度的下降，其中除 121℃，80min 处理样品中的还原糖含量下降幅度比较大外

（11.97%），其余处理还原糖含量下降的幅度并不明显。当处理为100℃，80min和114℃，80min时，样品中还原糖含量略有上升；当处理为114℃，60min时，样品还原糖含量没有变化。综上可知，不同的温度和时间处理后，苹果渣中还原糖含量变化幅度不大。与此同时，将高温处理后的苹果渣（未开瓶）自然培养7d并未发现有微生物生长。以上结果表明，在实际生产中如果使用高温处理苹果渣，不但不会影响其中还原糖含量，而且能有效消除苹果渣中微生物给发酵过程带来的潜在影响。

2.2 酸解处理对苹果渣还原糖含量的影响

由表2可以看出，当pH=1，T=121℃时，与CK相比，酸解后苹果渣中还原糖含量均显著增加，20min，40min和60min处理的增加率分别为167.1%，177.6%和185.6%。由表2还可看出，随着酸解时间的延长，还原糖含量增加，但增加幅度不明显（60min比20min增加了6.91%）。如果继续延长酸解的时间，则有可能造成苹果渣中其他成分的水解和一些营养成分的破坏。根据以上结果，并考虑到工业化生产时的成本和周期问题，作者认为在对苹果渣进行酸解处理时，时间不宜太长，以20min为宜。

表2 酸解处理对苹果渣还原糖含量的影响

处理			还原糖含量	还原糖含量变化率
pH	温度（℃）	时间（min）		
		CK1	10.72	
		20	28.62	167.1
1	121	40	29.76	177.6
		60	30.62	185.6

2.3 酶解处理对苹果渣还原糖含量的影响

酶解处理后苹果渣中还原糖含量见表3。

表3 酶解对苹果渣还原糖含量的影响

处理				还原糖量	还原糖含量变化率
pH	时间（h）	酶类	用量（g）		
		CK1		10.72	
		1#	0.25	21.98	105
			0.5	21.01	96
		2#	0.25	24.01	124
4.8	12		0.5	23.49	119
		3#	0.25	28.72	168
			0.5	28.16	163

从表3可以看出，与CK相比，酶解后苹果渣中还原糖含量均明显上升。对于同一种类纤维素酶来讲，不同的酶添加量，酶解后苹果渣中还原糖含量差异不大；而不同种类酶的酶解物中，还原

糖含量有较大差异，其中 1# 酶酶解物中还原糖含量最低（平均含量约 21%），与 CK 相比，其含量上升了约 100%；2# 酶酶解物还原糖含量较高（平均含量约 24%），与 CK 相比上升了约 121%；3# 酶酶解物还原糖含量最高（平均含量约 28%），与 CK 相比上升了约 165%。说明 3# 酶虽然滤纸酶活不是最高，但以苹果渣为底物时，其酶解效果最好。

2.4 菌解处理对苹果渣还原糖含量的影响

苹果渣中接入供试菌孢子悬液培养后，有 11 株菌在纯苹果渣基质上不能生长或生长状况很差，有 10 株生长良好，生长良好者分别于 72h，96h 取样，其浸出液中还原糖含量测定结果见表 4。从表 4 可以看出，与对照相比，FG03，FG07，FG10 和 FG11 等 4 株菌 72h 和 96h 的降解物中，还原糖含量均显著升高。FG03 72h 降解物中还原糖含量增加了 109.9%，高于 96h 降解物（106%）。FG16 的降解物中，虽然还原糖含量在 96h 降解物中有所升高，但还原糖含量变化不大。另外，在苹果渣中生长良好的 10 株菌中，FG02，FG09，FG15，FG17 和 FG21 等 5 株菌的苹果渣降解物中还原糖含量明显降低。

由此可知，FG03，FG07，FG10 和 FG11 等 4 株菌在以纯苹果渣为基质的培养基上生长时，其产纤维素酶的能力及降解苹果渣的能力均较强，且 FG03 降解苹果渣，在 72h 时其纤维素酶活性可能最高。而 FG02，FG09，FG15，FG17 和 FG21 等 5 株菌在苹果渣基质上产纤维素酶的能力较弱，不能很好的降解苹果渣产生还原糖，细菌在生长过程中还可能将果渣中原有的部分还原糖作为碳源利用。FG16 虽然能够在苹果渣上良好地生长，但其产纤维素酶的能力一般，对苹果渣中还原糖含量的影响不大。

表 4　菌解对苹果渣还原糖含量的影响

菌号	72h		96h	
	还原糖含量	还原糖含量变化率	还原糖含量	还原糖含量变化率
CK₂	10.67		10.67	
FG02	5.59	−47.6	6.2	−41.9
FG03	22.4	109.9	21.98	106
FG07	14.35	34.5	16.65	56
FG09	8.72	−18.3	9.97	−6.6
FG10	13.49	26.4	14.76	38.3
FG11	13.25	24.2	15.06	41.1
FG15	6.72	−37	6.43	−39.7
FG16	10.55	−1.1	11.84	10.9
FG17	8.31	−22.1	5.40	−49.4
FG21	7.09	−33.6	8.79	−17.6

3　结论与讨论

① 高温处理对苹果渣中还原糖含量的影响不大，且能有效杀灭苹果渣中微生物。据资料报道，湿热灭菌时，不同温度和时间的处理对还原糖的影响非常大。对于 10% 葡萄糖溶液而言，121℃

保温 15min 后，葡萄糖破坏率为 24%；116~118℃保温 20min 后，其破坏率为 18.2%；100℃保温 30min 破坏率为 8.0%。与此不同的是，苹果渣采用不同的高温和时间处理后，其还原糖含量变化幅度不大。由此可见，与单纯的葡萄糖溶液相比，苹果渣混合体系具有类似缓冲的功能，用于实际生产时，一般高温及相对较短时间处理既能起到杀菌作用，又不会对其中还原糖造成较大破坏而影响生产。

② 当 pH=1、T=121℃、处理时间分别为 20min，40min 和 60min 时，苹果渣酸解物中还原糖含量均显著增加，但还原糖含量随酸解时间的延长而增加的幅度不明显。

③ 苹果渣的 3 种酶解物中还原糖含量较对照均明显升高，这与李文哲等（李文哲，2000）的研究结果一致。3 种供试纤维素酶中，3# 酶效果最好。

④ 在本试验所选用的 21 株菌中，有 10 株能在纯苹果渣基质上良好生长，FG03 降解效果最好，FG07，FG10 和 FG11 的降解效果次之。综上所述，除高温外，其余 3 种预处理方法均可显著提高苹果渣中还原糖的含量。但综合考虑实际生产的能耗、设备、成本、工艺等因素，作者认为，将苹果渣酸解后再做他用是比较经济的方法，同时，也可采用将纤维素酶高产菌与其他对苹果渣降解能力差的生产菌种混合使用的措施。

参考文献共 11 篇（略）

原文发表于《西北农林科技大学学报（自然科学版）》，2006，34（1）：67-70.

苹果渣生产菌体蛋白饲料发酵条件的研究

李巨秀，李志西，黄海瀛

（西北农林科技大学食品科学与工程学院，陕西杨陵　712100）

摘要：以根霉、白地霉、啤酒酵母的混合菌种为发酵剂，研究了发酵果渣生产菌体蛋白饲料的影响条件，初步确定了果渣固态发酵的适宜条件，即发酵温度为 32℃，物料质量比（果渣∶麸皮）为 85∶15（水分含量在 660g/kg），发酵料投放量为 150g，采用自然 pH，发酵周期为 72h 左右。

关键词：苹果渣；菌体蛋白饲料；发酵条件

Study on Fermentation Condition During Producing Pomace Bacterial Protein Feed

LI Ju-xiu, LI Zhi-xi, HUANG Hai-ying

(College of Food Scieace and Engineering, Northwest Sci-Tech University of

Agriculture and Forestry, Shaanxi, Yangling 712100, China)

Abstract: This test studied fermentation condition during producing pomace bacterial protein feed, The result shows when temperature is at 32℃ , the mass of fermenting medium is 150g, and the proportion pomace to bran is 85∶15 (moisture is about 660 g/kg), natural pH, and fermenting period is 72 h, the quality of feed is good.

Key words: pomace; bacterial protein feed; fermentation condition

菌体蛋白饲料是指在适宜条件下，因微生物大量生长，而由其菌体提供的蛋白质饲料，也称之为单细胞蛋白饲料。这类饲料中不仅含有丰富的蛋白质，还含有脂肪、核酸、碳水化合物、维生素和无机盐，有较好的香味和性能，是一种具有较高营养价值的饲料。近几年随着我国果业的飞速发展，果品加工能力不断提高，产品种类日益繁多，果渣排出量也逐年增加。由于果渣是高含水量物质，若不及时处理就会变酸发臭，严重污染环境，在一定程度上阻碍了果品加工业的可持续发展。

基金项目：陕西省"十五"攻关项目（2001K04-G10-02）；陕西省重点推广项目（2001-1-3-6）。

通信作者：李巨秀（1972— ），女，甘肃景泰人，讲师，在读博士，主要从事食品化学分析教学和食品科学研究。

本研究以新鲜苹果渣为材料，以啤酒酵母、根霉、白地霉混合菌种为发酵菌种，研究了果渣固态发酵生产菌体蛋白饲料的适宜条件，对提高果渣的综合利用价值，减少环境污染具有深远的意义。

1 材料与方法

1.1 试验材料

果渣为陕西海升果汁公司提供的新鲜果渣，麸皮为淀粉含量较低的麸皮。

1.2 试验菌种

啤酒酵母（*Saccharomyces cerevisiae*）：将啤酒酵母原种接种到斜面麦芽汁琼脂培养基上，在28℃下培养72h，再接种到250mL麦芽汁液体摇瓶培养基中28℃，124r/min下扩大培养72h。白地霉（*Geotrichum candidum*）：将白地霉原种接到斜面麦芽汁琼脂培养基上，在28℃下培养72h，再接到250mL麦芽汁液体摇瓶培养基中28℃，124r/min下扩大培养72h。根霉（*Rhizopus*）：将根霉原种接到PDA斜面培养基上，在28℃下培养72h，再接到250mL三角瓶麸皮培养基上，在28℃下扩大培养72h。以上菌种均由本试验课题组（2001K04-G10-02）提供。

1.3 测定方法

水分测定用GB 6435—1986，105℃烘干恒重法；灰分测定用GB/T 6438—92，550℃灼烧恒重法；粗蛋白质测定用GB/T 6432—1994凯氏定氮法；粗纤维测定用GB/T 6434—94；真蛋白测定参见文献（杨胜，1985）。

1.4 发酵工艺

菌种的斜面培养

菌种的扩大培养

原料的预处理 → 调配 —添加营养素→ 接种 → 培养 —72h，自然pH→ 45℃烘干 —粉碎→ 成品

1.5 发酵条件的研究

以发酵温度、发酵料投放量、物料配比为考察因素，设计了三因素四水平正交试验，选用了$L_{16}(4^5)$正交表，因素水平见表1，在自然pH下72h发酵，低温烘干后分析蛋白质含量。

表1 试验因素水平

水平	因素		
	温度（℃）	发酵料投放量（g）	物料配比
1	24	50	90∶10
2	28	150	85∶15
3	32	250	80∶20
4	36	350	75∶25

2　结果与分析

2.1　鲜果渣的主要成分

将榨汁后的新鲜苹果渣进行理化指标分析，结果表明，水分 75.01 g/kg，灰分 0.41 g/kg，蛋白质 0.81 g/kg，粗纤维 3.80 g/kg，总磷 0.27 g/kg，总钙 0.15 g/kg。发酵条件试验结果发酵条件的正交试验结果见表 2 和表 3。

表 2　正交试验方案及结果　　　　　　　　　　　　　　　　　　　　　　$[L_{16}(4^5)]$

试验号	因素					真蛋白含量（g/kg）
	A物料配比	B发酵温度（℃）	C发酵料投放量（g）	D空列	E空列	
1	1（90:10）	1（24）	1（50）	1	1	169.2
2	1	2（28）	2（150）	2	2	143.4
3	1	3（32）	3（250）	3	3	146.9
4	1	4（36）	4（350）	4	4	104.3
5	2（85:15）	1	2	3	4	176.4
6	2	2	1	4	3	181.1
7	2	3	4	1	2	147.1
8	2	4	3	2	1	136.8
9	3（80:20）	1	3	4	2	155.7
10	3	2	4	3	1	159.4
11	3	3	1	2	4	184.8
12	3	4	2	1	3	142.5
13	4（75:25）	1	4	2	3	149.3
14	4	2	3	1	4	156.4
15	4	3	2	4	1	174.4
16	4	4	1	3	2	180.6
$K'1j$	56.38	65.06	71.57	61.52	63.98	
$K'2j$	64.14	64.03	63.67	61.43	62.68	
$K'3j$	64.24	65.32	59.58	66.33	61.98	
$K'4j$	66.07	56.42	56.01	61.55	61.19	
$K'^2 1j$	3 178.704	4 232.804	5 122.265	3 784.71	4 093.44	T=250.83
$K'^2 2j$	4 113.939	4 099.841	4 053.869	3 773.65	3 928.78	
$K'^2 3j$	4 126.778	4 266.702	3 549.776	4 399.67	3 841.52	
$K'^2 4j$	4 365.245	3 183.216	3 137.120	3 788.40	3 867.59	

表 3　正交试验方差分析

方差来源	偏差平方和	自由度	方差（V）	F值	F_a	显著性
S_A	13.936	3	4.645	5.596	$F_{0.05(3.6)}$=4.76	*
S_B	13.410	3	4.470	5.385	$F_{0.01(3.6)}$=9.78	*
S_C	33.527	3	11.176	13.464		**
S_{e1}	4.376	3	1.459			
S_{e2}	0.604	3	0.201			
$S_{e\Delta}$	4.980	6	0.830			
总和	65.854	15				

注：$F_{0.05(3.6)}$=4.76 水平上显著，$F_{0.01(3.6)}$=9.78 水平上极显著

由表 3 可得，对发酵产物影响最大的因素是发酵料投放量，达到极显著水平，其次是物料配

比和发酵温度，达显著水平，因素影响的主次顺序为 C>A>B，因素优化水平组合为 $A_4B_3C_1$，但考虑到生产中的成本和经济合算，此因素最佳组合不现实，结合单因素试验结果，适宜组合应为 $A_2B_3C_2$ 即发酵料投放量为 150g，温度 32℃，果渣∶麸皮 =85∶15（水分 660g/kg 左右）。

3 小结

利用果渣发酵的方法生产蛋白饲料，生产的产品相对原料蛋白质含量大大提高，营养丰富，且产品仍保留着苹果的香味及酵母发酵所特有的酒香味，此方法适合大规模生产，投资少、效益高、工艺较简单、成本低，为我国生产优质蛋白饲料提供了一个新的途径。通过本试验基本上确定了发酵适宜条件，即温度在 32℃，果渣∶麸皮 =85∶15（水分含量在 660g/kg 左右），发酵料投放量为 150g，采用自然 pH，发酵周期为 72h。观察发酵料，发现表面布满菌丝体，而且颜色洁白，有浓郁的酒香味，蛋白质含量得到较大程度提高。

参考文献共 4 篇（略）

原文发表于《西北农林科技大学学报（自然科学版）》，2003，31（B10）：79-81.

苹果渣生物活性饲料两步固态发酵工艺研究

李海洋，来航线

（西北农林科技大学资源环境学院，陕西杨凌 712100）

摘要： 为了提高真菌和细菌协同发酵效果，本文建立了两步发酵工艺，并研究了发酵过程中真菌、细菌的接种时间和培养时间。结果表明，两步发酵过程中，在真菌培养两天后接入细菌，培养进入第5天时结束发酵，能减少发酵原料的损耗，能较好地保持产物中益生菌活性和较高的水溶性养分含量，提高发酵效率。两步发酵工艺为实现真菌和细菌协同发酵提供了重要的技术手段。

关键词： 真菌；细菌；协同发酵；两步发酵工艺

Study on Two Step Solid-State Fermentation Technology of Apple Pomace Bioactive Feed

LI Hai-Yang, LAI Hang-Xian

(College of Natural Resources and Environment, Northwest A &F University Yang ling, Shaanxi 712100, China)

Abstract: To improve the effect of synergistic fermentation of fungi and bacteria, this paper established two step fermentation technology, and studied the inoculation time and incubation time of fungi and bacteria in the fermentation process. The results showed that the best process were inoculating bacteria after fungus fermenting two days and to stop the fermentation at the fifth day. This technology reduced the loss of fermentation raw materials, maintained the probiotic activity and higher content of water-soluble nutrients, improved the fermentation efficiency. The two step fermentation technology may provide an important technical means for the realization of fungal and bacterial synergistic fermentation.

Key words: fungi; bacteria; synergistic fermentation; two step fermentation technology

益生菌是指摄入量足够时能对机体产生有益作用的活性微生物（FAO，2001），目前，益生菌

基金项目："十二五"国家科技支撑计划项目（2012BAD14B11）。

作者简介：李海洋（1989— ），男，河南新蔡人，硕士，主要从事资源微生物学。Email: clisea@yeah.net。

导师简介：来航线（1964— ），陕西礼泉人，副教授，博士生导师，主要从事微生物资源与利用研究。E-mail: laihangxian@163.com。

的研究重点是乳酸菌和芽孢，大量的研究表明益生菌具有维护肠道健康、改善动物养殖环境、缓解不良应激、调节机体代谢和改善畜产品质量的作用，还有研究报道其具有提高动物免疫力、预防疾病的能力，因此，随着无抗时代的到来，越来越多的研究将其应用于饲料中替代抗生素的使用。本研究采用霉菌、酵母、乳酸菌和芽孢菌复合发酵苹果渣，并对其两步发酵过程中，细菌的接入时间及真菌与细菌共同发酵时间进行优化，以充分发挥二者协同作用，实现苹果渣的有效改质。

1 材料与方法

1.1 材料

黑曲霉 MHQ1（*Aspergillus niger* MHQ1），产朊假丝酵母 1314（*Candida utilis* 1314），乳酸菌和芽孢菌复合菌剂。

烘干苹果渣由眉县恒兴果汁有限公司提供，油渣、麸皮均购自市场。

1.2 方法

1.2.1 培养基的配制 马铃薯琼脂培养基（PDA）：马铃薯 200g，葡萄糖 20g，琼脂 15g，自来水 1 000mL，pH 自然。

牛肉膏蛋白胨培养基：牛肉膏 5g，蛋白胨 10g，氯化钠 5g，自来水 1 000mL。

固体发酵培养基：原料配比为苹果渣：油渣粉：尿素 =17：2：1。

1.2.2 菌悬液制备 丝状真菌孢子悬液的制备：将 28℃活化的霉菌斜面菌种用无菌水制成菌悬液，接种至装有灭菌 PDA 固体培养基的三角瓶中，28℃培养 72h 后向三角瓶中加入 200mL 无菌生理盐水，制成孢子悬液，采用血球计数法测定孢子数，并用无菌水稀释至 10^8CFU/mL。

乳酸菌悬液：从活化的乳酸菌斜面挑取菌体至装有 80mL MRS 培养基的三角瓶中，37℃、200r/min 恒温震荡 24h，平板计数为 2.55×10^7CFU/mL。

芽孢菌悬液：从活化的乳酸菌斜面挑取菌体至装有 80ml 牛肉膏蛋白胨培养基的三角瓶中，37℃、200r/min 恒温震荡 24h，经平板计数稀释后为 10^7CFU/ml。

1.2.3 两步固态发酵方案 为获得具有微生态制剂功能的生物活性蛋白饲料，在苹果渣生物蛋白饲料耗氧固态发酵基础上，结合青贮饲料发酵原理，设计了前期真菌耗氧发酵，后期细菌真菌共发酵的两步固态发酵工艺。为充分发挥复合菌剂的协同代谢作用，本试验重点探讨了在真菌发酵几天后接入细菌（细菌接入时间）和细菌真菌共发酵时间的问题。

试验设置两个因素，细菌接入时间 3 个水平（1d, 2d, 3d）和共发酵时间 5 个水平（1d, 1.5d, 2d, 3d, 4d），如表 1 所示，共设 12 处理，每个处理四个重复。发酵结束后，采取部分鲜样用于益生菌数量分析，剩余样品低温烘干，用于养分含量的测定分析。

表 1 两步固态发酵方案

因素Factors	处理（Treatment）											
	A1	A2	A3	A4	A5	B1	B2	B3	B4	C1	C2	C3
细菌接入时间（d）	1	1	1	1	1	2	2	2	2	3	3	3
共发酵时间（d）	1	1.5	2	3	4	1	1.5	2	3	1	1.5	2

1.2.4　蛋白及多肽含量的测定　水溶性蛋白：准确称取烘干后的发酵样品 1.000g 于 100mL 三角瓶中，加 20mL 蒸馏水，在水浴锅中沸水浴 15min，抽滤，滤液稀释适宜倍数后，用考马斯亮蓝比色法测定（高俊凤，2000）。

　　水溶性多肽：准确称样品 1.000g 于 100mL 三角瓶中，加 20mL 蒸馏水，加盖小漏斗在水浴锅中沸水浴 15min，加 5mL 饱和 CaCl$_2$ 溶液，5mL 100g/L K$_2$HPO$_4$ 溶液，待白色絮凝物出现时，充分摇匀过滤，取滤液稀释适宜倍数，用考马斯亮蓝比色法测定（任雅萍，2011）。

1.2.5　水溶性还原糖的测定　准确称样品 1.000g 于 50mL 离心管中，加 20mL 蒸馏水，加盖后在水浴锅中 50℃水浴 1h，充分摇匀过滤，取滤液稀释适宜倍数，用 DNS 比色法测定（杨涛，2006）。

1.2.6　结果计算　发酵产物得率 = 发酵产物干重 / 发酵前原料干重 × 100%

1.2.7　数据分析　采用 DPS 7.05 软件对数据进行统计分析，试验结果以"平均值 ± 标准差（$\bar{x}$±S）"表示多重比较采用 Duncan 新复极差法分析，$P<0.05$ 为有显著差异，采用 Excel 绘制图表。

2　结果与分析

2.1　两步发酵工艺对果渣固态发酵饲料得率的影响

　　采用酵母菌、霉菌、乳酸菌和芽孢菌进行苹果渣复菌固态发酵试验，研究细菌接入时间和共发酵时间对苹果渣发酵饲料得率的影响，结果见图 1。

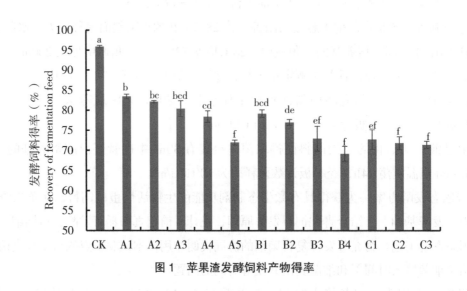

图 1　苹果渣发酵饲料产物得率

　　由图 1 可知，接菌处理发酵产物得率均较未接菌 CK 显著降低，不同的细菌接入时间和共发酵时间下，饲料得率存在明显差异。各处理均表现出，随着发酵时间的延长，饲料得率逐渐降低，主要是因为霉菌和酵母对发酵基质的分解转化，造成部分营养物质的消耗。从接入细菌后各处理饲料得率减少的速率来看，真菌发酵 1d 后接入细菌的处理组降解速率较慢，可能是因为此阶段霉菌还处于生长初期阶段，菌丝还未大量形成，接入细菌扰动了霉菌的生长，减缓了其利用底物的速率；真菌发酵 2d 后接入细菌，仍保持较快的降解速率，表明细菌的接入对真菌的影响相对较少；真菌发酵 3d 后接入细菌，降解率又处于较低水平，可能是因为真菌对发酵基质的分解已经达到较高水平，此时细菌的接入对真菌的代谢活动影响较少。发酵 5d 后处理 A5、B4、C3 的饲料得率分别为

71.96%、69.15% 和 71.36%，三者无显著差异，表明发酵时间的增加，菌剂对底物的分解转化能力将趋于一致，但为缩短发酵时间或者提高短时间发酵效率，实际生产过程中应选择真菌阶段发酵 2~3 d 后再接入细菌菌剂。

2.2 两步发酵工艺对果渣固态发酵饲料中益生菌数量的影响

采用真菌和细菌进行苹果渣复菌固态发酵试验，研究细菌接入时间和共发酵时间对苹果渣发酵饲料中益生菌数量的影响，结果见图2。

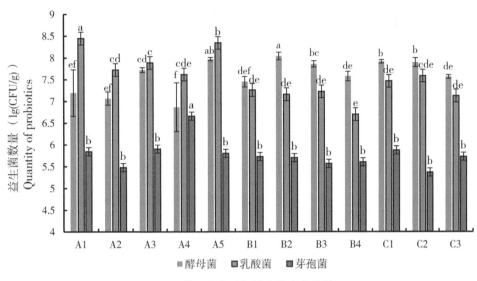

图2 苹果渣发酵饲料中益生菌数量

由图2可知，真菌与细菌共发酵，不同处理下酵母菌和乳酸菌能良好生长保持较高数量，芽孢菌数量始终处于相对较低水平，可能因为真菌和乳酸菌的代谢导致发酵基质 ph 降低不利于芽孢菌的生长。真菌发酵 1 d 后接入细菌的处理组，在共发酵过程中酵母菌数量呈现显著增加趋势，2 d 后接入细菌的处理组，酵母菌数量呈现先显著增加后减少，第三组酵母数量短暂稳定后显著降低。乳酸菌和芽孢菌数量在第二、三组处理中保持相对稳定，但都在发酵五天后益生菌数量出现降低，因此，在发酵进入第 5 天时结束发酵更有利于维持高水平的益生菌数量。

2.3 两步发酵工艺对果渣固态发酵饲料中水溶性还原糖的影响

采用真菌和细菌进行苹果渣复菌固态发酵试验，研究细菌接入时间和共发酵时间对苹果渣发酵饲料中水溶性还原糖含量的影响，结果见图3。

由图3可知，真菌发酵 1 d 后接入细菌的处理组，水溶性还原糖的变化规律与相应处理组酵母菌和乳酸菌数量变化规律相反，表明此阶段产生的还原糖及时被微生物利用，过早接入细菌会加剧微生物对营养物质的竞争。真菌发酵 2 d、3 d 后接入细菌的处理组，其产物中还原糖含量的变化同益生菌数量基本一致，且真菌发酵两天后的处理组还原糖含量整体较高，因此，在真菌发酵 2 d 后接入细菌能避开真菌营养物质需求旺盛阶段，充分利用剩余的小分子营养物质。在发酵五天后，处理 A5、B4、C3 水溶性还原糖含量都开始降低，因此，在发酵进入第 5 天时结束发酵更有利于维持较高含量的水溶性还原糖。

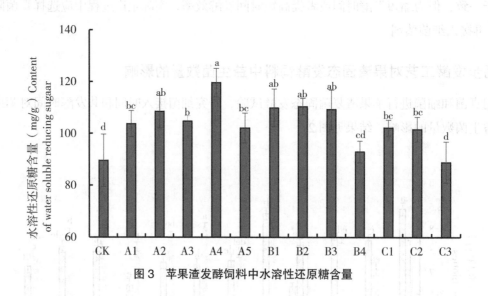

图 3　苹果渣发酵饲料中水溶性还原糖含量

2.4　两步发酵工艺对果渣固态发酵饲料中水溶性蛋白的影响

采用真菌和细菌进行苹果渣复菌固态发酵试验，研究细菌接入时间和共发酵时间对苹果渣发酵饲料中水溶性蛋白含量的影响，结果见图 4。

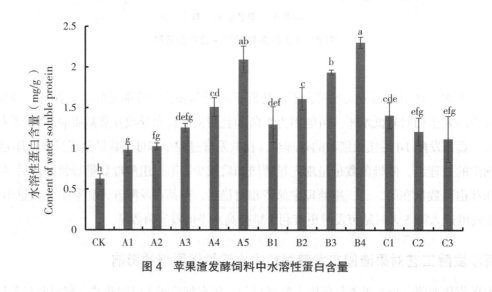

图 4　苹果渣发酵饲料中水溶性蛋白含量

由图 4 可知，接菌发酵后水溶性蛋白含量显著增加，且随着发酵时间的延长水溶性蛋白含量显著增加。真菌发酵 1d、2d 后接入细菌的处理组，发酵结束后产物的水溶性蛋白含量由对照组的 0.63g/kg 分别增加到 2.09g/kg、2.30g/kg，且在共发酵过程中，第二处理组各处理产物中水溶性蛋白含量都较第一处理组相对处理高，因此，在真菌培养 2d 后接入细菌更有利于产物中水溶性蛋白的累积。

2.5　两步发酵艺对果渣固态发酵饲料中水溶性多肽的影响

采用真菌和细菌进行苹果渣复菌固态发酵试验，研究细菌接入时间和共发酵时间对苹果渣发酵饲料中水溶性多肽含量的影响，结果见图5。

　　由图5可知，两步发酵工艺下，接菌发酵后产物中水溶性多肽含量先显著增加后降低。处理A1接菌发酵两天后产物中多肽含量到达0.62g/kg，显著高于对照0.34g/kg，主要是前期霉菌对大分子蛋白水解转化引起的，之后随着细菌的接入和共发酵时间的延长，多肽含量逐渐降低直至发酵进入第5天时出现回升，可能是细菌的接入导致多肽向菌体蛋白或水溶性氨基酸方向转化，后因酶持续水解补充多肽，出现部分累积。在真菌发酵两天后接入细菌的处理组，发酵过程中水溶性多肽的降低速度明显较另外两组处理低。

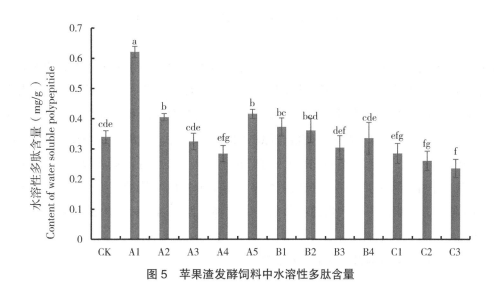

图5　苹果渣发酵饲料中水溶性多肽含量

3　讨论与结论

　　霉菌、酵母菌、芽孢菌和乳酸菌在复合发酵过程中，最大程度发挥各菌剂的协同作用，减少竞争作用和抑制效果是复菌发酵苹果渣的关键。本试验采用两步固态发酵，设置细菌不同的接入时间和共发酵时间，研究不同发酵处理对苹果渣发酵产物益生菌数量、水溶性蛋白和还原糖等营养成分的影响，以期获得细菌最适接入时间和共发酵时间。结果表明，真菌发酵1 d后接入细菌的处理组在共发酵初期饲料得率变化缓慢，而益生菌数量和水溶性还原糖含量波动较大，表明此时微生物对基质的降解速度被延缓，同时存在多种微生物对养分的竞争利用；在真菌发酵3 d后接入细菌的处理组其饲料得率、水溶性蛋白和多肽都处于相对较低的含量，不利于易吸收养分的累积；在真菌发酵2 d后接入细菌的处理组其水溶性还原糖和蛋白含量较高，且水溶性蛋白的增加速度高于另两组处理。因此，综合考虑细菌接入时间和共发酵过程中养分的变化可知，在真菌发酵2 d后接入乳酸菌和芽孢菌，发酵进入第5天时结束发酵，能较好地保持产物中益生菌活性和较高的水溶性养分含量，提高发酵效率。

参考文献共5篇（略）

原文见文献 李海洋.生物活性蛋白饲料优良菌株筛选及苹果渣固态发酵效果研究[D].西北农林科技大学，2016:35-46.

鲜苹果渣蛋白饲料发酵工艺研究

贺克勇[1a]，杨帆[2]，薛泉宏[1b]，来航线[1b]

（1. 西北农林科技大学 a. 机械与电子工程学院，b. 资源环境学院，陕西杨凌　712100；

2. 陕西省饲料工业办公室，陕西西安　710003）

摘要：为了优化鲜苹果渣直接发酵的工艺条件，以不接菌鲜苹果渣为对照，以酵母菌和黑曲霉为混合发酵剂，分别对混合原料和纯果渣进行了氮素、pH 和灭菌 3 因素试验。结果表明，① 加入氮素能大幅度提高发酵产物中纯蛋白质含量，氮源种类对发酵产物中纯蛋白质含量也有一定影响；当 pH 为 6 时，加 NH_4NO_3 处理可使混合原料和纯果渣发酵产物中纯蛋白质含量较不接菌对照分别提高 96.9% 和 105.5%。② 不同 pH 下发酵产物中纯蛋白质含量不同，较适宜的发酵 pH 为 6。③ 加热灭菌有利于提高发酵产物中纯蛋白质含量，混合原料的平均增幅为 23.6%，纯果渣增幅为 49.8%。说明在利用鲜苹果渣生产蛋白饲料时，应选择灭菌加氮发酵，较适宜的氮源为 NH_4NO_3，较适宜的 pH 为 6。

关键词：苹果渣；蛋白饲料；发酵饲料；发酵工艺

Studies on Fermenting Technology of Protein-fodder From Pomace

HE Ke-yong[1a], YANG Fan[2], XUE Quan-hong[1b], LAI Hang-xian[1b]

(1a College of Mechanical and Electronic Engineering, b College of Natural Resources and Environment,

Northwest A&F University, Yangling, Shaanxi 712100, China; 2 Office of Fodder Industry of Shaanxi Province,

Xi' an, Shaanxi 710003, China)

Abstract: To optimize the technology of fresh pomace ferment in contrast to pomace without sterilization,the experiment was carried out with N (Nitrogen) element, pH and sterilization on the mixed pomace and pure pomace,respectively by taking Aspergillus Niger and yeast as mixed ferment. Results showed: ① Adding inorganic nitrogen (N) could improve the content of pure protein of the fermented

基金项目：西北农林科技大学青年基金项目（05ZR086）。

第一作者：贺克勇（1972—），男，陕西渭南人，助理研究员，主要从事农业微生物研究。

通信作者：薛泉宏（1957—），男，陕西白水人，教授，主要从事放线菌资源研究。E-mail: xueqhong@public. xa.sn.cn。

product notably. The source of N had some influence on the content of pure protein of the fermented product to some degree.On the condition of pH 6, adding NH_4NO_3 could increase the protein content of fermentation product of mixed materials and pure pomace by 96.9% and 105.5%, respectively, compared with no inoculation. ② The protein content of fermentation product was different under different value of pH, and pH 6 was more suitable. ③ In comparison with no sterilization fermentation,protein content of sterilization fermentation was higher, and the average increase rate was 23.6% (mixed materials) and 49.8% (pure pomace).So, it could be concluded that adding inorganic nitrogen with sterilization could get better protein fod-der from fresh pomace,and the more suitable condition was pH 6 with adding NH_4NO_3.

Key words: pomace; protein fodder; fermented fodder; fermenting technology

我国是浓缩苹果汁的生产大国，2006年全国浓缩苹果汁出口量60万t，排出鲜苹果渣约180万t，苹果渣的利用已成为亟待解决的问题。苹果渣含有丰富的营养物质（孙攀峰，2004；杨福有，2000；陈锦屏，1994；王晋杰，2000；曹日亮，2003），可作为饲料原料。但由于苹果渣干物质中蛋白质含量仅40g/kg左右，直接作饲料品质较差。近年来，苹果渣发酵利用已引起人们的普遍重视，对苹果渣发酵菌种选育、发酵培养基及发酵工艺已进行了初步研究（籍保平，1999；陈五玲，2003；徐抗震，2002；贺克勇，2004；常显波，2004），认为通过发酵可提高苹果渣中蛋白质含量，改善苹果渣品质。但已有研究大多为烘干苹果渣灭菌发酵，直接利用鲜苹果渣不灭菌发酵的报道较少。利用鲜苹果渣直接发酵可简化生产工艺，降低生产成本，在生产上有重要的实用意义。本文研究了灭菌、物料pH和氮素等因子对鲜苹果渣发酵产物中纯蛋白质含量和产品得率的影响，以期为利用鲜苹果渣直接发酵生产蛋白饲料提供科学依据。

1 材料与方法

1.1 材料

发酵剂：由酵母菌Y12与黑曲霉H14按体积比5∶1混和而成。黑曲霉H14为纤维素酶高产株，Y12为饲料酵母菌，均由西北农林科技大学资源环境学院微生物资源研究室保存。

发酵原料：新鲜苹果渣，由乾县海升果业发展股份有限公司提供；油渣，由市场购得。混合原料：鲜苹果渣∶油渣粉=30∶4（质量比，相当于干苹果渣∶油渣粉=6∶4）；纯果渣：直接用鲜苹果渣。

1.2 方法

1.2.1 发酵试验方案　纯果渣发酵：N素设加N、不加N 2个水平；发酵物料pH设3，5和6这3个水平；物料前处理设灭菌、不灭菌对照2个水平；同时设不接菌对照。混合原料发酵：氮源物质种类分别为NH_4NO_3、$(NH_4)_2SO_4$、NH_4Cl和$CO(NH_2)_2$4种；发酵物料pH设置及灭菌处理同纯果渣发酵。

1.2.2 发酵方法　混合原料发酵：在广口瓶中加入混合原料34g（折合干物质10g）；按每瓶0.2g纯N加入NH_4NO_3、$(NH_4)_2SO_4$、NH_4Cl和$CO(NH_2)_2$；然后分别加入$Ca(OH)_2$粉0g，0.3g，0.5g，调整物料pH为3，5，6；最后补入6mL水，使混合原料与水的质量比达到1∶3，充分混匀。不灭菌处理每瓶直接接入 0.5g 发酵剂，用 4 层纱布包扎后置于培养箱；灭菌处理用 4 层纱布包扎，在 121℃下灭菌 30min，冷却后，再按每瓶 0.5g 用量接入发酵剂；对照处理不接发酵剂。

纯果渣发酵：称鲜纯果渣 30g（折合干物质 6g）于广口瓶中，分别加入 Ca（OH）$_2$ 粉 0g，0.3g，0.5g，调整物料 pH 为 3，5，6；按每瓶 0.12g 纯 N 加入 NH$_4$NO$_3$；无 N 对照不加 NH$_4$NO$_3$。灭菌和发酵剂接种同混合原料发酵。

以上各处理均重复 3 次，28℃条件下培养 3d，记录各处理外观生长状况。发酵结束后将发酵产物 80℃条件下烘干，称质量，备用。

1.2.3 发酵饲料中纯蛋白质含量测定 纯蛋白质含量测定参考文献（贺克勇，2004）的方法。

1.2.4 结果计算 增率（%）=（接菌处理纯蛋白质含量 – 不接菌对照纯蛋白质含量）/ 不接菌对照纯蛋白质含量 × 100%；

灭菌增率（%）=（灭菌处理纯蛋白质含量 – 不灭菌处理纯蛋白质含量）/ 不灭菌处理纯蛋白质含量 × 100%；

发酵产物得率（%）=（发酵产物干重 / 原料干重）× 100%。

2 结果与讨论

2.1 不同处理发酵剂菌体的生长状况

不同处理发酵剂菌体的外观生长状况见表 1。

表 1 不同处理发酵剂菌体的外观生长状况（培养 3d）

原料	N源	不灭菌									灭菌								
		pH=3			pH=5			pH=6			pH=3			pH=5			pH=6		
		24h	48h	72h	24h	48h	72h	24h	48h	72h	24h	48h	72h	24h	48h	72h	24h	48h	72h
混合原料	对照	–	–	–	–	–	–	–	–	–	–	–	–	–	–	–	–	–	–
	NH$_4$NO$_3$	–	–	+	–	+	++	–	+	++	+	++	+++	++	++	+++	++	+++	+++
	（NH$_4$）$_2$SO$_4$	–	–	+	–	+	++	–	+	++	+	++	+++	++	++	+++	++	+++	+++
混合原料	NH$_4$Cl	–	–	++	+	–	++	+	+	++	+++	++	++	+++	++	+++	+++	+++	+++
	CO（NH$_2$）$_2$	–	–	–	–	–	–	–	–	–	+	++	++	+	++	++	+	++	++
纯果渣	对照	–	–	–	–	–	–	–	–	–	–	–	–	–	–	–	–	–	–
	无N	–	–	+	–	–	+	–	+	++	+	++	+	++	+	+	++	+	++
	有N	+	+	+	+	+	+	+	+	++	+++	+++	++	+++	+++	++	+++	+++	+++

注：–，+，++ 及 +++ 分别表示培养物外观无明显变化、菌体开始生长、菌体明显可见及菌体生长繁茂

从表 1 可以看出，灭菌处理菌体生长优于不灭菌对照。经过 3d 培养，灭菌处理物料上菌体均生长繁茂，不灭菌对照菌体生长差，说明灭菌处理有利于接入菌生长。加 N 处理菌体的生长状况普遍优于不加 N 处理。N 源不同，菌体生长状况各异：氮源为 NH$_4$NO$_3$、（NH$_4$）$_2$SO$_4$ 及 NH$_4$Cl 时，菌体生长较好，CO（NH$_2$）$_2$ 仅在灭菌处理中生长较好，不灭菌条件下生长较差，且有氨臭味。pH 不同，菌体生长状况不同，在 pH 为 5~6 时，菌体生长良好。从菌体生长状况可以看出，鲜苹果渣发酵应采用灭菌发酵，pH 为 5~6，N 素采用 NH$_4$NO$_3$、（NH$_4$）$_2$SO$_4$ 及 NH$_4$Cl。

2.2 培养条件对发酵产物中蛋白质含量的影响

2.2.1 pH 从表2和表3可知，利用混合原料发酵时，不同pH条件下发酵产物中纯蛋白质含量不同。在不灭菌处理中，发酵产物中纯蛋白质含量平均值大小顺序为pH=6（189.0g/kg）>pH=5（160.3g/kg）>pH=3（138.2g/kg）；在灭菌处理中，表现出相同趋势：pH=6（206.9g/kg）>pH=5（196.5g/kg）>pH=3（190.6g/kg）。说明不论灭菌与否，微酸性条件下发酵产物中纯蛋白质含量较高；但pH过低，不利于单细胞蛋白形成，发酵产物中纯蛋白质含量较低。

表2 不同处理发酵产物中纯蛋白质含量（不灭菌）

原料	N源	pH=3		pH=5		pH=6		均值	
		含量（g/kg）	增率（%）	含量（g/kg）	增率（%）	含量（g/kg）	增率（%）	含量（g/kg）	增率（%）
混合原料	NH_4NO_3	144.9	30.6	172.2	55.3	198.4	78.9	171.8	54.9
	$(NH_4)_2SO_4$	139.2	25.5	171.2	54.4	194.7	75.7	168.4	51.9
	NH_4Cl	139.8	26.1	151.7	36.8	186.1	67.8	159.2	43.6
	$CO(NH_2)_2$	128.7	16.1	146.2	31.8	176.7	59.3	150.5	35.7
	均值	138.2	20.5	160.3	44.6	189.0	70.4	162.5	45.2
纯果渣	无N	67.2	11.4	69.1	14.6	70.7	17.2	69.0	14.4
	有N	77.2	28.0	79.0	31.0	86.7	43.8	81.0	34.3
	均值	72.2	19.7	74.1	22.8	78.7	30.5	75.0	24.3

注：混合原料（对照）、纯果渣（对照）发酵产物中蛋白质含量分别为110.9g/kg和60.3g/kg，下表同

在纯果渣发酵中，pH对发酵产物中纯蛋白质含量的影响较小。如在不灭菌加氮处理中，pH调至3，5，6时，发酵产物中纯蛋白质含量分别为77.2g/kg，79.0g/kg及86.7g/kg，差异不显著。

以上结果表明，不同pH下发酵产物中纯蛋白质含量不同，微酸性环境更有利于菌体的发酵生长，鲜苹果渣酸度较大不利于发酵产物中蛋白质含量的提高，苹果渣发酵的适宜pH约为6，即在发酵前根据苹果渣的pH高低，加入一定量熟石灰调节发酵原料酸度至pH为6是必要的。在用混合原料发酵时，pH调节更为重要。

表3 不同处理发酵产物中纯蛋白质含量（灭菌）

原料	N源	pH=3		pH=5		pH=6		均值		灭菌增率			
		含量（g/kg）	增率（%）	含量（g/kg）	增率（%）	含量（g/kg）	增率（%）	含量（g/kg）	增率（%）	pH			均值
										3	5	6	
混合原料	NH_4NO_3	205.4	85.2	209.1	88.5	218.4	96.9	211.0	90.2	41.7	21.4	10.1	24.4
	$(NH_4)_2SO_4$	182.5	64.6	191.9	73.0	210.1	89.6	194.8	75.7	31.1	12.1	7.3	16.8
	NH_4Cl	173.4	56.4	176.6	59.2	189.0	70.4	179.7	62.0	24.0	16.4	2.0	14.1
	$CO(NH_2)_2$	201.2	81.4	208.6	88.1	210.1	89.6	206.7	86.4	56.3	42.7	19.0	39.3
	均值	190.6	71.9	196.5	77.2	206.9	86.6	198.0	78.6	38.3	23.1	9.6	23.6
纯果渣	无N	94.7	57.0	103.0	70.8	108.0	79.1	101.9	79.1	49.1	49.1	52.8	47.6
	有N	118.1	125.8	108.6	123.9	123.9	105.5	122.6	105.5	53.0	59.2	43.8	52.0
	均值	106.4	77.9	114.4	89.7	115.9	92.3	112.2	92.3	46.9	54.2	48.3	49.8

2.2.2 N素 由表2和表3可知，加入N素能大幅度提高发酵产物中纯蛋白质含量。不灭菌处理

条件下，纯果渣不加氮和加氮处理发酵产物中纯蛋白质平均含量分别为 69.0g/kg 和 81.0g/kg，加入氮素后发酵产物中纯蛋白质含量较不加氮对照提高 17.4%；灭菌处理条件下，纯果渣不加氮和加氮处理发酵产物中纯蛋白质平均含量分别为 101.9g/kg，122.6g/kg，加入无机氮素后发酵产物中纯蛋白质含量较对照提高 20.3%。

由表 2，表 3 还可以看出，N 源种类对发酵产物中纯蛋白质含量也有一定影响。不灭菌条件下，NH_4NO_3、$(NH_4)_2SO_4$、NH_4Cl 和 $CO(NH_2)_2$ 处理的发酵产物中平均纯蛋白质含量分别为 171.8g/kg，168.4g/kg，159.2g/kg 和 150.5g/kg，可见鲜苹果渣直接发酵时，NH_4NO_3 和 $(NH_4)_2SO_4$ 的作用效果优于 NH_4Cl 和 $CO(NH_2)_2$；在灭菌条件下，NH_4NO_3、$(NH_4)_2SO_4$、NH_4Cl 和 $CO(NH_2)_2$ 处理的发酵产物中平均纯蛋白质含量分别为 211.0g/kg，194.8g/kg，179.7g/kg 和 206.7g/kg，即加入 NH_4NO_3 和 $CO(NH_2)_2$ 的作用效果优于 $(NH_4)_2SO_4$ 和 NH_4Cl；不论灭菌与否，对发酵产物中纯蛋白质含量提高最大的 N 源均为 NH_4NO_3，当 pH 为 6 时，加 NH_4NO_3 处理可使混合原料和纯果渣发酵产物中纯蛋白质含量较不接菌对照分别提高 96.9% 和 105.5%。$CO(NH_2)$ 仅适合于苹果渣灭菌发酵。

2.2.3　灭菌处理　从表 2 和表 3 可知，混合原料中不灭菌与灭菌处理发酵产物中纯蛋白质含量平均值分别为 162.5g/kg 和 198.0g/kg，即灭菌可使发酵产物中纯蛋白质含量显著提高，增幅高达 23.6%。

从表 3 可知，加入不同氮素时，灭菌对发酵产物中纯蛋白质含量的提高幅度不同，大小顺序为 $CO(NH_2)_2$（39.3%）>NH_4NO_3（24.4%）>$(NH_4)_2SO_4$（16.8%）>NH_4Cl（14.1%），其中加入 $CO(NH_2)_2$ 处理发酵产物中纯蛋白质含量增幅最高；在纯果渣发酵中，加氮处理的灭菌增率均值高于不加氮处理，灭菌发酵较不灭菌发酵产物中纯蛋白质含量平均提高 49.8%。

由表 3 还可以看出，在混合原料中，灭菌引起的蛋白质增幅随物料 pH 而异。在 pH 为 3，5，6 时，混合原料 4 种氮源处理的纯蛋白质平均增率分别为 38.3%，23.1% 及 9.6%，即在原料酸度较大、且不进行 pH 调整直接发酵时，加热灭菌可克服物料酸度过大对发酵的抑制作用，使产物中纯蛋白质含量大幅度提高；在物料 pH 为 6 时，加热灭菌对发酵产物中纯蛋白质增加幅度不大。

由此可见，苹果渣灭菌能提高发酵产物中蛋白质含量，即在苹果渣单细胞蛋白饲料的发酵生产中，应采取果渣灭菌发酵。灭菌能杀死果渣中的杂菌，使接入菌生长繁殖不受影响，同时，灭菌后的果渣在营养上更有利于微生物的吸收利用。

2.3　发酵条件对发酵产物得率的影响

2.3.1　pH　从表 4 可以看出，pH 影响发酵产物得率。随 pH 的升高，发酵产物得率降低。混合原料不灭菌条件下，pH 为 3，pH 为 5 和 pH 为 6 处理的发酵产物平均得率分别为 84.4%，76.9% 和 63.3%，差异明显；在混合原料灭菌条件下、pH 为 3，pH 为 5 和 pH 为 6 的平均得率分别为 67.3%，64.5% 和 59.3%，不同 pH 处理之间差异较小。即加热可克服物料酸度过大对发酵的抑制作用，促进微生物生长繁殖，使微生物对底物的消耗增加，菌体蛋白大量增加，故在产物纯蛋白质含量提高的同时，产物得率大幅度下降。纯果渣发酵也反映出同样的规律。

表 4　不同处理发酵产物得率

原料	N源	灭菌				灭菌			
		pH=3	pH=5	pH=6	均值	pH=3	pH=5	pH=6	均值
混合原料	NH$_4$NO$_3$	88.0	78.6	69.6	78.8	66.3	63.2	56.5	62.0
	（NH$_4$）$_2$SO$_4$	88.1	78.7	64.5	77.1	76.2	68.9	63.0	69.4
	NH$_4$Cl	87.6	76.8	59.7	74.7	67.2	67.5	61.8	65.5
	CO（NH$_2$）$_2$	74.1	73.7	59.5	69.1	59.5	58.3	55.7	57.9
	均值	84.4	76.9	63.3	74.9	67.3	64.5	59.3	63.7
纯果渣	无N	85.7	82.8	80.8	83.1	66.5	63.7	60.6	63.6
	有N	72.4	70.1	66.5	69.7	58.6	58.2	56.1	57.6
	均值	79.0	76.4	73.6	76.4	62.6	61.0	58.4	60.7

2.3.2　N 素种类　由表 4 可以看出，加入不同 N 素时，混合原料发酵产物得率相差不明显。在不灭菌条件下，NH$_4$NO$_3$、（NH$_4$）$_2$SO$_4$、NH$_4$Cl 和 CO（NH$_2$）$_2$ 处理的平均得率分别为 78.8%，77.1%，74.7% 和 9.1%；灭菌条件下，其平均得率分别为 62.0%，69.4%，65.5% 和 57.9%，其中（NH$_4$）$_2$SO$_4$ 处理的得率略高于 NH$_4$Cl 和 CO（NH$_2$）$_2$ 处理。由此可知，氮素种类对发酵产物得率影响不大。

2.3.3　灭菌处理　由表 4 可以看出，不灭菌条件下发酵产物得率普遍高于灭菌条件。不灭菌与灭菌条件下，混合原料发酵的平均得率分别为 74.9% 与 63.7%，即不灭菌条件下，发酵产物得率相对较高。纯果渣发酵也反映出相同的规律。这是因为灭菌条件下微生物的生长状况优于不灭菌处理，微生物生长繁殖较快，发酵产物中菌体数目多，消耗的碳源、能源物质多，故发酵产物得率较低。

3　结论

（1）利用鲜苹果渣发酵，pH 影响发酵产物中纯蛋白质含量，微酸性环境更有利于菌体生长，发酵产物中纯蛋白质含量较高，果渣发酵的适宜 pH 为 5~6。

（2）加入 N 素发酵，能大幅度提高发酵产物中纯蛋白质含量，N 源种类对发酵产物中纯蛋白质含量也有一定影响，用鲜苹果渣不灭菌直接发酵时，NH$_4$NO$_3$ 和（NH$_4$）$_2$SO$_4$ 效果较好；灭菌发酵时，NH$_4$NO$_3$ 和 CO（NH$_2$）$_2$ 效果较好。

（3）加热灭菌有利于提高发酵产物中纯蛋白质含量，表明灭菌更有利于微生物的生长及发酵产物中纯蛋白质含量提高。

（4）pH 和灭菌影响发酵产物得率。随发酵物料 pH 增高，发酵产物得率降低；鲜果渣不灭菌发酵产物得率较高。

参考文献共 13 篇（略）

原文发表于《西北农林科技大学学报（自然科学版）》，2007，35（11）：90-94.

蜡样芽孢杆菌的固态发酵工艺

封晔，来航线

（西北农林科技大学资源环境学院，陕西杨凌 712100）

摘要：本研究采用蜡样芽孢杆菌 B02 和烟曲霉 F10 的混菌固态发酵工艺，菌株 B02 和 F10 混菌发酵的最佳条件为初始 pH 为 7、接种量 10^5 个 /mL，35℃下培养 60h。在此条件下，菌株 B02 的菌数可达 1.792×10^{13} CFU/mL；固态基质的纤维素酶活可达 6 028.5μg/（g·min）。为饲用酶制剂和复合微生态制剂的生产应用提供了优良生产菌株和良好的理论依据。

关键词：蜡样芽孢杆菌；烟曲霉；酶制剂；微生态制剂

The Solid-state Fermentation Technic of *Bacillus cereus*

FENG Ye , LAI Hang-xian

(Col lege of Natural Resources and Environment, Northwest A & F University, Yangling, Shaanxi 712100 , China)

Abstract: This study researched the solid-state fermentationt technology of *Bacillus cereus* B02 and *Aspergillus fumigatus* F10. The results showed that these were the best fermentation conditions: initail pH7, inoculum size 10^5 CFU/ml, cultivating 60 h at 35℃ . Under this condition, the strain number of B02 reached 1.792×10^{13} CFU/mL, and the enzyme activity of solid substrate were 6 028.5 μg/(g·min)。All of this provided superior strains and technology for producing probiotics and cellulase preparation.

Key words: *Bacillus cereus*; *Aspergillus fumigatus*; enzyme preparation; probiotics

目前，动物用微生态制剂的生产方式有两种：液态发酵和固态发酵。液态发酵易实现纯种培养，产品浓度高，但能耗高，环境污染严重；固体发酵虽难以实现纯种培养，但能耗低，环境污染少，也可得到较高的产率（沈萍，2000）。因而采用固态发酵生产动物用微生态制剂具有较明显的优越性。和液体发酵相比在生产中逐渐体现出它的优越性：培养基含水量少，废水少，废渣少，环

基金项目：国家"十一五"科技攻关奶业重大专项（2002BA518A17）；陕西省科技攻关项目（2003K01-G7）。

作者简介：封晔（1981—），女，甘肃兰州人，在读硕士，主要从事微生物资源与利用研究。

导师简介：来航线（1964—），陕西礼泉人，副教授，博士生导师，主要从事微生物资源与利用研究。E-mail: laihangxian@163.com。

境污染少，容易处理；能源消耗量低，工艺设备和技术较简单，投资低；产物浓度高，后处理方便等（方苹，2002）。

复合微生物制剂是由两种或多种微生物按合适比例共同培养，充分发挥群体的联合作用优势，取得最佳应用效果的一种微生物制剂（杨艳红，2003）。传统的复合微生态制剂的制作工艺都是将各种菌粉或菌液以一定比例，加上多种益生元如寡糖、矿质盐及其他生长素类物质混合而成。这种生产方式费时费力，菌株在混合、烘干的后加工过程中易发生失活、污染等情况。如可实现所需菌种的混合发酵，将大大减少制作工艺流程，降低工艺难度，同时也提供了一种新的制作、加工工艺。

本实验研究了蜡样芽孢杆菌的固态发酵工艺，旨在为其混菌发酵及其最终复合微生态制剂的研制提供理论基础。

1 实验材料与方法

1.1 供试菌株

蜡样芽孢杆菌 B02，烟曲霉 F10。

1.2 培养基

活化培养基：牛肉膏蛋白胨琼脂斜面。

固体基础培养基：碳源 3.5g，氮源 1.5g，Mandels 营养液（陈天寿，1996）15mL。

检验培养基：牛肉膏蛋白胨琼脂平板。

1.3 实验方法

1.3.1 固体发酵

（1）单菌发酵。用竹签挑取少量菌种于 100mL 无菌水中摇匀制备出菌悬液，用血球计数法计算出该菌悬液中的菌数，用吸管吸取适量菌悬液加入培养基中，每次接种量保持在 1×10^5 个 35℃恒温培养箱中培养，24h、58h 各取样一次计数。

（2）混菌发酵。采用单菌发酵优化后培养基配方，同样用竹签各挑取菌株 B02 和 F10 少许于 100mL 无菌水中摇匀制备出菌悬液，用血球计数法计算出该菌悬液中的菌数，用吸管吸取适量菌悬液加入培养基中，两株菌的接种量均保持在 1×10^5 个。35℃恒温培养箱中培养，24h、58h 各取样一次计数。

1.3.2 不同培养基成分对芽孢杆菌固态发酵的影响

（1）碳源。选择麦草粉和麸皮作为碳源，固定氮源豆粕和油渣（比例为 1：1），设置五个不同的处理，使麦草和麸皮的比例分别为：0：1、1：3、1：1、3：1、1：0 制成培养基后接种培养，测定发酵基质中的活菌含量及芽孢率。

（2）氮源。选择豆粕和油渣作为氮源，固定碳源麦草粉和麸皮（比例为 1：1），设置五个不同的处理，使豆粕和油渣的比例分别为：0：1、1：3、1：1、3：1、1：0 制成培养基后接种培养，测定发酵基质中的活菌含量及芽孢率。

1.3.3 不同环境条件对芽孢杆菌固态发酵的影响

（1）培养温度。采用优化后培养基配方，研究培养温度分别在30℃、35℃、40℃、45℃、50℃时对芽孢杆菌固态发酵的影响，测定发酵基质中的活菌含量及芽孢率。

（2）pH。采用优化后培养基配方，研究pH分别在5.0、5.5、6.0、6.5、7.0、7.5、8.0和8.5时对芽孢杆菌固态发酵的影响，测定发酵基质中的活菌含量及芽孢率。

（3）含水量。采用优化后培养基配方，研究含水量分别为55%、60%、65%、70%、75%、80%、85%和90%时对芽孢杆菌固态发酵的影响，测定发酵基质中的活菌含量及芽孢率。

（4）接种量。采用优化后培养基配方，研究接种量分别为10^4个/mL、5×10^4个/mL、10^5个/mL、5×10^5个/mL、10^6个/mL、5×10^6个/mL和10^7个/mL个时对芽孢杆菌固态发酵的影响，测定发酵基质中的活菌含量及芽孢率。

1.3.4 混菌发酵条件优化

在其他基础条件不变的情况下，以pH、温度、接种量和培养时间作为发酵因素，每个因素各选取三个水平，并按L9（3^4）正交表设计9组固态发酵实验，每组做两个平行。

1.3.5 检测方法

（1）活菌计数血球计数法和平板涂布法。

（2）芽孢检测将培养液在80℃水浴加热15min后，再用平板菌落计数法检测。

（3）酶活的测定方法。

A：酶液的制备将发酵后的混合基质称重烘干，称取一定量的酶曲，加入10倍质量蒸馏水，搅拌，于40℃水浴中保温45min，用脱脂棉过滤入离心管，3 000r/min离心5min，取上清液备用。

B：酶活的测定（程丽娟，2000）采用DNS比色法测定羧甲基纤维素（CMC）酶活。

2 实验结果与讨论

2.1 不同培养基成分对芽孢杆菌固态发酵的影响

2.1.1 碳源

在固定氮源豆粕和油渣的比例为1∶1时，不同碳源配比下菌株的生长情况见表1。

表1 碳源对菌体生长的影响

编号	氮源（g）		碳源（g）		24h菌数	58h菌数
	豆粕	油渣	麦草	麸皮	（$\times 10^9$CFU/mL）	（$\times 10^9$CFU/mL）
1	0.75	0.75	0	3.5	34	1 410
2	0.75	0.75	0.875	2.625	8	1 010
3	0.75	0.75	1.75	1.75	32	1 690
4	0.75	0.75	2.625	0.875	46	900
5	0.75	0.75	3.5	0	76	1 200

从表1可以看出，在固定氮源豆粕和油渣的比例为1∶1时，两种碳源不同配比对菌株的生长影响不大，在58h后菌数都能达到10^{13}CFU/mL左右。其中麦草和麸皮的比例为1∶1时菌数最高，为1.69×10^{12}CFU/mL。由此可知，在菌株B02的固态发酵过程中，麦草和麸皮同时提供菌株生长所需的碳源可使该菌数达到最高。所以该菌株的最佳碳源为麦草和麸皮，用量为固体基质的7/10，两者的添加比例为1∶1。

2.1.2 氮源　在固定碳源麦草和麸皮的比例为1：1时，不同氮源配比下菌株的生长情况见表2。

表2　氮源对菌体生长的影响

| 编号 | 碳源（g） | | 氮源（g） | | 24h菌数 | 58h菌数 |
	麦草	麸皮	豆粕	油渣	（×10^{9}CFU/mL）	（×10^{9}CFU·mL）
1	1.75	1.75	0	1.5	48	2 110
2	1.75	1.75	0.375	1.125	30	1 900
3	1.75	1.75	0.75	0.75	31	190
4	1.75	1.75	1.125	0.375	27	410
5	1.75	1.75	1.5	0	8	100

从表2可以看出，在固定碳源麦草和麸皮的比例为1：1时，两种氮源不同配比对菌株的生长影响较大。当氮源仅为油渣时菌数最高，58h可达到2.11×10^{12}CFU/mL，而当氮源仅为豆粕时菌数最低，只有1×10^{11}CFU/mL。由此可知，氮源的选择与用量对菌株B02的生长影响很大，油渣能够独立为菌株生长提供所需的氮源，用量为固体基质的3/10。

2.2　不同环境条件对芽孢杆菌固态发酵的影响

2.2.1　培养温度　从表3可以看出，培养温度对菌株B02的生长影响较大，当温度范围在28~38℃时菌数均达到10^{13}CFU/mL以上，其中培养温度在33℃时菌数达到最高，为3.06×10^{13}CFU/mL。超过40℃以后菌数随温度的升高而降低。由此可得，菌株B02的固态发酵最适培养温度为33~35℃。

表3　培养温度对菌体生长的影响

| 菌数 | T（℃） | | | | | |
	23	28	33	38	43	48
24h	0.2	22	172	940	2.4	1.1
58h	1	10 000	30 600	19 800	790	620

2.2.2　培养基初始pH　从表4可以看出，培养基初始pH对菌株B02的生长影响较大。当pH低于6.0时菌数很低，而在6.0~7.5的pH范围内菌数均能达到10^{13}CFU/mL。其中，当培养基的初始pH为7.5时菌数最高，可达到2.23×10^{13}CFU/mL。由此可得，菌株B02的固态发酵最适初始pH为7.5。

表4　培养基初始pH对菌体生长的影响　　　　　　　　　　　　　　　　（×10^{10}CFU/mL）

| 菌数 | 初始pH | | | | | | | |
	5.0	5.5	6.0	6.5	7.0	7.5	8.0	8.5
24h	0.04	0.9	7.53	9.7	16.7	23.5	8	7.2
58h	117	207	1 610	1 870	1 953	2 230	311	309

2.2.3　含水量　固体发酵过程中，培养基中水分时重要的影响因素之一。固体发酵最大特点是无游离水，因而底物含水量的变化，对微生物的生长及代谢能力会产生重要影响，微生物在底物上能

否生长取决于该基质的水活度，它与底物含水量有关。适宜的初始含水量，有助于菌体吸收培养基的营养物质和氧的转递，从而促进菌体的生长繁殖。从表5可以看出，含水量对菌株的生长影响很大。在含水量85%以下，菌数与含水量呈正相关，即含水量越大菌数越多。到85%时达到最高，58h时的菌数可达4.2×10^{13}CFU/mL。由此可得，菌株B02的固态发酵最适的含水量为85%。

表5　含水量对菌体生长的影响　　　　　　　　　　　　　　　（$\times 10^{10}$CFU·mL）

菌数	含水量（%）							
	55%	60%	65%	70%	75%	80%	85%	90%
24h	1.0	1.7	6.2	4.4	12	14	36	7
58h	2.4	59	94	120	330	3520	4200	119

2.2.4 接种量　从表6可以看出，接种量对菌株B02的生长影响不大。当接种量为10^6个/mL时菌数最高，可以达到8.43×10^{12}CFU/mL。由此可知，菌株B02的固态发酵最适的接种量为10^6个/mL。

表6　接种量对菌体生长的影响　　　　　　　　　　　　　　10^{10}CFU·mL^{-1}

菌数	接种量（个/mL^{-1}）						
	10^4	5×10^4	10^5	5×10^5	10^6	5×10^6	10^7
24h	1.2	30.4	0.14	8.4	8.7	20.75	9.7
58h	259	321	397	402	843	659	600

2.3　混菌发酵条件的L9（3^4）正交试验

在研究了培养基成分及培养条件对蜡样芽孢杆菌B02固态发酵的影响以后，结合第五章中菌株F10的生长条件，采用正交实验的方法研究这些因素对菌株生长及产酶能力的综合作用，以进一步完善培养基中各组分的功能，提高发酵基质中的生物量和酶活。采用L9（3^4）正交试验设计，其设计方案及实验结果见表7、表8。

表7　菌株B02和F10混菌发酵条件的L9（3^4）正交试验设计方案

水平	因素			
	pH	温度（℃）	接种量（个/mL）	培养时间（h）
1	1（4.8）	1（28）	1（105）	1（48）
2	2（7）	2（32）	2（106）	2（60）
3	3（8）	3（35）	3（107）	3（72）

表8　菌株B02和F10混菌发酵条件的L9（3^4）正交试验结果

编号 Code	A	B	C	D	菌数（$\times 10^{10}$CFU/mL）	酶活[μg/（g·min）]
	pH	温度（℃）	接种量（个/mL）	培养时（h）		
1	1（4.8）	1（28）	1（105）	1（48）	350	2 652
2	1（4.8）	2（32）	2（106）	2（60）	510	3 025
3	1（4.8）	3（35）	3（107）	3（72）	1 372	4 852.5

编号 Code		A pH	B 温度/℃ Temperature	C 接种量/个·mL⁻¹ Inoculum size	D 培养时间/h Time	菌数/ 10¹⁰CFU·mL⁻¹ Strain number	酶活/ μg·(g·min)⁻¹ Enzyme activity
4		2（7）	1（28）	2（106）	3（72）	700	2 100
5		2（7）	2（32）	3（107）	1（48）	430	2 504
6		2（7）	3（35）	1（105）	2（60）	1 684	3 846.2
7		3（8）	1（28）	3（107）	2（60）	599	1 986.5
8		3（8）	2（32）	1（105）	3（72）	611	1 625
9		3（8）	3（35）	2（106）	1（48）	432	2 745
菌数 （×10¹⁰CFU/mL）	K_1	2 232	1 649	2 645	1 212	26 752	
	K_2	2 814	1 551	1 642	2 793		
	K_3	1 642	3 488	2 401	2 683		
	R	1 172	1 839	1 003	1 471		
酶活 [μg/（g/min）]	K_1	10 529.5	6 738.5	8 123.2	7 901	106 723	
	K_2	8 450.2	7 154	7 154	8 857.7		
	K_3	10 350	11 443.7	11 443.7	8 577.5		
	R	2 079.3	4 705.2	4 289.7	956.7		

由表 8 可以看出，菌株 B02 和 F10 的混菌发酵基质中的菌数级差（R）大小各指标下各因素的主次顺序分别为：B>D>A>C，根据各水平下 K_1，K_2，K_3 确定各因素的最优水平组合为：$B_3D_2A_2C_1$。由此可知，混菌发酵中，培养温度对菌株 B02 的生长的影响最大，其次为培养时间和 pH，接种量的影响最小。通过综合分析可知，菌株 B02 和 F10 混菌发酵中最利于菌株 B02 的生长条件为初始 pH 为 7、接种量为 10^5 个 /mL，35℃下培养 60h。在此条件下混菌发酵基质中的菌数可达到 1.684×10^{13}CFU/mL，酶活也可达到 3 846.2μg/（g·min）。

菌株 B02 和 F10 的混菌发酵基质中的纤维素酶活级差（R）大小各指标下各因素的主次顺序分别为：B>C>A>D，根据各水平下 K_1，K_2，K_3 确定各因素的最优水平组合为：$B_3C_1A_1D_2$。由此可知，混菌发酵中，培养温度对菌株 F10 产酶的影响最大，其次为接种量和 pH，培养时间的影响最小。通过综合分析可知，菌株 B02 和 F10 混菌发酵中最利于菌株 F10 产酶的条件为初始 pH 为 4.8、接种量为 10^5 个 /mL，35℃下培养 60h。在此条件下混菌发酵基质的纤维素酶活可达 4 852.5μg/（g·min），菌数也可达到 1.372×10^{13}CFU/mL。

3　结论

（1）通过培养基配方的优化试验，菌株 B02 固态发酵的最佳碳源为麦草和麸皮，用量为固体基质的 7/10，两者的添加比例为 1∶1；最佳氮源为油渣，用量为固体基质的 3/10。

（2）通过环境条件的单因素实验可以得出，菌株 B02 固态发酵的最适培养温度为 33~35℃；最适初始 pH 为 7.5；最适的含水量为 85%；最适的接种量为 10^6 个 /mL。

（3）对菌株 B02 和 FG10 的固态发酵条件的优化结果表明，混菌发酵中最利于菌株 B02 的生长条件为初始 pH 为 7、接种量为 10^5 个 /mL，35℃下培养 60h；混菌发酵中最利于菌株 FG10 产酶的条件为初始 pH 为 4.8、接种量为 10^5 个 /mL，35℃下培养 60h。综合分析得出，菌株 B02 和 FG10 混菌发酵的最佳条件为初始 pH 为 7、接种量为 10^5 个 /mL，35℃下培养 60h。在此条件下做验证试验，菌株 B02 的菌数可达 1.792×10^{13} CFU/mL；固态基质的纤维素酶活可达 6 028.5μg/（g·min）。

两株菌混菌发酵，菌数和酶活较单独发酵时更高，原因可能是单独接真菌时，固态基质中的纤维素等多糖物质被水解，产生一定量的还原糖——葡萄糖和纤维二糖，它们对纤维素酶的合成产生反馈阻遏，影响了酶活性的提高，而当接种芽孢杆菌进行混合培养时，芽孢杆菌利用了真菌水解纤维素形成的小分子还原糖，解除了小分子还原糖对纤维素酶的反馈阻遏，促进了真菌合成更多的酶，进而提高了纤维素酶活性（司美茹，2002）。

复合微生态制剂是由多种菌及益生元等活性物质复合配制而成，具有促进生长、提高饲料转化率、调整正常菌群平衡、提高免疫力等多种功效（付殿国，2005）。比起单独的活菌制剂和酶制剂，复合微生态制剂中菌与菌之间的互惠共生，菌与活性物质之间的互相促进利用等物理化学变化都可以使其发挥更佳效果。在本实验中，蜡样芽孢杆菌 B02 和烟曲霉 F10 在单独发酵条件下均可达到较高的菌数和酶活性，在此前提下，两株菌还可以实现混菌发酵，且菌数和酶活较之单独发酵更高，这就为复合微生态制剂新的制作工艺提供了重要的理论前提和技术支撑。

参考文献共 9 篇（略）

原文见文献 封晔. 饲用微生态制剂优良菌株鉴定及发酵工艺研究[D]. 西北农林科技大学，2007: 46-51.

蜡样芽孢杆菌的液体发酵工艺

封晔，来航线

（西北农林科技大学资源环境学院，陕西杨凌 712100）

摘要：通过优化培养基成分，即碳源、氮源和无机盐，环境条件和芽孢形成条件，对蜡样芽孢杆菌菌株 B02 的液体发酵工艺进行了优化，其液体发酵最佳工艺为：豆粕 0.2g/kg，KCl 0.02g/kg，初始 pH 为 5.0，培养温度 35℃。为微生态制剂的生产应用提供了良好的理论依据和技术支撑。

关键词：培养基成分；芽孢杆菌；液体发酵

The Liquid Fermentation Technology of *Bacillus cereus*

FENG Ye, LAI Hang-xian

(College of Resource and Environment Science, Northwest A & F University, Yangling, Shaanxi 712100, China)

Abstract: Through optimizing the culture medium, carbon source, nitrogen source and inorganic salts, environmental conditions and spore forming conditions, optimized the liquid fermentation technics of B02 strain. The best liquid fermention conditions are :bean pulp 0.2 g/kg, KCl 0.02 g/kg, initail pH5.0, temperature 35℃. It provided nice theory and technic support to production and application of the microeologicai ageent.

Key words: medium components; *Bacillus*, liquid fermentation

饲用微生态制剂是在动物微生态学理论指导下，采用已知有益微生物，经过培养等特殊工艺制成的生物制剂或活菌制剂（陈顺，2002）。蜡状芽孢杆菌类微生态制剂是以孢子状态进入动物消化道后，生长繁殖、消耗肠内的氧气，间接抑制好氧致病菌的繁殖、支持厌氧菌的生长繁殖，保持肠内微生物与动物之间处于微生态平衡状态，同时参与肠道内的物质代谢，从而达到抗病、促进生

基金项目：国家“十一五”科技攻关奶业重大专项（2002BA518A17）；陕西省科技攻关项目（2003K01-G7）。

作者简介：封晔（1981— ），女，甘肃兰州人，博士，要从事微生物资源与利用研究。

导师简介：来航线（1964— ），陕西礼泉人，副教授，博士生导师，主要从事微生物资源与利用研究。

E-mail: laihangxian@163.com。

长、提高饲料利用率的作用。本文选用了生产效率高、生产周期短的液体发酵法培养菌株 B02，在实验室条件下确定了适合该菌生长的最佳生长参数并进行了优化研究，为该菌的工业化生产提供了理论依据和技术支持。

芽孢是在某些细菌的生长发育后期在细胞内形成的壁厚、质浓、折光性强并抗不良环境条件的休眠体，芽孢并非细菌生活史不可缺少的部分，它的形成受环境因素的影响。所以在芽孢的形成过程中，营养和环境条件起着重要的作用。芽孢杆菌类微生态制剂最重要的衡量指标是菌数和芽孢率，所以如何在最短的时间提高菌数和芽孢率是一个值得研究的问题。一般认为芽孢的形成源于缺乏外源营养物，特别是碳源、氮源或磷酸盐的不足（陶文沂，1997）。王天云（王天云，2001）通过试验得出，培养基成分是影响芽孢形成的重要因素。此外，有试验表明，矿质元素种类和质量浓度对芽孢形成也有一定影响。Mn^{2+} 对微生物芽孢形成的影响早有报道（周德庆，1993）；胡尚勤，唐安科（胡尚勤，2001）试验得出，Mn 和 P 对芽孢形成有明显促进作用；顾晓波（顾晓波，2001）等试验证明，Mn^{2+} 对枯草芽孢杆菌芽孢形成率的影响随 Mn^{2+} 浓度变化而变化。在微生物生长过程中，温度起着非常重要的作用，理论上对芽孢的形成也有一定影响。本章就针对芽孢的形成条件做一讨论，旨在为该芽孢杆菌 B02 的生产应用提供理论依据。

1　实验材料与方法

1.1　供试菌株

蜡样芽孢杆菌 B02。

1.2　培养基

活化培养基：牛肉膏蛋白胨琼脂培养基。

摇床液体发酵基础培养基：葡萄糖 0.1g/kg，蛋白胨 0.1g/kg，酵母膏 0.05g/kg，NaH_2PO_4 0.02g/kg，Na_2HPO_4 0.02g/kg。

检验培养基：牛肉膏蛋白胨琼脂培养基。

1.3　实验方法

1.3.1　不同培养基成分对芽孢杆菌液体发酵的影响　采用摇瓶液体发酵方式，将培养基装入 250mL 三角瓶中，按以下不同方法处理。

（1）碳源。在液体发酵基础培养基其他成分不变、初始 pH 为 7.0、接种量为 10^5 个 /mL、装液量为 50mL/250mL、35℃培养温度、摇床转速 200r/min 的条件下，分别以蔗糖、乳糖、红糖、可溶性淀粉、玉米淀粉和土豆淀粉为碳源，代替基础培养基中的葡萄糖，培养到 18h 和 36h 时分别取样计数，测定发酵液中的活菌含量及芽孢率。

（2）氮源。在液体发酵基础培养基其他成分不变、初始 pH 为 7.0、接种量为 10^5 个 /mL、装液量为 50mL/250mL、35℃培养温度、摇床转速 200r/min 的条件下，分别以蛋白胨、酵母膏、牛肉膏、豆粕粉、$(NH_4)_2SO_4$、尿素、NH_4NO_3 和豆浆为氮源，代替基础培养基中的蛋白胨和酵母膏，培养到 18h 和 36h 时分别取样计数，测定发酵液中的活菌含量及芽孢率。

（3）无机盐。在液体发酵基础培养基其他成分不变、初始 pH 为 7.0、接种量为 10^5 个 /mL、装液量为 50mL/250mL、35℃培养温度、摇床转速 200r/min 的条件下，分别以 NaCl、KCl、(NH$_4$)$_2$SO$_4$、MgSO$_4$、CaCl$_2$ 和 Zn(CH$_3$COO)$_2$·2H$_2$O 代替基础培养基中的 NaH$_2$PO$_4$ 和 Na$_2$HPO$_4$，培养到 18h 和 36h 时分别取样计数，测定发酵液中的活菌含量及芽孢率。

（4）培养基配方的 L9(3^4) 正交设计。在其他基础条件不变的情况下，以蔗糖、豆粕和 KCL 作为发酵因素，每个因素各选取三个水平，并按 L9(3^4) 正交表设计 9 组摇瓶发酵实验，每组做两个平行。

1.3.2 不同环境条件对芽孢杆菌液体发酵的影响

（1）培养温度。采用优化后培养基配方，在初始 pH 为 7.0、接种量为 10^5 个/mL、装液量为 50mL/250mL、摇床转速 200r/min 的条件下，选取 30℃、35℃、40℃、45℃、50℃ 5 个温度作为培养温度，测定发酵液中的活菌含量及芽孢率。

（2）发酵液初始 pH。采用优化后培养基配方，在接种量为 10^5 个/mL、装液量为 50mL/250mL、35℃培养温度、摇床转速 200r/min 的条件下，将培养基的初始 pH 分别调为 4.0、5.0、6.0、7.0、8.0 和 9.0，测定发酵液中的活菌含量及芽孢率。

（3）接种量。采用优化后培养基配方，初始 pH 为 7.0、装液量为 50mL/250mL、35℃培养温度、摇床转速 200r/min 的条件下，选取 10^4 个/mL、5×10^4 个/mL、10^5 个/mL、5×10^5 个/mL 和 10^6 个/mL 个接种量，测定发酵液中的活菌含量及芽孢率。

（4）装液量。采用优化后培养基配方，初始 pH 为 7.0、接种量为 10^5 个/mL、35℃培养温度、摇床转速 200r/min 的条件下，选取 10/250mL、25/250mL、40/250mL、55/250mL、70mL/250mL 5 个装液量，测定发酵液中的活菌含量及芽孢率。

1.3.3 二次正交旋转设计

在讨论了菌株 B02 的培养基组成及环境条件对其的影响后，我们采用二次正交旋转设计来研究影响菌株生长的主要几个条件的综合作用。选用 4 因素 1/2 实施方案，其参数及因素水平编码值表见表 1、表 2，结果用 DPS 软件进行计算分析。

表 1 二次正交旋转组合设计参数表

P	m$_c$	m$_\gamma$	m$_0$	N	γ
4（1/2实施）	8	8	7	23	1.682

表 2 因素水平编码值表

X$_\alpha$	X$_1$（豆粕）	X$_2$（KCl）	X$_3$（T）	X$_4$（pH）
+γ	X$_{21}$（上水平）	X$_{22}$（上水平）	X$_{23}$（上水平）	X$_{24}$（上水平）
+1	X$_{01}$+Δ$_1$	X$_{02}$+Δ$_2$	X$_{03}$+Δ$_3$	X$_{04}$+Δ$_4$
0	X$_{01}$（零水平）	X$_{02}$（零水平）	X$_{03}$（零水平）	X$_{04}$（零水平）
−1	X$_{01}$−Δ$_1$	X$_{02}$−Δ$_2$	X$_{03}$−Δ$_3$	X$_{04}$−Δ$_4$
−γ	X$_{11}$（下水平）	X$_{12}$（下水平）	X$_{13}$（下水平）	X$_{14}$（下水平）

$$X_{0j}=(X_{2j}+X_{1j})/2 \qquad 式（1）$$
$$\Delta_j=(X_{2j}-X_{0j})/\gamma \qquad 式（2）$$

1.3.4 芽孢形成条件优化

（1）营养成分对芽孢形成的影响。以优化后培养基配方即蔗糖 0.2g/kg、豆粕 0.2g/kg、KCl

0.02g/kg、速效氮源（NH$_4$）$_2$SO$_4$ 0.1g/kg 作为对照，仅加速效氮源（NH$_4$）$_2$SO$_4$ 为处理，接种 12h 后，每隔 5h 取样一次。测定发酵液中的活菌含量及芽孢率。

（2）无机盐离子对芽孢形成的影响。以优化后培养基配方即蔗糖 0.2g/kg、豆粕 0.2g/kg、KCl 0.02g/kg 作为对照，再分别添加 CaCO$_3$、MgSO$_4$、MnSO$_4$ 3g/L^{-1} 作为处理[12]，接种 12h 后，每隔 5h 取样一次。测定发酵液中的活菌含量及芽孢率。

（3）温度对芽孢形成的影响。以优化后培养基配方即蔗糖 0.2g/kg、豆粕 0.2g/kg、KCl 0.02g/kg 作为对照。在正常温度 35℃下培养 12h 后分别置于 40℃、43℃、46℃下继续培养，之后每隔 5h 取样。测定发酵液中的活菌含量及芽孢率。

1.3.5 检测方法

（1）活菌计数。血球计数法和平板涂布法。

（2）芽孢检测。芽孢染色法；平板计数法：将培养液在 80℃水浴加热 15min 后，再用平板菌落计数法检测。芽孢率 = 芽孢萌发菌数 / 菌体总数 × 100%

2 实验结果与讨论

2.1 不同培养基成分对芽孢杆菌液体发酵的影响

2.1.1 碳源 以生产中常用的蔗糖、乳糖、红糖、可溶性淀粉、玉米淀粉和土豆淀粉为碳源，采用液体发酵，分别测定培养 18h 和 36h 后发酵液中的活菌含量及芽孢率，结果见表 3。

表 3 碳源对菌体生长及芽孢率的影响 （CFU/mL）

菌数	碳源						
	葡萄糖	蔗糖	乳糖	红糖	可溶性淀粉	玉米淀粉	土豆淀粉
18h	9.3	24.6	7.32	45.3	4.85	4.54	7.8
36h	534.6	1 200	1 012.7	1 050.7	893.4	67	524
芽孢数	498	1 158	916	954	800	54	488
芽孢率（%）	93.2	96.5	90.5	90.8	89.5	80.6	93.1

从表 3 中可以看出，在刚开始形成芽孢的 18h，最适合 B02 菌生长的碳源是红糖，其次为蔗糖；等到芽孢全部形成后，最适合的碳源依次是蔗糖、乳糖和红糖，菌数最高可达 1.2 × 10^{11} CFU/mL。综合两个时间段的菌数和原料成本，选出最适碳源为蔗糖。

同时，从表 3 中还可以看出，除玉米淀粉外所有处理的芽孢率几乎可以达到 90% 以上，表明生产中常用的碳源均有利于蜡样芽孢杆菌 B02 生长。说明该菌对碳源的利用具有广谱性，这一优良性质对于该菌之后的生产与应用具有十分重要的实际意义。

2.1.2 氮源 以生产中常用的蛋白胨、酵母膏、牛肉膏、豆粕粉、豆浆及一些速效氮源（NH$_4$）$_2$SO$_4$、尿素、NH$_4$NO$_3$ 做为氮源，采用液体发酵，分别测定培养 18h 和 36h 后发酵液中的活菌含量及芽孢率，结果见表 4。

表 4 氮源对菌体生长及芽孢率的影响 $(\times 10^8 \text{CFU/mL})$

菌数	氮源								
	蛋白胨+酵母膏	蛋白胨	酵母膏	牛肉膏	豆粕	$(NH_4)_2SO_4$	尿素	NH_4NO_3	豆浆
18h	68	18.1	2.69	9.4	66.8	0	0	0	40
36h	2 370	3 240	5 310	10	10 000	14	0	8	3 790
芽孢数	2 200	2 950	4 980	8	9 850	5	0	2	3 500
芽孢率（%）	92.8	91.0	93.8	80	98.5	35.7	0	25	92.3

从表 4 可以看出，蛋白胨、酵母膏、豆浆和豆粕作氮源时都有较高的菌数。豆粕在 36h 菌数最大，为 9.85×10^{11} CFU/mL，芽孢率也可以达到 98.5% 以上；$(NH_4)_2SO_4$、尿素和 NH_4NO_3 的结果都不理想，菌数很少。综合以上结果及工业成本，故选择豆粕为最适氮源。

从表 3 和表 4 的实验结果可以看出，蜡样芽孢杆菌 B02 在对碳、氮源的利用上具有广谱性，而且筛选出的最佳碳、氮源蔗糖和豆粕都是生产中常用原料甚至农业副产品，这就可以大大节约原材料，降低生产成本。

表 5 无机盐对菌体生长及芽孢率的影响 $(\times 10^8 \text{CFU/mL})$

菌数	无机盐						
	$NaH_2PO_4 + Na_2HPO_4$	NaCl	KCl	$(NH_4)_2SO_4$	$MgSO_4$	$CaCl_2$	$Zn(CH_3COO)_2 \cdot 2H_2O$
18h	18	39.2	63	25.2	26.7	21.6	0
36h	1 250	1 480	5 310	3 240	2 320	440	0
芽孢数	1 120	1 380	5 100	2 920	2 095	400	0
芽孢率（%）	89.6	93.2	96.0	90.1	90.3	91.0	0

2.1.3 无机盐 从表 5 可以看出，在 7 种无机盐中，NaCl、KCl、$(NH_4)_2SO_4$ 和 $MgSO_4$ 对菌株的生长都有一定的促进作用，芽孢率也在 90% 以上。尤其是 KCl 作为无机盐添加时在 18h 和 36h 时都有较高的菌数，最大可达 5.31×10^{11} CFU/mL；添加 $Zn(CH_3COO)_2 \cdot 2H_2O$ 的处理没长菌，可能是 Zn^{2+} 会抑制该菌的生长，由此可得菌株 B02 的最适无机盐为 KCl。

2.1.4 供试菌株培养基配方的 L9（3^4）正交试验 在研究了碳源、氮源和无机盐对菌株 B02 的影响以后，采用正交实验的方法研究这些因素对菌株生长的综合作用，以进一步完善培养基中各组分的功能，提高发酵液的生物量。采用 L9（3^4）正交试验设计，其设计方案及实验结果见表 6、表 7。

表 6 菌株 B02 的培养基配方的 L9（3^4）正交实验设计方案

水平	因素		
	蔗糖（g/kg）	豆粕（g/kg）	KCl（g/kg）
1	1（0.1）	1（0.1）	1（0.02）
2	2（0.15）	2（0.2）	2（0.04）
3	3（0.2）	3（0.3）	3（0.06）

表 4~表 7 中可以看出，菌株 B02 按级差（R）大小各指标下各因素的主次顺序分别为：

B>C>A，根据各水平下 K_1，K_2，K_3 确定各因素的最优水平组合为：B2C1A3。由此可知，氮源豆粕对菌株的生长影响最大，其次为无机盐，碳源的影响最小。通过综合分析可知，菌株 B02 最适的培养基配方为蔗糖 0.2g/kg，豆粕 0.2g/kg，KCl 0.02g/kg，在此条件下菌株 B02 的菌数可达到 1.218×10^{13} CFU/mL。

表 7　菌株 B02 的培养基配方的 L9（3^4）正交实验结果

编号	A	B	C	菌数
	蔗糖	豆粕	KCl	（×10^{10}CFU/mL）
1	1（0.1）	1（0.1）	1（0.02）	700
2	1（0.1）	2（0.2）	2（0.04）	690
3	1（0.1）	3（0.3）	3（0.06）	183
4	2（0.15）	2（0.2）	3（0.06）	811
5	2（0.15）	3（0.3）	1（0.02）	407
6	2（0.15）	1（0.1）	2（0.04）	375
7	3（0.2）	3（0.3）	2（0.04）	589
8	3（0.2）	1（0.1）	3（0.06）	456
9	3（0.2）	2（0.2）	1（0.02）	1218
菌数 K_1	1 573	1 531	2 325	
K_2	1 593	2 719	1 654	16 287
K_3	2 263	1 179	1 450	
K_4	690	1 540	875	

2.2　不同环境条件对芽孢杆菌液体发酵的影响

2.2.1　培养温度　从表 8 中可以看出，菌株 B02 在 35℃时菌数明显高于其他温度处理，最高可以达到 9×10^{10} CFU/mL，芽孢率也在 90% 以上。随着温度的增高菌数和芽孢率均呈下降趋势。由此可知，菌株 B02 的最适生长温度为 35℃。

表 8　培养温度对菌体生长及芽孢率的影响　　　　　　　　　　（×10^8CFU/mL）

菌数	培养温度（℃）				
	30	35	40	45	50
36h	53	900	97	77	43
芽孢数	46	842	89.3	65	34
芽孢率（%）	86.7	93.6	92.1	85.2	79.2

2.2.2　发酵液初始 pH　从表 9 中可以看出，培养基初始 pH 对菌株 B02 的生长影响较大，当 pH 低于 5.0 时菌数很少，而在 6.0~7.0 的中性偏酸性环境中菌株生长最好，菌数最高可达 7.05×10^{12} CFU/mL，芽孢率也达到 96.2%。随着 pH 的升高，菌数再次降低。由此可知，菌株 B02 的最适初始 pH 为 7.0。

表 9　培养基初始 pH 对菌体生长及芽孢率的影响　　　　　　　　（×10⁸CFU/mL）

菌数	初始pH					
	4.0	5.0	6.0	7.0	8.0	9.0
36h	0.067	170	37 000	70 500	700	244
芽孢数	0.046 2	138	33 115	67 821	601	193
芽孢率（%）	69	81.2	89.5	96.2	85.9	79

2.2.3　接种量　从表 10 中可以看出，不同的接种量对菌株 B02 的生长影响不大。在 $5 \times 10^4 \sim$ 5×10^5 的范围内菌数变化不大，都可以达到 1×10^{13}CFU/mL 以上，在超过 10^6 个 /mL 后菌数有所下降，由此可知，菌株 B02 的最适接种量为 10^5 个 /mL。

表 10　接种量对菌体生长及芽孢率的影响　　　　　　　　（×10¹⁰CFU/mL）

菌数	接种量（CFU/mL）				
	10^4	5×10^4	10^5	5×10^5	10^6
36h	878	1 200	1 300	1 000	900
芽孢数	792	1 147	1 230	975	834
芽孢率（%）	90.2	95.6	94.6	97.5	92.7

2.2.4　装液量　培养基的装液量主要影响菌体生长的通气。本试验采用浅层液体摇瓶培养，所以用 250mL 三角瓶装液时，在液体容量低于 100mL 时对菌体的生长影响都不大。从表 4~ 表 11 中可以看出，菌株 B02 的最适装液量在 40~55mL，36h 菌数可达 7.44×10^{12}CFU/mL。，芽孢率也能达到 96.8%。

表 11　装液量对菌体生长及芽孢率的影响　　　　　　　　（×10¹⁰CFU/mL）

菌数	装液量（mL/250mL）				
	10	25	40	55	70
36h	273	400	744	712	600
芽孢数	245	376	720	678	586.8
芽孢率（%）	89.6	94	96.8	95.3	97.8

2.3　供试菌株液体发酵工艺的二次正交旋转组合设计

在讨论了菌株 B02 的培养基配方及生长条件对其生长的影响后，采用二次正交旋转设计来研究影响菌株生长的主要几个条件的综合作用。以对菌株生长影响较大的氮源、矿质元素、温度和 pH 为因素，得出最优设计，结果见表 12、表 13。

表 12　菌株 B02 二次正交旋转设计因素水平值

X_α	X_1[豆粕（g/kg）]	X_2[KCl（g/kg）]	X_3[T（℃）]	X_4（pH）
$+\gamma$	0.35	0.035	45	9
$+1$	0.29	0.029	40.9	8.2
0	0.2	0.02	35	7
-1	0.11	0.011	29.1	5.8
$-\gamma$	0.05	0.005	25	5

表 13　菌株 B02 二次正交旋转组合设计的结构矩阵

处理号	X_1（豆粕）	X_2（KCl）	X_3（T）	X_4（pH）	菌数（CFU/mL）	
					18h（$\times 10^{10}$）	40h（$\times 10^{12}$）
1	1（0.29）	1（0.029）	1（40.9）	1（8.2）	0.3	55
2	1（0.29）	1（0.029）	−1（29.1）	−1（5.8）	0.62	5.6
3	1（0.29）	−1（0.011）	1（40.9）	−1（5.8）	10	264
4	1（0.29）	−1（0.011）	−1（29.1）	1（8.2）	4.1	70
5	−1（0.11）	1（0.029）	1（40.9）	−1（5.8）	14.8	400
6	−1（0.11）	1（0.029）	−1（29.1）	1（8.2）	1.8	150
7	−1（0.11）	−1（0.011）	1（40.9）	1（8.2）	0.6	40
8	−1（0.11）	−1（0.011）	−1（29.1）	−1（5.8）	0.5	11
9	γ（0.35）	0（0.02）	0（35）	0（7）	0.97	50
10	$-\gamma$（0.35）	0（0.02）	0（35）	0（7）	10	170
11	0（0.2）	γ（0.035）	0（35）	0（7）	13.7	202
12	0（0.2）	$-\gamma$（0.005）	0（35）	0（7）	10	300
13	0（0.2）	0（0.02）	γ（45）	0（7）	0.2	14.7
14	0（0.2）	0（0.02）	$-\gamma$（25）	0（7）	30.7	9.3
15	0（0.2）	0（0.02）	0（35）	γ（9）	1.97	450
16	0（0.2）	0（0.02）	0（35）	$-\gamma$（5）	0.14	480
17	0（0.2）	0（0.02）	0（35）	0（7）	90	400
18	0（0.2）	0（0.02）	0（35）	0（7）	100	370
19	0（0.2）	0（0.02）	0（35）	0（7）	92	355
20	0（0.2）	0（0.02）	0（35）	0（7）	89	416
21	0（0.2）	0（0.02）	0（35）	0（7）	102	400
22	0（0.2）	0（0.02）	0（35）	0（7）	88	390
23	0（0.2）	0（0.02）	0（35）	0（7）	96	387

用 DPS 软件对试验结果进行二次正交旋转回归，得回归方程：

$Y=389.91417-0.33572X_1+28.58753X_2+37.58686X_3-23.07605X_4-100.68460X1^2-50.83358X2^2-135.33283X3^2+24.82685X4^2-96.55000X_1X_2-4.45000X_1X_3+9.55000X_1X_4$

对回归方程预测的最高产量时的培养基配方进行试验验证。通过验证可知菌株 B02 液体发酵最佳条件为：豆粕 0.2g/kg，KCl 0.02g/kg，初始 pH 为 5.0，培养温度 35℃。在此条件下做验证试验，40h 时菌株 B02 的液体发酵菌数可达 4.08×10^{14} CFU/mL。

2.4 芽孢形成条件优化

2.4.1 营养成分对芽孢形成的影响　贫瘠培养基和对照培养基条件下菌株的生长及芽孢形成情况见表 14。由表 14 可以看出，在仅加速效氮源（NH$_4$）$_2$SO$_4$ 的贫瘠处理下，菌株生长较慢，17h 后才达到 10^{10} CFU/mL，到芽孢大量形成的 22h，对照中有一半以上菌已形成芽孢，而处理仅有 10% 形成；到芽孢完全形成的 37h 以后，对照的芽孢率已接近 100%，处理只有 80%。由此可得，仅加速效氮源（NH$_4$）$_2$SO$_4$ 的贫瘠处理并不能促进菌株 B02 的芽孢形成，相反降低了菌株的生长速度和芽孢形成率。该实验有待进一步探讨。

表 14　贫瘠的培养基对芽孢形成的影响　　　　　　　　　　　　　　　（$\times 10^{10}$ CFU/mL）

时间（h）	对照			贫瘠处理		
	活菌数	芽孢数	芽孢率（%）	活菌数	芽孢数	芽孢率（%）
12	0.029	0	0	0.002	0	0
17	9.9	0	0	0.8	0	0
22	32.1	18	56	20	2	10
27	58 000	50 400	86.9	5 800	3 480	60
32	120 000	110 040	91.7	84 100	60 550	72
37	132 000	129 000	97.7	90 000	72 000	80

2.4.2 无机盐离子对芽孢形成的影响　在对照培养基中分别添加 Ca^{2+}、Mg^{2+} 及 Mn^{2+} 处理的菌株生长及芽孢形成情况见表 15。

表 15　无机盐离子对芽孢形成的影响　　　　　　　　　　　　　　　（$\times 10^{10}$ CFU/mL）

时间（h）	对照			CaCO$_3$			MgSO$_4$			MnSO$_4$		
	活菌数	芽孢数	芽孢率（%）	活菌数	芽孢数	芽孢率（%）	活菌数	芽孢数	芽孢率（%）	活菌数	芽孢数	芽孢率（%）
12	0.042	0	0	0.038	0	0	0.066	0	0	0.005	0	0
17	7.25	0	0	0.68	0	0	18.6	0	0	0.18	0	0
22	29.7	14.1	47.5	125	68.7	55	328	205	62.5	15	5.3	35.4
27	37 000	29 970	81	60 000	54 000	90	84 000	77 200	92	45 000	34 650	77
32	100 000	95 600	95.6	100 000	98 000	98	100 000	98 900	98.9	56 000	47 880	85.5
37	128 000	126 400	98.8	130 000	127 000	98	135 000	133 650	99	90 000	81 000	90

从表 15 可以看出，无机盐离子对菌株 B02 的生长和芽孢形成影响较大。其中 Ca^{2+} 和 Mg^{2+} 对菌株的生长及芽孢形成有明显的促进作用。在 22h 时这两种处理下的菌数分别达到 1.25×10^{12} CFU/mL 和 3.28×10^{12} CFU/mL，比对照 2.97×10^{11} CFU/mL 甚至多一个数量级；在 27h 时两者的芽孢率也均在 90% 以上；而添加 Mn^{2+} 的处理中菌数和芽孢率均不理想，菌数少，芽孢形成慢。综上所述，在菌株 B02 的生长中，适当添加 Ca^{2+} 或 Mg^{2+} 可显著提高其生长速率、生长量及促进芽孢形成。

2.4.3 温度对芽孢形成的影响　改变后期培养温度条件下菌株生长及芽孢形成情况见表 16。从表 16 可以看出，温度对菌株的生长影响很大。将生长 12h 后的菌株置于不同温度后，菌数随着温度的升高而降低，在 43℃ 和 46℃ 下，菌株的生长缓慢，27h 后才能达到 1×10^{10} CFU/mL，芽孢率相应也较低。综上所述，改变培养温度并不能促进菌株 B02 芽孢的形成，反而影响了菌株的生长速率及生长量。

表 16　温度对芽孢形成的影响　　　　　　　　　　　　　　　(×10^{10}CFU/mL)

时间 （h）	对照			40℃			43℃			46℃		
	活菌数	芽孢数	芽孢率 （%）	活菌数	芽孢数	芽孢率 （%）	活菌数	芽孢数	芽孢率 （%）	活菌数	芽孢数	芽孢率 （%）
12	0.042	0	0									
17	7.52	0	0	0.14	0	0	0.16	0	0	0.01	0	0
22	25.7	13.5	52.5	3	0.6	20	2	0.3	15	0.15	0.02	13.5
27	50 000	42 000	84	25	11.2	44.8	3.2	1.5	45.5	1.2	0.49	40.7
32	125 000	118 000	94.4	76	47.5	62.5	15	10	66.7	1.5	0.91	60.5
37	140 000	134 680	96.2	300	264	88.2	27	22.8	84.5	2	1.65	82.6

有关温度对芽孢形成的影响，不同菌株结果不同。杨淑兰等（杨淑兰，1993）证明，对苏云金杆菌来说，控制温度极为关键，特别在对数生长期，代谢强烈，发出较大热量，此时更要控制温度，使温度稳定在最适值、从而提高产量与毒效。较高温度几乎抑制了苏云金杆菌生长，芽孢数、毒效极低；王进华等（王进华，2004）的实验表明，温度对凝结芽孢杆菌 TQ33 的芽孢形成有显著影响。在 40~50℃范围内，TQ33 的芽孢形成率随温度升高而递增。在 40℃、45℃条件下，菌体主要以营养体形式存在，芽孢形成率较低；而在 50℃条件下，芽孢形成率可达到 57.7%。而范玉贞（范玉贞，1995）则认为芽孢并不是细菌在不良条件下形成的适应逆境的产物，细菌形成芽孢的根本在于细胞内部含有控制芽孢形成的基因，但芽孢基因的表达受菌龄和环境因子的影响，不同细菌形成芽孢需要的条件不同。

3　结论

（1）通过培养基配方的优化试验，可以得出，菌株 B02 最适的培养基配方为蔗糖 0.2g/kg，豆粕 0.2g/kg，KCl 0.02g/kg，在此条件下菌株 B02 的菌数可达到 1.218×10^{13}CFU/mL。该菌对碳源、氮源的利用具有广谱性，且最适培养基配方均为生产中常用且廉价的原材料，这一优良性质对其下一步复合微生态制剂的研制具有重要的实际意义。

（2）通过环境条件的单因素实验可以得出，菌株 B02 最适的培养温度为 35℃，最适初始 pH 为 7.0，最适接种量为 10^5 个 /mL，最适装液量在 40~55mL。用二次正交旋转组合设计得出优化后的最佳发酵条件为：豆粕 0.2g/kg，KCl 0.02g/kg，初始 pH 为 5.0，培养温度 35℃。

（3）对菌株 B02 进行芽孢形成条件的优化，结果表明，在培养基中适当添加 Ca^{2+} 或 Mg^{2+} 可显著提高其生长速率、生长量及促进芽孢形成。芽孢具有极强的抗热、抗辐射、抗化学药物和抗静水压等一些特殊的性质，因此对芽孢形成条件的研究是极具意义的。据报道 Mn，K，Mg，Ca，P 元素均有利于芽孢形成（胡尚勤，2001），但在本试验中 Mn^{2+} 对芽孢并没有促进作用，反而添加 Mn^{2+} 的处理在菌数和芽孢率上都较低，这可能和添加 Mn^{2+} 的质量浓度有关，因为质量浓度过高或过低都不利于芽孢形成。另外，不同文献中关于 Mn^{2+} 影响芽孢形成的报道并不一致。Anderson 和 Friesen 报道，嗜热脂肪芽孢杆菌（*Bacillus stearothermophilus*）形成最大芽孢量所需 Mn^{2+} 浓度远大于其营养细胞生长时的需要量。而 Rowe 等人认为 Mn^{2+} 不是 *B. stearothermophilus* 芽孢形成所必需的微量元素。Chang（KangBC，1992）等对 *B. stearothermophilus* NCTC10003 的试验表明，芽孢得率与培养基中 Mn^{2+} 浓度有关。因此，如何选择合适的矿质元素种类和质量浓度，使芽孢形成率达到最高峰，这是生产上和研究中应注意的问题。

参考文献共 18 篇（略）

原文见文献封晔. 饲用微生态制剂优良菌株鉴定及发酵工艺研究[D]. 西北农林科技大学，2007:27-37.

优良芽孢杆菌的液态发酵

张文磊，来航线，张艳群，马玥

（西北农林科技大学资源环境学院，陕西杨凌　712100）

摘要：本文通过单因素试验和正交试验对蜡样芽孢杆菌 B02 和枯草芽孢杆菌 B06 的液态发酵培养基及发酵条件进行优化。结果表明两株芽孢菌的液态发酵最佳培养基为玉米粉 30 g/L、豆粕 20 g/L、蔗糖 5 g/L、硫酸铵 2 g/L；最适发酵条件为温度 35℃、初始 pH 为 6~7、最适接种量 5×10^5 CFU/mL。在最适条件下，菌株 B02 和 B06 的数量分别高达 9.04×10^{14} CFU/mL 和 1.74×10^{13} CFU/mL。

关键词：蜡样芽孢杆菌；枯草芽孢杆菌；液体发酵

Liquid Fermentation of Good *Bacillus*

ZHANG Wen-lei, LAI Hang-xian, ZHANG Yan-qun, MA Yue

(College of Natural Resources and Environment, Northwest A &F University, Yang ling, Shaanxi 712100, China)

Abstract: By L9 (3^4) orthogonal experiment and found B02 strains and B06 strain the liquid fermentation, the optimal culture medium components; By means of single factor experiments for environmental B02 strains and nurturing the best B06 strains optimized medium temperature, pH, age and inoculated quantity. Right amount add Ca^{2+} in the liquid fermentation medium can improve the growth rate, growth of two strains of bacteria and spore yield; Adding magnesium^{2+} can improve the growth rate and spore of B02 strain rate; Adding Mn^{2+} can promote the growth of B06 strains and increase the rate of spore production.

Key words: B02 strains; B06 strains; liquid fermentation

饲用抗生素类添加剂在畜禽日粮中广泛使用，但其弊端和危害已逐渐体现出来，日益受到人们的关注（Gustafson RH，1997），而抗生素替代品的微生态制剂在畜牧业已得到应用（何明

基金项目："十二五"国家科技支撑计划项目（2012BAD14B11）。

作者简介：张文磊（1986—），男，河南扶沟人，硕士，主要从事资源微生物学。E-mail: zhangwenlei1003@163.com。

导师简介：来航线（1964—），陕西礼泉人，副教授，博士生导师，主要从事微生物资源与利用研究。
E-mail: laihangxian@163.com。

清，2000）。目前应用于微生态制剂的菌种主要包括芽孢杆菌、乳酸菌和酵母菌，芽孢杆菌能够改善动物胃肠道的微生态平衡，促进动物生长，提高饲料利用率（Alexopoulos C，2004；Kritas SK，2005）。优良的微生态制剂必须有足够的活菌数量。因此，为了尽量提高产品中活菌的数量，需要对其培养基进行系统优化，以降低生产成本。

目前，生产上芽孢杆菌的发酵培养基配方的主要成分有玉米粉、葡萄糖、豆粕粉、鱼粉以及其他一些微量元素。但由于配比的不合适使得发酵液含菌量不高。发酵培养基的成分对微生物发酵液含菌量有很大的影响（储炬，2002）。调整培养基中各物质的配比，可以改善细菌的生长条件，提高发酵液含菌量。本试验旨在以本实验室分离筛选得到的蜡样芽胞杆菌 B02 和枯草芽孢杆菌 B06 为出发菌株，优化其最适培养基和发酵条件，以期为其大幅提高发酵水平，降低生产成本奠定基础。

1 试验材料与方法

1.1 供试材料

实验室筛选的优良芽孢杆菌：蜡样芽胞杆菌 B02、枯草芽孢杆菌 B06。

1.2 培养基

活化与检测培养基（程丽娟 2000）：牛肉膏蛋白胨琼脂培养基。种子液培养基（胡爽，2009）：蛋白胨 10g/L，NaCl 10g/L，酵母粉 5g/L。

基础发酵培养基：固体发酵培养基由玉米粉、豆粕粉、蔗糖（葡萄糖）和（NH_4）$_2SO_4$ 按一定配比组合而成（丰贵鹏 2009；郭龙涛 2010）。

1.3 试验方法

1.3.1 液态发酵培养基优化 以目标产物中的活菌含量为依据，选择玉米粉、豆粕粉、蔗糖（葡萄糖）和硫酸铵 4 个因素的合适水平进行 L9（3^4）正交试验（王健华，2007；路程，2009），见表 1。试验设计在培养温度为 35℃、初始 pH 为 7.0、接种量为 10^5 个 /mL、装液量为 50mL/250mL、摇床转速 180r/min 条件下培养 36h（胡爽，2009；来航线，2004），正交试验结果由 DPS 6.55 统计软件分析。通过极差和方差分析，得出两株芽孢杆菌进行液态发酵的优化培养基配方。

表 1 正交试验因素水平表 （g/L）

水平	A. 玉米粉	B. 豆粕	C. 蔗糖/葡萄糖	D. 硫酸铵
1	10	20	2.5	1
2	20	30	5	1.5
3	30	40	7.5	2

1.3.2 种龄的选取 分别以培养 14h、16h、18h、20h、22h、24h 的种子接种于优化后的培养基中，在 35℃、初始 pH 为 7.0、装液量为 50mL/250mL、摇床转速 180r/min 条件下发酵培养 24h，测定发酵液中的活菌数，确定最佳种龄（吕宇飞，2008；聂康康，2010）。

1.3.3 不同环境条件对芽孢杆菌液态发酵的影响（封晔，2007）

（1）接种量。采用优化后的培养基，在初始 pH 为 7.0、装液量为 50mL/250mL、摇床转速 180r/min、35℃条件下培养，选取 10^4 个 /mL、5×10^4 个 /mL、10^5 个 /mL、5×10^5 个 /mL、10^6 个 /mL 和 5×10^6 个 /mL 6 个浓度的接种量，培养 36h，测定发酵液中的活菌数。

（2）发酵液初始 pH。采用优化后的培养基，在接种量为 10^5 个 /mL、35℃、在其他条件不变的情况下，将培养基的初始 pH 分别调为 5.0、6.0、7.0、8.0 和 9.0，培养 36h，测定发酵液中的活菌数。

（3）培养温度。采用优化后的培养基，在接种量为 10^5 个 /mL、初始 pH 为 7.0、在其他条件不变的情况下，选取 25℃、30℃、35℃、40℃、45℃ 5 个温度作为培养温度，培养 36h，测定发酵液中的活菌数。

1.3.4 芽孢形成条件的优化（孙梅，2006；徐世荣，2007）

（1）营养贫瘠处理。采用优化后培养基进行液态发酵作为对照，仅加速效氮源的发酵作为处理，分别测定 24h 和 36h 时发酵液中的活菌数及芽孢数。

（2）无机盐离子对芽孢形成的影响。采用优化后培养基作为对照，在优化培养基的基础上分别加入 2.5g/L 的 $MgSO_4$、$CaCO_3$、$MnSO_4$ 作为处理，分别测定 24h 和 36h 时发酵液中的活菌数及芽孢数。

2 结果与分析

2.1 芽孢杆菌液态发酵培养基优化试验

2.1.1 B02 菌株液态发酵培养基优化试验 B02 菌株 L_9（3^4）正交实验设计、测定结果和方差分析，分别见表 2、表 3。

表 2 B02 L_9（3^4）正交试验设计和测定结果

序号	实验因素（g）				活菌数（ $\times 10^{13}$ CFU/mL）
	A	B	C	D	
1	10	20	2.5	1	8.96 ± 0.16
2	10	30	5	1.5	6.72 ± 0.8
3	10	40	7.5	2	2 ± 0.24
4	20	20	5	2	19.28 ± 1.2
5	20	30	7.5	1	4.9 ± 0.42
6	20	40	2.5	1.5	2.14 ± 0.31
7	30	20	7.5	1.5	16.4 ± 1.2
8	30	30	2.5	2	9.71 ± 0.11
9	30	40	5	1	3.04 ± 0.12
k1	5.893 3	14.880 0	6.936 7	5.633 3	
k2	8.773 3	7.110 0	9.680 0	8.420 0	
k3	9.716 7	2.393 3	7.766 7	10.330 0	
R	3.823 3	12.486 7	2.743 3	4.696 7	

表3 B02正交试验结果方差分析

变异来源	平方和SS	自由度DF	均方	F值	Fa
玉米粉	47.604 3	2	23.802 2	26.407 1**	F0.05（2，9）=4.26
豆粕	477.073 4	2	238.536 7	264.642 2**	F0.01（2，9）=8.02
蔗糖	23.751 2	2	11.875 6	13.175 3**	
硫酸铵（NH$_4$）$_2$SO$_4$	66.944 6	2	33.472 3	37.135 5**	
误差	8.112 2	9	0.901 4		
总和	623.485 7	17			

通过表2、表3可知，影响B02菌株液态发酵活菌含量的四个因素的主次顺序依次为B>D>A>C，即豆粕、硫酸铵、蔗糖、玉米粉；各因素的最佳水平为A3B1C2D3，即培养基中应含玉米粉30g/L、豆粕20g/L、蔗糖5g/L、硫酸铵2g/L。从表3方差分析结果可知，玉米粉、豆粕、蔗糖和硫酸铵4个因素对B02菌株发酵后的菌数都有极显著的影响（$P<0.01$）。

因最优展望组合A3B1C2D3未在正交表中，所以对此展望组合进行验证试验。将B02菌株在其优化后的培养基上进行固态发酵培养，菌数最高可达（2.26±0.056）×10^{14}CFU/mL，高于正交试验中的各个处理，并且与基础发酵培养基中36h的菌数（1.12±0.024）×10^{14}CFU/mL相比，提高了1.01倍。因此确定液态发酵最优培养基组分为A3B1C2D3，即含玉米粉30g/L、豆粕20g/L、蔗糖5g/L、硫酸铵2g/L。

2.1.2 B06菌株液态发酵培养基优化试验 B06菌株L$_9$（3^4）正交实验设计、测定结果和方差分析，分别见表4、表5。

表4 B06L$_9$（3^4）正交试验设计和测定结果

序号	A	B	C	D	活菌数（×10^{12}CFU/mL）
1	10	20	2.5	1	2.11±0.09
2	10	30	5	1.5	1.94±0.04
3	10	40	7.5	2	4.32±0.44
4	20	20	5	2	6.68±0.12
5	20	30	7.5	1	2.22±0.16
6	20	40	2.5	1.5	1.03±0.15
7	30	20	7.5	1.5	6.9±0.14
8	30	30	2.5	2	3.26±0.18
9	30	40	5	1	6.1±0.28
k1	2.790 0	5.230 0	2.133 3	3.476 7	
k2	3.310 0	2.473 3	4.906 7	3.290 0	
k3	5.420 0	3.816 7	4.480 0	4.753 3	
R	2.630 0	2.756 7	2.773 3	1.463 3	

表5　B06正交试验结果方差分析

变异来源	平方和SS	自由度DF	均方MS	F值	Fa
玉米粉	23.278 8	2	11.639 4	120.076 3**	F0.05（2，9）=4.26
豆粕	22.802 5	2	11.401 3	117.619 7**	F0.01（2，9）=8.02
葡萄糖	26.760 5	2	13.380 3	138.035 8**	
硫酸铵（NH$_4$）$_2$SO$_4$	7.6121	2	3.806 1	39.264 8**	
误差	0.872 4	9	0.096 9		
总和	81.326 4	17			

　　通过表4、表5可知，影响B06菌株液态发酵活菌含量的四个因素的主次顺序依次为C>B>A>D，即玉米粉、豆粕、葡萄糖、硫酸铵；各因素水平的最佳组合为A3B1C2D3，即培养基中应含玉米粉30g/L、豆粕20g/L、葡萄糖5g/L、硫酸铵2g/L。从表5方差分析结果可知，玉米粉、豆粕、葡萄糖和硫酸铵4个因素对B02发酵后的菌数都有极显著的影响。

　　将B06菌株在其优化后的培养基上进行固态发酵培养，菌数最高可达（7.54±0.071）×10^{12}CFU/mL，高于正交试验中的各个处理，与基础发酵培养基中36h的菌数（1.44±0.036）×10^{12}CFU/mL相比，提高了4.24倍。因此确定最优培养基组分为A3B1C2D3，即玉米粉30g/L、豆粕20g/L、葡萄糖5g/L、硫酸铵2g/L。

2.2　确定最佳种龄试验

2.2.1　B02菌株确定最佳种龄的试验　从图1可以看出，当种龄为18h时，最有利于B02菌株生长，此时菌株正处于对数生长期，代谢旺盛。故选取B02菌株18h的种龄进行液态发酵的下一步研究。

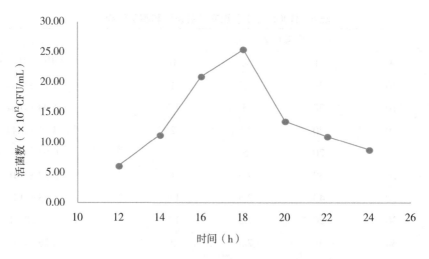

图1　种龄对B02菌株生长的影响

2.2.2　B06菌株确定最佳种龄的试验　从图2可以看出，当种龄为16h时，最有利于B06菌株生长，此时菌株正处于对数生长期，代谢旺盛。故选取B06菌株16h的种龄进行液态发酵的下一步研究。

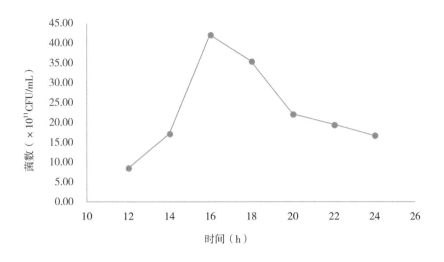

图 2　种龄对 B06 菌株生长的影响

2.3　不同环境条件对芽孢杆菌液态发酵的影响

2.3.1　不同环境条件对 B02 菌株液态发酵的影响

（1）接种量。由图 3 中可以看出，接种量对 B02 菌株的生长状况的影响较大。当接种量高于 10^5 个 /mL 时，最终菌数随着接种量的升高而递减。接种量为 1×10^5 个 /mL 和 5×10^5 个 /mL 时，菌数明显高于其他处理，当接种量为 10^5 个 /mL 菌数最高，达（3.067 ± 0.313）$\times 10^{14}$ CFU/mL。可见，B02 菌株在该优化培养基上进行液态发酵的最适接种量介于 $1 \times 10^5 \sim 5 \times 10^5$ 个 /mL。

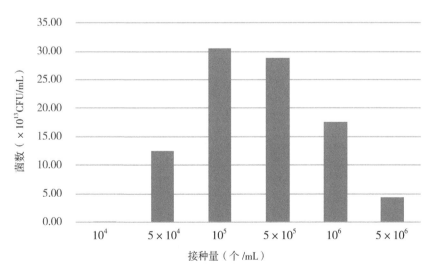

图 3　接种量对 B02 菌株生长的影响

（2）发酵液初始 pH。从图 4 中可以看出，发酵液初始 pH 对 B02 菌株的生长有较大影响，在 pH 介于 7.0~8.0 的时候菌数明显高于其他处理。当发酵液初始 pH 为 7.0 时菌数达到最高，为（6.33 ± 0.32）$\times 10^{14}$ CFU/mL。可见，B02 菌株液态发酵的最适初始 pH 在 7~8。

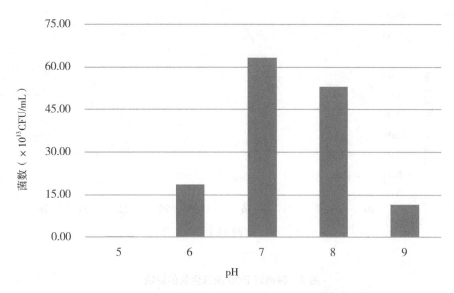

图 4　发酵液初始 pH 对 B02 菌株生长的影响

（3）培养温度。从图 5 中可以看出，培养温度对菌株 B02 生长状况影响较大，培养温度介于 30~40℃时，活菌数均达到较高水平；当环境温度在 35℃是菌数最高，为（7.167±0.351）×10¹⁴CFU/g。温度在 40℃以上的时候菌数随环境温度的升高而迅速减少。由此可知，B02 菌株液态发酵的最适培养温度为 35℃。

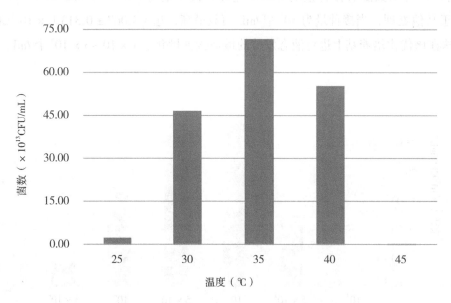

图 5　培养温度对 B02 菌株生长的影响

通过环境条件对 B02 菌株生长状况影响的的单因素试验可以得出，在该优化培养基上液态发酵的最适培养温度为 35℃；最适发酵液初始 pH 为 7.0~8.0；最适接种量为 $1 \times 10^5 \sim 5 \times 10^5$ 个/mL。在该优化培养基上和最适培养条件下进行 B02 菌株液态发酵，最终发酵液中的菌含量可达（9.04±0.39）×10¹⁴CFU/mL，高于各个单因素试验中的处理。

2.3.2　不同环境条件对 B06 菌株液态发酵的影响

（1）接种量。由图 6 中可以看出，接种量对 B06 菌株的生长状况影响较大。接种量介于

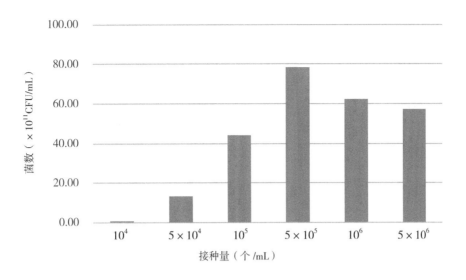

图 6　接种量对 B06 菌株生长的影响

$1 \times 10^5 \sim 5 \times 10^6$ 个 /mL 时，发酵液中的最终菌数能达到较高水平。当种量为 5×10^5 个 /mL 时，菌数达到最高，为（7.8 ± 0.3）$\times 10^{12}$CFU/mL。可见，B02 菌株液态发酵的最适接种量为 5×10^5 个 /mL。

（2）发酵液初始 pH。从图 7 中可以看出，培养基初始 pH 对 B06 菌株生长有很大影响。pH 高于 7.0 时发酵液中菌含量较低。当发酵液初始 pH 为 6.0 时菌数最高，为（1.07 ± 0.08）$\times 10^{13}$CFU/mL。可见，B06 菌株液态发酵的培养基最适初始 pH 为 6.0。

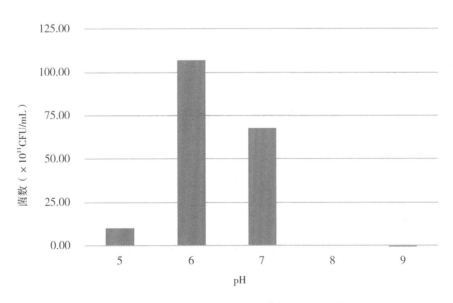

图 7　发酵液初始 pH 对 B06 菌株生长的影响

（3）培养温度。从图 8 中可以看出，培养温度对 B06 菌株的生长影响较大，当温度介于 30~35℃时，发酵液中的菌数均可达到较高水平，培养温度在 35℃时菌数最高，达到（8.48 ± 0.51）$\times 10^{12}$CFU/mL。在 35℃以上时菌数随环境温度的升高而减少。据此可知，B06 菌株液态发酵的最适培养温度在 30~35℃。

通过环境条件对 B06 菌株生长状况影响的的单因素试验可以得出，在该优化培养基上 B06 菌

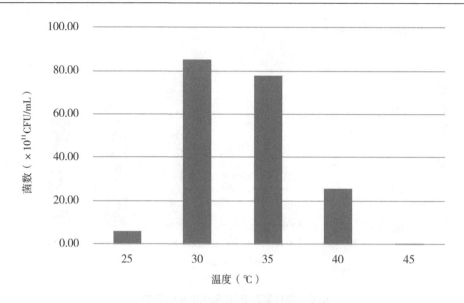

图 8　培养温度对 B06 菌株生长的影响

株液态发酵的最适培养温度为 30~35℃；最适发酵液初始 pH 为 6.0；最适接种量为 5×10^5 个 / mL。在该优化培养基上以及最适培养条件下进行 B06 菌株的液态发酵，发酵液中的菌含量可达（1.74 ± 0.13）$\times 10^{13}$ CFU/mL，高于各个单因素试验中的处理。

2.4　芽孢杆菌芽孢形成条件优化试验

2.4.1　B02 菌株芽孢形成条件的优化试验

（1）营养条件对 B02 芽孢形成的影响。在对照培养基和营养贫瘠培养基条件下 B02 菌株生长及芽孢形成的情况见表 6。

表 6　营养贫瘠对 B02 菌株芽孢形成的影响

处理	24h				36h			
	活菌数（10^{11}CFU/mL）	增幅（%）	芽孢率（%）	增幅（%）	活菌数（$\times 10^{11}$CFU/mL）	增幅（%）	芽孢率（%）	增幅（%）
对照	6.52 ± 0.28a		54.6 ± 1.4a		$8\,790 \pm 338.67$a		90.8 ± 2.1a	
营养贫瘠	4.53 ± 0.17b	−30.5	25.7 ± 1.7b	−52.9	780 ± 32.02b	−91.1	82.2 ± 2.4b	−9.5

注：①同列数据后的小写字母者表示不同处理间差异的显著性（$P<0.05$）。下表同

从表 6 中可以看出，在仅加速效氮源（NH_4）$_2SO_4$ 的贫瘠处理条件下，B02 菌株生长缓慢，并且不能达到很高的菌数，最终菌数 7.8×10^{13}CFU/mL，显著低于对照组（$P<0.05$），增幅为 −91.1%。在 24h 时，对照组中有一半以上的芽孢杆菌已经形成芽孢，营养贫瘠组仅有 25% 左右，与对照组相比的增幅为 −52.9%；到芽孢基本完全形成的 36h，对照组的芽孢率已达到 90%以上，营养贫瘠组只有 82.2%，显著低于对照组（$P<0.05$）。可见，仅加速效氮源不能促使 B02 菌株形成芽孢，反而会影响菌株的生长。

（2）无机盐离子对 B02 菌株芽孢形成的影响。在对照培养基中分别添加 $CaCO_3$、$MgSO_4$ 和

$MnSO_4$ 的处理对 B02 菌株生长及芽孢形成状况的影响见表 7。

表 7　无机盐离子对 B02 菌株芽孢形成的影响

处理	24h				36h			
	活菌数（×10^{11}CFU/mL）	增幅（%）	芽孢率（%）	增幅（%）	活菌数（×10^{11}CFU/mL）	增幅（%）	芽孢率（%）	增幅（%）
CK	6.52 ± 0.28c		54.6 ± 1.4c		8 790 ± 338.67a		90.8 ± 2.1a	
$CaCO_3$	24.4 ± 1.2b	274.2	65.7 ± 0.8b	20.3	8 860 ± 284.33a	0.8	91 ± 1.7a	0.2
$MgSO_4$	33.8 ± 1.6a	418.4	71.5 ± 1.7a	30.9	8 920 ± 352.46a	1.5	92.6 ± 2.3a	1.9
$MnSO_4$	5.4 ± 0.3c	−17.2	44.7 ± 2.1d	−18.1	7 200 ± 175.62b	−18.1	86.5 ± 1.8b	−4.7

由 7 可以看出，无机盐离子对 B02 菌株的生长和芽孢形成有很大影响，其中添加 $CaCO_3$ 和 $MgSO_4$ 的处理组中 B02 菌株的生长和芽孢形成状况明显优于对照组，24h 时的菌数和芽孢率显著高于对照组和添加 $MnSO_4$ 的处理组（$P<0.05$），菌数增幅分别为 274.2% 和 418.4%，芽孢率增幅分别为 20.3% 和 30.9%；36h 时芽孢率均达到 90% 以上，高于对照组。添加 $MnSO_4$ 的处理中 B02 的菌数和芽孢率显著低于对照组（$P<0.05$），效果不理想。可见，在培养基适量加入 Ca^{2+} 或 Mg^{2+} 可以提高 B02 菌株的生长速率，提高菌数并促进芽孢的形成。

2.4.2　B06 菌株芽孢形成条件的优化试验

（1）营养条件对 B06 芽孢形成的影响。在对照培养基和营养贫瘠培养基条件下 B06 菌株的生长及芽孢形成的情况见表 8。

表 8　营养贫瘠对 B06 菌株芽孢形成的影响

处理	24h				36h			
	活菌数（10^{10}CFU/mL）	增幅（%）	芽孢率（%）	增幅（%）	活菌数（10^{10}CFU/mL）	增幅（%）	芽孢率（%）	增幅（%）
对照	230 ± 15.64a		58.7 ± 1.7b		1 600 ± 112.03a		94.3 ± 1.4a	
营养贫瘠	83.8 ± 5.8b	−63.6	78.7 ± 1.2a	34.1	120 ± 8.74b	−92.5	95.8 ± 2.3a	1.6

从表 8 可以看出，在仅加速效氮源（NH_4）$_2SO_4$ 的贫瘠处理条件下，虽然能在 B06 菌株生长前中期显著提高菌株的芽孢率（$P<0.05$），但不利于菌株的生长繁殖，36h 最终菌数 1.2×10^{12}CFU/mL，增幅为 −92.5%，显著低于对照组（$P<0.05$）。24h 时，菌株芽孢率增幅为 34.1%，显著高于对照组（$P<0.05$）；36h 时，B06 芽孢率达到 95% 左右，略高于对照组，差异不显著。可见，仅加速效氮源能促进 B06 菌株形成芽孢，但不利于菌株生长。

（2）无机盐离子对 B06 菌株芽孢形成的影响。在对照培养基中分别添加 $CaCO_3$、$MgSO_4$ 和 $MnSO_4$ 处理的 B06 菌株生长及芽孢形成状况见表 9。

由表 9 可知，无机盐离子对 B06 菌株的生长和芽孢形成影响较大，其中添加 $MnSO_4$ 的处理组中 B06 菌株的生长和芽孢形成状况明显优于对照组和其他处理组，24h 时的菌数和芽孢率显著高于对照组（$P<0.05$），增幅分别为 91.3% 和 33.2%；36h 时芽孢率达 96.9%，增幅为 2.8%。添

加 $CaCO_3$ 的处理组 24h 是菌数比对照组高 10.4%，芽孢率显著高于对照组（$P<0.05$），增幅为 11.4%；36h 时芽孢率均达到 95% 以上，高于对照组。添加 $MgSO_4$ 的处理中 B06 的菌数明显低于均对照组，24h 和 36h 时的芽孢率均显著低于对照组（$P<0.05$），效果不理想。可见，在培养基适量加入 Mn^{2+}、Ca^{2+} 可以提高 B06 菌株的生长速率和芽孢率。

表 9　无机盐离子对 B06 菌株芽孢形成的影响

处理	24h				36h			
	活菌数（10^{10}CFU/mL）	增幅（%）	芽孢率（%）	增幅（%）	活菌数（10^{10}CFU/mL）	增幅（%）	芽孢率（%）	增幅（%）
CK	230 ± 15.64bc		58.7 ± 1.7c		1 600 ± 112.03ab		94.3 ± 1.4a	
$CaCO_3$	254 ± 10.3b	10.4	65.4 ± 1.2b	11.4	1 640 ± 95.67ab	2.5	95.2 ± 1.8a	0.9
$MgSO_4$	228.8 ± 11.35c	−0.5	54.3 ± 2.3d	−7.5	1 480 ± 124.53b	−7.5	90.5 ± 1.7b	−4.0
$MnSO_4$	450 ± 13.08a	91.3	78.2 ± 1.6a	33.2	1 750 ± 104.3a	9.4	96.9 ± 2.4a	2.8

3　结论与讨论

（1）通过 $L_9(3^4)$ 正交试验得出 B02 菌株液态发酵的最优培养基组分为：玉米粉 30g/L、豆粕 20g/L、蔗糖 5g/L、硫酸铵 2g/L；B06 菌株最优培养基组分为：玉米粉 30g/L、豆粕 20g/L、葡萄糖 5g/L、硫酸铵 2g/L。

在该优化培养基上培养 B02 株菌，可使菌数达到（2.26 ± 0.056）× 10^{14}CFU/mL，与基础发酵培养基相比提高了 1.01 倍；在该优化培养基上进行 B06 菌株的液态发酵，可使菌数达到（7.54 ± 0.071）× 10^{12}CFU/mL，与基础发酵培养基相比提高了 4.24 倍。

（2）通过试验确定菌株最佳种龄，选取 B02 菌株 18h 的种子液和 B06 菌株 16h 的种子液进行液态发酵的下一步研究。研究表明，菌龄也是影响芽孢杆菌发酵效果的重要因素。

（3）通过环境条件对芽孢杆菌菌株生长状况影响的的单因素试验得出，在该优化培养基上 B02 菌株液态发酵的最适培养温度为 35℃；最适发酵液初始 pH 为 7~8；最适接种量为 10^5~$5 × 10^5$ 个 /mL。B06 菌株液态发酵的最适培养温度为 30~35℃；最适发酵液初始 pH 为 6.0；最适接种量为 $5 × 10^5$ 个 /mL。在优化培养基和最佳培养条件下进行 2 株菌的液态发酵，发酵液菌株可分别达到（9.04 ± 0.39）× 10^{14}CFU/mL 和（1.74 ± 0.13）× 10^{13}CFU/mL。

（4）通过营养条件和无机盐离子对芽孢杆菌芽孢产率影响的试验得出，仅加速效氮源的营养贫瘠处理能促使 B06 菌株形成芽孢，但不利于两株菌的生长繁殖。培养基中适量加入 Ca^{2+} 可以提高 2 株菌的生长速率、生长量和芽孢产率；添加 Mg^{2+} 可以提高 B02 菌株的生长速率和芽孢率，却对 B06 有不利影响；在培养基适量加入 Mn^{2+} 可以促进 B06 菌株的生长并提高芽孢产率，但对 B02 菌株的生长繁殖和形成芽孢有不良影响。

芽孢没有新陈代谢，对不良环境包括热、紫外线、多种溶剂、酸、碱等的耐受性强，是较为理想的微生物制剂，因此对芽孢形成条件的研究很有意义。研究表明，Mn、Mg、Ca、K、P 元素均有利于芽孢形成（胡尚勤，2001），但在本试验中，Mn^{2+} 对 B02 菌株产芽孢没有促进作用，Mg^{2+} 对 B06 菌株产芽孢也没有促进作用，可能是与无机盐离子的添加量有关，浓度过高或过低均不利于菌株芽孢的形成。此外，还有很多研究表明，培养基组成和发酵条件也是影响芽孢形成的关键因素。

参考文献共 23 篇（略）

原文见文献 张文磊. 饲用微生态制剂优良菌株鉴定及发酵工艺研究[D]. 西北农林科技大学，2012:20–31.

发酵饲料营养价值及
生物学效价评定

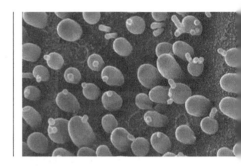

复合微生态制剂对断奶仔猪和雏鸡
喂养效果的研究

来航线 [1]，张文磊 [1]，刘登如 [2]

（1.西北农林科技大学资源环境学院，陕西杨凌 712100；2.润盈生物工程（上海）有限公司，上海 201700）

摘要：本试验选用 45 日龄健康长白断乳仔猪 60 头，随机分为四组，每组 15 头，a、b、c 组分别为复合微生态制剂预防组、复合微生态制剂治疗组和土霉素治疗组，d 组为空白对照组；选用一日龄公雏鸡 200 只，随机分为四组，每组 50 只，a、b、c 组分别为复合微生态制剂预防组、复合微生态制剂治疗组、环丙沙星治疗组，d 组为空白对照组。试验结果表明：仔猪饲喂复合微生态制剂可有效预防猪霍乱沙门氏菌性肠炎，且对已感染仔猪的治愈率达 93.3%，3 个处理组的末均重和日增重与对照组相比都有显著差异（$P<0.05$）；雏鸡饲喂复合微生态制剂能有效降低鸡白痢发病数，且对 b 组中 50 只发病雏鸡的治愈率达到 90%，3 个处理组的末均重和日增重与对照组相比都达到极显著差异（$P<0.01$）。微生态制剂可显著提高动物生长速度，防病治病，减少死亡率。

关键词：断奶仔猪；雏鸡；微生态制剂；喂养效果

Effect of Microbial Ecological Agents in Weaned
Piglets and Chicks

LAI Hang-xian[1], ZHANG Wen-lei[1], LIU Deng-ru[2]

(I.College of Natural Resources and Environment, Northwest A & F University, Yangling 712100;

2. Biogrowing (Shanghai) CO. LTD, Shanghai 201700)

Abstract: The experiment selected 60 45 - day - old weaned landraces which were randomly divided into 4 groups, one control group (d) and three experimental groups (group a, b, c) . Each group has 30 piglets and the experimental groups a, b, c were prevention group of microbial ecological agents, treatznent group of microbial ecological agents and trealment group of oxytetracycline respectively. In addition, it selected 200 1 - day - old chicks which were randomly <livided into 4 groups, one control group (d) and

---

通信作者：来航线（1964— ），男，陕西礼泉人，副教授，博士，主要从事微生物生态和微生物资源与利用研究。E-mail: laihangxian@163.com。

three experimental groups (group a, b, c). Each group has 50 chicks and the experimental groups a, b, c were prevention group of microbial ecological agents, treatment group of microbial ecological agents and treatment group of ciprofloxacin. The results showed that the piglets feeding with microbial ecological agents could effectively prevent pig cholera salmonella enteritis and the cure rate of curing infected piglets was 93.3%. The difference between the average weight and daily gain of the groups a, b, c and the control were significant ($P < 0.05$). The chick feeding with microbial ecological agents could effective decrease the numbers of white scour of chicken and the curing rate of sick chicken in the group b was 90%. The difference between the average weight and daily gain of the groups a, b, c and the control were significant ($P < 0.01$). The microbial ecological agents could significantly increase the growth rate, prevent and cure the disease and decrease the death rate.

Key Words: weaned piglets; chick; microbial ecological agents; feeding effect

近年来，由于在畜禽日粮中大量不规范使用抗菌促生长药物，致使畜禽产品中有不同程度的药残，从而严重影响到人们的身体健康。随着经济发展和社会进步，畜产品质量安全逐渐为社会各界所关注，特别是利用中草药、益生素等绿色添加剂来代替或减少畜禽日粮中常规使用的各种抗生素与促生长添加剂已成为饲料业的研究热点。因此，能够替代抗生素、抗菌药物而又无毒副作用、无残留的微生态制剂目前已被广泛应用。

在养猪生产中，断奶仔猪发生腹泻是影响其生产的一大难题。断奶仔猪由于其消化系统、免疫功能不够完善，抵抗细菌的能力较差，易被病原微生物侵袭而出现消化不良、下痢、体弱、生长缓慢、饲料报酬低等问题（潘康成，2006）。病原性细菌如大肠杆菌K88、猪霍乱沙门氏菌和鼠伤寒沙门氏菌是引起仔猪发生腹泻的主要病原菌，常给养猪生产带来极大的损失。雏鸡白痢是由鸡白痢沙门氏杆菌引起的严重危害雏鸡及育成鸡的一种细菌性传染病（易力，2007），给养鸡业带来极大的经济损失。随着临床上抗菌药物的不断增多，以及滥用抗生素造成的禽肉和禽蛋产品中药物残留对人类健康的影响，促使人们转向研究应用生物防治方法控制仔猪肠道传染病毒和雏鸡白痢。

因此，研究微生态制剂防治仔猪肠道传染病和雏鸡白痢，对于促进仔猪和雏鸡的健康成长，提高生产性能具有现实和重要的意义，并且为益生素制剂的研制开发提供了必要的理论与实践依据。

1 试验材料和方法

1.1 微生态制剂

本试验室和润盈生物工程（上海）有限公司联合研制，以粗酶制剂吸附芽孢杆菌制成复合微生态制剂，内含腊样芽孢杆菌B02，有效活菌数在 2.5×10^{12} CFU/kg 以上；纤维素酶、蛋白酶等复合酶制剂。

1.2 试验

动物健康长白断乳仔猪60头，45日龄，体重15~20kg，未经猪沙门氏菌菌苗免疫，购自杨凌示范区五泉猪场。一日龄公雏鸡200只，体重38~40g，未经鸡白痢沙门氏杆菌菌苗免疫，购自西北农林科技大学农学院种鸡场。

1.3 基础日粮

仔猪基础 13 粮配方见表 1。

表 1 仔猪基础日粮配方

原料	配比（%）	主要营养成分	
玉米	56.0	消化能（kJ/kg）	3 442.0
豆粕	15.0	粗蛋白质（%）	18.5
膨化豆粕	10.0	钙（%）	0.7
进口豆粕	6.0	有效磷（%）	0.36
乳清粉	8.0	赖氨酸（%）	1.15
添加剂	5.0	粗脂肪（%）	5.62
		纤维素（%）	2.56
		钠（%）	0.17
合计	100	氯（%）	0.15

雏鸡以碎玉米饲喂。

1.4 供试菌株

猪霍乱沙门氏菌（*Salmonella choleeraesuis*），购自中国兽药监察所，由西北农林科技大学动物科技学院预防兽医学教研组提供。鸡白痢沙门氏杆菌（*Salmonella pullorum*），购自中国兽药监察所，由西北农林科技大学动物科技学院预防兽医学教研组提供。

1.5 试验药品及培养基

土霉素：石家庄市华曙制药厂生产，批号 0601336，全检合格，按照使用说明使用。环丙沙星：珠海市国茂生物科技有限公司生产，批号 190402159，全检合格，按照使用说明使用。ss 琼脂培养基（姚火春，2002）：骶胨 5g，牛肉膏 5g，乳糖 10g，琼脂 15~20g，胆盐（No.3）3.5g，枸橼酸钠 8.5g，硫代硫酸钠 8.5g，枸橼酸铁 1g，1% 中性红溶液 2.5mL，0.1% 煌绿溶液 0.33mL，蒸馏水 1L。将上述成分（除中性红、煌绿外）混合于水中，加热煮沸溶解，调节 pH 为 7.0~7.1，然后加入中性红和煌绿溶液，充分混匀冷却至 50℃ 时倾注平板。麦康凯琼脂培养基 J（陈天寿，1996）：蛋白胨 17g，脉胨 3g，猪胆盐（或牛、羊胆盐）5g，氯化钠 5g，琼脂 17g，蒸馏水 1 000mL，乳糖 10g，0.01% 结晶紫水溶液 10mL，0.5% 中性红水溶液 5mL。

1.6 试验方法（李焕友，2000；贺长顺，2002）

1.6.1 动物分组及试验设计

（1）将 60 头长白断乳仔猪随机分为 4 组，每组 15 头，a、b、c 组分别为复合微生态制剂预防组，复合微生态制剂治疗组和土霉素治疗组，d 组为不用药空白对照组。采用猪霍乱沙门氏菌人工感染猪复制肠炎病例，复合微生态制剂预防组 a 饲喂量为 5.0×10^7 CFU/kg 饲料，治疗组 b 为

$2.0 \times 10^8 CFU/kg$，土霉素粉药物对照组用量为 100mg/kg。

（2）将 200 只公雏鸡随机分成 4 组，每组 50 只。a、b、c 组分别为复合微生态制剂预防组、复合微生态制剂治疗组、环丙沙星治疗组，d 组为对照组，不饲喂活菌制剂。采用鸡白痢沙门氏杆菌人工感染鸡白痢病例，复合微生态制剂预防组对供试雏鸡按饲喂活菌量为 $1.0 \times 10^6 CFU/kg$；复合微生态制剂治疗组对供试雏鸡按饲喂活菌量为 $2.0 \times 10^8 CFU/kg$；环丙沙星药物对照组用量为 0.75~1.25g/L 水。

1.6.2 人工感染试验

（1）将猪霍乱沙门氏菌接种血液营养琼脂平板，37℃培养 24h，挑取典型单个菌落接种营养肉汤培养基中，37~C 培养 24h，测其菌落形成单位（CFU）后将肉汤培养物稀释为含活菌 $1.0 \times 10^9 CFU/mL$。4 组口服接种猪霍乱沙门氏菌液 3mL/头（$3.0 \times 10^9 CFU/mL$）。

（2）将鸡白痢沙门氏杆菌接种于沙门氏杆菌增菌肉汤培养液中，37℃培养 24h 后转接于新鲜血液琼脂平板上，37%下再培养 24h，用生理盐水洗下菌苔，平板稀释培养法计算活菌数。攻毒时，给雏鸡一次经口滴喂约 $6 \times 10^9 CFU/mL$ 活菌。

1.6.3 给药及临床观察

（1）购回 2 日后，预防组按每只猪每日正常饲喂饲料量称取所需的复合微生态制剂的用量，将每组给药量拌入全价料中，常规饲喂，任猪自由采食，每日饲喂 2~3 次，连用 7d。之后给所有对照组人工感染猪霍乱沙门氏菌。感染后 72h 开始对 b、c 试验组用复合微生态制剂和土霉素治疗。投药后每天观察猪精神、食欲和粪便情况，并记录。猪投药 7d 后计算治愈率（治愈率 = 治愈猪数 / 试验猪数 ×100%），50d 称重。对死亡猪及时采肝脏病料，进行猪霍乱沙门氏菌的分离培养与鉴定。

（2）从 2 日龄开始，预防组每日饲喂和饮用活菌制剂。在 5 日龄时，给所有雏鸡滴喂鸡白痢沙门氏杆菌，待第 2、3 组鸡开始发病时，分别用复合微生态制剂及环丙沙星予以治疗。每日记录各组发病及死亡情况。30 日龄时计算雏鸡死亡率、存活率及每羽平均增重。对死亡鸡及时采肝脏病料，进行鸡白痢沙门氏杆菌的分离培养与鉴定。

1.6.4 饲养方法

（1）各组猪隔离饲养，饲喂不含任何抗菌药物的猪全价料料，并供给充足的符合饮用水标准的自来水。

（2）所有雏鸡均采用网上笼养，任其自由采食和饮水。

2 试验结果与分析

2.1 仔猪临床状况观察

2.1.1 对照组猪人工感染情况 人工感染 72h 后空白对照组猪出现排稀便现象，随后出现精神萎顿、食欲减退，饮欲增加，排黄绿色稀粪，感染后 5~8d 先后有 5 头猪死亡，对病死猪剖检发现小肠、结肠黏膜和盲肠黏膜充血，有出血，2 头死猪出现纤维素性肠炎和腹膜炎。感染后 10d 猪开始逐渐恢复正常。

2.1.2 试验组预防及治疗情况 在 50d 的试验期内，各试验组的预防及治疗情况见表 2。

表2 复合微生态制剂及土霉素对猪肠炎的疗效

组别	a	b	c	d
试验猪数（头）	15	15	15	15
发病猪数（头）	2	15	15	15
死亡数（头）	1	0	0	5
死亡率（%）	6.7	0	0	33.3
7d治愈数（头）	–	14	14	–
治愈率（%）	–	93.3	93.3	–
存活率（%）	93.3	100	100	66.7

从表2可以看出，预防组中，复合微生态制剂按 5.0×10^7 CFU/kg 剂量投服，对猪霍乱沙门氏菌性肠炎有一定预防效果，发病的猪数仅为2头，存活率达到93.3%；治疗组中，复合微生态制剂按 2.0×10^8。CFU/kg 剂量投服，对猪霍乱沙门氏菌性肠炎效果很好，发病的15头猪中无一头死亡，7d可治愈14头，治愈率达93.3%，与对照药品土霉素粉的疗效相当，说明此复合微生态制剂完全可以替代土霉素用于猪霍乱沙门氏菌性肠炎的预防和治疗。

2.1.3　病料细菌鉴定结果　对发病死亡的仔猪进行细菌分离鉴定结果均为猪霍乱沙门氏杆菌（东秀珠，2001）。

2.1.4　仔猪增重情况　从表3可以看出，与对照组相比，复合微生态制剂预防组的平均日增重提高33.3%、治疗组提高36.7%、环丙沙星治疗组提高28%；3个处理组的末均重和日增重都有极显著差异（$P<0.01$）。

表3 仔猪增重情况

组别	试验猪数（头）	始均重（kg）	末均重（kg）	日增重（kg）
a	15	15.75 ± 1.5	39.52 ± 2.6	0.476
b	15	15.50 ± 1.25	39.91 ± 3.0	0.488
c	15	15.35 ± 1.25	38.13 ± 2.2	0.457
d	15	15.80 ± 1.5	33.65 ± 3.1	0.357

2.2　雏鸡临床状况观察

2.2.1　对照组雏鸡人工感染情况　人工感染后对照组在接种后24h约半数雏鸡出现精神不振，羽毛蓬松，食欲差，42h出现拉稀，第5~6d为死亡高峰期，10d后未见死亡，但生长不良，有的鸡肛门粘有粪块。

2.2.2　试验组预防及治疗情况　在30d试验期内，各组雏鸡预防及治疗情况见表4。

表 4 复合微生态制剂及环丙沙星对鸡白痢的疗效

组别	a	b	c	d
试验鸡数（只）	50	50	50	50
发病鸡数（只）	9	50	50	50
死亡数（只）	5	5	3	20
死亡率（%）	10	10	6	40
治愈鸡数（只）	–	45	47	–
治愈率（%）	–	90	94	–
存活率（%）	90	90	94	60

从表 4 可以看出，饲喂复合微生态制剂预防组中，发病鸡数仅为 9 只，存活率可达 90%；治疗组中发病的 50 只雏鸡，死亡 5 只，治愈 45 只，治愈率达到 90%，与环丙沙星治疗组疗效相当。可见，雏鸡早期饲喂微生态制剂对雏鸡白痢有一定的预防和治疗作用，其治疗效果理想，可完全替代环丙沙星作为雏鸡白痢沙门氏菌的治疗药物。

2.2.3 病料细菌鉴定结果 对发病死亡的雏鸡进行细菌分离鉴定结果均为沙门氏杆菌（东秀珠，2001）。

2.2.4 雏鸡增重情况 30 日龄时各组雏鸡平均体重及增重见表 5。

表 5 雏鸡增重情况

组别	试验鸡数（只）	始均重（g）	末均重（g）	日增重（g）
a	50	38.52 ± 2.6	178.80 ± 8.8	4.676
b	50	38.91 ± 3.0	169.10 ± 10.1	4.340
c	50	39.13 ± 2.2	171.79 ± 12.8	4.422
d	50	38.65 ± 3.1	136.25 ± 13.1	3.253

从表 5 可以看出，与对照组相比，复合微生态制剂预防组的平均日增重提高 43.7%、治疗组提高 33.4%、环丙沙星治疗组提高 35.9%；3 个处理组的末均重和日增重都达到极显著差异（$P<0.01$）。

3 结论

3.1 复合微生态制剂按 5.0×10^7 CFU/kg 剂量投服，对猪霍乱沙门氏菌性肠炎有较好的预防效果；按 2.0×10^8 CFU/kg 剂量投服，对猪霍乱沙门氏菌性肠炎效果很好，治愈率达 90%，与对照药品土霉素的疗效相当。因此，此复合微生态制剂可用于猪肠炎的防治。从仔猪的增重情况来看，预防组、复合微生态制剂治疗组和土霉素治疗组的增重都明显高于对照组。原因可能是生长早期的仔猪由于胃酸分泌不足，胃中 pH 高，抑制了胃蛋白酶的活性，而芽孢杆菌有利于改善胃内环境，降低

pH，激活胃蛋白酶，还可产生较强的酶来降解饲料中复杂的碳水化合物（冯焱，2007）。

3.2　雏鸡早期饲喂微生态活菌制剂 1.0×10^6CFU/kg 能预防鸡白痢，保护雏鸡免遭鸡白痢沙门氏杆菌的感染，减少雏鸡死亡，提高育雏成活率。另外，微生态制剂对雏鸡白痢还有一定的治疗作用。当饲喂量按 2.0×10^8CFU/kg 添加时，治愈率可达 90%，可完全替代常用抗生素环丙沙星。从雏鸡增重情况来看，在饲喂微生态制剂后遭鸡白痢沙门氏杆菌攻击的情况下，雏鸡的增重仍明显高于对照组。原因可能是微生态制剂在雏鸡消化道迅速繁殖，成为肠道优势菌，抑制了鸡白痢沙门氏杆菌感染，并通过产生各种酶类，有利于动物对营养物质的吸收，从而促进动物的生长。通过以上动物喂养试验表明，微生态制剂在动物养殖中可显著提高动物生长速度和增重，防病治病，改善饲料利用率和减少死亡率。

参考文献共 8 篇（略）

原文发表于《中国饲料添加剂》，2011（4）：35-39.

奶山羊饲喂苹果渣青贮饲料效果的研究

来航线[1]，张文磊[1]，刘登如[2]

（1.西北农林科技大学资源环境学院，陕西杨凌 712100；

2.润盈生物工程（上海）有限公司，上海 201700）

摘要：本试验选用 36 只泌乳羊随机分为 3 组，每组 12 只。分别饲喂常规饲料、添加青贮苹果渣饲料及同时添加青贮苹果渣和中草药的饲料；试验为期 30d。结果表明：添加青贮苹果渣的奶羊喂养组的产奶量和奶品质与对照组相比具有极显著差异（$P<0.01$）；添加青贮苹果渣的奶羊喂养组的奶产量与同时添加青贮苹果渣和中草药的喂养组相比有显著差异（$P<0.05$），奶品质差异不显著。奶山羊饲喂苹果渣青贮饲料能显著改善奶产量和奶品质，而且能降低饲料成本，提高经济效益。

关键词：奶山羊；苹果渣；青贮饲料

Study on Apple Pomace Silage in the Feeding Effect of Milchgoat

LAI Hang-xian[1], ZHANG Wen-lei[1], LIU Deng-ru[2]

(1. College of Natural Resources and Environment, Northwest A&F University, Yangling 712100;

2. Biogrowing (Shanghai) Co. Ltd, Shanghai 201700)

Abstract: The experiment selected 36 milchgoats which were randomly divided into 3 groups. Each group had 12 and fed conventional feed , feed adding silage apple pomace and feed adding silage apple residue with herbal respectively; Test for 30 days. The results showed that the milk - production and quality of goat of the group to adding the silage apple pomace compared with CK were extremely significant difference ($P < 0.01$) ; The milk - production of the silage apple pomace feeding group compared to the group of adding silage apple pomace with herbal was significant difference ($P < 0.05$) , the milk quality difference was not significant. Milchgoat feeding apple residue silage can markedly improve milk - production and milk quality, also reduce feed cost and improve the economic benefit.

Key Words: milchgoat; apple pomace; silage

通信作者：来航线（1964— ），男，陕西礼泉人，副教授，博士，主要从事微生物生态和微生物资源与利用研究。E-mail: laihangxian@163.com。

目前国内对使用鲜果渣、干果渣及发酵果渣进行动物喂养的效果有一定的研究，也有利用苹果渣和其他农作物秸秆混合青贮后进行动物喂养的研究，但对于混合益生菌制备的青贮苹果渣饲料的动物喂养效果报道较少。为了研究添加复合微生物制作的苹果渣青贮饲料的实际应用效果，以奶山羊作为试验动物，进行不同类型和添加比例的果渣动物喂养试验。分析青贮苹果渣饲料对奶山羊产奶量及奶品质的影响效果，为苹果渣青贮饲料饲喂奶山羊的添加比例提供依据。

1 试验材料

1.1 试验地点

陕西省周至圣羊乳业奶源基地。

1.2 试验材料奶山羊精料及粗饲料

由陕西省周至圣羊乳业奶源基地提供；干果渣由陕西眉县恒兴果汁厂提供；发酵果渣由西北农林科技大学资源环境学院薛泉宏教授提供；青贮苹果渣饲料是在果渣中添加润盈果渣专用发酵剂（由乳酸细菌、芽孢菌和酵母菌等复合而成）经特殊工艺制作而成。

1.3 试验动物

试验用奶山羊由陕西省周至圣羊乳业奶源基地提供。按照胎次、体重、产奶量和营养基本均衡的方法将36只泌乳羊随机分为3组，每组12只。分别饲喂常规饲料、添加青贮苹果渣饲料及同时添加青贮苹果渣及中草药的饲料。试验期30d，前13d为适应期，后17d为采样期。

2 试验方法

将试验动物分为3组，第1组为对照组CK，即常规饲料组；第2组为添加青贮苹果渣的处理组；第3组为同时添加苹果渣和中草药的处理组。在第2和第3组中，用青贮苹果渣分别代替50%精饲料和青贮玉米。中草药配方：王不留行、六露通、益母草、漏芦、黄芪、木通、川芎、当归、甘草，按比例配合。具体的奶羊喂养日粮配方见表1。

表 1 奶羊喂养试验日粮配方和精料补充料成分

日粮供应量（g）	对照组（CK）	青贮苹果渣组	青贮苹果渣+中草药组
玉米青贮	3 000	1 500	1 500
青干草	500	500	500
青贮苹果渣	—	2 400	2 400
中草药	—	—	60
精料补充料	450	225	225
精料补充料组成（风干，%）			
玉米	45	45	45

（续表）

日粮供应量（g）	对照组（CK）	青贮苹果渣组	青贮苹果渣+中草药组
麸皮	30	30	30
骨粉	1	1	1
食盐	1	1	1
油渣	13	13	13
小苏打	2	2	2
奶牛预混料	8	8	8

2.1 主要测定指标

奶产量和奶品质。

2.2 测定方法

羊乳成分采用银河系列乳成分分析仪测定（曹立亭，2010）。

2.3 数据处理

数据均采用 SPSS 软件进行统计分析。

3 结果与分析

3.1 奶产量

表2 奶山羊产奶量

处理	产奶量（kg/d）
对照组（CK）	$1\ 479.7 \pm 121.0^{B}$
青贮苹果渣组	$1\ 942.7 \pm 154.7^{Aa}$
青贮苹果渣组+中草药组	$1\ 849.5 \pm 117.6^{Aa}$

注：表中数据后标不同小写字母表示差异显著（$P<0.05$）；数据后标不同大写字母表示差异极显著（$P<0.01$）

由表2可以看出，添加青贮苹果渣的奶羊喂养组的产奶量与CK组具有极显著差异（$P<0.01$），与同时添加青贮苹果渣和中草药的喂养组有显著差异（$P<0.05$）。说明在奶羊喂养中，用青贮苹果渣代替50%的精饲料和青贮玉米可以极显著的提高奶山羊的产奶量，青贮苹果渣中的有益微生物可以改善奶山羊体内的微生物环境，提高动物的消化率，提高动物的生产性能。

添加催奶中草药组的产奶量显著低于单纯添加青贮苹果渣组，主要原因有两点：①苹果渣中的个别养分与中草药中的某些成分可能相互拮抗，导致青贮苹果渣中添加中草药喂养组的产奶量较低；②可能与饲喂时间较短有关。王秋芳等（王秋芳，1993）在用中草药添加剂对山羊泌乳性能的影响研究中，将中草药粉碎后拌入精料中连续饲喂15d，停止饲喂中草药后12d内平均产奶量增长率仍达到 9.37%。张淑云等（张淑云，2004）在停止饲喂中草药后又连续观察了 4 个月，发现试验组产奶量比对照组日平均泌乳量增长 7.9%。由于本试验饲喂期较短，而中草药的药性作用较慢，故中草药催奶作用不明显。

3.2 奶品质

由表 3 可以看出，添加青贮果渣及同时添加青贮果渣和中草药处理组的脂肪、非脂、密度、蛋白质、冰点、乳糖和灰分与对照组相比有极显著的提高（$P<0.01$）。添加青贮苹果渣组的乳成分与同时添加青贮苹果渣和中草药组的差异不显著。说明奶山羊饲喂青贮苹果渣可以极显著的提高奶品质。

表 3　奶山羊品质

处理	脂肪	乳糖	非脂	蛋白质	灰分	密度	冰点
对照组CK	3.41 ± 0.03^{B}	4.53 ± 0.04^{B}	7.72 ± 0.07^{B}	2.56 ± 0.02^{B}	0.63 ± 0.01^{B}	24.98 ± 0.27^{B}	50.89 ± 0.49^{B}
青贮苹果渣组	3.55 ± 0.04^{A}	4.65 ± 0.02^{A}	7.96 ± 0.27^{A}	2.56 ± 0.01^{A}	0.66 ± 0.00^{A}	25.80 ± 0.15^{A}	52.39 ± 0.16^{A}
青贮苹果渣组+中草药组	3.60 ± 0.81^{A}	4.67 ± 0.01^{A}	7.99 ± 0.12^{A}	2.66 ± 0.01^{A}	0.66 ± 0.00^{A}	25.76 ± 0.05^{A}	52.63 ± 0.12^{A}

注：数据后标不同大写字母表示差异极显著（$P<0.01$）

4　结论与讨论

4.1　用青贮苹果渣饲喂奶山羊，个别奶山羊在刚开始会有短暂的拒食现象，2~3d 以后即恢复正常。饲喂青贮苹果渣后，试验奶山羊采食量增加，毛色发亮，体重变化不大，粪便未有异常，身体状况良好。

4.2　饲喂青贮苹果渣和同时饲喂青贮苹果渣及中草药可以极显著的提高奶山羊产奶量（$P<0.01$），并且饲喂青贮苹果渣处理组与同时饲喂青贮苹果渣和中草药的喂养组奶山羊产奶量有显著差异（$P<0.05$）。与对照组相比，青贮苹果渣组和青贮苹果渣加中草药组的脂肪、非脂固形物、密度、蛋白质、冰点、糖和灰分有极显著的提高（$P<0.01$），而青贮苹果渣组的乳成分与青贮苹果渣加中草药组差异不显著。

4.3　在奶山羊饲喂过程中，苹果渣青贮饲料的添加量占干物质含量的 37.5% 时，奶山羊未出现不良反应，且其饲喂效果明显好于常规饲喂组。说明在动物喂养时，用一定比例的苹果渣青贮饲料代替部分青贮玉米秸秆饲料和精料，效果优于常规喂养，且降低了饲料成本，提高了经济效益。

参考文献共 3 篇（略）

原文发表于《中国饲料添加剂》，2011（6）：43–45.

纤维素酶酶解麦草条件试验

李素俭，来航线，商建朝

（西北农业大学资环系，陕西杨陵　712100）

摘要：以麦草纤维为基质，筛选高活性纤维素酶菌株，并进行酶解条件试验。结果表明：绿色木霉 511 和黑曲霉 F_{27} 具有较高腐解麦草的能力，其酶活分别为 6 106μg/（g·min）、4 414μg/（g·min），酶解麦草的最适条件为 pH 为 5.5~6.0、42℃、4d。

关键词：麦草；纤维素酶；酶解条件

The Conditions Experiment of Enzymosis Wheatgrass with Cellulose Enzyme

LI Su-jian, LAI Hang-xian, SHANG Jian-chao

(Department of Natural Resources and Environment, Northwestern Agricultural University,

Yangling, Shaanxi 712100)

Abstract: The conditions of experiment enzymosis in which the base material is whcatgrass cellulose and the high active cellulose-enzyme-stem were screened. The results indicated that the higher active of rotten wheatgrass are grear-wood-mold 511 and black-aspergillus F_{27}. The best conditions of enzymosis wheatgrass is pH 5.5~6.0, 42℃, 4 d.

Key words: wheatgrass; cellulose enzyme; the conditions of enzymosis

　　利用纤维素酶将富含纤维素的农副产品转化为糖或蛋白质，对提高富含纤维素的农副产品饲用价值，解决蛋白质饲料紧缺的矛盾具有重要意义（北京轻工业学院，1963；来航线，1997）。本研究主要探讨固态发酵法生产纤维素酶和酶解麦草的最适条件，为进一步提高麦草的饲用价值提供科学依据。

1　材料和方法

　　菌种为放线菌 03-49、03-53、03-54、07-11、07-29，均由西藏土壤分离。黑曲霉有 3324、

第一作者：李素俭，女，高级实验师，主要从事微生物教学与科研工作。E-mail: sujianli83@163.com。

通信作者：来航线（1964— ），男，陕西礼泉人，副教授，博士，主要从事微生物生态和微生物资源与利用研究。E-mail: laihangxian@163.com。

F_{27}、米曲霉有 3358、3350，绿色木霉为 511，均由西北农业大学资环系微生物教研组提供。

纤维素分解基础营养液（pH 为 7.2）：KH_2PO_4 1.09、NaCl 0.19、$MgSO_4$；·$7H_2O$ 0.39、$NaNO_3$ 2.5g、$FeCl_3$ 0.01g、$CaCl_2$ 0.1g、H_2O 1 000mL（北京轻工业学院，1963）。

三角瓶固体培养基：豉皮 2g、麦草 3g（麦草用 3%NaOH 溶液浸泡 24h，后用自来水冲洗至中性，80℃烘干，粉碎过 2mm 筛）、营养液 10mL（1% 硫酸铵、0.05% 硫酸钙、5% 磷酸钙）（刘俊发，1992，郑佐兴，1996）。大试管培养：取纤维素基础营养液 10mL 于 18mm×150mm 试管，将滤纸条浸入营养液中，包扎灭菌，液面接种供试菌株，28℃培养 10d，观察菌株长势、滤纸腐解程度（崔福棉，1995）。

三角瓶培养：称取三角瓶固体培养基 15g 于 250mL 三角瓶中，灭菌后按 6% 量接种，28℃培养 6d，测定酶活（王淑军，1995）。

酶液制备：培养 6d 固体，加 100mL 水，40℃恒温水浴保温 45min，后用定性滤纸过滤，滤液以 3 000r/min 离心 5min，上清液即为酶液（北京轻工业学院，1963）。

CMC 酶活力测定：取酶液 0.5mL，适当稀释，加入 2mL 羧甲基纤维素钠盐，在 40℃水浴中反应 30min 后加入 3，5-二硝基水扬酸 2.5mL 终止反应，煮沸 5min，冷却至室温，测定 OD_{520} 值，酶活单位定义为"在上述反应条件下，1g 纤维素酶曲在 1min 酶解 CMC 释放出 1g 葡萄糖，称作一个纤维素酶活力单位"（北京轻工业学院，1963）。

2 结果与讨论

2.1 菌种初筛

对不同来源的 10 株菌进行液体试管培养，观察其生长情况及腐解情况。结果表明（表 1），07-11、7-29、F_{27} 及 511 四株菌不仅腐解滤纸能力强于其他菌株，而且生长情况也好于其他菌株，说明这 4 株菌分解利用纤维素的能力较高，因此选择 07-11、07-29、F_{27} 及 511 进一步培养且测定其酶活。

表 1 菌株长势及腐解情况

菌种代号	长势情况	腐解情况	菌种代号	长势情况	腐解情况
03-49	++	*	3324	+	*
03-53	++	*	F_{27}	+++	**
03-54	++	*	3358	+	*
07-11	+++	**	3350	+	*
07-29	+++	**	511	+++	***

注：+ 长势弱，++ 长势中等，+++ 长势强，* 腐解弱，** 腐解中等，*** 腐解强

2.2 供试菌株产酶能力比较

为了准确反映上述 4 株菌腐解麦草的能力，将其接种到麦草进行固体发酵测定酶活。由图 1 可见，霉菌酶活明显高于放线菌（200%~120%），放线菌腐解麦草能力低，因此，该研究仅用霉菌 F_{27}、511 进一步做腐解麦草的条件试验。

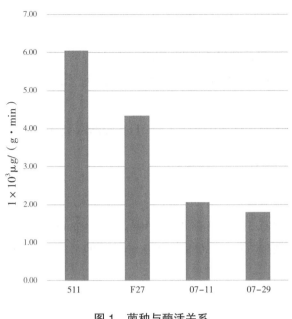

图1　菌种与酶活关系

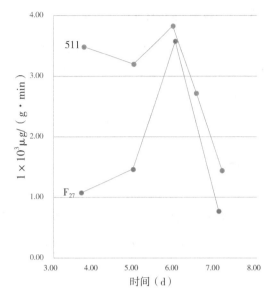

图2　pH对酶活的影响

2.3　pH对酶活的影响

将固体曲pH调至试验所需酸度（即pH为4.5，5.0，5.5，6.0，7.0）进行制曲试验，试验结果（图2）表明，511、F_{27}产生纤维素酶的最适pH均为5.5~6.0。即酶解麦草的适宜pH为5.5~6，pH过高、过低都不利于麦草纤维素的彻底降解。

2.4　温度对酶活的影响

在不同温度下（28℃，35℃，42℃）固体曲培养试验结果表明（图3），511、F_{27}产酶温度顺序均为42℃ >35℃ >28℃，因此，酶解麦草的最适温度为42℃。

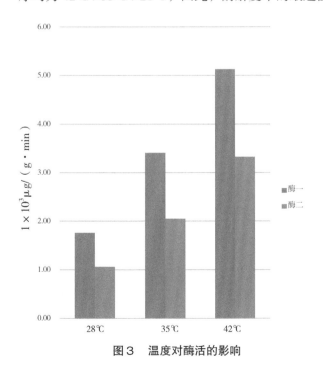

图3　温度对酶活的影响

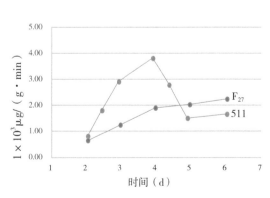

图4　产酶高峰期比较

2.5 产酶高峰期比较

于不同培养时间对 511、F_{27} 的固体曲进行酶活测定，结果（图 4）表明，随培养时间的延长，511 纤维素酶升值较快，第 4 天酶活达 6 106μg/（g·min），而 F_{27} 纤维素酶升值较慢，第 6 天仅为 4 414μg/（g·min）。

因此，从腐解速度和酶活高低两方面均说明腐解麦草最优菌为绿色木霉 511，黑曲霉 F_{27} 次之。

3 结论

上述研究结果表明：①腐解麦草最优菌为绿色木霉 511，酶活可达 6 106μg/（g·min）；黑曲霉 F_{27} 次之，酶活为 4 414μg/（g·min）；放线菌腐解麦草能力较低。②酶解麦草的最适条件为：pH 为 5.5~6，42℃，4d。

参考文献共 6 篇（略）

原文发表于《西北农业学报》，1999，8（4）：91-93.

苹果渣饲料的营养价值与加工利用

贺克勇[1]，薛泉宏[2]，来航线[2]，辛健康[2]

（1.西北农林科技大学机械与电子工程学院，陕西杨凌　712100；

2.西北农林科技大学资源环境学院，陕西杨凌　712100）

摘要：本文综述了苹果渣的营养价值和利用现状。苹果渣作为果业加工的副产物，具有较高的营养价值，可直接用作动物饲料，也可通过青贮和发酵处理，制作成高附加值的生物饲料。相信，随着生物发酵技术的推广，苹果渣的饲料化利用将在缓解我国蛋白饲料资源短缺中发挥重要作用。

关键词：苹果渣；营养价值；青贮；生物发酵；饲料

The Nutritional Value and Utilization of Apple Pomace Feed

HE Ke-yong[1], XUE Quan-hong[2], LAI Hang-xian[2], XIN Jian-kang[2]

(1.College of Mechanical and Electronic Engineering, Northwest A&F University, Yang ling, Shaanxi 712100, China;

2.College of Natural Resources and Environment, Northwest A&F University, Yang ling, Shaanxi 712100, China)

Abstract: This paper reviewed the present utilization status and the nutritional value of apple pomace. As the product side of fruit processing, apple pomace had high nutritional value, could be directly used as animal feed, or made into bio-feed through silage or fermentation processing. I believe, with the promotion of bio fermentation technology, feed utilization of apple pomace will play an important role in alleviating the shortage of protein feed resources in china.

Key words: apple pomace; nutritional value; silage; biological fermentation; feed

我国是世界上苹果产量最大的国家之一，其中20%左右用于果汁加工，年产苹果渣约100万t。苹果渣由果皮、果核和残余果肉组成，含有可溶性糖、维生素、矿物质、纤维素等多种营养物质，是良好的多汁饲料资源。国外利用果渣做饲料已取得了显著的经济效益，如美国、加拿大等

第一作者：贺克勇（1972— ），男，陕西渭南人，助理研究员，主要从事农业微生物研究。

通信作者：来航线（1964— ），男，陕西礼泉人，副教授，博士，主要从事微生物生态和微生物资源与利用研究。E-mail: laihangxian@163.com。

国家已将苹果渣、葡萄渣和柑橘渣作为猪、鸡、牛的标准饲料成分列入国家颁发的饲料成分表中。但我国果渣尚未得到很好的利用，目前除少量苹果渣被用作饲料外，绝大部分被当作废物抛弃。由于苹果渣含水量高达70%~80%，含有丰富的可溶性营养物质，为微生物的滋生繁殖创造了适宜条件，故废弃的苹果渣极易腐败发臭。这不仅造成了资源的浪费，而且还污染环境。因而，研究开发苹果渣饲料的营养价值与加工利用，很有必要，使其变废为宝，也可解决人畜争粮的矛盾。

1 苹果渣的营养成分及鲜渣的饲用

苹果渣中，果皮果肉占96.2%，果籽占3.1%，果梗占0.7%。其营养成分和营养价值见表1。

表1 苹果渣的营养成分和营养价值

名称	干物质（%）	粗蛋白质（%）	粗纤维（%）	粗脂肪（%）	无氮浸出物（%）	粗灰分（%）	钙（%）	磷（%）	消化能（牛）（MJ/kg）	代谢能（牛）（MJ/kg）
湿渣	20.2	1.1	3.4	1.2	13.7	0.8	0.02	0.02	2.814	2.310
干渣	89.0	4.4	14.8	4.8	62.8	2.3	0.11	0.10	14.424	9.366
青贮	21.4	1.7	4.4	1.3	12.9	1.1	0.02	0.02	2.94	2.394

由表1看出，苹果渣的粗蛋白质含量较低，而粗脂肪和无氮浸出物则含量较高。干渣的代谢能（牛）值接近于玉米（10.668MJ/kg）和麸皮（9.534MJ/kg），鲜渣和青贮的代谢能（牛）值接近于玉米青贮（2.478MJ/kg）。此外，还含有较丰富的钙、磷、钾、铁、锰、硫等矿物质宏量元素和微量元素，其中干果渣的铁含量是玉米的4.9倍；赖氨酸、蛋氨酸和精氨酸的含量分别是玉米的1.7倍、1.2倍和2.75倍，B族维生素，是玉米的3.5倍，在无氮浸出物中总糖占15%以上。鲜苹果渣的pH为3.5~4.8，酸度较大，因而开始饲喂时适口性较差。饲喂鲜渣前最好能用0.5%~1.0%的食用碱进行中和处理，且喂量不宜过大，以占牛、羊、肥育猪日粮的1/3为宜，并要和混（配）合料拌在一起饲喂较好。据张玲、王聪、黄应祥等（2002）的试验，在日粮中添加10%的鲜苹果渣喂肉猪，对肥育猪的采食量、日增重和饲料利用率均无不良影响，且降低了饲养成本，提高了经济效益；在泌乳牛日粮中用2kg混合苹果渣代替1kg混合精料，经过30d饲喂实验，试验组日产奶19.17kg，对照组为17.61kg，试验组比对照组提高产奶量8.86%，差异显著（P<0.05）；试验组的奶料比为2.65∶1，对照组为2.16∶1，每消耗1kg料，试验组比对照组多产0.49kg奶，提高饲料报酬22.68%，差异显著（P<0.05）。还可用15%的鲜苹果渣代替精料饲喂肉牛。

2 苹果渣的加工及饲用

由于鲜苹果渣的水分高、酸度大，鲜喂时在日粮中的比例不宜大，且不易贮存；与此同时，果渣的生产有明显的季节性，要充分利用果渣的饲料资源，单靠喂鲜渣对其利用很有限，因而，还必须进行加工处理，尽管还处在研究开发阶段，但已取得了一些好的效果和效益。

2.1 青贮

青贮可以减少鲜苹果渣饲用中无法克服的些问题。苹果渣的青贮方法和其他饲料青贮一样，但由于其含水分高，单独青贮会减少其水分。也可与玉米（带棒和不带棒的）、野青草、糠麸和侧短的干草混合青贮。其比例按所用原料的水分含量将其计算为适合青贮为宜但对果渣的要求必须是1~2d内加工的无污染的新鲜果渣（其他混贮的原料也要保证质量），随运随贮。在青贮时，如能添加适量的尿素和专门用于青贮的微生态制剂，则可提高蛋白质的含量和青贮的品质。

据张为鹏、许昌军、沈美清（2002）对泌乳牛所做的试验：1组牛每头日喂用苹果渣与玉米秸为1：3之比的混合青贮20kg、精料7kg；2组牛喂玉米秸青贮20kg、精料7kg；3组牛喂干玉米秸5.5kg、精料8kg。经过60d饲喂实验，1组牛平均每头每天比2组牛多产1.2kg奶，比3组牛多产2.2kg。又据张鸣歧、张翔宁、张守庆（2001）用苹果渣青贮代替40%玉米青贮喂泌乳牛，产奶量比对照组提高10.8%，差异极显著（$P<0.01$）。

2.2 干燥

苹果渣经干燥后，根据需要可粉碎制成干粉，不仅适口性好、容易贮存、便于包装和远程运输，而且还可作为各种畜禽的配合饲料、颗粒饲料的原料。干燥可用太阳晒自然干燥和人工干燥。自然干燥要有连续几天的晴天方能晒干，使水分保持在10%左右，每10t能干燥2t左右。自然干燥不需要特殊设备，只要有个晾晒的水泥地面或砖地面场地就行，因而投资少、成本低；但必须有连续几天的好阳光，在晾晒中碰上阴雨天容易引起发霉变质。人工干燥需要有机械设备并要消耗能源，成本高，但干燥效果好，质量高，营养素损失少，不受天气影响。因而，对其干燥要因地制宜。也可将二者结合起来进行，即先利用好天气将其自然晾晒，让水分减少到一定程度时，再用人工干燥，这样会降低成本。

干苹果渣粉可用作配（混）合饲料的原料，并能取代部分玉米和麸皮。根据我国畜禽的饲养水平及饲料情况，干苹果渣粉在配合饲料中的推荐比例为：仔猪占3%~7%，肥育猪占10%~25%，雏鸡占2%~4%，青年鸡占5%~10%，蛋鸡古3%~5%，牛羊精料补充料占10%~25%。另外，在牛、羊的饲草中还可添加部分干苹果渣。用干苹果渣粉做配合饲料时，用量可由少到多，逐渐增加到推荐比例，让畜禽有一个适应过程。经试验，用干苹果渣粉代替部分浓缩料喂猪，平均日增重达到550g，每千克增重消耗的饲料比对照组少0.6kg；雏鸡日粮中添加1.59%~3.0%的干苹果渣粉，可提高其增重25%~27%。

2.3 先青贮再自然干燥

据杨福有，祁周约，李彩凤等（2000）的试验，将鲜苹果渣在生产旺季先青贮起来，到翌年6~8月利用夏季高温再将青贮好的果渣晾晒干燥。这时自然干燥只需2~3d，晚间不用收堆，省劳力、省时间，干燥的效果也好，质量高。这样，既解决了果汁厂鲜果渣处理的难题，也为果汁厂夏天淡季劳力的安排找到了活路；与此同时，也解决了鲜果渣难于贮存和向远方运输的矛盾，为果汁厂增加了经济效益。这样的果汁厂，既是果汁的生产厂，也是青贮—干燥果渣的饲料原料生产厂。

2.4 苹果渣生物活性饲料

由于苹果渣的无氮浸出物含量较商，通过添加合适的氮源，经微生物发酵可将其转化为单细胞蛋白饲料，提高苹果渣的营养价值。张玉臻等人通过双层平板法从苹果渣中分离出了酵母菌，研究了该株酵母菌在不同发酵温度、培养基pH、氮源以及培养基含水量对菌体蛋白成分的影响，认为最适培养温度为 35℃，适于生长的 pH 为 6.0~6.5，尿素是较理想的氮源培养基，水分为 55% 左右适于酵母生长。籍保平等认为苹果渣发酵适合的培养基是麸皮、豆饼、菜籽饼、棉籽饼、啤酒糟等配合较为合适，尿酸和硫酸铵作为无机氮源的添加量为尿酸 1.5%，硫酸铵 2.0%。用于发酵生产的优良菌种组合为白地得 + 康宁木得和白地得 + 米根霉，发酵产物中的粗蛋白质含量由 20.10% 提高到 29.30%，提高了 45.77%。徐抗震等利用激光混菌发酵苹果渣生产饲料蛋白，适宜发酵温度 30~34℃，接种比 4∶1，接种量 10%。经我们研究，利用黑曲霉与酵母菌发酵可以提高发酵产物中蛋白质含量，接菌处理的粗蛋白质和纯蛋白含量分别为 50.0~65.0g/kg 和 33.5~54.4g/kg，较对照（未接菌）43.4g/kg 和 31.7g/kg 分别提高了 15.2%~49.8% 和 5.7%~71.6%。加入无机氮硫酸铵后效果更佳，接菌发酵产物中纯蛋白含量为 41.2~98.7g/kg，较无菌对照提高了 17.4%~181.2%。曹珉、刁其玉等研究用苹果渣为基质，发酵制成饲料代替甜菜粕或其他饲料饲喂奶牛，实验 1 组和 2 组比对照日增奶 1.89kg 和 1.91kg，且乳脂率、乳蛋白质率和乳总固体均有改善，每头牛的年增利比对照多 1 498 元和 1 196 元，同时，实验期内实验组比对照组牛的发病率明显低（26 头 / 日对 131 头 / 日）。

我国是饲料蛋白严重缺乏的一个国家，长期依靠国外进口鱼粉等蛋白饲料来满足国内需要。根据果渣饲料的利用效率，苹果渣菌体饲料必将成为果渣饲料利用的发展方向，它对我国的饲料工业的发展必将有着重要的意义，目前许多研究工作者正在不遗余力地进行着开发研究工作。

参考文献共 8 篇（略）

原文发表于《饲料广角》，2004（4）：26-28.

益生菌发酵苹果渣对仔猪表观消化率、血清免疫指标、肠道菌群与形态的影响

王国军[1]，高　印[1]，来航线[2]，杨雨鑫[1]

（1.西北农林科技大学动物科技学院，陕西杨凌　712100；

2.西北农林科技大学资源环境学院，陕西杨凌　712100）

摘要： 本试验旨在研究益生菌发酵苹果渣对断奶仔猪表观消化率、血清免疫指标和肠道菌群与形态的影响。选择平均体重为5.87kg的断奶仔猪120头，随机分为5组（每组设3个重复，每个重复8头仔猪），其中负对照组（NC）饲喂基础饲粮（不含抗生素），正对照组（PC）在基础饲粮中添加0.1%的混合型抗生素，试验组（AP）分别在基础饲粮中添加4%、6%、8%益生菌发酵苹果渣。试验期35d。结果表明：与NC组相比，6%的益生菌发酵苹果渣显著提高粗蛋白质和粗脂肪的表观消化率（$P<0.05$），提高前期血清中免疫球蛋白A（IgA）、免疫球蛋白G（IgG）、白细胞介素6（IL-6）的含量和后期血清中IgA的含量（$P<0.05$），但对后期血清中IgG、白细胞介素4（IL-4）和IL-6均无显著影响（$P>0.05$）；与NC组相比，6%的益生菌发酵苹果渣显著降低肠道大肠杆菌数量（$P<0.05$），提高十二指肠和盲肠中乳酸杆菌和芽孢杆菌的数量（$P<0.05$）；6%的益生菌发酵苹果渣显著提高小肠绒毛高度，降低十二指肠和空肠的隐窝深度，增大十二指肠和空肠的绒毛高度/隐窝深度（$P<0.05$）；随着益生菌发酵苹果渣添加量的增加，粗蛋白质和粗脂肪的表观消化率、大肠杆菌、IgA、小肠绒毛高度和十二指肠与空肠的隐窝深度均呈现二次变化趋势（$P<0.05$）。由此可见，添加6%益生菌发酵苹果渣能够提高断奶仔猪的表观消化率和免疫力；调节肠道微生态平衡，改善肠道内环境。

关键词： 益生菌发酵苹果渣；断奶仔猪；表观消化率；免疫指标；肠道菌群；肠道形态

Effects of Probiotic Fermented Apple Pomace on Apparent Digestibility, Serum Immune Indexes, Intestinal Microflora and Morphology in Weaned Piglets

WANG Guo-jun[1], GAO Yin[1], LAI Hang-xian[2], YANG Yu-xin[1]

(1. College of Animal Science and Technology, Northwest A&F University, Shaanxi, Yangling 712100, China;

基金项目：国家科技支撑计划（2012BAD14B11）。

第一作者：王国军（1987—），男，河南商丘人，硕士，主要从事动物营养与饲料科学研究。E-mail：wgj820302@163.com。

通信作者：杨雨鑫，副教授，硕士生导师，主要从事动物营养与饲料科学研究。E-mail: yangyuxin2002@126.com。

2. College of Natural Resources and Environment, Northwest A&F University, Shaanxi, Yangling 712100, China)

Abstract: This study was conducted to evaluate the effects of probiotic fermented apple pomace on apparent digestibility, serum immune indexes, intestinal microflora and morphology of weaned piglets. A total of 120 weaned pig-lets with an average initial body weight of (5.87 ± 0.10) kg were randomly assigned to 5 groups with 3 replicates per group and 8 pigs per replicate. Pigs were allotted to 5 diets, including a basal diet (without antibiotic, negative control group), a basal diet $+0.1\%$ hybrid antibiotics (Positive control group) and three experimental diets supplemented with probiotic fermented apple pomace at the levels of 4%, 6% and 8% in the basal diet, respectively. The experiment lasted for 35 d. Results showed that, compared with NC, dietary supplemented with 6% probiotic fermented apple pomace group had higher apparent digestibility of CP and EE ($P <0.05$), higher concentrations of IgA, IgG and IL-6 on d 21, and higher concentrations of IgA on d 35 ($P <0.05$). Compared with NC, dietary supplement with 6% probiotic fermented apple pomace group had less populations of *E. Coli* in small intestines ($P <0.05$), however, it had more populations of *Bacillus* and *Lactobacillus* in the duodenum and cecum ($P <0.05$). Dietary supplement with 6% probiotic fermented apple pomace group had higher villus height in small intestine, lower crypt depth in the duodenum and jejunum ($P <0.05$), which resulted in higher VH/CD value in the duodenum and jejunum. With the increasing of probiotic fermented apple pomace added in the diets, there was a quadratic effect ($P <0.05$) on the apparent digestibility of CP and EE, populations of *E. Coli*, concentrations of IgA, villus height in small intestine and the crypt depth in the duodenum and jejunum. It could be concluded that dietary supplementation with 6% probiotic fermented apple pomace could improve the apparent nutrients digestibility and immunity; adjust the intestinal microecological balance, improve the intestinal environment.

Key words: probiotic fermented apple pomace; weaned piglet; apparent digestibility; serum immune indexes; intestinal microflora; intestinal morphology

2014 年，我国苹果种植面积为 235.53 万 hm^2，产量高达 3 915 万 t（李玉山，2015）。其中有 25% 用于生产浓缩苹果汁、果醋等副产品，仅生产浓缩苹果汁的产渣量达 120 万 t（王永涛，2014）。苹果渣中含有丰富的维生素和苹果酸，有利于微生物的直接吸收和利用，但作为动物饲料，由于其蛋白质含量偏低，影响了其他成分的利用。因此需采用特定工艺，通过益生菌发酵提高苹果渣中的蛋白质含量，将其转化为营养丰富的益生菌饲料。新鲜苹果渣经过酵母菌、乳酸菌和芽孢杆菌等益生菌发酵以后，果渣的适口性和营养价值得到提高，而且其中益生菌及其代谢物的含量也明显升高。有研究表明，在仔猪日粮中添加益生菌或益生菌发酵产品不仅能够改善肠道形态，提高表观消化率，还能够调节肠道内的微生态平衡，改善肠道的健康状况，提高仔猪的表观消化率和免疫机能（Jiang Z，2015；Liu H，2015；Brenes A，2016）。因此，本试验拟用益生菌发酵苹果渣产品饲喂仔猪，观察其对断奶仔猪表观消化率、血清免疫指标和肠道微生物与结构的影响，为其在仔猪生产中的应用提供参考依据。

1 材料与方法

1.1 试验设计

试验采用单因素完全随机试验设计，将120头（21±1）d、初始体重（5.87±0.10）kg的杜×长×大三元杂交断奶仔猪随机分成5组，每组3个重复，每个重复8头仔猪，每个重复的仔猪饲养于同一个栏中。负对照组（NC）饲喂基础饲粮（不含抗生素）；正对照组（PC）在基础饲粮中添加0.1%的硫酸黏杆菌素、杆菌肽锌、金霉素混合型抗生素；试验Ⅰ、Ⅱ、Ⅲ组（AC）分别在日粮中添加4%、6%、8%的益生菌发酵苹果渣试验在陕西省兴平市鑫亥畜牧养殖有限责任公司鑫亥生猪良种繁育场进行，试验共进行38d（预试期3d，正试期35d），预试期饲喂基础日粮，不含抗生素和益生菌发酵苹果渣。

1.2 益生菌发酵苹果渣的制备

1.2.1 发酵原料 固态发酵培养基由果渣、油渣、尿素（比例为17:2:1）组成，灭菌后基质含水量为60%；菌剂主要包括黑曲霉、安琪酵母、乳酸杆菌和芽孢杆菌。

1.2.2 发酵制备过程 将黑曲霉斜面菌种接入装有麸皮培养基的组培瓶中，30℃培养5d后，以2%接种量接入装有麸皮培养基的塑料盘，30℃培养10d，然后和安琪酵母一起接种到固态发酵培养基中进行固态发酵，烘干后按一定比例加入乳酸杆菌和芽孢杆菌掺混制为成品。

1.2.3 益生菌发酵苹果渣成分 益生菌发酵苹果渣中安琪酵母、乳酸杆菌和芽孢杆菌的含量分别为 $1.4 \times 10^4 CFU/g$、$5.5 \times 10^7 CFU/g$、$8.7 \times 10^5 CFU/g$；粗蛋白质、总能、多肽和游离氨基酸的含量分别为29.29%、17.47MJ/kg、4.04%、0.07%；蛋白酶、纤维素酶和果胶酶的含量分别为114.06U、793.08U、198.03U。

1.3 试验日粮及饲养管理

参照NRC（2012）配制日粮，日粮组成及营养成分见表1。试验前对猪舍进行彻底的消毒，并对试验仔猪进行统一驱虫及接种疫苗。饲养期间，每天07:30、14:30、21:30进行饲喂，仔猪自由采食和饮水。每天准确记录给料量和剩料量，以计算平均日采食量。

1.4 样品的采集及处理

1.4.1 粪便的采集与保存 分别在试验第3周和第5周采用指示剂法进行消化代谢试验，以添加量0.25%的 Cr_2O_3 作为指示剂。每周最后3d每天收集等量粪样，混匀后取200g，放于-20℃冰箱中保存；待试验结束后，将粪样取出，用2%的 H_2SO_4 溶液清洗，65℃烘箱中烘干，保存。

1.4.2 血样的采集及血清的制备 分别于试验的第21、35天从每组的每个重复随机选取1头猪，前腔静脉采血10mL，倾斜放置30min，3 000r/min离心15min，收集血清，-20℃低温冷藏，用于血液免疫指标的测定。

1.4.3 肠道内容物试验 结束当天，随机选取每个处理的每个重复各1头仔猪电击屠宰，立即剖开腹腔，分离出十二指肠、空肠、回肠和盲肠，并用无菌50mL离心管收集相应肠段的内容物-80℃保存，用于微生物菌群的测定。

表 1　试验日粮组成及营养成分

原料组成（%）					
玉米	60.21	30.11	60.77	57.70	56.59
玉米蛋白粉	3.00	3.00	3.00	3.00	3.00
小麦次粉	15.00	15.00	10.41	15.00	15.00
麸皮	–	–	1.77	–	–
豆粕	16.00	16.00	14.09	9.02	3.62
益生菌发酵苹果渣	–	–	4.00	6.00	8.00
鱼粉	1.50	1.50	1.50	1.50	1.50
发酵豆粕	0.40	0.40	–	2.86	6.48
石粉	1.29	1.29	1.29	1.29	1.29
CaHPO$_4$	0.31	0.31	0.35	0.35	0.37
NaCl	0.35	0.35	0.35	0.35	0.34
NaHCO$_3$	0.02	0.02	0.01	0.01	0.02
沸石粉	0.20	0.20	0.62	0.99	1.48
氯化胆碱	0.05	0.05	0.05	0.05	0.05
98%L-赖氨酸盐酸盐x	0.16	0.46	0.52	0.56	0.60
98%L-蛋氨酸	0.04	0.04	0.06	0.07	0.06
98.5%L-苏酸酸	0.10	0.10	0.13	0.16	0.18
98%L-色氨酸	0.02	0.02	0.03	0.04	0.04
抗生素	–	0.10	–	–	–
植酸酶	0.01	0.01	0.01	0.01	0.01
香味剂	0.04	0.04	0.04	0.04	0.04
预混料[①]	1.00	1.00	1.00	1.00	1.00
合计	100.00	100.00	100.00	100.00	100.00
营养成分[②]					
消化能（MJ/kg）	13.54	13.52	13.29	13.24	13.09
粗蛋白质（%）	21.28	21.23	20.73	20.06	21.33
钙（%）	0.75	0.75	0.77	0.78	0.80
总磷（%）	0.43	0.43	0.43	0.43	0.44
总赖氨酸（%）	1.18	1.19	1.14	1.12	1.10
可消化赖氨酸（%）	1.07	1.07	1.03	1.01	1.04
蛋氨酸（%）	0.32	0.32	0.31	0.29	0.29
蛋胱氨酸（%）	0.58	0.58	0.57	0.55	0.56
苏氨酸（%）	0.73	0.73	0.67	0.66	0.63
色氨酸（%）	0.21	0.21	0.20	0.18	0.18

注：① 每千克预混料含：维生素 A 12 000IU，维生素 D 32 400IU，维生素 E 30IU，维生素 K$_3$ 3.2mg，维生素 B$_1$ 2.4mg，维生素 B$_2$ 8mg，维生素 B$_6$ 4mg，维生素 B$_{12}$ 32μg，叶酸 1.32mg，生物素 124μg，烟酰胺 34mg，泛酸 20mg，铜 180mg，铁 100mg，锌 100mg，锰 5.2mg，硒 0.48mg，碘 0.26mg，蛋氨酸 0.32g。② 除粗蛋白质外，其余为计算值

1.4.4　肠道的采集与保存　试验结束当天，随机选取每个处理的每个重复各 1 头仔猪电击屠宰，

立即剖开腹腔，分离出十二指肠、空肠和回肠，然后用0.9%冰冷生理盐水冲洗，除去肠壁上的内容物后，在十二指肠、空肠及回肠中部分别截取3~5cm的肠段。用4%的中性福尔马林固定液保存，用于石蜡切片的制作。

1.5 测定指标与方法

1.5.1 表观消化率试验 日粮和粪样中的干物质（DM）、能量（GE）、粗蛋白质（CP）、粗脂肪（EE）均按照饲料常规养分分析方法测定（张丽英，2007）。饲料及样品中Cr_2O_3含量用原子吸收仪测定。最后根据测定的值计算饲料表观消化率：

$$养分消化率（\%）=100-100 \times \frac{饲料中指示剂}{粪样中指示剂} \times \frac{粪样中养分含量}{饲料中养分含量}$$

1.5.2 血液免疫指标 采用ELISA试剂盒测定免疫球蛋白G（IgG）、免疫球蛋白A（IgA）、白细胞介素4（IL-4）和白细胞介素6（IL-6），试剂盒购自南京建成生物工程研究所。

1.5.3 肠道微生物菌群 采用平板计数稀释法测定肠道中菌群总数、乳酸菌、芽孢杆菌和大肠杆菌的含量，具体步骤方法参照既有文献（中华人民共和国国家质量监督检验检疫总局，2011；中华人民共和国卫生部，2010；胡新旭，2013）进行测定。

1.5.4 肠道形态结构的观察 采用石蜡切片观察小肠不同肠段绒毛长度和隐窝深度，切片后，常规HE染色，每张切片选取3~5个视野拍照，每张照片选取2~4根最长、走向平直且伸展良好的绒毛，采用HPIAS-1000高清晰度彩色病理图文分析系统定量分析绒毛高度、隐窝深度，各指标取平均数作为测定数据。

1.6 统计分析 采用SPSS 17.0统计软件进行单因素方差分析，并用Duncan's法进行多重比较。利用独立样本t检验，比较PC组与AP组的差异。利用线性和二次检验NC组与添加AP组的线性和二次关系。以$P<0.05$为差异显著，以$P<0.01$为差异极显著。

2 结果与分析

2.1 添加益生菌发酵苹果渣对养分表观消化率的影响

由表2可知，5个组之间的DM和GE表观消化率差异均不显著（$P>0.05$），但Ⅱ组和PC组的DM和GE均略高于NC组和Ⅲ组。前期，与NC组和Ⅲ组相比，PC组和Ⅱ组中的CP和EE的表观消化率均显著提高（$P<0.05$），Ⅰ组的CP和EE均有明显提高（$P>0.05$）。在后期，Ⅰ组和Ⅱ组中的CP较PC、NC组和Ⅲ组均有显著提高（$P<0.05$），与NC组和Ⅲ组相比，PC组中的EE表观消化率分别提高了3.26%和3.27%（$P<0.05$）Ⅱ组EE表观消化率分别提高了3.27%和3.28%（$P<0.05$）。与PC组相比，Ⅱ组中CP表观消化率在后期有显著提高（$P<0.05$）；随着益生菌发酵苹果渣添加量的增加，CP和EE均呈现先上升后降低的二次趋势（$P<0.05$）。

表 2　益生菌发酵苹果渣对断奶仔猪表观消化率的影响　　　　　　　　　　　　　（%）

| 项目 | 组别 | | | | | SEM | P值 | | |
| | NC | PC | AP | | | | PCvsAP | NCvsAP | |
			Ⅰ	Ⅱ	Ⅲ			线性	二次
21d									
DM	85.93	86.92	86.30	86.59	85.95	0.17	0.205	0.691	0.241
GE	89.18	90.00	89.45	90.30	89.33	0.28	0.669	0.560	0.45
CP	78.62[b]	80.13[a]	79.34[ab]	80.18[a]	78.55[b]	0.23	0.174	0.450	0.026
EE	81.76[b]	83.82[a]	82.50[ab]	83.83[a]	81.58[b]	0.32	0.165	0.498	0.037
35d									
DM	85.91	86.99	86.57	87.16	86.40	0.19	0.604	0.183	0.185
GE	89.29	90.29	90.01	90.40	89.58	0.29	0.673	0.615	0.400
CP	78.35[b]	79.08[b]	80.83[a]	80.90[a]	79.10[b]	0.33	0.122	0.133	0.005
EE	81.06[b]	83.70[a]	82.54[a]	83.71[a]	81.05[b]	0.39	0.197	0.4320	0.025

注：同行数据肩标相同字母或无字母表示差异不显著（$P>0.05$），不同小写字母表示差异显著（$P<0.05$），不同大写字母表示差异极显著（$P<0.01$）。SEM为益生菌发酵苹果渣组的平均标准误，PCvsAP为抗生素组和益生菌发酵苹果渣添加组比较，NCvsAP为随着日粮中益生菌发酵苹果渣添加的线性和二次方比较。下表同

表 3　益生菌发酵苹果渣对断奶仔猪血清免疫指标的影响

| 项目 | 组别 | | | | | SEM | P值 | | |
| | NC | PC | AP | | | | PCvsAP | NCvsAP | |
			Ⅰ	Ⅱ	Ⅲ			线性	二次
21d									
IgA（g/L）	0.22[cb]	0.29[ABa]	0.24[ABCb]	0.30[Aa]	0.24[BCb]	0.01	0.193	0.116	0.009
IgA（g/L）	5.96	6.97	6.40	7.14	6.16	0.19	0.512	0.392	0.067
IL-4（ng/L）	29.56[Bb]	35.57[Aa]	34.72[Aa]	36.68[Aa]	29.16[Bb]	0.93	0.404	0.871	<0.001
IL-6（ng/L）	714.57[Bb]	948.50[Aa]	964.82[Aa]	984.07[Aa]	739.96[Bb]	34.99	0.512	0.624	<0.001
35d									
IgA（g/L）	0.24[c]	0.30[ab]	0.27[abc]	0.30[a]	0.25[bc]	0.01	0.265	0.310	0.020
IgA（g/L）	6.12	7.11	6.81	7.19	6.21	0.18	0.429	0.698	0.044
IL-4（ng/L）	27.53	30.34	28.75	30.05	27.61	0.52	0.284	0.749	0.115
IL-6（ng/L）	819.38	861.37	836.05	867.31	827.21	8.09	0.399	0.489	0.131

表 4　益生菌发酵苹果渣对断奶仔猪肠道微生物菌群的影响　　　　　　　　　　lg（CFU/g）

| 项目 | 组别 | | | | | SEM | P值 | | |
| | NC | PC | AP | | | | PCvsAP | NCvsAP | |
			Ⅰ	Ⅱ	Ⅲ			线性	二次
十二指肠									
总菌数	5.79[a]	4.92[b]	6.03[a]	6.11[a]	6.12[a]	0.16	0.037	0.646	0.092
大肠杆菌	2.25[a]	1.50[c]	1.93[abc]	1.69[bc]	2.10[ab]	0.09	0.063	0.385	0.064
芽孢杆菌	4.04[b]	4.03[b]	4.93[ab]	5.74[a]	5.66[a]	0.24	0.032	0.007	0.200
乳酸杆菌	3.57[b]	3.52[b]	3.98[ab]	4.21[a]	4.17[a]	0.10	0.081	0.026	0.211
空肠									
总菌数	6.19[a]	5.30[b]	6.25[a]	6.30[a]	6.33[a]	0.13	0.001	0.577	0.942

（续表）

项目	组别					SEM	P值		
	NC	PC	AP				PCvsAP	NCvsAP	
			I	II	III			线性	二次
大肠杆菌	3.34^a	2.58^b	3.11^{ab}	2.66^b	3.28^a	0.11	0.103	0.483	0.051
芽孢杆菌	4.24^b	4.18^b	5.24^{ab}	6.25^a	6.14^a	0.28	0.049	0.005	0.199
乳酸杆菌	4.26	4.26	4.53	4.81	4.44	0.10	0.207	0.409	0.160
回肠									
总菌数	6.25^a	5.52^b	6.27^a	6.33^a	6.45^a	0.3	0.001	0.476	0.807
大肠杆菌	4.36^a	3.51^b	3.8^{ab}	3.48^b	4.15^a	0.11	0.103	0.188	0.006
芽孢杆菌	4.42^b	4.41^b	5.51^{ab}	6.14^a	6.09^a	0.28	0.049	0.009	0.158
乳酸杆菌	4.35	4.35	4.78	5.12	4.78	0.10	0.207	0.091	0.078
盲肠									
总菌数	7.21^{ab}	6.88^b	7.46^a	7.60^a	7.74^a	0.10	0.043	0.052	0.754
大肠杆菌	3.53^a	2.55^b	3.07^{ab}	2.59^b	3.40^a	0.13	0.132	0.315	0.008
芽孢杆菌	6.24^b	6.17^b	6.83^{ab}	7.12^a	7.14^a	0.14	0.009	0.024	0.264
乳酸杆菌	6.36^b	6.27^b	7.12^{ab}	7.44^a	7.56^a	0.18	0.010	0.016	0.298

2.2 添加发酵苹果渣对断奶仔猪血清免疫指标的影响

由表3可知，在前期，II组和PC组中的IgA较NC组分别极显著提高了36.36%和31.82%（$P<0.01$）；两组较I组和III组均显著升高（$P<0.05$）与NC组和III组相比，PC组、I组和II组中的IL-4和IL-6均极显著升高（$P<0.01$）。在后期，与NC组相比，PC组和II组的IgA显著升高（$P<0.05$）；与PC组相比，AP组血清免疫指标均无显著变化（$P>0.05$）；随着益生菌发酵苹果渣添加量的增加，前期的IgA、IL-4和IL-6均先上升后降低的二次趋势（$P<0.01$），IgG有明显的二次变化现象（$P>0.05$）；后期的IgA和IgG呈先上升后降低的二次趋势（$P<0.05$）。结果表明，随着益生菌发酵苹果渣添加量的增加，仔猪的免疫力呈先升高后降低的趋势，当添加量为6%时，达到了与抗生素相似的效果。

2.3 添加益生菌发酵苹果渣对断奶仔猪肠道微生物

菌群的影响由表4可知，与NC组和III相比，PC组、I和II组的大肠杆菌均显著降低（$P<0.05$）；与PC组相比，在十二指肠、空肠和回肠中，NC组和AP组的总菌数均显著升高（$P<0.05$），盲肠中AP组的总菌数也显著升高（$P<0.05$）。与NC和PC组相比，II组和III组中的芽孢杆菌均显著升高（$P<0.05$），II和III组十二指肠和盲肠中的乳酸杆菌显著升高（$P<0.05$），回肠中II组的乳酸杆菌分别升高了17.70%和17.70%（$P>0.05$）。随着益生菌发酵苹果渣添加量的增加，各肠段芽孢杆菌和十二指肠和盲肠中的乳酸杆菌均呈上升的线性趋势（$P<0.05$），回肠中的乳酸杆菌有明显的线性变化现象（$P>0.05$）；回肠和盲肠中的大肠杆菌呈先降低后上升的二次趋势（$P<0.01$），十二指肠和空肠中的大肠杆菌有明显的二次变化现象（$P>0.05$），且当添加量为6%时大肠杆菌含量最低。

2.4 添加益生菌发酵苹果渣对断奶仔猪肠道绒毛长度和隐窝深度的影响

由表 5 可知，在十二指肠和空肠，与 NC 组和Ⅲ组相比，PC 组和Ⅱ组的绒毛高度显著升高（$P<0.05$），隐窝深度显著降低（$P<0.05$），绒毛高度 / 隐窝深度差异极显著（$P<0.01$）；在回肠，与 PC 组和Ⅱ组相比，NC 组和Ⅲ组的绒毛高度显著升高（$P<0.05$），在隐窝深度和绒毛高度 / 隐窝深度上各组之间无显著差异（$P>0.05$）。随着益生菌发酵苹果渣添加量的增加，十二指肠和空肠中绒毛高度和绒毛高度 / 隐窝深以及回肠中的绒毛高度均呈先上升后降低的二次趋势（$P<0.01$）；回肠中的绒毛高度 / 隐窝深度有明显的二次变化现象（$P>0.05$）；十二指肠和空肠中隐窝深度呈先降低后上升的二次趋势（$P<0.01$）。结果表明，在仔猪日粮中添加 6% 的益生菌发酵苹果渣能够显著提高小肠绒毛高度和降低隐窝深度，从而通过增加小肠表面积增强营养物质的吸收能力，且可以达到与抗生素相似的效果。

3 讨论

3.1 添加益生菌发酵苹果渣对断奶仔猪养分表观消化率的影响

养分表观消化率是衡量动物对饲粮消化能力和评价饲料营养价值的重要指标，与动物自身的生长性能密切相关。Zhou 等（Zhou H，2015）研究表明，在仔猪日粮中添加发酵产品能够提高能量和蛋白以及部分矿物质元素的表观消化率。胡新旭等（胡新旭，2013）研究表明，在断奶仔猪日粮中添加 20% 的无抗发酵饲料能够显著地增强仔猪对 CP 和粗纤维（CF）的消化能力，提高生产性能，降低饲料成本，进而达到提高养殖效益的目的。Giang 等（Giang HH，2010）研究发现，通过在仔猪日粮中添加乳酸菌等益生菌能够提高回肠中 CP、EE 和有机物的表观消化率，促进生长发育。吉红等（吉红，2009）在鲤基础日粮中分别添加 0%、4%、8% 的苹果渣，各组饲料的 DM 表观消化率无显著性差异。本试验结果表明，在日粮中添加 6% 的益生菌发酵苹果渣可以有效地提高机体对饲料中 CP 和 EE 的利用率，而添加混合型抗生素的短期效果较显著，随着饲喂时间的推进其效果越来越低。饲料养分消化率的提高可能是因为苹果渣中乳酸菌、酵母菌和芽孢杆菌等益生菌可将饲料中畜禽难以消化吸收的大分子物质分解成易被动物机体消化吸收的小肽、葡萄糖、氨基酸和维生素等小分子营养物质，从而促进动物对饲料养分的消化吸收。

表 5 益生菌发酵苹果渣对断奶仔猪肠道绒毛长度和隐窝深度的影响

项目	组别					SEM	P值		
	NC	PC	AP				PCvsAP	NCvsAP	
			Ⅰ	Ⅱ	Ⅲ			线性	二次
十二指肠									
绒毛高度（μm）	451.54[b]	516.45[a]	490.53[ab]	531.20[a]	450.46[b]	10.76	0.345	0.636	0.008
隐窝深度（μm）	251.20[a]	226.45[b]	231.76[ab]	214.06	249.58[a]	4.53	0.655	0.498	0.005
绒毛高度/隐窝深度	1.80[Bc]	2.28[Aab]	2.12[ABbc]	3.48[Aa]	1.81[Bc]	0.08	0.495	0.446	0.002
空肠									
绒毛高度（μm）	464.43[b]	530.67[a]	496.72[ab]	534.43[a]	462.50[b]	9.99	0.190	0.614	0.005
隐窝深度（μm）	236.31[a]	212.42[b]	218.81[ab]	210.49[b]	232.55[a]	3.49	0.340	0.465	0.009
绒毛高度/隐窝深度	1.97[Bb]	2.50[Aa]	2.28[ABa]	2.54[Aa]	1.99[Bb]	0.07	0.213	0.408	0.001

（续表）

项目	组别					SEM	P值		
	NC	PC	AP				PCvsAP	NCvsAP	
			Ⅰ	Ⅱ	Ⅲ			线性	二次
回肠									
绒毛高度（μm）	452.03[b]	523.82[a]	491.84[ab]	529.73[a]	457.27[b]	10.66	0.239	0.470.	0.008
隐窝深度（μm）	237.55	218.25	224.68	220.34	225.54	3.85	0.613	0.355	0.355
绒毛高度/隐窝深度	1.92	2.41	2.20	2.41	2.05	0.07	0.240	0.383	0.054

3.2 添加益生菌发酵苹果渣对断奶仔猪血清免疫指标的影响

免疫水平的高低间接反映了机体对疾病的抵抗能力。免疫球蛋白是广泛存在于机体内参与体液免疫反应的一类球蛋白，主要包含 IgG、IgA 和 IgM，同时细胞因子 IL-4 和 IL-6 对机体免疫也起到重要作用。刘辉等（刘辉，2015）研究表明，在仔猪日粮中添加复合益生菌能够提高血清中 IgA 和 IgG 的含量，阻止病原体吸附到黏膜表面抵挡微生物的侵袭，从而增强动物机体的免疫功能。Lähteinen 等（Lähteinen，2015）研究发现，在仔猪日粮中添加乳酸杆菌等益生菌能够上调盲肠中 IL-4 的含量，不仅可以促使静止的 B 细胞表达 MHC Ⅱ 类分子，增强 B 细胞的抗原递呈能力还能够增强巨噬细胞的功能，进而提高免疫力。Sugiharto 等（Sugiharto，2015）研究发现，给断奶仔猪饲喂用绿色魏斯氏菌发酵的乳清渗透液能够提高肠道中 IgA 的含量，可以阻止病原体吸附到黏膜表面从而抵挡微生物的侵袭，从而改善肠道健康状况，缓解断奶应激引起的腹泻现象。本试验结果显示，在仔猪日粮中添加 6% 的益生菌发酵苹果渣能明显的提高血清中 IgA、IL-4、和 IL-6 的含量，表明断奶仔猪日粮中添加适宜的益生菌发酵苹果渣有助于提高其机体的免疫能力，这与前人的研究结果相一致。

3.3 添加益生菌发酵苹果渣对断奶仔猪肠道微生物菌群的影响

动物肠道微生态系统平衡是动物机体正常发育必不可少的因素之一，主要表现在提高动物生长速度、促进动物免疫系统发育、维持正常免疫功能、拮抗病原菌入侵、减少动物疾病发生等方面发挥着重要作用。Scharek 等（Scharek，2007）研究表明，在仔猪日粮中添加芽孢杆菌能够降低肠道中大肠杆菌的含量，缓解断奶应激引起的仔猪免疫功能下降，提高免疫力。Giang 等（Giang HH，2012）研究表明，在仔猪日粮中添加乳酸菌、枯草芽孢杆菌和鲍氏酵母菌等混合菌能够降低肠道中大肠杆菌数量，改善肠道微生态平衡，提高动物健康状况。本试验发现，在仔猪日粮中添加 6% 的益生菌发酵苹果渣能够显著降低肠道内容物中大肠杆菌的数量，明显提高芽孢杆菌和乳酸杆菌的含量，从而改善肠道微生态平衡，缓解断奶应激引起的综合征，提高健康状况。

3.4 添加益生菌发酵苹果渣对断奶仔猪肠道结构的影响

肠道不仅是机体内最大的消化吸收场所，也是体内最大的免疫器官，是构成阻止肠道病原菌入侵的第一道屏障。小肠黏膜结构的完整性和小肠绒毛高度与隐窝深度也可衡量动物机体的健康状况。Missotten 等（Missotten，2015）研究发现，发酵饲料能够显著提高肠道绒毛高度，增加小肠表面积，增强动物机体对营养物质的消化吸收能力。Choi 等（Choi Y，2016）研究发现，在仔猪日粮中添加发酵产品能够提高十二指肠、空肠和回肠的绒毛高度，但对隐窝深度没有显著影响。李旋亮等（李旋亮，2014）研究表明，菌液发酵饲料能够显著提高肠道绒毛高度和绒毛高度 / 隐窝深度，降低隐窝深度，改善断奶仔猪肠黏膜的形态结构，有助于减少仔猪腹泻和增强仔猪对营养物质的消化吸收能力。本试验结果显示，日粮中添加 6% 的益生菌发酵苹果渣显著提高断奶仔猪十二指肠、空肠和回肠绒毛高度，显著降低十二指肠和空肠隐窝深度，显著提高十二指肠和空肠绒毛高度 / 隐窝深度，与前人研究结果基本一致。由此进一步证实，益生菌发酵苹果渣可以增强断奶仔猪的消化吸收功能，维护仔猪肠黏膜完整性，提高其抗应激能力和免疫力。

4　结论

在日粮中添加 6% 的益生菌发酵苹果渣能够提高仔猪小肠部分肠段的绒毛高度，降低隐窝深度，改善肠道环境，从而提高饲料的表观消化率；另外能降低肠道中大肠杆菌的含量，提高乳酸杆菌等有益菌的含量，调节肠道微生态平衡；除此之外，还能提高血清中 IgA、IL-4 和 IL-6 等免疫指标的含量，从而提高断奶仔猪的免疫力。

参考文献共 20 篇（略）

原文发表于《中国畜牧杂志》，2017（5）：96-103.

益生菌发酵苹果渣对断奶仔猪生长性能、血清生化指标和粪便微生物菌群的影响

高印[1]，王国军[1]，来航线[2]，杨雨鑫[1*]

（1. 西北农林科技大学动物科技学院，杨凌　712100；2. 西北农林科技大学资源环境学院，杨凌　712100）

摘要：本试验旨在研究益生菌发酵苹果渣对早期断奶仔猪生长性能、血清生化指标和粪便微生物菌群的影响。选择平均体重（5.87±0.10）kg 断奶仔猪 120 头，随机分为 5 组（每组设 3 个重复，每个重复 8 头猪）：负对照组饲喂基础饲粮（不含抗生素），正对照组在基础饲粮中添加 0.1% 的混合型抗生素，试验组分别饲喂在基础饲粮中添加 4%、6%、8% 益生菌发酵苹果渣的试验饲粮。试验期 35d。结果表明：与负对照组相比，饲粮添加抗生素和 6% 益生菌发酵苹果渣均显著提高断奶仔猪平均日采食量和平均日增重（P<0.05），显著降低料重比、粪便中大肠杆菌数量和腹泻率（P<0.05）；添加抗生素和 6% 益生菌发酵苹果渣可以显著降低血清中尿素氮和总胆固醇的含量（P<0.05），显著提高生长激素、胰岛素、三碘甲状腺原氨酸和甲状腺素含量（P<0.05）。随着益生菌发酵苹果渣添加量的增加，生长性能、腹泻率、粪便大肠杆菌数量以及血清中尿素氮、总胆固醇和激素指标呈现二次变化趋势（P<0.05），当添加量为 6% 时效果最好。与正对照组相比，添加益生菌发酵苹果渣能极显著增加粪便中菌群总数（P<0.01），而对其他各项指标均无显著影响（P>0.05）。由此可见，添加 6% 益生菌发酵苹果渣能提高断奶仔猪的生长性能，调节肠道微生态平衡，降低粪便中大肠杆菌数量和腹泻率，提高血清中内分泌激素含量，降低尿素氮和胆固醇含量。

关键词：益生菌发酵苹果渣；断奶仔猪；生长性能；血清生化指标；粪便菌群

Probiotic Fermented Apple Pomace Affects Growth Performance,Serum Biochemical Indicators and Fecal Microbial Flora of Weaned Piglets

GAO Yin[1]　WANG Guo-jun[1]　LAI Hang-xian[2]　YANG Yu-xin[1]

(1. College of Animal Science and Technology, Northwest A &F University, Yangling 712100, China;

基金项目：国家科技支撑计划——黄土高原农果牧复合循环技术集成与示范（2012BAD14B11）；特色产业创新链——农业领域（K3320215118）。

第一作者：高印（1988—），男，河南方城人，硕士研究生，研究方向为动物营养与饲料科学。E-mail: gy380671315@163.com。

通信作者：杨雨鑫，副教授，硕士生导师，主要从事动物营养与饲料科学。E-mail: yxyang@nwsuaf.edu.cn。

2. College of Natural Resources and Environment, Northwest A &F University, Yangling 712100, China)

Abstract: This study was conducted to evaluate the effects of probiotic fermented apple pomace on growth performance, serum biochemical indicators and fecal microbial flora of weaned piglets. A total of 120 weaned piglets with an average initial body weight of (5.87 ± 0.10) kg were randomly assigned to 5 groups with 3 replicates per group and 8 pigs per replicate. Pigs were allotted to 5 diets, including a basal diet (without antibiotic, negative control group), a basal diet $+0.1\%$ hybrid antibiotics (positive control group) and three experimental diets supplemented with probiotic fermented apple pomace at the levels of 4%, 6% and 8% in the basal diet, respectively. The experiment lasted for 35 d. Results showed that, compared with negative control group, antibiotic and 6% probiotic fermented apple pomace supplementation got higher average daily gain and average daily feed intake $(P < 0.05)$, but lower feed/gain, fecal *E. coli* population and diarrhea rate $(P < 0.05)$. Antibiotic and 6% probiotic fermented apple pomace supplementation also significantly decreased serum urea nitrogen and total cholesterol contents $(P < 0.05)$, while significantly increased growth hormone, insulin, triiodothyronine and thyroxine contents $(P < 0.05)$. With the increasing of probiotic fermented apple pomace supplemental level, growth performance, diarrhea rate, fecal *E. coli* population, serum urea nitrogen, total cholesterol and hormone indices showed quadratic effect changes $(P < 0.05)$, with 6% probiotic fermented apple pomace supplementation got the best effect. Compared with positive control group, probiotic fermented apple pomace supplementation extremely significantly increased the total number of fecal bacteria $(P < 0.01)$, but did not significantly affect the other indices $(P > 0.05)$. It is concluded that dietary supplementation of 6% probiotic fermented apple pomace can improve growth performance and serum endocrine hormones, regulate intestinal flora balance, and reduce fecal *E. coli* population, diarrhea rate, serum urea nitrogen and cholesterol of weaned piglets.

Key words: probiotic fermented apple pomace; weaned piglet; growth performance; serum biochemical indicators; fecal microbial flora

2014年我国的苹果种植面积和产量分别达到了235.53万hm²和3 915万t（赵玉山，2015），其中有25%用于生产浓缩苹果汁、果醋等副产品，仅浓缩苹果汁产渣量已达120万t（王永涛，2014）。研究发现，苹果渣中含有丰富的营养成分、维生素和苹果酸，有利于微生物的直接吸收和利用，可作为家畜的饲料在畜禽中使用，但作为动物饲料，其蛋白质含量偏低，影响了其他成分的利用（GAZALLIH，2014；张凯，2015；邵丽玮，2015）。因此需采用特定工艺，通过微生物发酵提高苹果渣中的蛋白质含量，将苹果渣转化为营养丰富的微生物蛋白质饲料，这是解决苹果渣出路的重要途径之一。另有研究指出，在苹果渣发酵生产饲料蛋白质过程中，不仅提高了果渣发酵产物中的蛋白质含量，还产生大量生物酶、活性肽、游离氨基酸等对动物营养具有重要作用的活性成分（SUNZT，2009；张高波，2014；陈姣姣，2014）。在一些研究中发现，通过发酵产品及其发酵过程中的代谢产物，可改善仔猪的生长性能、肠道健康，并可替代饲料中抗生素的使用（STRUBEML，2015；BRENESA，2016）。因此，本试验拟用发酵苹果渣饲喂家畜，观察其对断奶仔猪生长性能、血清生化指标和粪便菌群的影响，以为其在家畜生产中应用提供参考依据。

1 材料与方法

1.1 试验动物及试验设计

本试验在陕西省兴平市鑫亥畜牧养殖有限责任公司鑫亥生猪良种繁育场进行，试验共进行38d（预试期3d，正试期35d），预试期饲喂基础饲粮，即不含抗生素和益生菌发酵苹果渣，其组成及营养水平见表1。试验选取120头初始体重为（5.87±0.10）kg的（21±1）日龄断奶"杜×长×大"三元杂交仔猪，按单因子随机区组设计随机分成5组，每组3个重复，每个重复8头仔猪。试验分组情况如下：负对照（NC）组，饲喂基础饲粮；正对照（PC）组，在基础饲粮中添加0.1%的硫酸黏杆菌素、杆菌肽锌、金霉素混合型抗生素；试验Ⅰ、Ⅱ、Ⅲ组，分别在基础饲粮中添加4%、6%、8%益生菌发酵苹果渣。

1.2 益生菌发酵苹果渣的制备

1.2.1 发酵原料　固态发酵培养基，由果渣∶油渣∶尿素=17∶2∶1组成，灭菌后基质含水量为60%；菌剂主要包括黑曲霉、安琪酵母、乳酸杆菌和芽孢杆菌。

1.2.2 发酵过程　将黑曲霉斜面菌种接入装有麸皮培养基的组培瓶中，30℃培养5d后，以2%接种量接入装有麸皮培养基的塑料盘，30℃培养10d，然后和安琪酵母一起接种到固态发酵培养基中进行固态发酵，烘干后按一定比例加入乳酸杆菌和芽孢杆菌掺混制成成品。

1.2.3 发酵苹果渣成分　风干苹果渣添加油渣辅料后，经复菌发酵剂发酵，可明显提高饲料中蛋白质含量，同时添加了能改善动物肠道菌群的乳酸菌和芽孢菌，使果渣改良为具有提供饲料蛋白质和益生作用的生物活性蛋白质饲料。其营养成分如下：安琪酵母、乳酸杆菌和芽孢杆菌的含量分别为1.4×10^4CFU/g、5.5×10^7CFU/g 和 8.7×10^5CFU/g；饲料中粗蛋白质、总能、多肽和游离氨基酸的含量分别为29.29%、17.47MJ/kg、4.04%、0.07%；蛋白质酶、纤维素酶和果胶酶活性分别为114.06U/g、793.08U/g 和 198.03U/g。

1.3 试验饲粮及饲养管理

试验饲粮参照NRC（2012）配制，各组饲粮组成及营养水平见表1。试验前对猪舍进行彻底地消毒，并对试验仔猪进行统一驱虫及接种疫苗。饲养期间在每天的7:30、14:30、21:30进行饲喂，自由采食和饮水。每天准确记录给料量和剩料量，以计算平均日采食量。

表1　试验饲粮组成及营养水平（风干基础）

项目	组别				
	NC	PC	Ⅰ	Ⅱ	Ⅲ
原料Ingredients					
玉米Corn	60.21	60.11	60.77	57.70	56.89
玉米蛋白质粉Corn gluten meal	3.00	3.00	3.00	3.00	3.00
小麦次粉Wheat short	15.00	15.00	10.41	15.00	15.00
麸皮Wheat bran			1.77		
高蛋白质豆粕High protein soybean meal	16.00	16.00	14.09	9.02	3.62

（续表）

项目	组别				
	NC	PC	I	II	III
益生菌发酵苹果渣 Probiotic fermented apple pomace			4.00	6.00	8.00
鱼粉（秘鲁）Fish meal	1.50	1.50	1.50	1.50	1.50
发酵豆粕 Fermented soyban meal	0.40	0.40		2.86	6.84
石粉 Limestone power	1.29	1.29	1.29	1.29	1.29
磷酸氢钙 GaHPO₄	0.31	0.31	0.35	0.35	0.37
氯化钠 NaCl	0.35	0.35	0.35	0.35	0.34
碳酸氢钠 NaHCO₃	0.02	0.02	0.01	0.01	0.02
沸石粉 Zeolite powder	0.20	0.20	0.62	0.99	1.48
氨化胆碱 Choline chloride	0.05	0.05	0.05	0.05	0.05
L-赖氨酸盐酸盐 L-LYS·HCl	0.46	0.46	0.52	0.56	0.60
DL-蛋氨酸 DL-Met	0.04	0.04	0.06	0.07	0.09
L-苏氨酸 L-Thr	0.10	0.10	0.13	0.16	0.18
L-色氨酸 L-Try	0.02	0.02	0.03	0.04	0.04
抗生素 Antibiotic		0.10			
植酸酶 Phytase	0.01	0.01	0.01	0.01	0.01
香味剂 Flavor	0.04	0.04	0.04	0.04	0.04
预混料 Premix①	1.00	1.00	1.00	1.00	1.00
合计 Total	100.00	100.00	100.00	100.00	100.00
营养水平 Nutrient levels②					
消化能 DE/（MJ/kg）	14.00	14.00	14.00	14.00	14.00
粗蛋白质CP	18.00	18.00	18.00	18.00	18.00
钙 Ga	0.80	0.80	0.80	0.80	0.80
总磷 TP	0.43	0.43	0.41	0.41	0.41
总赖氨酸 Total lys	1.14	1.14	1.16	1.16	1.16
可消化耐氨酸 Digestible Lys	1.04	1.04	1.04	1.04	1.04
蛋氨酸 Met	0.31	0.31	0.33	0.33	0.34
蛋氨酸+半胱氨酸 Met+Cys	0.57	0.57	0.57	0.57	0.57
苏氨酸 Thr	0.64	0.64	0.64	0.64	0.64
色氨酸 Try	0.18	0.18	0.18	0.18	0.18

注：①预混料为每千克饲粮提供 Premix provided the follow ing per kg of diets：维生素 A 12 000 IU，维生素 D₃ 2 400 IU，维生素 E 30 IU，维生素 K₃3.2mg，维生素 B₁ 2.4mg，维生素 B₂ 8mg，维生素 B₆ 4mg，维生素 B₁₂ 32μg，叶酸 folic acid 1.32mg，生物素 biotin 124μg，烟酰胺 nicotinamide 34mg，泛酸 pantothenic acid 20mg，Cu 180mg，Fe 100mg，Zn 100mg，Mn 5.2mg，Se 0.48mg，I 0.26mg.

②计算值 Calculated values

1.4　样品的采集与处理

1.4.1　粪样的采集　在试验期第 7 天、14 天、21 天、28 天和 35 天，于饲喂前分别从每个重复随机选取 3 头试验仔猪，采集新鲜粪样混匀后取 10g 放入 10mL 灭菌好的离心管中，加入甘油置于 −80℃冰箱保存，用于粪便微生物菌群的测定。

1.4.2　血样的采集及血清的制备　分别于试验的第 21 天和第 35 天从每组的每个重复随机选取 1 头猪，前腔静脉采血 10mL，倾斜放置 30min，3 000r/min 离心 15min，收集血清，−20℃低温冷藏，用于血清生化指标的测定。

1.5 测定指标与方法

1.5.1 生长性能 分别于试验开始和结束时空腹称重，根据初重和末重计算平均日增重。每天记录各组的采食量，计算平均日采食量和料重比。每天 16：30 观察仔猪粪便情况，记录腹泻头数，计算腹泻率。

腹泻率（%）＝［总腹泻次数 /（总头数 × 试验天数）］× 100。

1.5.2 血清生化指标 血清生化指标：葡萄糖（GLU）、尿素氮（UN）、总蛋白（TP）、白蛋白（ALB）、甘油三酯（TG）和总胆固醇（TC）含量采用试剂盒法测定；血清激素指标：生长激素（GH）、胰岛素（INS）、三碘甲状腺原氨酸（T_3）和甲状腺素（T_4）含量采用酶联免疫吸附测定（ELISA）试剂盒进行测定。试剂盒均购自南京建成生物工程研究所。

1.5.3 粪便微生物菌群 采用平板稀释法和最大可能数（MPN）法对粪便样品中的菌群总数和大肠杆菌进行计数。

菌群总数：根据样品批次不同，选择 $10^{-4} \sim 10^{-6}$ 连续稀释度的 3 个样品匀液，分别吸取 1mL 于无菌平皿内，每个稀释度做 2 个平皿。同时，分别吸取 1mL 空白稀释液加入 2 个无菌平皿内作空白对照，并及时将 15~20mL 冷却至 46℃的平板计数琼脂培养基［放置于（46±1）℃恒温水浴箱中保温］倾注平皿，并转动平皿使其混合均匀。待琼脂凝固后，将平板翻转，（37±1）℃培养（48±2）h。菌落计数以菌落形成单位（CFU）表示。每个稀释度的菌落数采用 2 个平板的平均值，平均值乘以相应稀释倍数作为每克样品中菌落总数结果。

大肠杆菌：选择 $10^{-4} \sim 10^{-6}$ 连续稀释度的 3 个样品匀液，每个稀释度接种 3 管月桂基硫酸盐胰蛋白胨（LST）肉汤，每管接种 1mL，（37±1）℃培养（24±2）h，观察杜氏管内是否有气泡产生，（24±2）h 产气者进行复发酵试验，如未产气则继续培养至（48±2）h，产气者进行复发酵试验。未产气者为大肠菌群阴性。用接种环从产气的 LST 肉汤管中分别取培养物 1 环，移种于煌绿乳糖胆盐肉汤（BGLB）管中，（36±1）℃培养（48±2）h，观察产气情况。产气者，计为大肠菌群阳性管。按确证的大肠菌群 LST 阳性管数，检索 MPN 表，报告每克样品中大肠菌群的 MPN 值。

1.6 数据处理

采用 SPSS 17.0 统计软件进行单因素方差分析（one-way ANOVA），并用 Duncan 氏法进行多重比较。利用 t 检验，比较 PC 组与添加 4%、6%、8% 益生菌发酵苹果渣组的差异。线性和二次检验饲粮中随着益生菌发酵苹果渣添加量的增加对仔猪各项测定指标的影响。以 $P<0.05$ 为差异显著性判断标准，以 $P<0.01$ 为差异极显著判断标准。

2 结果与分析

2.1 添加益生菌发酵苹果渣对断奶仔猪生长性能的影响

由表 2 可知，各组之间初始重无显著差异（$P>0.05$）；与 NC 组和Ⅲ组相比，其他组末重显著提高（$P<0.05$）；Ⅱ组平均日增重较 NC 组、Ⅰ组和Ⅲ组分别极显著提高了 4.90%、2.44% 和 4.84%（$P<0.01$），PC 组显著高于 NC 组和Ⅲ组（$P<0.05$）；与 NC 组相比，Ⅱ组平均日采食量极显著提高了 2.45%（$P<0.01$），PC 组和Ⅰ组平均日采食量也显著提高（$P<0.05$）；PC 组和Ⅱ组料重

比极显著低于 NC 组和Ⅲ组（$P<0.01$）。与 PC 组相比，饲粮中添加益生菌发酵苹果渣对试验全期的料重比有提高的趋势（$P=0.077$）。随着饲粮中添加益生菌发酵苹果渣比例的增加，仔猪的平均日增重、平均日采食量和料重比呈现二次变化趋势（$P<0.05$），其中 6% 添加组效果最好。

表 2　益生菌发酵苹果渣对断奶仔猪生长性能的影响

项目	组别					SEM	P值		
	NC	PC	Ⅰ	Ⅱ	Ⅲ		PCvs.AP*	NCvs.AP*	
								线性	二次
初始重（kg）	5.78	5.79	5.79	5.78	5.79	0.01	0.924	0.969	0.797
末重（kg）	16.46^{Cc}	16.88^{ABa}	16.72^{Bb}	16.98^{Aa}	16.47^{Cc}	0.06	0.289	0.278	0.001
平均日增重（g）	305.05^{Cc}	316.97^{ABab}	312.40^{Bb}	320.01^{Aa}	305.25^{Cc}	1.71	0.293	0.285	0.001
平均日采食量（g）	445.02^{Bb}	451.25^{ABa}	451.36^{ABa}	455.91^{Aa}	445.58^{Bb}	1.21	0.921	0.365	0.001
料重比（F/G）	1.46^{Aa}	1.42^{Bb}	1.44^{ABa}	1.42^{Bb}	1.46^{Aa}	0.01	0.077	0.589	0.008

注：同行数据肩标相同小写字母或无字母表示差异不显著（$P>0.05$），肩标不同小写字母表示差异显著（$P<0.05$），肩标不同大写字母表示差异极显著（$P<0.01$）。下表同

*AP：益生菌发酵苹果渣组，下表同

2.2　添加益生菌发酵苹果渣对断奶仔猪腹泻率的影响

由表 3 可知，试验 1~21d，PC 组、Ⅰ组和Ⅱ组较Ⅲ组的腹泻率分别显著下降了 17.98%、13.47% 和 15.73%（$P<0.05$），PC 组比 NC 组显著下降了 15.11%（$P<0.05$），Ⅰ组和Ⅱ组与 NC 组相比分别下降了 10.45% 和 14.29%（$P>0.05$）。试验 22~35d，NC 组和Ⅲ组较 PC 组和Ⅱ组显著升高（$P<0.05$），同时，Ⅰ组较 NC 组显著下降（$P<0.05$）。可见，无论前期还是后期，腹泻率随着益生菌发酵苹果渣添加量的增加都是先下降后升高，呈现二次变化趋势（$P<0.05$），且 6% 添加组腹泻率最低。

表 3　益生菌发酵苹果渣对断奶仔猪腹泻率的影响

项目	组别					SEM	P值		
	NC	PC	Ⅰ	Ⅱ	Ⅲ		PCvs.AP*	NCvs.AP*	
								线性	二次
1~21d	18.86^{ab}	16.01^{c}	16.89^{bc}	16.45^{bc}	19.52^{a}	0.47	0.191	0.673	0.012
22~35d	11.46^{a}	7.99^{c}	8.68^{bc}	7.64^{bc}	10.42^{ab}	0.48	0.339	0.189	0.003

2.3　添加益生菌发酵苹果渣对断奶仔猪血清生化指标的影响

由表 4 可知，各组血清 TP、ALB、GLU 和 TG 含量差异均不显著（$P>0.05$），但Ⅱ组和 PC 组血清 TP 和 ALB 含量较 NC 组均有明显上升。在 UN 含量方面，与 NC 组相比，试验 21d PC 组和Ⅱ组分别下降了 34.67% 和 38.21%（$P<0.05$），试验 35d PC 组和Ⅱ组分别下降了 15.94% 和 16.52%（$P<0.05$）；在 TC 含量方面，与 NC 组相比，PC 组、Ⅰ组和Ⅱ组均呈下降趋势，且差异显著（$P<0.05$）。随着益生菌发酵苹果渣添加量的增加，血清 UN 和 TC 含量呈现二次变化趋势（$P<0.05$），且试验 21d 血清 TC 含量呈线性降低（$P=0.011$）。与 PC 组相比，益生菌发酵苹果渣组各血清生化指标均无显著变化（$P>0.05$）。结果表明，在饲粮中添加 6% 益生菌发酵苹果渣可以明

显升高血清中 TP 和 ALB 含量，显著降低 UN 和 TC 含量。

2.4 添加益生菌发酵苹果渣对断奶仔猪血清激素指标的影响

由表 5 可知，与 NC 组和Ⅲ组相比，PC 组和Ⅱ组血清 GH、INS、T_3 和 T_4 含量都显著升高（$P<0.05$），其中 PC 组和Ⅱ组血清 GH 含量升高达到极显著水平（$P<0.01$）。随着益生菌发酵苹果渣添加量的增加，试验 21d 血清 INS、T3、T4 含量均呈现先上升后降低的二次趋势（$P<0.05$），血清 GH 含量有二次变化趋势（$P=0.059$）；试验 35d 血清 GH、INS、T_3 含量呈现先上升后降低的二次趋势（$P<0.05$）。结果表明，饲粮添加 6% 益生菌发酵苹果渣对断奶仔猪血清 GH、INS、T_3 和 T_4 含量的影响最为明显。

2.5 添加益生菌发酵苹果渣对断奶仔猪粪便微生物菌群的影响

由表 6 可知，在整个饲养阶段，PC 组总菌数均显著低于 NC 组和益生菌发酵苹果渣组（$P<0.05$），益生菌发酵苹果渣组较 NC 组呈明显上升趋势，但差异不显著（$P>0.05$）。在大肠杆菌方面，与 NC 组和Ⅲ组相比，第 7 天 PC 组和Ⅱ组极显著降低（$P<0.01$），第 14 和 21 天显著降低（$P<0.05$）；第 28 和 35 天，与 NC 组相比，PC 组、Ⅰ组和Ⅱ组均显著降低（$P<0.05$），Ⅲ组也明显下降，但差异不显著（$P>0.05$）。随着益生菌发酵苹果渣添加量的增加，大肠杆菌呈现显著的二次变化趋势（$P<0.05$）。PC 组与益生菌发酵苹果渣组相比，菌群总数极显著下降（$P<0.01$）。结果表明，在仔猪断奶饲粮中添加益生菌发酵苹果渣可以明显地提高菌群总数，降低大肠杆菌数，其中以 6% 添加量效果最佳。

表 4　益生菌发酵苹果渣对断奶仔猪血清生化指标的影响

项目	组别					SEM	P值		
	NC	PC	I	II	III		PCvs.AP*	NCvs.AP* 线性	二次
21d									
总蛋白 TP（g/L）	53.13	58.50	54.27	58.43	53.80	0.93	0.284	0.483	0.168
白蛋白 ALB（g/L）	27.20	29.17	27.23	29.60	27.10	0.54	0.262	0.729	0.354
尿素氮 UN（mmol/L）	4.24[a]	2.77[b]	3.93[ab]	2.62[b]	4.40[a]	0.25	0.266	0.649	0.026
葡萄糖 GLU（mmol/L）	5.11	5.447	5.28	5.50	5.16	0.09	0.403	0.696	0.232
总胆固醇 TC（mmol/L）	1.79[a]	1.49[b]	1.54[b]	1.33[b]	1.48[b]	0.05	0.202	0.011	0.032
甘油三酯 TG（mmol/L）	0.30	0.37	0.34	0.36	0.31	0.01	0.636	0.750	0.165
35d									
总蛋白 TP（g/L）	53.03	58.60	54.90	58.90	54.60	0.92	0.267	0.329	0.138
白蛋白 ALB（g/L）	27.57	28.83	27.37	29.13	27.13	0.40	0.391	0.911	0.351
尿素氮 UN（mmol/L）	3.45[a]	2.90[bc]	3.15[abc]	2.88[c]	3.32[ab]	0.08	0.239	0.318	07351
总胆固醇 TC（mmol/L）	5.08	5.41	5.18	5.52	5.12	0.10	0.541	0.680	0.341
葡萄糖GLU（mmol/L）	1.63[b]	1.31[b]	1.36[b]	1.31[b]	1.43[ab]	0.04	0.476	0.053	0.016
甘油三酯TG（mmol/L）	0.33	0.38	0.36	0.38	0.33	0.01	0.402	0.726	0.041

表5　益生菌发酵苹果渣对断奶仔猪血清激素指标的影响

| 项目 | 组别 | | | | | SEM | P值 | | |
	NC	PC	I	II	III		PCvs.AP*	NCvs.AP* 线性	二次
21d									
生长激素GH（mg/mL）	2.26[b]	2.73[a]	2.36[ab]	2.75[a]	2.25[b]	0.08	0.172	0.557	0.059
胰岛素INS（uIU/mL）	32.83[b]	39.28[a]	35.36[ab]	39.25[a]	32.62[b]	0.97	0.156	0.663	0.021
三甲状腺原氨酸T₃（ng/mL）	1.31[b]	1.79[a]	1.44[ab]	1.75[a]	1.32[b]	0.07	0.108	0.527	0.044
甲状腺素T₄（ng/mL）	35.38[b]	42.58[a]	37.67[ab]	42.67[a]	35.16[b]	1.15	0.165	0.638	0.040
35d									
生长激素GH（mg/ml）	2.41[Bb]	2.81[Aa]	2.59[ABab]	2.83[Aa]	2.41[Bb]	0.06	0.184	0.550	0.006
胰岛素INS（uIU/mL）	34.45[b]	41.50[a]	37.64[ab]	41.62[a]	34.41[b]	1.09	0.216	0.658	0.025
三甲状腺原氨酸T₃（ng/mL）	1.46[b]	1.74[a]	1.55[ab]	1.76[a]	1.45[b]	0.04	0.189	0.629	0.020
甲状腺素T₄（ng/mL）	38.47[b]	43.56[a]	38.27[b]	43.60[a]	37.97[b]	0.88	0.106	0.585	0.108

3　讨论

3.1　添加益生菌发酵苹果渣对断奶仔猪生长性能的影响

仔猪断奶后容易出现采食量下降、免疫力降低、生长停滞和腹泻等一系列的"早期断奶应激综合征"，严重影响早期断奶仔猪的成活率和养猪业的经济效益。本试验中添加的益生菌发酵苹果渣是由新鲜果渣通过由酵母菌、乳酸菌和芽孢杆菌组成的混合型微生态制剂固态发酵制得。益生菌发酵苹果渣中除了含有大量活菌，还有益生菌代谢产生的蛋白质酶、淀粉酶和纤维素酶以及活性肽和游离氨基酸，可以提高仔猪的消化能力和饲料利用率，进而提高生长性能。此外，芽孢杆菌和酵母菌等好氧菌的代谢为肠道乳酸菌的繁殖提供良好的厌氧环境从而产生大量乳酸，抑制致病性大肠杆菌的大量繁殖：一方面使肠道 pH 降低，改善肠道微生态平衡，提高消化能力（LIUH，2015；许镨文，2011），提高动物的免疫力，降低发病率和腹泻率；另一方面，可以改善饲粮的适口性，提高动物采食量。

表6　益生菌发酵苹果渣对断奶仔猪粪便微生物菌群的影响

| 项目 | 组别 | | | | | SEM | P值 | | |
	NC	PC	I	II	III		PCvs.AP*	NCvs.AP* 线性	二次
7d									
菌群总数[lg（CFU/g）]	6.94[a]	6.17[b]	7.03[a]	7.03[a]	7.21[a]	0.12	0.001	0.185	0.714
大肠杆菌（MNP/g）	5.67[Aa]	4.33[Bb]	5.29[ABa]	4.48[Bb]	5.74[Aa]	0.18	0.058	0.529	0.005
14d									
菌群总数[lg（CFU/g）]	6.93[a]	6.29[b]	7.04[a]	7.05[a]	7.17[a]	0.10	0.001	0.265	0.971
大肠杆菌（MNP/g）	5.27[a]	4.23[b]	4.81[ab]	4.08[b]	5.15[a]	0.16	0.261	0.426	0.028
21d									
菌群总数[lg（CFU/g）]	6.99[a]	6.29[b]	7.06[a]	7.10[a]	7.13[a]	0.11	0.002	0.531	0.901
大肠杆菌（MNP/g）	5.12[a]	4.10[b]	4.53[ab]	4.07[b]	4.93[a]	0.14	0.218	0.320	0.011

（续表）

项目	组别					SEM	P值		
	NC	PC	I	II	III		PCvs.AP*	NCvs.AP*	
								线性	二次
28d									
菌群总数［lg（CFU/g）］	7.04[a]	6.47[b]	7.06[a]	7.10[a]	7.12[a]	0.08	0.002	0.594	0.989
大肠杆菌（MNP/g）	5.03[a]	4.04[b]	4.13[b]	4.00[b]	4.67[ab]	0.14	0.478	0.267	0.008
35d									
菌群总数［lg（CFU/g）］	6.99[a]	6.39[b]	7.01[a]	7.05[a]	7.09[a]	0.09	0.003	0.645	0.923
大肠杆菌（MNP/g）	4.81[a]	4.11[b]	4.13[b]	4.08[b]	4.68[ab]	0.11	0.469	0.606	0.007

从本试验结果来看，并非益生菌发酵苹果渣的添加比例越高，断奶仔猪的生长性能越好，存在一个最佳添加量的问题。在综合平均日增重、平均日采食量、料重比和腹泻率指标基础上，添加6%益生菌发酵苹果渣和PC组效果最好，可以显著提高仔猪平均日增重和平均日采食量，降低料重比和腹泻率，提高生长性能。吴红翔等（吴红翔，2013）研究表明，用3%苹果渣发酵饲料代替基础饲粮饲喂鹌鹑，能够改善鹌鹑蛋品质，提高生产性能。García等（GARCFAKE，2014）研究发现，在饲粮中添加益生菌能明显改善断奶仔猪生长性能，提高饲料转化率，减少腹泻的发生，提高养殖效益。这都与本试验的结果基本一致。

3.2 添加益生菌发酵苹果渣对断奶仔猪血清生化指标的影响

仔猪血清生化指标可综合反映机体的新陈代谢状况。比如血清中TP和UN含量能够准确反映动物机体对蛋白质的代谢吸收情况和饲粮中氨基酸的平衡状况（ZHOUH，2015；杨玉芬，2014）。本试验中各组血清TP和ALB含量均无显著变化，但添加6%益生菌发酵苹果渣可以显著降低血清UN含量，表明益生菌发酵苹果渣可以增加机体氮沉积量，有利于蛋白质合成，促进生长发育，这可能与益生菌发酵苹果渣中的活性肽和游离氨基酸含量密切相关。曾李等（曾李，2015）研究表明，渣类饲料通过益生菌发酵后能够显著提高饲粮中小肽、寡肽和游离氨基酸的含量，从而提高饲粮中蛋白质利用率，有利于提高动物生长性能。血脂和脂蛋白含量反映了机体在稳态下的代谢调节，特别是脂肪酸在脂肪组织和肝脏之间循环的基本调节（邹思湘，2005）。血清中TG和TC含量可反映脂肪在动物机体的代谢状况。本试验各组间血清TG含量没有显著变化，但当益生菌发酵苹果渣添加量达到6%时，血清TC含量较NC组显著降低，表明在饲粮中添加一定比例的益生菌发酵苹果渣能提高机体对脂肪的利用能力，从而为蛋白质的合成提供能量，促进机体的生长发育，进而提高仔猪的生长性能。

3.3 添加益生菌发酵苹果渣对断奶仔猪血清激素水平的影响

"下丘脑—垂体—靶器官"轴上GH、INS和甲状腺激素等激素对动物生长起重要的调节作用（欧阳五庆，2006）。GH处于生长轴的中心环节，其主要生理作用是促进蛋白质沉积和骨骼生长，具体表现为通过胰岛素样生长因子（IGF）促进氨基酸进入细胞，加强DNA、RNA的合成进而促进蛋白质合成，促进机体呈正氮平衡。对于仔猪来说，GH是提高蛋白质沉积的主要生理因子。INS是调控机体糖代谢的主要激素，能够促进组织细胞对葡萄糖的摄取和利用，加速糖原合成，还能够促进细胞对氨基酸的摄取、抑制蛋白质分解和糖原异生，利于细胞的生长。同时，INS 还可与 GH 协同促进机体的生长发育。甲状腺激素对蛋白质的合成具有重要作用，并且可通过调节糖类和脂肪的代谢来促进器官和组织的分化。T_3 是甲状腺激素在动物体内发挥生理作用的主要部分，主要通过调控垂体中 GH 基因的表达和 GH 的合成以及调节 INS 水平来促进蛋白质的合成，影响动物的生长发育。本试验结果表明，在断奶仔猪饲粮中添加 6% 益生菌发酵苹果渣可使体内与生长有关的内源激素（GH、INS 和甲状腺激素）含量有显著性升高，从而促进生长。王书凤等（王书凤，2014）研究发现，在饲粮中添加组合抗生素可显著提高内源激素（GH、ISN 和 T_3）含量；卢昱屹等（卢昱屹，2015）研究发现，在仔猪饲粮中添加 10% 和 20% 的发酵豆粕可以显著提高血清中 GH 含量，促进生长，降低料重比。以上研究结果都与本试验一致。

3.4　添加益生菌发酵苹果渣对断奶仔猪粪便微生物菌群的影响

断奶应激的主要表现之一是仔猪肠道微生物菌群之间比例失调，使肠道优势菌群发生更替，致使大肠杆菌、沙门氏菌等一些致病菌或者条件致病菌大量繁殖，打破肠道微生态平衡，排放内毒素或产生其他毒副作用，从而引起机体消化机能紊乱，导致动物生长性能下降。有研究发现，在仔猪断奶阶段应用以乳酸菌为主的单一或者复合益生菌能够干预并纠正肠道微生态体系失衡现象，从而保证其良好生长性能发挥（LIUH，2015；MISHRADK，2014）。Dong 等（DONGXL，2013）研究表明，为断奶仔猪饲喂益生菌可以显著降低粪便中大肠杆菌的数量，提高生长性能和免疫力。本试验研究表明，在断奶仔猪饲粮中添加 6% 益生菌发酵苹果渣能够显著降低粪便中大肠杆菌数量，对病原菌具有较好的抑菌效果，说明在饲粮中添加适宜水平的益生菌发酵苹果渣产生了与抗生素相似的结果，从而降低腹泻率，提高生长性能。

4　结论

①饲粮添加益生菌发酵苹果渣可显著提高断奶仔猪平均日增重和平均日采食量，显著降低料重比。

②饲粮添加益生菌发酵苹果渣可显著降低断奶仔猪粪便中大肠杆菌数量，降低腹泻率。

③断奶仔猪饲粮中益生菌发酵苹果渣较为适宜的添加量为 6%。

参考文献共 23 篇（略）

原文发表于《动物营养学报》，2016，28（5）：1 515–1 524.

动物饲喂苹果渣饲料试验

肖健，来航线，薛泉宏

（西北农林科技大学资源环境学院，陕西杨凌　712100）

摘要：本研究采用苹果渣饲料喂养奶牛及奶山羊，并研究其实际应用效果。结果表明，饲喂青贮苹果渣后，试验动物采食量增加，毛色发亮，体重变化不大，粪便未有异常，身体状况良好。在奶牛日粮中添加7%青贮苹果渣可以显著提高奶牛的采食量和饲料转化率（$P<0.05$）；添加14%和21%青贮果渣可以显著提高奶牛的采食量和产奶量（$P<0.05$），并且21%添加组奶牛喂养组采食量最高；与CK相比，除添加21%青贮苹果渣组剩料中的WSC含量显著高于其他处理外（$P<0.05$），添加7%和14%处理的CP、P和Ca含量差异均不显著；所有添加组粪便水分均没有明显差异。饲喂添加量为37.5%的青贮苹果渣可以极显著的提高奶山羊产奶量及奶品质（$P<0.01$）。

关键词：奶牛；奶山羊；青贮苹果渣；采食量；产奶量

Animal Feeding Test with Apple Pomace Feed

XIAO Jian, LAI Hang-xian, XUE Quan-hong

(College of Natural Resources and Environment, Northwest A &F University Yang ling, Shaanxi 712100, China)

Abstract: This research adopts the apple residue application effect of feed cows and milk goats. By feeding apple pomace silage, the feed intake of experiment animals improved and had brighten coat color and weight changed little, and also the feces was normal and animals were in good physical condition. The DM intake and feed conversion efficiency was improved significantly when adding 7% of apple pomace ensilage in lactating dairy cows ($P<0.05$); The DM intake and milk yield could be improved significantly when adding 14% and 21% of apple pomace ensilage in lactating dairy cows ($P <0.05$), in which the 21%

基金项目："十一五"国家科技支撑计划项目（2007BAD89B16）。

作者简介：肖健（1984— ），男，甘肃省陇西县人，硕士，主要从事资源微生物学。

导师简介：来航线（1964— ），陕西礼泉人，副教授，博士生导师，主要从事微生物资源与利用研究。E-mail: laihangxian@163.com treatment was better. The CP, P and Ca content in remaining feeds of 7%, 14% and 21% had no different, except for the WSC content in 21% treatment was significantly greater ($P < 0.05$) in compare to the control treatment; the feces water content had no obvious difference in all treatments. The milk yield and milk quality can be highly significant improved when the adding of apple pomace silage was 37.5% in dairy goats feeding ($P < 0.01$).

Key words: cows; milk goats; silage apple residue; feed intake; milk production

目前国内对使用鲜果渣、干果渣及发酵果渣进行动物喂养的效果有一定的研究，利用苹果渣和其他农作物秸秆混合青贮后进行动物喂养的研究也有一些，但对于单独饲喂苹果渣青贮饲料的动物喂养效果报道较少。

为了研究添加复合微生物制作的苹果渣青贮饲料的实际应用效果，分别以奶牛和奶山羊作为试验动物，进行不同类型和添加比例的果渣动物喂养试验。根据不同类型苹果渣饲料对奶牛的采食量、饲料消化率、产奶量及奶品质各项指标的影响，及不同添加比例的苹果渣青贮饲料对奶牛采食量和产奶量的影响，分析和对比评价不同添加比例的苹果渣青贮饲料与其他形式果渣饲料的奶牛饲喂效果。同时进行奶山羊喂养试验，分析青贮苹果渣饲料对奶山羊产奶量及奶品质的影响效果，为苹果渣青贮饲料在奶牛和奶山羊饲喂的添加比例提供依据。

1　材料

1.1　试验地点

奶牛喂养试验：陕西宝鸡澳华现代牧业有限责任公司。

奶山羊喂养试验：陕西省周至圣羊乳业奶源基地。

1.2　试验用饲料

奶牛精料由杨凌迪高维尔生物技术有限公司提供；干果渣由陕西眉县恒兴果汁厂提供；发酵果渣由西北农林科技大学资源环境学院薛泉宏教授提供；奶牛粗饲料由宝鸡澳华现代牧业有限责任公司提供。

奶山羊精料及粗饲料由陕西省周至圣羊乳业奶源基地提供。

1.3　试验动物

试验用奶牛由宝鸡澳华现代牧业有限责任公司提供。选取体况相近的8头中期泌乳牛（泌乳天数80~120d），前四期采用2重复4×4拉丁方试验设计，研究不同类型苹果渣对泌乳牛生产性能的影响。前四期每期的适应调整期为14d，样品收集期为7d，试验期共88d。第五期喂养时间21d，前14d为适应期，后7d为采样期。

试验用奶山羊由陕西省周至圣羊乳业奶源基地提供。按照胎次、体重、产奶量和营养基本均衡的方法将36只泌乳羊随机分为3组，每12组只。分别饲喂常规饲料、添加青贮苹果渣饲料及同时添加青贮苹果渣及中草药的饲料。试验期30d，前13d为适应期，后17d为采样期。

2 方法

2.1 奶牛精细喂养试验方案

处理 1：对照组，每头每天投喂 A 料 9kg；处理 2：风干果渣组，每头每天饲喂 B 料 7.74kg、风干果渣 1.26kg；处理 3：青贮果渣组，每头每天饲喂 B 料 7.74kg、鲜青贮果渣 5.04kg（折算干果渣 1.26kg）；处理 4：发酵果渣组，每头每天饲喂 C 料 7.74kg、发酵果渣 1.26kg。具体喂养方案见表 1、表 2。

表 1 奶牛精细试验日粮及精料补充料成分

日粮供应量	对照组	干苹果渣	青贮苹果渣	发酵苹果渣
玉米青贮 Corn silage	30	30	30	30
苜蓿干草 Alfalfa hay	2	2	2	2
精料补充料 Concentrate supplement	9	9	9	9
精料补充料组成（风干，%）Dry concentrate supplement composition				
玉米 Corn	50	50	50	51
麸皮 Bran	15	0	0	0
豆粕 Soybean meal	5	5	5	5
棉粕 Cottonseed meal	25	25.5	25.5	25
干苹果渣 Dry apple pomace	0	14	0	0
青贮苹果渣 Apple pomace silage	0	0	14	0
发酵苹果渣 Fermented apple pomace	0	0	0	14
尿素 Urea	0	0.5	0.5	0
奶牛5%预混料 5% premix for cow	5	5	5	5

表 2 精料补充料加工配方　　　　　　　　　　　　　　　　　　　（kg）

配方	对照组	干果渣/青贮果渣	发酵果渣
玉米 Corn	1 000	1 995.2	1 020
豆粕 Soybean meal	100	199.5	100
棉粕 Cottonseed meal	500	1 025.2	500
麸皮 Bran	300	–	–
尿素 Urea	–	20.6	–
奶牛5%预混料5% premix for cow	100	199.5	100
合计 Total	2 000	3 440	1 720
包装袋标记 Lable	A	B	C

2.2 奶羊喂养试验

试验动物分为 3 组，第 1 组为对照组 CK，即常规饲喂组，第 2 组为添加青贮苹果渣的处理组；第 3 组为同时添加苹果渣和中草药的处理组。在第 2 和 3 组中，用青贮果渣分别代替 50% 精饲料和青贮玉米。中草药配方：王不留行、六露通、益母草、漏芦、黄芪、木通、川芎、当归、甘草，按比例配合。具体的奶羊喂养日粮配方见表 3。

表 3 奶羊喂养试验日粮配方和精料补充料成分

日粮供应量	对照组	青贮苹果渣组	青贮苹果渣+中草药组
玉米青贮 Corn silage	3 000	1 500	1 500
青干草 Hay	500	500	500
青贮苹果渣 Apple pomace silage	–	2 400	2 400
中草药 Herbs	–	–	60
精料补充料 Concentrate supplement	450	225	225
精料补充料组成（风干，%）Dry concentrate supplement composition			
玉米 Corn	45	45	45
麸皮 Bran	30	30	30
骨粉 Bone powder	1	1	1
食盐 Salt	1	1	1
油渣 Oil dregs	13	13	13
小苏打 Sodium bicarbonate	2	2	2
奶牛预混料 Premix for cow	8	8	8

2.3 奶牛补充喂养试验

为了更好地反映出不同添加量的青贮苹果渣在奶牛饲喂中的效果，设计补充喂养试验。本试验中青贮苹果渣的添加量设置了两个梯度，分别占总干物质含量的 14% 和 21%。处理 1：对照组，每头每天投喂 A 料 9kg；处理 2：添加 14% 发酵果渣组，每头每天饲喂 C 料 6.48kg、发酵果渣 2.52kg；处理 3：添加 14% 青贮果渣组，每头每天饲喂 B 料 7.5kg、鲜青贮果渣 10.36kg（折算干果渣 2.52kg）；处理 4：添加 21% 青贮果渣组，每头每天饲喂 B 料 7.5kg、鲜青贮果渣 15.54kg（折算干果渣 3.78kg）。具体设计方案见表 4。

表 4 奶牛补充试验日粮配方

日粮供应量	对照组	青贮果渣组		发酵果渣组
		14%处理	21%处理	14%处理
玉米青贮 Corn silage	30	25.64	20.46	30
苜蓿干草 Alfalfa hay			2	
精料补充料 Concentrate supplement	A料9	B料7.5		C料6.48
青贮苹果渣 Apple pomace silage	–	10.36	15.54	–
发酵苹果渣 Fermented apple pomace	–	–	–	2.52

2.4 主要测定指标

2.4.1 奶牛精细试验主要测定指标

（1）干物质采食量及剩料分析。每个喂养期最后7d是样品收集期，每日分别记录4种饲料的采食量，并取吃剩料样品100g，-20℃保存，测定水分、CP、NDF、Ca、P和WSC含量。

（2）乳产量和乳成分。样品收集期每日记录乳产量。最后3d，每次挤奶中期，取30mL乳样，冷藏保存，将3次样品混合，尽快测定各类乳成分。

（3）粪便。测定粪便水分和粗蛋白质。

（4）饲料转化效率（李胜利，2007）。饲料转化效率的计算公式为：

饲料转化效率（DE）=3.5%FCM（kg）/平均干物质采食量（DMI）（kg）。

乳脂校正乳（FCM）计算公式为：

3.5%FCM（kg）=［0.515×产奶量（kg）+（13.86×乳脂量（kg）］，此时的饲料转化效率是基于3.5%FCM的饲料转化效率。

乳脂量（kg）=产奶量（kg）×乳脂率（%）

2.4.2 奶羊主要测定指标 奶产量和奶品质。

2.4.3 补充奶牛试验测定指标

（1）干物质采食量及剩料分析。每个喂养期最后7d是样品收集期，每日分别记录4种饲料的采食量，并取吃剩料样品100g，-20℃保存，测定水分、CP、NDF、Ca、P和WSC。

（2）乳产量、粪便水分和粗蛋白质。

2.5 测定方法

2.5.1 全磷（P）的测定（鲍士旦，2005）

（1）原理。采用钒钼黄吸光光度法测定P，饲料样品经浓H_2SO_4消煮使各种形态的磷转变成磷酸盐。待测液中的正磷酸与偏钒酸和钼酸反应生成黄色的三元杂多酸，其吸光度与磷浓度呈正比，可在波长400~490nm处用分光光度计测定磷含量。此法操作简便，能在常温稳定显黄色。

（2）操作方法。吸取10.00mL经定容、过滤后的消煮液（V_2）放入50mL容量瓶中，加入2滴二硝基酚做指示剂，用6mol/L NaOH中和至溶液刚呈黄色，再加入10.00mL钒钼酸铵试剂，用水定容（V_3）至刻度。15min后测定吸光值，以对照消煮液显色后的溶液调零。标准曲线的制作：准确吸取浓度为50mg/L P标准液0mL，1mL，2.5mL，5mL，7.5mL，10mL，15mL到50mL容量瓶中，滴加指示剂，按上述步骤显色，获得0mg/L，1.0mg/L，2.5mg/L，5.0mg/L，7.5mg/L，10mg/L，15mg/L P的标准系列溶液，与待测液一起测定吸光度，绘制出标准曲线。

（3）结果计算：

$$全P（\%）=C（P）×（V_1/m）×（V_3/V_2）×10^{-4}$$

式中：$C（P）$为从校准曲线或回归方程求得的显色液中磷浓度，（mg/L）；

V_3为显色液的体积（mL）；

V_2为吸取测定用消煮液的体积（mL）；

V_1为消煮液的定容体积（mL）；

m为样品重量（g）；

10^{-4} 为将 mg/L 浓度单位与百分含量的换算系数。

2.5.2 全钙测定（鲍士旦，2005）

（1）原理。植物钙的测定采用 EDTA 络合滴定法；植物样品经干灰化后，用稀盐酸煮沸，溶解灰分中的钙，待测液中的 Ca^{2+} 用 EDTA 直接滴定法。在 pH 为 10 并有大量铵盐存在时，将指示剂加入待测液后，首先与钙离子形成红色络合物，使溶液呈红色或紫红色。当用 EDTA 进行滴定时，由于 EDTA 对钙离子的络合能力远比指示剂强，因此，在滴定过程中，原先为指示剂所络合的钙离子即开始为 EDTA 所夺取，当溶液由红色变为兰色时，即达到滴定终点，钙离子全部被 EDTA 络合。

（2）操作方法。准确称取烘干、磨细、混匀的植物样品 2g（精确到 0.001g），放在瓷坩埚中进行灰化。冷却后用少量水湿润灰分，然后滴加 1.2mol/L HCl，慎防灰分飞溅损失。作用缓和后添加 1.2mol/L HCl 共约 20mL 加热到沸腾，溶解残渣。趁热用无灰滤纸过滤，滤液盛于 100mL 容量瓶中；用热水洗涤瓷坩埚和残渣，冷却后用水定容，即得 HCl 浓度约为 0.24mol/L 的待测液。测定时吸取上述待测液 10mL 放入 150mL 三角瓶中，用水稀释至约 50mL 加入 1：1 三乙醇胺 2mL，摇匀，再加 4mol/L NaOH 2mL 摇匀放置 2min Mg（OH）$_2$ 沉淀后立即加入 K-B 指示剂 0.1~0.2g，用 0.01mol/L EDTA 标准溶液滴定至紫红色突变为蓝绿色。记录所用 EDTA 的毫升数 V_1 其摩尔浓度为 M。

（3）结果计算。

$$Ca（\%）=MV_1 \times 0.040\,08 \times 分取倍数/样品称重（g）\times 100\%$$

式中：M 为 EDTA 溶液摩尔浓度；

V_1 为 EDTA 溶液滴定 Ca 时消耗的体积（mL）；

分取倍数——在本操作步骤中是 100/10 = 10。

2.5.3 乳成分 牛乳成分的分析由蒙牛乳业（陕西宝鸡）有限公司完成。羊乳成分采用银河系列乳成分分析仪测定。

3 结果与分析

3.1 奶牛精细试验结果与分析

奶牛喂养试验在宝鸡澳华现代牧业有限责任公司进行，选取体况相近的 8 头中期泌乳牛（泌乳天数 80~120d），精细喂养试验采用 2 重复 4×4 拉丁方试验设计，研究不同类型苹果渣对泌乳牛生产性能的影响。

3.1.1 干物质采食量 从表 5 可以看出，处理 3 的 DM 采食量显著高于处理 1（$P<0.05$），处理 3 与处理 2 和 4 的差异不显著。添加苹果渣的饲料喂养组奶牛采食量较常规饲料采食量高，说明不同处理方式的苹果渣虽然其营养成分各有差异，但是奶牛适口性均较好，提高了奶牛的采食量。青贮果渣由于其保持了原料的新鲜，同时又具有浓郁的芳香，因此牛奶 DM 采食量最高。

表5 干物质采食量 （kg/d）

处理Treatment	干物质采食量Dry matter intake	处理Treatment	干物质采食量Dry matter intake
1	16.61 ± 0.41b	3	16.75 ± 0.48a
2	16.63 ± 0.17ab	4	16.64 ± 0.23ab

注：表中数据后标不同小写字母表示差异显著（$P<0.05$），标相同字母表示差异不显著（$P>0.05$）

3.1.2 剩料养分分析 从表6可以看出，各处理剩余料中的粗蛋白质、全磷、钙及可溶性碳水化合物均无显著差异。从平均值来看，常规饲料组剩料中CP含量为最高，发酵果渣组CP含量最低；干果渣组P含量为最高，青贮果渣组P最低；青贮果渣组剩料中Ca含量最高，而常规饲料组最低；剩料中可溶性碳水化合物在常规饲料组最高，在发酵果渣组最低。说明饲喂较低含量不同类型的苹果渣饲料与饲喂常规饲料相比，剩余料中的各营养指标无显著差异，各处理组奶牛摄入的营养相当。

表6 剩料养分分析 （g/kg）

指标Index 处理Treatment	粗蛋白质CP	全磷P	钙Ca	可溶性碳水化合物WSC
1	48.80 ± 6.29	4.36 ± 0.21	0.40 ± 0.88	16.61 ± 2.06
2	46.76 ± 7.63	4.80 ± 0.76	0.56 ± 0.18	16.18 ± 3.06
3	46.07 ± 5.00	4.13 ± 0.33	0.58 ± 0.34	16.36 ± 3.25
4	43.30 ± 0.23	4.46 ± 0.53	0.41 ± 0.09	15.86 ± 2.90

3.1.3 奶产量及奶品质 由表7可以看出，各处理奶产量及奶品质均无显著差异，主要原因是果渣在饲料中的添加比例过低，煤油体现出作用效果。处理1奶产量最高，处理4次之，处理2最低，添加7%果渣组的奶产量均低于常规饲料喂养组，说明7%的果渣添加量不能够提高奶产量；饲喂干果渣处理组的乳脂最高，常规饲料组最低；青贮果渣组乳蛋白最高，发酵果渣组最低；青贮果渣组奶中干物质最高，干果渣组最低；常规饲料组非脂最高，干果渣组最低；常规饲料组乳糖含量最高，干果渣组最低；4种饲料的乳品密度均相似；发酵果渣组冰点最高，常规饲料组和青贮果渣组冰点相似。综上可以看出，三类果渣中，7%青贮果渣对于牛奶的乳蛋白、干物质和乳糖有较好的改善作用；7%发酵果渣及干果渣作用效果不太明显。

表7 奶产量及奶品质

指标 index 处理 treatment	奶产量 Milk yield （kg/d）	乳脂 Milk fat	乳蛋白 Milk protein	干物质 DM	非脂 Non-fat	密度 Density	冰点 Freezing point	乳糖 Lactose
1	19.4 ± 3.8	2.3 ± 0.9	3.1 ± 0.1	10.5 ± 1.6	8.7 ± 0.4	1.0 ± 0.1	−0.6 ± 0.0	5.1 ± 0.1
2	18.7 ± 3.7	2.5 ± 0.8	3.1 ± 0.2	10.3 ± 1.2	8.8 ± 0.7	1.0 ± 0.3	−0.5 ± 0.1	4.9 ± 0.2
3	19.0 ± 3.8	2.5 ± 0.7	3.1 ± 0.2	10.6 ± 1.6	8.7 ± 0.6	1.0 ± 0.2	−0.6 ± 0.1	5.0 ± 0.3
4	19.1 ± 2.4	2.5 ± 0.9	3.0 ± 0.1	10.4 ± 1.5	8.5 ± 0.4	1.0 ± 0.2	−0.5 ± 0.0	5.0 ± 0.2

3.1.4　粪便水分及粗蛋白质　由表8可以看出，各处理粪便水分及粗蛋白质无显著差异。从平均值看，添加青贮果渣的处理组奶牛粪便水分为最高，其他三个饲料处理差异不大；添加果渣组奶牛粪便中CP含量均高于常规饲料组，其中，发酵果渣组为最高。说明添加青贮果渣会提高奶牛粪便的含水量；添加果渣后，粪便中的粗蛋白质含量较高。

表8　粪便水分及粗蛋白质

指标Index 处理 Treatment	水分 Water content（%）	粗蛋白质 CP（g/kg）
1	81.63±2.75	7.20±0.44
2	81.65±2.83	7.67±0.71
3	82.44±2.09	7.70±0.39
4	81.50±2.37	7.71±0.63

3.1.5　饲料转化效率　由9可以看出，处理3的奶牛饲料转化率显著高于其他处理（$P<0.05$），处理1和4奶牛饲料转化率显著高于处理2（$P<0.05$）。由此可以看出，青贮苹果渣饲料奶牛转化率高，饲料利用效果好。

表9　饲料转化率

处理 Treatment	饲料转化率 Feed conversion rate	处理 Treatment	饲料转化率 Feed conversion rate
1	1.16±0.2b	3	1.20±0.01a
2	1.11±0.01c	4	1.16±0.01b

注：表中数据后标不同小写字母表示差异显著（$P<0.05$），标相同字母表示差异不显著（$P>0.05$）

3.2　奶羊喂养试验结果与分析

3.2.1　奶产量　由表10可以看出，添加青贮果渣的奶羊喂养组的产奶量与CK组具有极显著差异（$P<0.01$），与同时添加青贮苹果渣和中草药的喂养组有显著差异（$P<0.05$）。说明在奶羊喂养中，用青贮苹果渣代替50%的精饲料和青贮玉米可以极显著的提高奶山羊的产奶量，青贮苹果渣中的有益微生物可以改善奶山羊体内的微生物环境，提高动物的消化率，提高动物的生产性能。添加催奶中草药组的产奶量显著低于单纯添加青贮苹果渣组，主要原因有两点：①苹果渣中的个别养分与中草药中的某些成分可能相互拮抗，导致青贮苹果渣中添加中草药喂养组的产奶量较低；②可能与饲喂时间较短有关。王秋芳等（王秋芳，1993）在用中草药添加剂对山羊泌乳性能的影响研究中，将中草药粉碎后拌入精料中连续饲喂15d，停止饲喂中草药后12d内平均产奶量增长率仍达到9.37%（张淑云，2004）。等在停止饲喂中草药后又连续观察了4个月，发现试验组产奶量比对照组日平均泌乳量增长7.9%。由于本实验饲喂期较短，而中草药的药性作用较慢，故中草药催奶作用不明显。

表 10　奶山羊产奶量 　　　　　　　　　　　　　　　　　　　　　　　（kg/d）

处理Treatment　　　　指标Index	产奶量 Milk yield（kg/d）
对照组 CK	1 489.7 ± 121.0B
青贮苹果渣组 Apple pomace silage	1 942.7 ± 154.7Aa
青贮苹果渣+中草药组 Apple pomace silage with herbs	1 849.5 ± 117.6Ab

注：表中数据后标不同小写字母表示差异显著（P<0.05），数据后标不同大写字母表示差异极显著（P<0.01）

3.2.2　奶品质　由表 11 可以看出，添加青贮果渣及同时添加青贮果渣和中草药处理组的脂肪、非脂、密度、蛋白质、冰点、乳糖和灰分与对照组相比有极显著的提高（P<0.01）。添加青贮苹果渣组的乳成分与同时添加青贮苹果渣和中草药组的差异不显著。说明奶山羊饲喂青贮苹果渣可以极显著的提高其奶品质。

表 11　奶山羊奶品质

处理 Treatment　　指标 Index	脂肪 Fat	乳糖 Lactose	非脂 Not-fat	蛋白质 Protein	灰分 Ash	密度 Density	冰点 Ice point
对照组 CK	3.41 ± 0.03B	4.53 ± 0.04B	7.72 ± 0.07B	2.56 ± 0.02B	0.63 ± 0.01B	24.98 ± 0.27B	50.89 ± 0.49B
青贮苹果渣组 Apple pomace silage	3.55 ± 0.04A	4.65 ± 0.02A	7.96 ± 0.27A	2.65 ± 0.01A	0.66 ± 0.00A	25.80 ± 0.15A	52.39 ± 0.16A
青贮苹果渣+中草药组 Apple pomace silage with herbs	3.60 ± 0.81A	4.67 ± 0.01A	7.99 ± 0.12A	2.66 ± 0.01A	0.66 ± 0.00A	25.76 ± 0.05A	52.63 ± 0.12A

注：数据后标不同大写字母表示差异极显著（P<0.01）

3.3　奶牛补充试验结果与分析

3.3.1　干物质采食量与产奶量　由表 12 可以看出，处理 3 和 4 的干物质采食量显著高于处理 1 和 2（P<0.05）。处理 3、4 之间，处理 1、2 之间差异不显著。说明添加 14% 和 21% 青贮苹果渣可以显著提高奶牛的干物质采食量，并且 21% 青贮果渣组采食量高于 14% 青贮果渣组；添加 14% 发酵果渣奶牛采食量高于常规饲料组。处理 3 和 4 奶牛产奶量显著高于处理 1 和 2（P<0.05），处理 1 和 2 的奶牛产奶量差异不明显。说明添加较大量的青贮苹果渣可以显著提高奶牛的产奶量，并且 21% 青贮果渣组效果好于 7% 和 14% 青贮果渣组。

表12　干物质采食量与产奶量

指标 Index　处理 Treatment	干物质采食量Dry matter intake（kg/d）	产奶量 Milk yield（kg/d）
1	16.52 ± 0.78b	15.56 ± 1.36b
2	16.59 ± 0.07b	15.63 ± 0.32b
3	17.11 ± 0.08a	19.17 ± 1.83a
4	17.16 ± 0.10a	19.97 ± 0.87a

注：表中数据后标不同小写字母表示差异显著（$P<0.05$），标相同字母表示差异不显著（$P>0.05$）

3.3.2　剩料量养分分析　从表13可以看出，在奶牛采食剩余料中，除可溶性碳水化合物外，各处理的粗蛋白质（CP）、全磷（P）和钙（Ca）均无显著差异。处理4剩料中的可溶性碳水化合物的含量显著高于处理1、2和3，说明此处理奶牛摄入的碳水化合物相对较少，营养利用较低。CP在处理2的剩料中最高，在处理3中最低；全磷在处理1和3的剩料中最高，在处理2中最低；钙在处理3的剩料中最高，在处理2中最低。

表13　剩料量养分分析　　　　　　　　　　　　　　　　（g/kg）

指标 Index　处理 Treatment	粗蛋白质CP	全磷 P	钙 Ca	可溶性碳水化合物 WSC
1	44.64 ± 4.17	6.99 ± 0.43	0.37 ± 0.04	13.43 ± 2.47b
2	47.39 ± 0.40	6.89 ± 0.00	0.36 ± 0.01	13.34 ± 1.30b
3	43.76 ± 0.91	6.99 ± 0.43	0.51 ± 0.07	12.55 ± 1.45b
4	45.64 ± 0.84	6.98 ± 0.44	0.38 ± 0.24	19.18 ± 2.16a

注：表中数据后标不同小写字母表示差异显著（$P<0.05$），标相同字母表示差异不显著（$P>0.05$）

3.3.3　粪便水分及粗蛋白质　从表14可以看出，处理3和4的粪便水分较处理1和2偏高，但无显著差异，说明添加14%和21%青贮果渣奶牛排便正常，未出现拉稀。处理4粪便中的粗蛋白质显著高于处理1和3，与处理2差异不显著，说明添加21%青贮果渣处理组奶牛对粗蛋白质的吸收相对较差。

表14　粪便水分及粗蛋白质

指标 Index　处理 Treatment	水分 Water content %	粗蛋白质CP（g/kg）
1	82.48 ± 0.85	7.53 ± 0.40b
2	82.60 ± 0.33	8.05 ± 0.24ab
3	83.88 ± 0.49	7.44 ± 0.26b
4	83.09 ± 2.28	8.55 ± 0.70a

注：表中数据后标不同小写字母表示差异显著（$P<0.05$），标相同字母表示差异不显著（$P>0.05$）

4 结论与讨论

（1）用青贮苹果渣饲喂奶牛和奶山羊，个别动物在刚开始后会有短暂的拒食现象，2~3d 以后即恢复正常。饲喂青贮苹果渣后，试验动物采食量增加，毛色发亮，体重变化不大，粪便未有异常，身体状况良好。

（2）在奶牛日粮中添加 7% 的苹果渣饲料对奶牛的产奶量及奶品质没有明显的改善。添加 7% 青贮苹果渣可以显著提高奶牛的采食量和饲料转化率（$P<0.05$），添加 7% 的干果渣和发酵果渣对奶牛采食量的影响不明显。常规饲料喂养组与添加饲料组的奶牛剩料中 CP、P、Ca 和 WSC 含量的差异均不显著；奶牛粪便水分及粪便 CP 含量差异亦不显著。

（3）与对照组相比，在奶牛日粮中添加 14% 和 21% 青贮果渣可以显著提高奶牛的采食量和产奶量（$P<0.05$），并且 21% 奶牛喂养组采食量和产奶量最高；同时 14% 和 21% 青贮苹果渣组奶牛的采食量和产奶量显著高于 14% 发酵果渣组与 CK（$P<0.05$）。除添加 21% 青贮苹果渣组的 WSC 含量显著高于其他处理外（$P<0.05$），各处理 CP、P 和 Ca 含量差异均不显著。所有处理粪便水分没有显著差异，添加 21% 青贮苹果渣饲喂组奶牛粪便中的 CP 显著高于添加 14% 青贮苹果渣和常规饲喂组（$P<0.05$），与添加 14% 发酵果渣饲喂组差异不显著。

（4）饲喂青贮苹果渣和同时饲喂青贮苹果渣及中草药可以极显著的提高奶山羊产奶量（$P<0.01$），同时饲喂青贮苹果渣处理组与同时饲喂青贮苹果渣和中草药的喂养组奶山羊产奶量有显著差异（$P<0.05$）。与对照组相比，青贮苹果渣组和青贮苹果渣加中草药组的脂肪、非脂固形物、密度、蛋白质、冰点、糖和灰分有极显著的提高（$P<0.01$），而青贮苹果渣组的乳成分与青贮苹果渣加中草药组差异不显著。

（5）苹果渣青贮饲料在奶牛喂养中的添加量占到 21% 时，其饲喂效果明显好于 7% 和 14% 的添加量和常规饲喂组；在奶山羊饲喂过程，苹果渣青贮饲料的添加量占干物质含量的 37.5% 时，奶山羊未出现不良反应，且其饲喂效果明显好于常规饲喂组。说明在动物喂养时，用一定比例的苹果渣青贮饲料代替部分青贮玉米秸秆饲料和精料，效果优于常规喂养，且降低了饲料成本，提高了经济效益。

参考文献共 9 篇（略）

原文见文献 肖健. 微生物添加剂对苹果渣青贮效果影响及动物喂养研究[D]. 西北农林科技大学，2010: 41-45.

芽孢杆菌安全性试验及动物喂养试验

张文磊，来航线，张艳群，马玥

（西北农林科技大学资源环境学院，陕西杨凌 712100）

摘要：通过菌株安全性试验和动物试验确定饲用芽孢杆菌的作用效果。结果表明：雏鸡日粮中按 1.0×10^7 个 /kg 饲料的用量添加微生态制剂，能够有效的预防沙门氏菌性鸡白痢，有效减少雏鸡发病死亡率。当添加量为 5.0×10^8 个 /kg 饲料时，可治疗由沙门氏菌引起的雏鸡白痢，治愈率达 90%，与环丙沙星疗效相当。日粮中添加微生态制剂还可以显著提高雏鸡的生长性能，本试验中微生态制剂预防组、微生态制剂治疗组均能显著提高雏鸡日增重（$P<0.05$），与对照组相比平均日增重分别提高 24.53% 和 16.24%。

关键词：安全性试验；动物试验；微生态制剂；芽孢杆菌

Bacillus Safety Test and Animal Feeding Test

ZHANG Wen-lei, LAI Hang-xian, ZHANG Yan-qun, MA Yue

(College of Natural Resources and Environment, Northwest A &F University, Yang ling, Shaanxi 712100, China)

Abstract: By strain safety test and animal experiments to determine the effects of feeding bacillus. Results showed that: chicks diets by 1.0×10^7/kg feed amount add probiotics, can effectively prevent Salmonella pullorum, effectively reducing the chickens incidence of mortality. When the dosage of 5.0×10^8/kg, can treat chicks caused by Salmonella pollorum, 90% cure rate with diprofloxacin efficacy considerable equal. Dietary supplementation of probiotics can also significantly improve the growth performance of chicks. Probiotics prevention group and probiotics treatment group all could significantly raise the chicks daily gain ($P<0.05$), compared with the control group average daily gain were increased by 24.53% and 16.24%.

Key words: safety testing; animal experiment; probiotics; *Bacillus*

基金项目："十二五"国家科技支撑计划项目（2012BAD14B11）。

作者简介：张文磊（1986— ），男，河南扶沟人，硕士，主要从事资源微生物学。Email: zhangwenlei1003@163.com。

导师简介：来航线（1964— ），陕西礼泉人，副教授，博士生导师，主要从事微生物资源与利用研究。E-mail: laihangxian@163.com。

微生态制剂因其能改善家禽胃肠道微生态环境，提高饲料利用率，增强机体免疫功能，且自身无毒、无残留、成本低，其作用和功效已得到广泛的验证和认可，能在一定程度上取代抗生素在畜牧业养殖中的作用（幸娜，2010）。

用于微生态制剂生产的菌株必须是安全无毒的，在其生长代谢过程中不会产生任何有毒物质。1998年美国饲料行业协会（AAFCO）公布了包括多种芽孢杆菌在内的40余种可直接饲喂且通常认为是安全的微生物（GRAS）。我国农业部1996年和1999年公布的饲料级微生物添加剂中的乳酸杆菌、枯草芽孢杆菌、酵母菌、粪链球菌、噬菌蛭弧菌等多种益生菌都已投入生产（徐锡殿，2006）。经过多年的研究，芽孢杆菌类微生态制剂已经得到广泛的应用（Cutting SM，2011）。

本试验拟选用小白鼠和雏鸡作为试验动物，研究芽孢杆菌的毒力作用及芽孢杆菌类微生态制剂提高雏鸡生产性能和防治雏鸡白痢的作用效果，为芽孢杆菌在鸡和其他动物养殖中的实际应用提供理论依据。

1 芽孢杆菌的安全性试验

1.1 试验材料与方法

1.1.1 试验材料　菌种蜡样芽孢杆菌B02，枯草芽孢杆菌B06。

试验动物一级小白鼠，20g左右，购自第四军医大学；雏鸡，2日龄，购自西北农林科技大学实验农场。

1.1.2 试验方法　小白鼠腹腔注射法：选取健康小白鼠60只，随机分为10组，每组6只小鼠。1~4为B02菌株试验组，5~8组为B06菌株试验组，9~10组为对照组。试验进行前确定小鼠重量。试验组有分为常规剂量组和高剂量组，常规剂量组按10^9个/g体重将菌液注射入小鼠腹腔，高剂量组按10^{13}个/g体重注射，对照组注射生理盐水。正常饲养观察，记录3d内小鼠的死亡数。

小鼠灌胃法：取健康小白鼠60只，随机分为10组，每组6只小鼠。1~4为B02菌株试验组，5~8组为B06菌株试验组，9~10组为对照组。试验进行前确定小鼠重量。试验组有分为常规剂量组和高剂量组，常规剂量组按10^6个/g体重给小白鼠灌胃，高剂量组按10^8个/g灌胃，对照组灌入生理盐水。每天一次，连续灌胃5d，停止灌胃后24h后，将试验组和对照组小白鼠颈椎脱位致死，解剖检查脏器变化，取小鼠心脏、肝脏等组织分离病原。

雏鸡安全性试验：取2日龄雏鸡30只，分为2组，每组15只，试验组按10^8个/g饲料的剂量添加B02制剂，连续8d；对照组饲喂基础日粮。

2 动物喂养试验

2.1 试验材料

2.1.1 微生态制剂　本实验室研制，芽孢杆菌发酵液经高速离心浓缩、固定载体吸附、冻干、粉碎等一系列过程制成的微生态制剂，内含蜡样芽胞杆菌B02，有效活菌数在1.5×10^{13}个/kg以上。

2.1.2 试验用雏鸡　8日龄雏鸡150只，未经鸡肠炎沙门氏菌疫苗免疫，购于西北农林科技大学实验农场。

2.1.3 **基础日粮** 陕西华秦农牧科技有限公司生产的911A型蛋小鸡配合饲料。

2.1.4 **供试菌株** 鸡肠炎沙门氏菌（*Salmonella Pullorum*），由西北农林科技大学动物医学院王晶钰老师提供。

2.1.5 **试验用药品** 环丙沙星，珠海市国贸生物科技有限公司生产，生产批号190402159，全检合格，正常使用。

2.2 试验方法

（1）试验雏鸡分组及试验设计。将8日龄的小鸡随机分成5组，每组30只，分为：A.健康对照组；B.感染对照组（感染前后均不添加微生态制剂）；C.微生态制剂预防组（感染前后一直添加微生态制剂）；D.微生态制剂治疗组（感染后加微生态制剂治疗）；E抗生素治疗组，选用环丙沙星。预试验期为7d，观察雏鸡生长是否正常；小鸡15日龄时对微生态制剂预防组先在饲料中拌入微生态制剂3~5d后，再对第2到第4组小鸡进行沙门氏菌口服攻毒，发病后对微生态制剂治疗组投喂微生态制剂3~5d，观察各组鸡群临床症状及发病情况，及时剖检病鸡，并分离细菌做初步鉴定。

（2）人工感染试验。将所分离的鸡肠炎沙门氏菌接种于5mL试管中，37℃震荡过夜培养。对菌液稀释至0.5麦氏浓度，每只灌服0.3mL，对照组不接种，每1d观察发病与死亡情况，从死亡的鸡只中分离细菌，进行细菌学鉴定。

（3）饲喂方法。网上笼养，任其自由采食和饮水。

3 结果与分析

3.1 安全性试验

腹腔注射试验结果表明，B02菌株为弱毒性，在菌数 $\geq 10^{13}$ 个/g体重时会导致小鼠死亡，菌数 $\leq 10^9$ 个/g体重时无毒。B06菌株为无毒菌株。

灌胃试验结果显示，试验组小白鼠全部存活，与对照组小鼠相比，没有任何病理学变化，从小鼠部分组织器官中分离得到了2株优势细菌，经鉴定为蜡样芽胞杆菌和枯草芽孢杆菌。

以 10^8 个/g饲料的剂量添加B02制剂给雏鸡使用，连续8d，雏鸡生长状况良好，未见死亡。

由此可知，按常规用量将两株菌作为饲料添加剂喂养动物是安全无毒的。

3.2 对照组雏鸡感染情况观察

对照组攻毒后24h约半数雏鸡出现不适状况，表现为精神萎靡、羽毛蓬松无光泽、食欲差等，48h出现腹泻，并逐渐有死亡状况出现，8d后不再有死亡发生，但部分雏鸡生长状况不好，个别小鸡肛门粘有粪块。

3.3 试验组感染致病菌及治疗情况统计

在30d试验期内，各个试验组雏鸡的发病及治疗情况见表1。

表 1 微生态制剂防治鸡白痢的效果

处理组	试验雏鸡（只）	发病数（只）	死亡数（只）	死亡率（％）	治愈率（％）
A	30	3	2	6.7	
B	30	30	14	46.7	
C	30	6	4	13.3	
D	30	30	3	10	90
E	30	30	2	6.7	93.3

从表 1 可以看出，微生态制剂预防组（C）中，按 1.0×10^7 个/kg 饲料的剂量添加微生态制剂，对沙门氏菌性鸡白痢有良好的预防效果，发病的雏鸡数仅为 6 只，死亡率仅为 13.3%；微生态制剂治疗组中（D），按 5.0×10^8 个/kg 饲料的剂量添加微生态制剂，发病的雏鸡中仅有 3 只死亡，治愈率达 90%，与环丙沙星治疗组（E）的疗效相当。可见，雏鸡饲喂微生态制剂对沙门氏菌性鸡白痢有很好的预防和治疗作用，效果非常理想，可基本取代环丙沙星药物。

通过及时解剖病鸡，从肝脏等病变组织器官中分离出细菌，经鉴定为沙门氏菌（东秀珠，2001）。对照组中 1 只死亡雏鸡中没有分离出沙门氏菌，其死亡可能是其他因素引起的。

3.4 微生态制剂对雏鸡生长情况的影响

40 日龄时各试验组雏鸡平均体重及增重情况见表 2。

表 2 微生态制剂对雏鸡生长性能的影响

处理组	试验雏鸡（只）	15 日龄均重（g）	38 日龄均重（g）	平均日增重（g）
A	30	115.36 ± 6.82a	323.43 ± 17.41b	9.05 ± 0.28c
B	30	116.55 ± 7.4a	278.74 ± 16.89c	7.05 ± 0.73d
C	30	115.44 ± 8.15a	374.65 ± 22.4a	11.27 ± 0.55a
D	30	116.27 ± 7.83a	358.19 ± 20.33ab	10.52 ± 0.87ab
E	30	114.84 ± 8.64a	331.83 ± 21.92b	9.43 ± 0.47bc

注：同列数据后的小写字母者表示不同处理间差异的显著性（$P<0.05$）

从表 2 中可以看出，微生态制剂预防组（C）、微生态制剂治疗组（D）雏鸡的试验末期均重及平均日增重显著高于对照组（A）和感染对照组（B）（$P<0.05$），与对照组相比平均日增重分别提高 24.53% 和 16.24%。环丙沙星治疗组（E）也能在一定程度促使雏鸡增重，但与对照组相比差异不显著。可见，在雏鸡基础日粮中添加微生态制剂可显著提高平均日增重，提高雏鸡生长性能。

综上可知，在雏鸡日粮中添加 B02 制剂，不仅可以防病治病，还能有效促进雏鸡生长发育，综合效益明显。

4 B02 芽孢杆菌制剂的其他应用效果观察

4.1 对猪腹泻的疗效

2011 年 8 月，对本香集团杨凌生猪标准化养殖实训基地 200 例腹泻病猪服用微生态制剂，每天 2 次、每次 2~3g（B02 有效活菌数在 1.5×10^{10} 个 /g 以上），连续服用 2~3d，可治愈；2011 年 11 月，徐西湾村村民马万里的 2 头 50 日龄断奶仔猪出现腹泻现象，在喂服土霉素无效后，使用 B02 制剂，每次 3~4g，每天 2 次，服用后症状明显好转，连服 3d 后痊愈；乔家底村村民乔二军的 1 头 60 日龄公猪，已腹泻 3d，饮食基本正常，在服用 B02 制剂 2~3 次后即基本痊愈。

4.2 对羊只腹泻的疗效

（1）2011 年 9 月，胡家底东堡子胡天来所饲养的体重 30kg 的羊腹泻，用 B02 制剂每天服用 2 次，第 2 天即明显见效。

（2）西北农林科技大学实验农场，60 日龄的奶山羊群出现腹泻，通对饲喂 B02 制剂，羊只 3d 后的排便恢复常态。

5 结论与讨论

（1）B02 菌株为弱毒性，B06 菌株为无毒菌株。按 $\leq 10^9$ 个 /g 体重的用量将两株菌作为饲料添加剂喂养动物是安全无毒的。

（2）雏鸡日粮中按 1.0×10^7 个 /kg 饲料的用量添加微生态制剂，能够有效的预防沙门氏菌性鸡白痢，大幅减少雏鸡发病死亡率。当添加量为 5.0×10^8 个 /kg 饲料时，可治疗由沙门氏菌引起的雏鸡白痢，治愈率达 90%，基本可以达到环丙沙星药物的治疗效果。

（3）日粮中添加微生态制剂可以显著提高雏鸡的生长性能，本试验中微生态制剂预防组、微生态制剂治疗组均能显著提高雏鸡日增重（$P<0.05$），与对照组相比平均日增重分别提高 24.53% 和 16.24%。

本试验结果表明，B02 制剂不仅对雏鸡生长发育具有良好的抗病促生效果，而且对治疗猪、羊等多种动物腹泻都有很好的疗效，具有广阔的生产应用前景。

饲喂微生态制剂可以提高家禽生长和消化性能，提高饲料转化率，增强机体免疫力，防治家禽疾病，显著减少发病率，降低死亡率，并减少养殖业生产对环境造成的污染（李相千，2008；元娜，2010；元娜，2011；江占磊，2011；陈梅香，2010）。可见，微生态制剂应用于畜牧业生产具有十分重要的意义。

参考文献共 23 篇（略）

原文见文献 张文磊. 饲用微生态制剂优良菌株鉴定及发酵工艺研究[D]. 西北农林科技大学，2012：20-31.